U0286580

Michael Erlhoff
Tim Marshall
(Eds.)

迈克尔·厄尔霍夫　蒂姆·马歇尔　编著
张敏敏　沈实现　王今琪　译

设计辞典
设计术语透视

Design
Dictionary

Perspectives on Design Terminology

华中科技大学出版社
http://www.hustp.com
中国·武汉

图书在版编目(CIP)数据

设计辞典:设计术语透视/(德)迈克尔·厄尔霍夫,(德)蒂姆·马歇尔编著;张敏敏,沈实现,王今琪译.—武汉:华中科技大学出版社,2016.10
ISBN 978-7-5680-1349-9

Ⅰ.①设… Ⅱ.①迈… ②蒂… ③张… ④沈… ⑤王… Ⅲ.①设计学-名词术语-词典 Ⅳ.①TB21-61

中国版本图书馆 CIP 数据核字(2015)第 263312 号

Copyright ⓒ 2007 Birkhäuser Verlag AG,P. O. Box133,4010 Basel,Switzerland

湖北省版权局著作权合同登记　图字:17-2016-325 号

设计辞典:设计术语透视　　　　迈克尔·厄尔霍夫　蒂姆·马歇尔　编著
Sheji Cidian:Sheji Shuyu Toushi　　　　　张敏敏　沈实现　王今琪　译

责任编辑:易彩萍
封面设计:陈　静
责任校对:李　琴
责任监印:张贵君
出版发行:华中科技大学出版社(中国·武汉)
　　　　　武昌喻家山　　邮编:430074　　电话:(027)81321913
录　　排:华中科技大学惠友文印中心
印　　刷:中华商务联合印刷(广东)有限公司
开　　本:787mm×960mm　1/16
印　　张:28.75
字　　数:644 千字
版　　次:2016 年 10 月第 1 版第 1 次印刷
定　　价:98.00 元

本书若有印装质量问题,请向出版社营销中心调换
全国免费服务热线:400-6679-118　竭诚为您服务
版权所有　侵权必究

当一本书不是给出词汇定义而是给出其背后的语境时,这本书就成了辞典。

——乔治·巴塔耶(Georges Bataille)

前言

　　对设计的整体理解和对设计中科学研究的构架的理解不可避免地要触及对其核心类别的讨论，这个讨论的过程就像一次次提炼，可以得到越来越丰富的成果，但却永远不能真正地完成，而富有建设性的讨论和辩论又促进了这个过程的发展。众所周知，这个发展过程，特别是在设计领域，永远不会毫无障碍或意见统一。即使在同一种文化或者语言环境中，立场也难免不同，想要跨越文化和语言边界实现互相理解都是十分艰难的。

　　国际设计研究委员会的主旨之一就是在国际范围内促进对重要设计类别和概念的理解，出版一本分类词典的想法便随之产生。国际设计研究委员会的成员认为实现这个想法有多种途径，其中不使用任何修饰辞藻、客观地描述或者解释的方法是大家比较认同的。就像对于"设计研究"这个词组而言，不可能找到一个毫无歧义或者独一无二的定义，因为它是与设计的本质和多种不同的解释方式密切相关的，并且总是在不断地转化的，所以一本关于设计的辞典其实也就是这个理解过程的开始。

　　在这样的考虑之下，由迈克尔·厄尔霍夫（Michael Erlhoff）和蒂姆·马歇尔（Tim Marshall）撰写的这本《设计辞典：设计术语透视》正是这种尝试迈出的重要一步。本书最初同时用德语和英语出版，欢迎世界各国的设计师从各自的专业领域出发来参与本书中设计术语的讨论，哪怕是提出对立的意见。这也是国际设计研究委员会的成员以及本书编辑的立场。通过各种出版物，国际设计研究委员会在设计研究领域展现了其重要的贡献。本书作为重要的设计类参考书，起到了收集材料和观点、丰富设计研究发展的国际讨论等作用。同时，对国际设计研究委员会的成员而言，出版此书的另一个目的在于强调切实存在的多样性，明辨在研究过程中产生的争议，以引起更多的讨论。

国际设计研究委员会

辞典中的设计——序言

出版这本《设计辞典：设计术语透视》的想法基于我们相信有必要在多种不同的设计实践中，建立一种共享的设计语言。换言之，本书旨在加强当今不同领域的设计参与者之间的交流、讨论和探索，无论他们是设计师、制造商、经理人、市场投资人、教育人士或学者。本书也旨在帮助对设计感兴趣的普通人士——设计（产品）的使用者——使他们理解用于制造他们在生活中所使用的产品和系统的复杂多变性、方法论和技术等。

我们对当今设计语言中的语言范畴和专业术语进行了认真的思考。即便如此，我们在编辑过程中也无法避免地会忽略掉一些有价值的词条。毫无疑问，这会招来评论家和读者的批评，但我们期待由此可以引发尽可能多的问题，并带来相应的答案。我们鼓励这样的现象，并希望你们能帮助我们填补这些空白，以便我们再版时纳入这些有价值的建议。

当然，语言总是在不断变化的，而设计本身也是一个非常活跃的、不断变化的领域，因此，设计语言十分宽泛、难以捉摸，并且常伴随着许多口语化的词汇。这可以说明为什么迄今为止很少有人试图编写一本设计辞典，为什么本书没有追求任何确切的或者独断的"事实"，而是尽量从文体上将每个词以辞典的形式，通过撰文者独特的文字表达以及不同作者的不同角度，表达出设计这一吸引人且活跃的实践活动。

当我们决定最初以英语和德语出版本书时，本次出版计划变得更像一次探险。这不仅是因为对比英语和德语的专业术语很难，也因为我们发现以盎格鲁-撒克逊（Anglo-Saxon）和日耳曼（Germanic）的哲学架构之间的巨大差异为基础的语境是非常复杂的。这也意味着——或者说所以我们希望——本辞典的读者是来自许多不同文化背景的。最后，非常重要的一点，同时也是颇具挑战性和激动人心的一点，就是邀请来自不同文化背景的作者加入本书的撰写工作中。所以，本书不仅在文体上富于变化，在内容上也收录了全球设计领域的各种发展趋势，更有一些全球设计领域中相互矛盾的概念。

如果你按照本书的编排设计来浏览，那么关于这些词汇的解析深度和广度是非常清晰的。本书利用箭头做引导，标示出书中曾出现过的词汇，能够指引你掌握若干种理解词汇的方法。

我们感谢为此书做出贡献的人，特别要感谢撰文的作者们。他们在有限的时间内写出了完美的文章，解释了复杂的主题和概念。每个词条最后的上角标为作者的代号，可根据本书最后附上的作者名单查询作者资料。我们感谢国际设计研究委员会的出版顾问，以及博克豪瑟(Birkhauser)和斯宾格-福尔拉格(Springer-Verlag)出版社，他们与编辑一起完成了这项有难度的工作。

我们也必须要对参与的专家、出色的编辑和出版助手，特别是珍·李(Jen Rhee)、多萝西娅·法奇尼(Dorothea Facchini)、德克·波顿(Dirk Por-ten)和阿恩·威利(Arne Willee)表示由衷的感谢。

我们希望本书的读者会和我们一样，发现如下的文章是那么振奋和鼓舞人心。

迈克尔·厄尔霍夫
蒂姆·马歇尔

词 汇 表

C

D

E

F

G

H

Q

R

T

U

V

W

A

声学
Acoustics

→ 声音设计（Sound Design）

附加价值
Added Value

附加价值是产品或服务超出其功能要求或基础使用以外的，满足（→）需求的内在价值。附加价值传递了一个公司或一个（→）品牌的文化、价值和消费者态度等至关重要的信息，因此，附加价值对于他们如何从情感上理解和回应品牌产品是非常关键的。

例如：一辆豪华跑车的附加价值可能是塑造男性尊严或者在某个社会团体内代表使用者的特殊地位；购买那些用有机物做成的产品的附加价值可能促进环境的（→）可持续性或动物保护；穿着带有来自非血汗工厂的标签的时服，则有支持公平市场交易的附加价值。研究一个商品的附加价值可能会以怎样的方式吸引一个消费者，并能激发他或她对环境和社会的责任感（→道德（Ethics）），这是非常有意思的。因为附加价值不仅促进，而且鼓励消费者忠于某品牌，它对产品的区分度和消费者的决定有很大的影响。所以，附加价值的概念正变得越来越重要，特别是在过渡饱和的市场中。[KSP]

→ 广告（Advertisement）、品牌打造（Branding）、价值（Value）

广告
Advertisement

广告是经过设计的、代表某个产品的宣传品。通过宣传它们在市场上的需求度，以一种传播形式引导、影响和告知一个市场，达到交换价值的目的。

15 世纪对广告的定义是"将注意力转移到某物：注意、观察、留意"。这个定义在 21 世纪的今天似乎依然合适，因为现在多数产品竞争激烈，成熟产品活跃周期短，产品区分度极低，某个产品要得到关注也是极其困难的。

在 15 世纪，广告被用于商店标志的制作中，相当于那时候的室外广告。由于当时很少有人识字，商店用标志和符号来表示他们出售的商品、服务、技术和手艺。广告以通知的形式出现，如公共马车的时刻表或分类广告，以寻求一种信息的交换。媒介包括张贴在市中心的室外广告、亲自在车上兜售、商人用于宣传他们所售商品的招牌等。

在 21 世纪初,这个充满技术和无限选择的年代,各种产品都在寻求各自的区分度,由此(→)品牌打造成为一种将产品与消费者更紧密地联系起来的重要形式。产品之间的差异不再是产品本身及其属性,而是消费者购买产品后可以从中得到的好处。以标志、符号、肖像和图标为代表,通过对目标消费者文化的、语言的、社会的、个人特征的认同感吸引他们。

广告经常由市场部和创意团队策划。市场部对市场进行调研,全面收集针对潜在目标市场和竞争对手的具有统计意义的信息,并提出产品的"独特销售主张"(→USP)。之后将这些以创意平台的形式展示给创意团队。通常,创造性的设计会培养和维系产品与(→)品牌,以及广告和消费者之间的联系。目的是使消费者在看到广告时能立刻详细地记起这个品牌以及它为人所知的形象。

创意团队的成员,也就是这个行业为人熟知的"创意人",会使用设计手法,诸如(→)符号学,通过标志或(→)象征传递含义。然而,更有冲击力的广告则会带来新的意义,因为消费者成为了设计体验的一部分。比如在一个科罗娜(Corona)宣传(→)运动上,只需要含有极少量文字的视觉图像,观看者就能透过一扇窗看到一片洒满阳光的沙滩和两把面向大海的椅子。唯一的产品标志就是在其中一角有两杯冰爽的啤酒等着前来踏浪的游客。这个品牌邀请观看者走进去,拉过一把椅子,来体验这个场景。

广告作为品牌打造过程的一部分,很少会单独出现。相反,它们总是被设计为在日常生活中与听众、观众或读者持续对话的一部分(→企业形象(Corporate Identity))。这个过程最重要的一个方面就是对目标市场(→目标人群(Target Group))的定位以及设计一个媒体网络以持续维护消费者的体验。随着几个世纪以来人口和产品数量的增加,新的(→)信息工业成长起来,它们收集市场数据,经过分析后将其用于广告设计。了解某一产品的"市场"开始变得复杂,不仅要求对消费者的生活地点进行研究,还要研究他们怎样生活,为什么那样生活——这就是它们的(→)价值和(→)生活方式。今天,由于不断发展的技术和多变的社会使受众和媒介分离，这样就为（→）市场调研开辟了新的道路。数据库管理应运而生并与其他的科学——诸如经济学和历史学这样宽泛的学科、人类学和神经系统学这样迥异的学科——一起被运用到人口统计学、人种学和心理学上，帮助界定目标市场，理解他们的需求。从 20 世纪 90 年代开始，许多公司用一种新的品牌研究形式——"猎酷"（Coolhunting）来寻找新兴（→）潮流。起初的目的是从大街上观察和预测流行时尚和设计，以加强一个品牌的"酷"或"流行"感。公司也开始从他们的目标人群中雇用年轻的"暗探"，提供情报，测试产品，通过同一人群的关系网说服更多的人成为使用者。最近，公司已开始挖掘博客数据，用以分析数以百万计的网上消费者和他们的需求，就同"音叉"效应一样。这些新的"侦探"正在成为资源、中介和品牌传播的代表，所有这些都会在十亿分之一秒内产生变化。

在适当的地方，广告人利用（→）需求和动机平台来设计，既可增加吸引力，又能促进在广告开发上采用新技术。亚伯拉罕·马斯洛（Abraham Maslow）的需求层次理论是这些平台中最著名的。在他的理论中，人类的需求被分为五个层次的金字塔形，下面的四个层次被称为"匮乏性需求"，这是与生理需求密切相关的，而顶层的需求被定义为"成长需求"，与心理需求密切相关。匮乏性需求必须得到满足，成长性需求总是在不停塑造人的行为。一个基本的概念就是，在这个图形中只有当金字塔下层所有需求，如生理和安全需求得到实现后，层次更高的需求，诸如社会认同、自我尊重和自我实现才会被关注。在富足的社会中，对个人提升的吸引大多来自于社会需求和自我尊重需求，这两种需求强调享受和他人的认同。广告的目标是设计出具有说服力的可供选择物，不管是通过理智还是情感进行选择。

创意人设计出不同的层次形式以提高广告的吸引力并优化结构。其开创者就是博达大桥广告传媒有限公司的策划模式。这种模式是一个由两条相交轴线组成的包含四个部分的网格，用于检验产品和消费者的关系。在这里，创意人努力确定思考和感觉范围以及消费者做出购买决定所需要的参与度，促销平台就是由这些因素决定的。车子、新房以及其他的复杂产品被定义为高参与度或需要思考的产品，与低参与度或出于情感的产品相比，如食物、衣服和糖果，它们更需要一种信息化策略。

产品的价值属性经常包含在一个文案的发展之中。人们用物体将自己与他人区分开来（→附加价值（Added Value））。就像拥有奢侈品和汽车一样，这代表了一个特殊的状态和阶层。维珍（Virgin）品牌创始人理查德·布兰森（Richard Brandson）赋予其品牌与他本人一样的性格——爱冒险、有个性、放荡不羁。德国大众汽车曾通过宣传其个性化设计的特点使旗下高尔夫（北美曾用大众兔子指代高尔夫——译者注）品牌热卖，当然，他们的经典产品甲壳虫更是如此。实际上，个性化是21世纪的流行语。公司经常选择名人做他们的代言人，折射出品牌的内在特点。判断明星代言成功有两个决定性因素，一是代言品牌产品可以从中获利，二是代言人与所代言产品之间具有某种关联，且代言人有很好的声誉。

在运用设计策略和实现广告创意时，设计师使用的第二种方案模式被称为创意金字塔。这种模式有助于聚焦文案和艺术，将消费者从思考、认识层面引向情感、感觉层面。纸质和电子媒体在视觉和文案方面都应用了同样的结构，即引发兴趣、激起愿望，最后以某种行动结束，如消费。

整个创意过程只有在选择媒介并将信息传递给终端使用者或消费者后才算完成。广告在电视和广播上被称为商业广告，时间长短各异——如15秒、30秒或60秒。其他形式的媒介，如报纸和杂志的广告持续时间更长，但缺少多媒体所具备的宣传优势。广告牌和交通工具上的广告则是广告宣传的辅助媒介，所有这些都被认为是非私人媒介。直接的个人媒介形式包括信件、电话、本人亲述以及电子互动的形式，如电子邮件和其他多媒体表现途径。最近发生的情况是，广告的传播已超越了商业和事实之间的界限。它们隐藏在各种编辑形式之下，诸如电视新闻报道、商业信息片、社论式广告、纪实电影和各种形式的电视和电影产品。用这些方法设计的广告，经常作为产品宣传的一部分，吸引消费者。最初，观看者将它视为一种真实事件或偶然事件，而不是长篇大论的品牌产品宣传词，但当假象被拆穿时，他们往往会产生负面情绪，如不信任、愤怒等。广告宣传的渠道日趋多样，最近流行在公司网页上用多媒体方式进行产品展示，这些广告与电视、广播广告相比可以持续更长的时间。这些都是经过设计并以推广产品为目的的,但他们不会像电视新闻、视频新闻和广告植入那样激起消费者的不满。品牌的诚信度和广告信息对于构建公共关系和取得消费者的信任是最为重要的(→ 可信度(Credibility))。企业广告要以建立某种因果关系的形式吸引消费者,令消费者对产品价值更有信心,并维持长远的品牌关系。

在信息(→)传达的过程中,不仅所选取的媒介类型很重要,在不同场合中使用合适的广告也同样重要。需谨慎考虑情绪、气氛以及每种媒介的时间属性,还有读者、观众、听众的各自特征。比如,市场开发不力可能源于过度使用媒介渠道。电视一个接一个地播放广告,却没有传递其意义。这样的播放方式,即使是一个获奖广告,也无法被恰当地解读。马歇尔·麦克卢汉(Marshall McLuhan)说"媒介即信息"。也就是说,内容跟随形式,所以人们看到的传递信息的形式会影响对它的判断和解读。

总之,任何广告的关键目标都是将它从信息源传递到目标市场,目标市场的定位与广告产品、服务或概念的价值相关。任何一个成功的广告,从最初的调研阶段到媒介的选择和设计,都取决于市场开发者对其设定的目标人群价值观的理解程度,取决于创意人解析这些价值观的好坏并以一种形式表现出来的能力。[NS]

→ 企业形象(Corporate Identity),策略设计(Strategic Design)

空气动力学
Aerodynamics

空气动力学分析并记录空气与某一固体互相作用的表现,传统上是通过风洞试验来进行研究的。它首先在 20 世纪初被应用到飞机悬浮力增加的研究和流线形态的研究上。

1925 年保罗·加雷(Paul Jaray)(1889—1974)在汽车工业领域取得了具有里程碑意义的成果。他受水滴形状的启发,设计出了贴近地表的汽车外形。在那个时候,这被认为是最理想的自然流线形态。之后,这些早期的汽车空气动力学不断被设计师修正,如伍尼巴尔德·卡姆(Wunibald Kamm)(1893—1966)认为,水滴形状实际上对减少空气阻力的效果并不大(→ 汽车设计(Automobile Design))。

这种美国式的(→)流线设计则更像是"伪动力"(→)潮流,而不是真正去减少阻力,它随着 20 世纪 50 年代怪异的"火箭式"设计的出现而逐渐不复存在。与之相对照的是，在战后，卢吉·克拉尼(Luigi Colani)(生于 1928 年)遵循从(→)仿生学衍化而来的空气动力学原理，设计了第一批汽车和飞机。在 20 世纪 60 年代后期，另一个建造理想的流线形态的尝试最终发现了"V"型，直到现在 V 型仍然是已被证实的最有效的空气动力形态。PT

美学
Aesthetics

"美学"这个词在设计领域经常被理解为"美丽"或"有型"的同义词。如果美学这个词要在设计领域进一步发展，应避免将它分开理解：首先，它是关于美丽的物体的理论，第二它是关于美学的评论，但是这种分裂的理解已经存在。同时也需要接受、遵循这些规则，并且在感知和经验上具有审美趣味的美学理论。

"美学"这个词在(→)后现代主义以后成为每个领域的流行词汇。对现代派运动的重新审视，带来了多元化的发展，这为现代主义找到了多种发展方向，并伴随着政治的、社会的、技术的、美学的巨变。在此过程中，美学的那些标准定义(一直盛行到 20 世纪 70 年代)——即将美学定义为一个客观的学科、哲学的分支——终于发生了变化。有必要从(→)语义学角度对这个词进行重新定义，因为不论是在知识结构、生活方式上，还是在行为模式上，都发生了巨大的变化。当今，美学在各种语境下出现，表达了不同的意思，强调了不同的内容，甚至这个词的意义之多和范围之广也成为了长期争论的主题。不论如何，关于美学，现在最明确的就是，它不再是一个不言自明的词汇了。

近来试图对这个词进行重新评估的尝试是由对边界迁移的关注引起的：第一，重提本源的希腊语"aisthesis"的含义，通过感官(→)感知；第二，通过扩展美学这个词的使用范围，突破原来的艺术范围，将其他涉及的领域纳入其中。但是由于在设计中缺少对美学的明确定义，这个词经常在设计语境中被用于口语化的情境，也就是说：在广告、市场化、(→)品牌打造和基础设计(→)批评中，它可以被大致用作"美""有品位""温和而不讨厌"的同义词。很多用这个词的人实际上是想表达(→)"造型"或觉得某物漂亮或丑陋的意思。"美学"这个词也隐含了某件产品在它的材料、社会、政治、生态和象征性的语境下的影响力。

以上提到的美学的两个方面是蕴含在其历史发展过程中的。在 18 世纪，在语义学上，aesthesis 转变成了 aesthetic，从感官的综合认知发展到了特指艺术。因此，"美学"这个词逐渐代表了哲学的一个分支，聚焦于"什么将美分离""为什么我们有这样一个类别"，以及"从艺术的整体上看"。其结果是，欧洲以及欧洲以外的历史艺术品与其相关理论一起形成了美学的主体。哲学拒绝承认美学是关于感知觉的学说，因为在文艺复兴时期，从感觉中发展出来的知识，被普遍认为与建立在严格的术语和定义基础上的理性知识相悖。当今，哲学将美学定义为既是感知觉的理论又是哲学和社会学的艺术理论。

简单而言，"美学"处理的问题是诸如"'美''丑'这样的词是否可以用于某些确定的物品"，或者"我们个人和社会的特性是否可以将物品解读为美或丑（如果是这样，以什么方式）"。物体的美学（→）价值可以由其定义决定，也可以由它的特殊感官特征以及它所代表的物体的（→）象征系统决定。"美学差异"是一个物体的具体特征，使其具有美感，也有人提出美是（→）物体固有的。经验科学，如实验心理学则反对这个理论，它坚持认为美学是理解人们用于评价事物美丑的标准的尝试，即使这些东西并不是艺术的产物。

（→）"美"这样的词汇，早在美学被纳入哲学之前就已被使用。例如，荷马将艺术创造视为神的精巧创作，充满美及和谐。赫拉克利特（Heraclitus）将美定义为有形的、真实的材料，而艺术作为对自然的复制，则恰恰相反。在毕达哥拉斯（Pythagoreans）的宇宙论和美学哲学中，数字和比例的理论起到了极为重要的作用。

苏格拉底相信美与好是并存的，但是这样的立场给设计带来了冲击，特别是在第二次世界大战后，有了对于日常用品的好设计的争论。但是，即便我们早已超越了苏格拉底关于设计的概念，今天的讨论仍然与它在设计领域的创作过程中坚守的生态原则、能源的可持续原则和材料的可循环原则有关。相反，柏拉图虽然坚持相信人类感觉有主观性，但是却给美加入了一种额外的感觉特征，即，为什么这个想法与人们的理解或反映事物的能力相符合。但是如果事物只是作为一系列想法的反映，那么作为技艺和艺术的设计就仅仅是对事物映像的模仿（→形式（Form））。因此，柏拉图对艺术和技艺对人类想法有所贡献的观点有颇多批评。因此，任何形式的概念艺术，从马塞尔·杜尚（Marcel Duchamp）到克苏斯（Kosuth）都属于柏拉图主义。

亚里士多德批判柏拉图关于美学的认识，并基于他所处的时代的艺术发展了自己的美学观点。他也试图理解美和好之间的关系。他试图解释本质和外表之间的辩证关系。它们与艺术品的美之间的关系已经成为美学历史的基础。他的另一项关于设计中的美学观点更有影响力。亚里士多德谈到艺术起到了激发和净化某些情绪的作用。美学的这个观点被应用到了市场推广和品牌推广中。他的观点通过了验证，特别是在艺术创作曾被认为是超越传统的表现物这个方面。如果艺术能够展现出事物可能的样子，而不是仅仅局限于它的真实和现实状态，那么即使在它的可能性或可仿效性的方面，美学的概念也可能会与设计过程的分析休戚相关。

一方面，将一个物体评价为美的，常常取决于（→）工艺水平以及使物体所具有突出特点的生产（→）技能。因此，把美作为事物属性的美学观点不仅与设计紧密相关，也防止了它在设计过程中改变其所处的基础地位。产品只有在（→）设计过程完成时才会存在。另一方面，美学相信产品能够传递特定的材料、智慧和社会性质，这已经涵盖在美学作为一个（→）学科的历史发展中了。

亚历山大·鲍姆嘉登（Alexander Gottlieb Baumgarten）重建了美学，在18世纪中期将它发展成为一门独立的哲学学科。虽然新建立的学科需要与诗学和（→）修辞学竞争很长时间，但美学迅速成为一个流行词汇，以至于让·保罗（Jean Paul）在他的《美学学校》一书中说："我们的时代到处都是美学家。"美学将感觉印象和情绪纳入哲学领域，它试图克服哲学和艺术之间的矛盾，并用思想的现实调和艺术与诗的现实之间的关系。鲍姆嘉登的理论认为逻辑学以及它的理性知识基础失去了优势，而人类在他们的感官和情绪与世界的关系上成为主体，重现了个人的本质，就像美学本质重现在人文和艺术中那样。那个时代的评论反对逻辑学家或自学成才的人，并将他们与美学家相提并论。这就将美学变成了生活的艺术，并开始了用感官认识进行引导的趋势，接受了它的以加工为基础的特征（accept its process-based character）。自此以后，美学可以在感觉的基础上以及完善这些知识的可能性上，检验不同形式的知识之间的逻辑关系，包括关于美的、宏伟的、令人惊叹的知识以及通过艺术手段创造出的产物。

关于美学的真实本质和它能传递什么信息的争论一直持续到今天。伊曼努尔·康德(Immanuel Kant)在他的《判断力批判》(Critique of Judgment)(1790年)一书中将先验美学从品味的批判中分离出来,认为美学定义不仅是一种物体属性,也是对物体本质的特定反映,就像它对感觉的影响那样;谢林(Schelling)和黑格尔(Hegel)将美学现象限定在艺术哲学领域;郭尔凯戈尔(Kierkegaard)将美学作为生活的一部分,从属于伦理学和宗教;西奥多·阿多诺(Theodor Wiesengrund Adorno)在他的《美学理论》(Aesthetic Theory)(1970年)一书中表述了美学及其在历史变迁中的多种范畴——美学的概念总是包含、围绕着不同领域的知识和(→)实践。这也包括二阶控制论的首创者海恩斯·冯·福埃斯特(Heinz von Foerster)描述的美学变化,作为思考的反馈模式和认知的新模式,它与自我指涉逻辑(self-referential logic)、循环因果(circular causality)等概念以及其他控制论因素共同作用(→建构主义(Constructivism))。因此,美学必须研究如何处理不同生活领域和知识领域之间的相互关系。

不论如何,美学仍然无法摆脱对政治不感兴趣以及确定某个积极的方面进行补偿的缺点。美学不仅仅是要美化无意义的世界,"美化"的真正意义也不仅局限于描绘那些可以理解和感知的东西。让-弗朗索瓦·利奥塔(Jean-Francois Lyotard)在提到美学是什么的时候说:"根据形成批判的、浪漫的现代主义的时间和空间的形式去理解事物的本质,感觉到它在科学的、技术的和实用的时间和空间面前有无法克服的压抑感、虚弱感和被迫感。"在一个情绪化的年代,为了抗拒理智客观主义和金钱实用主义,(→)后现代主义将美学重新命名为"感觉的科学"。

具体到"设计美学",还需要在方法论上进一步思考,也就是要避免将它分裂为关于漂亮物体的理论和基于判断能力的思考。它也需要遵循关于感性认知和感性经验的美学理论。为了在设计过程中具有更广泛的视野,使个人、社会、经济、生态、政治和文化方面的生产和接受成为可能,它不能仅局限在物体之上。[TW]

→ 风格(Style)

可供性
Affordance

可供性是直接环境特征(物体、空间、文字)与可接受主体共同作用的结果。换言之,它是行为和意义的产物或潜在产物,影响着世界上的物体与个人或团体之间的意图、感知以及能力的互补关系。

"可供性"这个词首先由感知心理学家吉布森(J. J. Gibson)在1966年提出,描述了直接环境可作用于可感知主体或"行为者"的潜在行为可能性。吉布森用两种看似对立的方法来构想可供性。第一,他认为可供性是环境中存在的可能性,它的物体,独立于行为者的参与("真正"可供性)而存在。他将这些潜在的环境"供给物"定义为"衡定不变的"——它们的发生是稳定不变的,但是等待着被发掘(被拿出来,以某种方式使用)。第二,他认为可供性是构建在主体确定的环境之下的,即行为者和环境是相互依存的。

例如,一个楼梯可以使一个成年人从一个楼层进入另一个楼层。它不需要为一个刚会爬的婴儿或者刚会走路的孩子提供同样的可供性——台阶太高了。对他们而言,在楼梯顶部是十分危险的,有坠落的可能和风险。更确切地说,楼梯也可以供小孩(有时给大人)玩耍,如坐在盘子上滑下或一个台阶一个台阶地跳跃。楼梯的物理特征(倾斜度、台阶高度、踏步宽度、建造材料等)是稳定的,这形成了它的可供性。但是可供性最终是由与楼梯发生互动的行为者决定的。楼梯提供不同的行为可能性——爬、滑、坠落——"套"在一系列的可能性中,"可供性综合体"视行为者而定。

吉布森致力于将环境的行为潜在性与行为者的行动能力联系起来。对于吉布森可供性理论的批判及其生态心理学的批判,主要围绕着他没有将内部的表现方式——个人主体的感知行为是由思维、想象和感觉塑造的——纳入其中(→感知(Perception))。

相比之下,设计理论家唐纳德·诺曼(Donald A. Norman)将可供性的概念转移到人机互动(HCI)以及(→)界面设计中,他所关注的可供性在真实世界中的表现形式是通过"感知"活动构建的。他指出"……可供性这个词就是指一件东西可被感知的属性和真实的属性,首先是指它的基本属性,也就是决定这件东西可能被如何使用的属性"（诺曼，1988）。大家可能会意识到，皮球作为球体物体，可以弹跳、滚动（提供弹跳和滚动的可供性），但是大家在看到一个高尔夫球的时候，不可能知道它作为高尔夫球的可供性，除非对高尔夫这项运动特别熟悉。诺曼认为可供性与已有知识紧密相关，而且一个人对事物的预期也是建立在一定文化背景下的认知构架基础之上的。

在诺曼的哲学理念中，设计程序是具有高度导向性的。他用了"认知可供性"作为消除设计实践中歧义的有力工具。在设计实践中，设计清楚地表达了它确定能够提供使用的是什么（我们可能会称其为"导向可供性"）。但是在现实中，设计思维和实践的进程正不断地减少导向性——不一致、歧义、开放性正成为设计的可取代的特征。有时候这也被称为"开放可供性"。设计承载的东西等待人们来发现，而不是从一开始就已设定（→无意识设计（Non Intentional Design））。所有设计或多或少都是"开放"的。为进一步说明"开放"和"导向"可供性，我们可以看看乐高积木的设计：早期的设计并没有要搭成什么物体的特定目标，所以，使用者就有了他/她自己选择搭成什么结构的机会。相反，乐高生化战士玩具系列则设计为特定的需要建造的物体（一辆车、一栋房子）。所以这个系列的玩具在可供性上的导向性更强。

可供性存在于不同的领域之中。对于吉布森而言，他考虑的可能是生理上和生物上的可供性（吉布森将可供性的理念扩展到了身体领域——比如，肺承载着我们呼吸空气的功能）。而对于诺曼而言，可供性又是由认知主宰的。从分类上来说，它可以被分为情感可供性（一件事情可以引起的情绪）、认知可供性、符号学可供性等，各种分类覆盖了行为者与环境发生关系的不同方式。

总之，可供性可被视为在意义、（→）使用以及/或情感上的限度或活动。这些耐受性将物体或环境与感知、行为、认知主体联系在一起。在使用可供性这个词的时候我们指的是"可能"存在于我们设计中的承载物。"可能"的意义、使用和情感以使用者以何种姿态介入设计而表现或产生。[TR]

→ 形式（Form），功能（Function），人类因素（Human Factors），表演（Performance），理论（Theory），理解（Understanding），使用性（Usability）

鼓宣
Agit Prop

鼓宣(Agit Prop)是一个缩略混合词,俄语意思是政治主张的宣扬,特别是左翼组织通过文学、戏剧、音乐或艺术等手段进行的宣扬。在 20 世纪 20 年代,共产主义掌握了苏联政权以后,成立了宣传部,推广大众教育。这个词即这个宣传部部长俄语头衔(agitatsiya 和 propaganda)的缩写。前者指的是调动情绪,后者指的是向知识分子进行推广宣传,两者合起来就成了一个"赢得人心和思想"的强大且理想的工具(讽刺美国的右翼分子曾在越南战争期间用这个词描述他们"赢得"越南人民和保卫越南和平的努力)。身为建构主义者(→建构主义(Constructivism))的设计师设计了许多鼓宣的作品。这个词至今仍然用于描述政治上左倾的平面设计。起初这个词并不是贬义的,但是西方很快就赋予了它贬义词义,用于指代那些过度偏激的、压迫性的政治说服手段。现在左翼组织经常自豪地将它使用在对抗右翼势力的制度性政策上——可以经常在博客、杂志、有印刷字体的地方看到这个词。TM

→ 设计与政治(Design and Politics),抵抗设计(Protest Design)

动画
Animation

动画这个词从拉丁语(animare)而来,意思是给予某物生命。现在经常与网络和娱乐行业相关,如电影、电视和(→)游戏设计。动画也可以用于指导和传达,特别是在(→)形象化表达比语言文字更能简单地传达意义的时候(比如,有时候语言受到约束)。

简单而言,动画由一系列静态图片组成,串联在一起后变成了似乎会动的影像。定格动画是最简单的动画形式之一,常常利用木偶、泥塑、照片、剪纸或图画制作。制作过程包括一边将静止的物体或场景做微小的动作变化,一边进行一帧帧的拍摄。当使用连续每秒 24 帧图像观看的时候,就产生了动态的视觉。

今天的 2D 和 3D 动画使用从 flash 到动态捕捉等各种不同的工艺和技术,与传统的手绘胶片动画相比,这些现代技术更能模仿高度复杂和更真实的动态过程。TG

→ 视觉设计 (Audiovisual Design),传播设计 (Broadcast Design),文字设计 (Character Design),展示 (Presentation),屏幕设计 (Screen Design),时间基础设计 (Time-Based Design),

虚拟现实(Virtual Reality),视觉效果(Visual Effects)

匿名设计
Anonymous Design

乍一看,"匿名"这个词似乎有贬低的意思:未知的东西,没有被认识,所以与任何个人都没有关系。但是在今天这个设计向着极度时尚方向发展的年代,"匿名"这个形容词看似灰色的特质成了人们渴望得到的品质。

首先必须要提的是设计的病毒已经逐渐侵蚀到几乎所有活动,甚至与(→)造型设计也有所关联。即使是历史悠久的工艺行业,如金工,也面貌一新地变成了金属设计,既酷又时尚。

当然这样的情况随着时间的推移已经逐渐减弱,甚至向相反的方向发展。曾经盛行的高级形象以及由此带来的高昂价格也已经成为经济上的稳定剂;过去被认为是有着与众不同标志的昂贵商品,现在可能已经成为最热门的连锁店的经济型商品。

但对于匿名设计而言,情况就完全不同了。因为它们不存在确定性,不属于某种类别或标注了姓名的东西。它几乎从不标明设计者的身份,也就是说没有设计者或者设计者早被遗忘。这里有两层含义:一是设计商品的这种行为是一种故意的设计行为,设计物品、工具或家具不是偶然的,而是某人明确的、标准的刻意行为;二是设计的人已不为人所知或者无从知晓,也就是说因为时间太长已经成了标准,在此过程中遗失了创造者的名字。

在这个概念的前提下,我们数个世纪以来在不同的文化背景下,在大多数的物品上都看到了匿名的标签,并且多少与所在的文化背景相关。这些物品主要指日常(→)工具和器具,他们是以显而易见的功能价值和广受认同的直接使用方式为特征的。其来源不局限于一种文化的自然条件或一个区域的传统工艺,而是包括全球工业文化的材料、技术和工艺。也就是说这个类别不仅由手工制作的器具或粘土、玻璃、石头、木头和铁的容器组成,也包括工业化制造的开瓶器、金属瓶盖、储存罐以及日常的基本工具。我们永远也不会把它们归为设计,但事实上,它们确实是某人在某个时间的设计。它们永远不会以它们的设计者的名字命名,但它们长时间被人们使用,为它们赢得了设计的最高荣誉:它们已经成了标准。[VA]

→ 独立设计(Auteur Design),品牌(Brand)

建筑设计
Architectural Design

　　建筑学主要与室内、灯光和家居设计相关,它与设计紧密关系的背后有着一段很有意思的历史。鉴于建筑学始终被认为是与设计紧密相关而又独立存在的,我们在这里要讨论的是进入设计领域工作的建筑师,而不是建筑学本身。

　　建筑师对设计感兴趣的原因很清楚。他们常常想在设计封闭的空间之余更多地介入设计,对至少一部分室内空间负有设计的责任,并把他们的实践活动延伸到家具设计中,然后委托供货商实现他们的设计追求。由于建筑学先于其他设计领域存在,手工艺和贸易技能在很长时间内曾是它唯一的竞争对手。

　　这个事实建立了一种传统并影响了设计发展的开始。它也激发了或者说引诱建筑师涉足其他设计。密斯・凡・德・罗(Mies van der Rohe)、弗兰克・劳埃德・赖特(Frank Lloyd Wright)尝试过其他设计,还有沃尔特・格罗皮乌斯(Walter Gropius)(他甚至设计了一辆汽车)、罗伯特・文丘里(Robert Venturi)、迈克尔・格雷夫斯(Michael Graves)、彼得・埃森曼(Peter Eisenman)、扎哈・哈迪德(Zaha Hadid)、诺曼・福斯特(Norman Foster)。但在意大利,设计学与建筑学之间的特殊关系一直持续到 20 世纪 80 年代末。在意大利,几乎不可能将设计学作为一门独立的(→)学科,而且,所有的意大利设计师都要学习建筑学。

　　这也就是为什么今天在意大利,即使是在设计界已经成名的人,比如埃托・索特萨斯(Ettore Sottsass)、亚历山德罗・门迪尼(Alesssandro Mendini)、马可・皮瓦(Marco Piva)、安德里亚・布兰兹(Andrea Branzi),在进行大型(→)产品设计的同时还要进行建筑实践,这是再正常不过的现象。

　　从设计学与建筑学之间的历史关联和实践关联角度来看,存在着几个问题。首先,(→)设计能力是否可以在建筑学中被全部找到? 建筑与设计之间的内在关系是否真的存在? 甚至如果建筑师曾涉足设计,是否会马上被认出? 这就引发了关于尺度的讨论,以及关于"物体是否是缩小的建筑,而建筑则是放大的物体"这样的讨论——事实上这个问题指向这两者之间的内在联系。

　　在很多出版物上都有这种讨论,包括亚历山大・门迪尼的

《阿莱西》(*Alessi*)，这个杂志启动了若干项目，如邀请建筑师设计咖啡用具，在这些设计中可以清晰地看到建筑的影响。

更有意思的是，上面提到的著名设计师，特别是菲利普·斯塔克(Fillippe Starck)等人，已经开始设计大型的建筑。

但是，当遇到真正复杂的设计(涵盖服务、交流、企业、工程等领域以及交互设计和设计研究等)时，这些关于建筑设计的讨论很快会变得多余。不过两者之间的边界仍然时常模糊，或者一个领域的实践者会踏入另一个领域中去，并且其发展前景常常是人们喜闻乐见的。因此，讨论的终结还远没有到来。[BL.]

→ 设计(Design)，家具设计(Furniture Design)，室内设计(Interior Design)，照明设计(Lighting Design)

新装饰主义
Art Deco

"新装饰主义"是指对建筑、室内设计、工业设计、服装设计以及视觉艺术带来巨大影响的设计运动。

从某种程度上说，它包含许多方面，具有广泛的风格标准，也并没有一个真正的理论或意识形态基础。但是它也有一些普遍的特征：偏好表面(→)装饰、立体几何形式，强调工艺质量(→工艺(Craft))，以及昂贵的、稀有的和新颖的(→)材料的使用，如贵重金属和石头、象牙、檀木、进口木材、高档真皮、电木和铝。装饰派艺术的实例作品大多都是受私人委托，按客户要求专门定制的，显示了新的城市阶层的丰富多彩且奢侈的品味(→奢侈(Luxury))。

英文 Art Deco 是法语 art decoratifs 的缩写。1925 年，由一群法国艺术家组成的"室内艺术家协会"首先使用了这个词。该组织成立于 20 世纪初，举办了"室内装饰艺术及现代工业国际展"。一直到 20 世纪 60 年代中期，这个词才广为人知。1966 年在巴黎以及 1971 年在明尼阿波利斯(Minneapolis)举行了大型回顾展。它的风格以折中主义为特征，借鉴立体主义、野兽派、未来主义，但是它主要被认为是追求简洁和功能的新现代主义。它的拥护者不仅对古埃及、非洲、墨西哥阿兹特克的"原始"艺术着迷，同时也欣赏(→)现代性的电讯、航空、无线通信和摩天大楼。

从地理上说，新装饰主义在法国的影响最大，在那里发展出来一种统一的艺术形式，将建筑、室内、家具、产品设计与海报和书籍艺术、小型雕塑、绘画相结合。这场运动在欧洲中部(特别是德国)的影响很小,因为那里已经有另一种更重功能的(→功能主义(Functionalism))设计哲学稳固地建立了起来。另一方面,美国的美术馆和博物馆相对来讲更快地加入了这个发展潮流,主要归因于当时的商业部长赫伯特·胡佛(Herbert Hoover)的努力。最后,在20世纪20年代末,新装饰主义潮流在美国蓬勃发展,特别是在建筑和室内设计领域。这个时期的典型代表包括纽约的克莱斯勒大厦和洛克菲勒中心等。之后不久,20世纪30年代新装饰主义浪潮来到英国,并且它的影响一直持续到40年代。在英国,它以几何式抽象工整的视觉语言为特征,在无数的产品以及电影院、酒店和剧院的室内设计中都有明显的表达。[PE]

→ 新艺术运动(Art Nouveau),装饰(Ornament),流线设计(Streamline Design)

艺术指导
Art Direction

从本质上说,艺术指导指的是对某种确定的创意成果的指导。从历史上看,这个词经常被用于与项目的视觉或图像因素相关的一套技能或工作角色中,但是艺术指导是一项合作的工作,艺术指导根据各方建议做出最终的决策,并且有一支庞大的、由各有所长的人组成的团队。

但是,这个词有误导的可能。与我们的直觉相反,这个词大多不与美术或常规的管理工作相关。另一个常有的错误概念是,艺术指导仅仅与广告行业相关。虽然艺术指导确实在这个领域十分普及——"艺术指导"这个工作头衔首先出现于20世纪之初,并在20世纪50年代,特别在广告设计和杂志设计中盛行——这个词用于最有创意的实践活动,往往需要多方协作:平面设计、插图、胶片、照片,等等。

事实上,艺术指导这个头衔在广告行业中已经有点过时。历史上,这个角色占了传统创意团队的一半:美术编辑(指导图片的使用),以及撰稿人(指导文字的使用)。但是,随着技术的发展、全球化、市场变化以及综合服务的出现,这种模式发生了巨大的变化。传统的头衔,包括艺术指导,也被弃之不用,取而代之的是通用称呼——创意人士。

艺术指导的才能在于从总体上看问题,指导如何、何时、何地且为何做出最终的创意决策,以及指导专家们在他们自己的创意领域以一种协作的方式取得令人满意的结果。指导一个创意项目发挥其最大潜在可能性,是一项艰难的权衡行为。从这个角度而言,艺术指导的作用类似一个视觉策划人,虽然与常规的美术实践相比这是一种不同的策划能力,必须说,确实有一种艺术指导人们的活动——特别是有创意的艺术。KF

→ 广告(Advertisement),协作设计(Collaborative Design),创造力(Creativity)

人工制品
Artifact

从字面上看,人工制品指的是人们利用(→)技能和聪明才智生产的产品。这个词来源于拉丁语 ars(艺术和技艺)以及 factum(制作和完成),因此它是一个几乎可以用于描述任何设计物品的词。所有的设计产品都是对某种人工制品的设计,指的就是人与"制造世界"间的组织关系,也就是说,人与人工制品的互动关系。比如,排版工人设计了读者与人工制作的书之间的互动;建筑师设计了居住者、使用者或路人与人工制造的大楼之间的互动。

虽然人工制品常常被理解为是指某一有形的(→)物体,但它也可以指所设计的空间、图片、软件、系统或环境。学者的研究成果,包括书、讲座、网络发帖、电子邮件等也是通过人们制造的物品进行表达的。

在考古学中,只要不是仍被"自然"泥土掩埋的东西,就是人工制品。在医学和天文学上,人工制品是可被观察到的异常事物——在胶片板上的视觉误差或观测技术本身存在的问题。TM

→ 工业设计(Industrial Design),产品(Product),产品设计(Product Design),工具(Tools)

新艺术运动
Art Nouveau

新艺术运动是一场自 19 世纪 80 年代到 1914 年盛行于法国、英格兰和美国等国的国际设计和美学运动。在德国,相应的运动被称为青年派(Jugendstil);在奥地利则被称为分离派(Secessionsstil)。此外,在整个欧洲,特别是波兰、斯堪的纳维亚、苏格兰、比利时和荷兰等国均发生了影响很大的运动,并且具有各自的民族和国家特征。虽然新艺术派运动的基地在欧洲,但在全球都具有十分深远的影响。

新艺术艺术家和设计师摆脱已有的风格形式，采用了新的设计方法。他们常常将自然作为主题，但基本上采取了两种不同的方法。第一种方法是重新解读物体的表面——比如花瓶的瓶身、图书封皮的表面或建筑物的立面——用非写实的、有机的、曲线的形式表现树和花。除了点缀性的和有机的视觉元素，新艺术派艺术家和设计师拒绝传统的、只关注表面修饰的装饰理念，他们认为装饰是整体设计中固有的部分。第二种方法发展出了一种更科学的观点，将对有机原则的观察引向更深层次。这种有些建构主义者倾向（→建构主义（Constructivism））的分析，带来更简洁、庄重的视觉语言，可以被视为将功能主义提前带入设计的方法（→功能主义（Functionalism））。

新艺术运动赞同并支持多种艺术的综合形式和艺术与工艺的互动作用。新艺术运动的艺术家和设计师包括建筑师、室内设计师、画家、平面设计师、珠宝设计师、服装设计师和产品设计师（那时候被称为艺匠）。他们寻求将所有艺术和设计门类综合，不考虑所谓的"高档""低档""纯美术""应用"。于是，他们努力地提升"工艺品"，不仅像他们在（→）工艺美术运动中实践的那样进行日常用品的设计，并且将同样的美学标准运用到他们设计的装饰画、小广告牌和商标中。

在德国，"青年派（Jengendstil）"这个词首先被用于描述于1896年在慕尼黑首次出版的《青年》（*Jugend*）杂志所用的风格。为了寻求一种新的表达形式，《青年》杂志支持一种开放的设计方法。它不使用一贯的（→）字体排印设计和统一的（→）版面设计，每一期杂志的面貌也各不相同。它成了一种新的（→）美学风格的表现平台，并且激发艺术家、设计师和建筑师的创作，如奥托·埃克曼（Otto Eckmann）、理查德·利莫切米德（Richard Riemerschmid）、朱利叶斯·迪亚兹（Julius Diez）、布鲁诺·保罗（Bruno Paul）、彼得·贝伦斯（Peter Behrens），他们开始将更多的花卉形式及其他流动形式纳入他们的作品中。

柏林、慕尼黑、达姆施塔特和魏玛是德国青年派运动的中心。随着艺术家联盟的出现，分离派、私人印刷媒体以及艺匠工坊掌握并发展了新的美学。最早的分离派团体于1892年在慕尼黑和柏林建立，他们反对官方的学院派艺术。1898年，赫尔曼·奥布里斯特（Hermann Obrist）、伯恩哈尔德·潘科克（Bernhard Pankok）、布鲁诺·保罗（Bruno Paul）、奥古斯特·恩戴尔（August Endell）、理查德·利莫切米德（Richard Riemerschmid）以及彼得·贝伦斯（Peter Behrens）在慕尼黑建立了"手工艺联合工坊"，那里生产出了高质量的、手工制作的家用产品。1907年他们与"德累斯顿艺匠工坊"联合，成立了"德国工坊"，此后便可进行大规模、高质量产品的生产（→德意志制造同盟（Deutscher Werkbund））。

1899年在达姆施塔特，赫塞大公爵恩尼斯特·鲁德维（Grand Duke Ernst Ludwig of Hesse）邀请约瑟夫·马里约·欧布里奇（Joseph Maria Olbrich）和彼得·贝伦斯（Peter Behrens）一起在马蒂尔德霍尔（Mathildenhöhe）建立了一个艺术村。艺术家设计并装饰了马蒂尔德霍尔艺术村的居住场所、工作室和大型展厅，使其成为德国新青年派最重要的中心。1902年，比利时的亨利·凡·威尔德（Henry van de Velde）成为魏玛的工艺顾问。他为工艺美术学院（后成为（→）包豪斯学院）设计的大楼为新青年派向功能主义的发展奠定了基础。除了这些在德国的新艺术派中心，其他在法国、比利时、英格兰、苏格兰、奥地利和美国都有类似的中心。

在法国，新艺术这个词从画廊商人萨穆尔·宾（Siegfried Bing）而来。在巴黎，新艺术派发展壮大，与学院派美术对立。在那里，赫克多·吉玛德（Hector Guimard）设计了巴黎地铁的入口（现在仍然是新艺术运动最好的例子）；亨利·德·土鲁斯·罗特列克（Henri de Toulouse Lautrec）、阿方斯·慕夏（Alphonese Mucha）、泰奥菲勒·亚历山大·施坦伦（Theophile-Alexandre Steinlen）、朱尔斯·谢雷特（Jule Cheret）发展了装饰画的新方向；雷乃·拉利克（Rene Lalique）以蜻蜓和蝉作为设计的图案，设计了香水瓶、台灯、花瓶和珠宝。在南锡，一个省会小城，玻璃艺术家奥古斯特·道姆（Auguste）和安东尼·道姆（Antonin Daum）、艾米勒·葛莱（Emile Galle）发展出了一种强烈的新艺术派象征表达，同时南锡也成为法国新艺术运动的重要中心。

比利时因为有了艺术家团体"贰拾"（Le Vingt）和"自由美学"（La Liberté Esthétique），在19世纪80年代早期它已经成为艺术和设计的积极活动地。维克多·霍塔(Victor Horta)是最早且最重要的新艺术运动建筑师之一。他将工业革命的新材料(如杠梁和玻璃)与有机的装饰一起运用于大规模的建造中,使建筑看起来像从地上生长起来的植物。维克多·霍塔同时也进行家具设计和壁画创作,将建筑的结构设计和装饰设计融合,使建筑与其立面及室内装饰综合为一体。

在英国则发展出另一种非常不一样的趋势。19 世纪 80 年代,一种新的形式语言在英国印刷和书籍设计中出现。利用工艺美术传统以及受到日本木刻的启发,奥博利·比亚兹莱(Aubrey Beardsley)运用自然流动的、有机的、曲线的形式,发展出了一种插图风格。同时,在苏格兰的格拉斯哥,一批建筑师和艺术家正发展着一种新的功能主义形式语言,以中性色调,如黑白和极少的装饰为主要特征。以设计师查尔斯·雷尼·麦金托什(Charles Rennie Mackintosh)为领袖,他们成立了格拉斯哥艺术学派,以其对几何形式和优雅的纵横线条的使用而闻名。

1897 年,古斯塔夫·克林姆特(Gustav Klimt)、科罗曼·莫塞尔(Koloman Moser)、奥图·华格纳(Otto Wagner)在维也纳成立了一个新的艺术家联盟,称为"维也纳分离派",后来它成为维也纳新艺术运动的中心。他们使用了一种新形式的视觉语言,某种程度上受到麦金托什作品的影响,以垂直角度以及线条的使用为特征。

在美国,新艺术运动以路易斯·康福特·蒂梵尼(Louis Comfort Tiffany)的彩色玻璃和吹制玻璃设计、陶瓷设计、珠宝设计为代表。[PE]

→ 装饰(Ornament)

工艺美术运动
Arts & Crafts

工业化首先出现在英格兰,它将曾经存在于产品和消费者之间的直接关系消除殆尽——伴随着不断增加的城市化、市场扩张、工业工人阶级的产生(也即无产阶级),以及劳动力的异化与分工。在工业革命以前,木匠与消费者直接讨论,然后做出一张桌子,并且是专门按消费者的意愿设计的,同样的情况也发生在鞋匠、毛皮商等职业中。工业革命将消费者和生产商变成一个开放市场的匿名参与者。

此外,设计的职责也发生了巨大的变化,在许多情况下,他们的职责几乎完全消失,参与生产的任何人都不用为此负责。这只会使生产条件恶化和产品(→)质量低下。

浪漫主义时期的英国作家(例如珀西·比希·雪莱(Percy Bysshe Shelley),1792—1822,以及威廉·华兹华斯(William Wordsworth),1770—1850)或者即便是之后的浪漫主义哲学家和政治经济学家卡尔·马克思(Karl Marx)(1818—1883),对此现象都做出了强烈的抨击,但是一直过了数十年,这种糟糕的状况才被真正理解并提出。虽然许多人在这个问题上花了大量精力进行了深入的分析,但是回顾起来,在最初的所有行动中,他们对解决这个问题的努力最终以无效或不切实际告终。

这一时期在英格兰活跃的人物包括约翰·罗斯金(John Ruskin)、威廉·莫里斯(William Morris)以及之后苏格兰的查尔斯·雷尼·麦金托什,虽然他的风格稍有不同。哲学家、作家约翰·罗斯金致力于融合不同的文化,重塑高品质和个人匠艺。威廉·莫里斯受到1836年英国政府关于设计和工业的报告书以及1851年伦敦世博会的激发,创立了莫里斯-马修-福克纳公司,公司使用最好的传统工艺生产瓷砖、墙纸和家具(后来更名为莫里斯公司)。1888年,他建立了工艺美术社团,这个社团最终发展成为一场主要的艺术和设计运动。

像几十年之前的德国浪漫主义运动那样,工艺美术运动的拥护者明确显示出对工业化的厌恶,推崇工业化前的传统形式。德国浪漫主义中的一个很好的例子就是作家路德维克·蒂克(Ludwig Tieck)和威廉·亨利希·瓦肯罗德(Wilhelm Heinrich Wackenroder)之间的书信。他们中的一人那时(19世纪上半叶)在菲尔特住了一段时间,菲尔特是当时德国工业化程度最高的城市之一,于是他向他的朋友表达了他对所看到的工厂、噪声、烟雾、贫穷、生活节奏的极度不满。他们达成共识:应该立刻离开这个城市,在附近的纽伦堡见面,纽伦堡是在他们看来当时仍然保持着中世纪面貌、没有遭到破坏的城市。

约翰·罗斯金同样谴责曼彻斯特、利物浦等工业中心城市,赞扬农村和传统的农村住宅风格,虽然当时这些都已经属于情感上的怀旧(→怀旧(Nostalgia))。他的这种想法也有支持者,比如在意大利未来主义建筑师圣埃里亚(Sant'Elia)的早期作品中,以及花园城市运动中都有体现。

威廉·莫里斯在他的小说《来自乌有乡的消息》(*News from Nowhere*)(1890年)中表达了自己的思想:荒谬的简单化的社会主义思想的混合(倡导取消货币、家庭的部分消亡、劳动力分工的终结),消灭所有工业化的产物,彻底回归中世纪的手工艺理想以及简单的生活状态。

工艺美术运动的实际效果是回到个人化生产,但实际上,只能服务于新兴中产阶级这些能够负担得起这些产品的人。因此德国哲学家恩斯特·布洛赫(Ernst Bloch)将工艺美术运动的追随者称为小资产阶级社会主义者。考虑到他们在哲学上对工人权利的拥护,他们实际上是具有很强的批判性的。

无论如何,工艺美术运动曾一度流行,并且在英格兰显著增强了人们的产品设计和传达设计意识。它也影响了(→)新艺术运动、(→)德意志制造同盟以及(→)包豪斯运动。出于这个原因,很多人现在认为工艺美术运动是(→)设计分类的真正开始。^{ME}

→ 工艺(Craft),工业设计(Industrial Design)

阿斯本国际设计会议
Aspen

每年设计界的专业人士以及爱好者聚集在科罗拉多州阿斯本的国际设计会议,大约有300名国际参会者在这里共同探讨设计、建筑、艺术、科学和技术。会议的目的是取得在社会和文化方面受关注事件的全球共识,并应用会议相关的工作坊和研讨会的成果和结论,产生相应影响。

芝加哥实业家沃尔特·佩普基(Walter Paepcke)和他的妻子伊丽莎白于1951年发起这次会议。通过邀请各个领域的与会者的方式,他们希望将不同的工艺聚集到一起,用于解决不同方面的问题。作家马克斯·弗里施(Max Frisch)在1956年,作曲家约翰·凯吉(John Cage)在1966年,以及摄影艺术家Nam June Paik在1971年均参加了会议,为这一设计理念的发展做出了贡献。将阿斯本选为会议的地点同样也有其含义。佩普基相信落基山脉的自然美景、健康的饮食、远离日常纷扰的环境对于参会者保持平静的头脑,在会议期间集中注意力是很有必要的。这些条件以及在会议期间获得的知识可以"更新他们的灵魂,激活他们的思想"。至此,阿斯本理念诞生了。

50 年来阿斯本国际设计会议吸引了不同领域的专业人士参与,这充分说明设计学在国际社会政治中的影响力。2006 年,会议更名为阿斯本设计峰会——与(→)圣莫里茨设计峰会类似,都将强调的重点从启迪转移到新的承诺和行为目标,也因此标志着峰会的哲学基础的现代化。[DPO]

视听设计
Audiovisual Design

视听设计,在很多情况下也可以称为(→)时间基础设计或者动态设计,是一门将声音和移动图像结合的较新的(→)学科。总体而言,视听设计的实践主要分成三个大的分支,并且三者之间常常有交叉:电影设计、电视设计和(→)动画。这个过程也常常利用一系列相关的专业学科包括(→)字体排印、(→)插图、(→)声音设计以及(→)品牌打造等。

虽然电影工业经常需要依赖设计师的专业知识,但是它从传统上仍然被认为是一个与设计不同的单独门类。1939 年出现了新的专业化职业——"制作设计师",他们主要从事保证电影整体连贯性的工作,于是情况随之发生了变化。今天,制作设计师负责监督所有事宜,从故事板(情节串联图板)到特殊效果,再到监管整个电影或电视制作的艺术部门。"电视设计师"的职责与制作设计师相似(→传播设计(Broadcast Design))。这个角色自 20 世纪 80 年代电视热兴起后出现,并由此导致了视听设计成为一个高收益行业。

由于动画经常被列为电视或电影的一个从属类别,视听设计在这个领域不会被经常提及。但是,随着媒体工业商业化进程的推进,动画工艺和技术的许多进步让人无法忽略。在 2D,特别是 3D 动画技术的可能性对未来电视和电影的制作以及相关的专业有着很深的影响。显然,视听设计在(→)界面设计和(→)网页设计方面也变得越来越重要。现在,谈论视听设计时,需认真考虑互联网以及手机通讯工具的发展,特别是它们的重要性在接下来的几年中还会不断加强。

20 世纪 80 年代以前视听技术依赖模拟影像的操作,使用老式的展台和照相机,一帧一帧制作复杂度各异的图片以及动画。

对结果的控制操作(冲印、编辑、剪辑,等等)常常致使工作程序漫长而乏味,而导致设计理念过于简单或易变。20 世纪 80 年代后,电子媒体的介入使视听设计有了更广泛的方法,不久之后,(→)硬件和(→)软件系统的出现提高了设计师操作图像和声音的能力。这些在动画上的革新带来的影响从一开始便十分清楚。20 世纪 90 年代,当电脑的开放桌面系统代替黑盒子(专门用于视频制作的电脑)之时,另一个领域的可能性也开始成为现实。在数字化进程中,所有与设计相关的各个制作阶段,视听设计师在几乎所有以媒介为基础的娱乐工业中越来越处于核心地位。[BB]

→ 屏幕设计(Screen Design)

独立设计师
Auteur Designer

独立设计师,有时被称为"签名设计师",可以看做是独立电影制作人的同类词。他们都是出于自己独特的个人见解进行工作的。他们的典型特点都是不受人委托,不需要对任何人负责,只需向自己负责。由于他们对自己的项目任务负责,确保自己的资金,推进自己的设计,所以独立设计师可以比其他设计师进行更独立、独特的设计表达。

虽然独立设计项目有时可能具有风险,但独立设计师完全掌控整个项目,也可能得到许多好处。例如,他们不需要因为自己的错误或失败对任何人做出解释,他们可以将这些错误和失败作为宝贵的学习经验。另外,如果是独立设计师的成功设计,得到的赞扬也会相应增加。当独立设计被公众、其他设计师、评论家所接受时,其设计师会得到所有的经济奖励以及赞誉——保障了实现后续设计的可能性。

实现一个独立设计不仅表明了设计师完全自信,对褒贬意见完全开放,也证明他/她的独特视角能吸引公众的注意和兴趣。因此设计师处于一种与艺匠或大师类似的状态,他/她所有未来的作品的评价都建立在这一件作品成功与否的基础上。此外,一个独立设计对一个领域的深远影响也取决于其他设计师作品与它的比较。[VA]

→ 匿 名 设 计(Anonymous Design),协作设计(Collaborative Design),可信度(Credibility)

汽车设计
Automobile Design

汽车设计曾经被认为是天才的造型师和多才的工程师的杰作,而今天汽车设计领域的复杂性常常被低估。它是团队合作的产物,它的所有零部件和功能,从整体到局部常需丰富的想象力、规划和设计。

从严格意义上讲,汽车设计是(→)工业设计的一个方面,分为外部设计和内部设计。它是一个跨专业的设计,涵盖了生产、零部件供应、消费者反馈等环节,并且包含若干分支。这是由汽车行业的复杂性决定的,汽车行业要求在新的设计研发品推向市场前先进行大规模的长期投资,从而最大程度地规避经济风险。

设计从规定技术包要求的(→)任务书出发。工业术语"包"实质是一个包含一套模具的适用性平台,并且可以提供给不同的生产商或品牌使用。技术包或平台的特征(尺寸、重量、建造种类、底盘和引擎)与任务书的具体要求(需要的车辆种类、市场定位和生产成本)决定了给予设计师的自由度。通常参加竞标的事务所的设计师从设计(→)草图和(→)渲染图出发,这个阶段又被称为(→)头脑风暴阶段。从 20 世纪 90 年代开始,这个过程几乎完全被电脑制作取代,可以在最初阶段就使用三维(→)模型,将模型在屏幕或投影墙上展现,并进行真实比例和细节的分析。

为帮助最后方案定稿,模型制作者利用电脑数控(CNC)机器制作和最终产品一致的粘土模型(→计算机辅助设计(CAD/CAM/CIM/CNC))。模型制作者的角色比一般认为的更重要,因为他们把设计者的想法转译为有形的、三维的物体,所以他们做出来的东西成为最终成果中独立的一部分。然后在上色的粘土模型上进行外部和内部的试验,如果有必要,在最终设计前再进行些许修改,这个阶段也被称为"设计冻结"。与此同时,设计和同时进行的工程测试一样,也需进行可行性测试(→可行性研究(Feasibility Studies)),在设计冻结程序之后,开始了工业化生产阶段,制造出可操作的(→)原型。

汽车工业的关注点之一是缩短从产品策划到新产品上市的时间。在 20 世纪 90 年代,这个周期大约是 7 年,到 2005 年,缩短为 24 个月,现在大约只需要 18 个月。因此对于设计师而言,加速和压缩设计程序是至关重要的,而团队协作更是不可或缺。

我们需要重新思考关于"汽车设计"这个词的理解,虽然这个词已被人熟知并且看似容易理解。从 20 世纪 30 年代汽车时代的到来开始,汽车制造商只是生产机动底盘或者叫滚动底盘,随后这些底盘会由车身制造商根据顾客的要求安装起来,形象设计师将制造商的专业性描绘出来并解读客户的品味,但也会尽力创新,制造新的潮流趋势。客户会看到一系列的艺术彩图,在意大利语中叫做 figurini,从中进行挑选。他们的选择随后用锡进行铸型,做出与彩图一致的物体。如果这条"线"成功,就会制出少量的同系列车子或者被使用在不同的底盘上。那时候的领导品牌包括美国的弗利伍德(Fleetwood)、意大利的法利纳(Farina)、德国的埃德曼与罗西(Erdmann & Rossi)、法国的萨乌切克(Saoutchik)和英国的穆琳娜(H. J. Mulliner)汽车公司。形象设计师又称造型师,他们对于汽车制造和工程机械方面毫不了解,所以几乎不参与其他的流程。他们的艺术才能就是全部,这也就是为什么汽车设计在很长时间里都被认为比建筑或其他设计专业地位更低。

汽车的普及要求汽车工业更有效率地进行设计,并将汽车作为一件产品进行整体设计。亨利·福特(Henry Ford,1863—1947)用 1908 年的 T 型车确立了一个新的现代标准,但 1920 年通用汽车在阿尔弗莱德·斯隆(Alfred P. Sloan,1875—1966)的率领下将其超越。斯隆的有计划的废止理论认为消费者应该每年想买并且能买得起一辆新车。销售和市场化结构应适应市场模式,品牌应有其战略性地位。在这样的背景下,(→)策略设计由此产生。

1927 年出生于好莱坞的哈雷·厄尔(Harley Earl,1893—1969)成为通用汽车"艺术与色彩部"第一任负责人。"艺术与色彩"从很大程度上显示了那个年代汽车设计所处的状态——造型师的工作就只是设计一个彩色的外壳和颇具风格的内室,再没有其他作用了。

与美国的汽车工业不同,欧洲的汽车设计与建筑学的现代主义理论发展一致,并且将(→)空气动力学上的突破性发现应用其中。天才的工程师们拒绝时尚的(→)造型,他们专注于汽车的功能和经济价值。在这个严格的、自觉的信念下,机械工程师们,如斐迪南·保时捷(Ferdinand Porsche,1875—1951)、丹特·贾科萨(Dante Giacosa,1905—1996)和阿莱克·伊斯戈尼斯(Alec Issigonis,1906—1988),用小组合作的工作方式,用较短的时间生产出了奠定现代设计基准的汽车(分别是：1938 年的大众 1 型，即大众甲壳虫；1936 年的菲亚特 500 和 1956 年的菲亚特 600；1959 年的两款迷你"奥斯丁 7"和"迷你莫里斯")。二战后，意大利车身制造厂——特别是博通(Bertone)、吉亚(Ghia)、平宁法利那(Pininfarina)、拖林(Touring)和维格内尔(Vignale)——以及造型师吉奥瓦尼·米切洛蒂(Giovanni Michelotti, 1921—1980)和马里·奥菲利斯(Mario Felice Boano, 1903—?)那时仍在汽车设计领域发挥着重要作用，并影响着世界范围内的汽车设计。但是，从本质上说，这个专业的状况还是没有发生变化，因此，造型部这个词仍然沿用至今。

在 20 世纪 70 年代初，石油危机给汽车设计带来了巨大的打击——虽然美国制造商对此置之不理，他们唯一的任务是把那夸张的底盘长度缩短。但经济危机让欧洲的工业了解了汽车设计是一个理性的过程，应该生产一辆理性的、最优化的产品——一辆乌托邦式的、完美的世界之车。乔吉·乔治亚罗(Giorgetto Giugiaro，生于 1938 年)，"意大利设计室"(Italdesign)的创始人，对于将汽车设计变成一个成熟的(→)学科做出了巨大贡献，将美学与技术在汽车从内室到外型的整体设计上进行了完美结合。1978 年他设计的蓝旗亚超级伽玛概念车和 1980 年设计的蓝旗亚美杜莎汽车概念车是汽车设计中里程碑式的设计。来自日本汽车制造商的激烈竞争压力迫使国际汽车工业在 20 世纪 80 年代开始重组。为了适应特定的(→)品牌管理的需要，发展和整合不同设计师个体的汽车设计技能已经变得越来越重要。成百上千的受雇者参与到了设计和制造一辆车的工作中。

同步工程和(→)计算机辅助设计成为 20 世纪 90 年代的流行语。新的专业化领域被发现，新类别如(→)"跨界"发展起来，更多的车型上市。汽车设计专业在 2000 年以后经历了一段相当愉快的发展期。声音、气味(→嗅觉设计(Olfactory Design))、灯光和多媒体设计被整合到汽车设计中，而且汽车的安全性被重新强调。但是，真正的汽车设计在品牌林立和品牌创立的年代并没有得到更深远的发展。(→)复古设计仍然流行，经典设计被重新解读，时髦的、通俗的美学正在兴起。这可能是由于即使公众仍然把目光聚焦在主设计师身上，但是团队协作的重要性已无法被

忽视,产品已不再是源于个人想法的产物(→ 协作设计(Collaborative Design))。[PT]

→ 工程设计(Engineering Design),交通工具设计(Transportation design)

B

包豪斯
Bauhaus

包豪斯（1919—1933）是现代最有影响力的艺术学院。它将这一时期各种先锋流行整合统一，将他们发展为一种融合了艺术和制造的美学功能主义哲学。

包豪斯由沃尔特·格罗皮乌斯于 1919 年创立，他将魏玛工艺美术学院与魏玛美术学院合并，成立"公立包豪斯学院"。1925 年，学校迁至德绍，更名为"设计学院"，校舍位于一栋由格罗皮乌斯设计的大楼内。1928 年格罗皮乌斯离开包豪斯。由瑞士建筑师汉斯·迈耶（Hannes Meyer）继任校长，但是他于 1930 年迫于德国纳粹党的压力下台。迈耶的继任者密斯·凡·德·罗力图使学校摆脱政治活动，但是收效不大。1932 年，再一次由于纳粹党的压力，包豪斯被迫离开德绍搬至柏林，1933 年在那里被关闭。

在培养设计师方面，包豪斯发展出了一种新的教学理念。1919 年，约翰·伊顿（Johannes Itten）引入一种一年制的基础教学，目的在于将学生从沉闷的传统规范和理念中解放出来，介绍设计的基础艺术元素。在这个阶段之后，学生根据兴趣选择包豪斯的某一专业工作坊，在那里，他们继续接受由"工匠师傅"或艺术家，或者叫"造型师傅"指导的手工和技艺训练。在包豪斯任教的著名设计师和艺术家包括利奥奈尔·费宁格（Lyonel Feininger）、沃尔特·格罗皮乌斯（Walter Gropius）、约翰·伊顿（Johannes Itten）、瓦西里·康定斯基（Wassily Kandinsky）、格哈德·玛克思（Gerhard Marcks）、保罗·克利（Paul klee）、乔治·莫奇（Georg Muche）、罗塔·施赖尔（Lothar Schreyer）、奥斯卡·史雷梅尔（Oskar Schlemmer）和拉斯洛·莫霍利-纳吉（László Moholy-Nagy）。

包豪斯同样培养了一大批校友，其中有许多极有天分的毕业生，比如马歇·布劳耶（Marcel Breuer）、约瑟夫·阿尔伯斯（Josef Albers）、赫伯特·拜耶（Herbert Bayer）、朱斯特·施密特（Joost Schmidt）、辛纳克·谢帕（Hinnerk Scheper）、根塔·斯托兹（Gunta Stolzl）以及玛丽安·布兰德（Marianne Brandt），这些后来作为"年轻师傅"留校任教。包豪斯对于设计学在理论和实际上的历史影响可以分为五个阶段：

1. 表现主义工艺阶段(1919—1922)。在 1919 年包豪斯创立之初，出版了一部宣言，号召在保持建筑学主导地位的前提下，将艺术与其融合。随着英国的(→)工艺美术运动的发展，它倡导重返中世纪"石匠小屋"的改革思想。这个阶段的一个特征就是一种由表现主义激发的形式语言在手工艺和个人作品中有所反映。约翰·伊顿特别擅长将创造的激情融入实验与设计中，这逐渐成为包豪斯的核心基础课程之一。学院在魏玛的初创阶段也受到了拜火教(以波斯沃教为基础的当代教派，倡导呼吸练习和素食)宗教哲学的影响，他们在包豪斯的蔬菜园中跳韵律舞蹈，庆祝灯笼节，进行集体创作，这些活动帮助包豪斯渡过了战争后伙食不足的艰难时代。

2. 转向美学功能主义(1922—1923)。1922 年和 1923 年以向着工业化的从容转变为标志。1922 年在图林根当地政府的要求下，格罗皮乌斯组织了一场名为"艺术和技术：新的统一"包豪斯成果展。这个题目不仅描绘了展出的作品，同时也表明了接下来包豪斯关注焦点的转向，从设计作为一种表现经验主义的形式转向设计为工业生产服务。这种观念上的转变遭到了伊顿的激烈反对，两人矛盾的激化发生在格罗皮乌斯提出由伊顿负责的家具工作坊完成一家工厂一笔大订单的时候。这场"格罗皮乌斯-伊顿冲突"最终引出了关于包豪斯新的发展方向的辩论，并以伊顿的辞职告终。他被格罗皮乌斯的"个人发现"——拉斯洛·莫霍利-纳吉所取代，莫霍利-纳吉对光和清澈度的热情打动了格罗皮乌斯。莫霍利-纳吉接替伊顿负责基础课程，他的基础教学以构成主义原则下的三维物体的表现为特征(→建构主义(Constructivism))。他与朱斯特·施密特和赫伯特·拜耶一起同时负责金属工坊，他们设计了简洁无装饰的广告平面印刷品，并用于包豪斯 1923 年展览的宣传。这个阶段的发展趋向于与工业更多更紧密地合作。

3. 工业和媒体典范表达的新美学(1924—1927)。无视于包豪斯取得的成功，极端保守势力逼迫魏玛包豪斯于 1924 年关闭。从关闭后到 1926 年在德绍重建的这个阶段出现了另一次关注点的转移，即转向格罗皮乌斯设计的新大楼的组织和创作计划。该建筑的立方体形式简约明晰，是典型的包豪斯建筑风格，大面积玻璃幕墙的使用象征着通透和去物质化。这种工业美学同样反映在钢制家具和金属照明灯的设计中。在这个时期,包豪斯增加了他们在媒体上的曝光率,出版了《包豪斯学报》和包豪斯系列图书等出版物,几乎所有出版物都出自莫霍利-纳吉的设计,保持了他的"新印刷"原则。印刷媒体的日趋重要性同样反映在课程中。当包豪斯搬到德绍后,课程中增加了字体、排版和平面广告。1927 年建筑学作为一门单独的课程开设出来,由汉斯·迈耶讲授。

4. 对经济效益和技术以及学术方法论的关注(1928—1930)。汉斯·迈耶在格罗皮乌斯辞职后成为学校负责人,但这个转变并不单纯是人事关系转变带来的。迈耶掌管学校后,格罗皮乌斯时期对美学的理解被功能性所取代。合成版制成的朴实家具可以自行拼装,降低了包豪斯产品的价格,与之并存的是迈耶的社会主义口号"大众化的要求而不是奢侈品的要求",从而使工薪阶层也能买得起这些产品。这就进一步强调了包豪斯产品的经济和商业价值。理性、技术和学术方法论成为课程的主导哲学。以建筑系为例,开始使用图表形式对一系列因素及其与建筑物使用有所关联的可能性进行"功能分析",包括照明、噪声和行动顺序(甚至要给出邮递员和小偷的行动这样的例子)。这一时期印刷出版的平面设计以主题明确的照片为主,大多使用特写镜头,目的是取得最大程度的清晰度。

5. 去政治化的包豪斯建筑学院(1930—1933)。在迈耶被极右翼政党逼迫辞去负责人职务后,密斯·凡·德·罗接替了他的位子。由于政治局势艰难,密斯·凡·德·罗集中精力摆脱政治对包豪斯的影响。他限制学生的权利,缩短学制至 6 个学期,更改了工作坊的教学目标和结构。自制产品被叫停,建筑模型制作以后交给行业去建造。他也将金属和木工家具工作坊与建筑系的工艺工作坊合并,组成了"建筑与组装工作坊"。这个行动不仅破坏了工作坊中可以帮助包豪斯繁荣经济状况的生产,也从本质上将包豪斯变成了一个由若干工作坊附属着一个建筑学院的学校。不论如何,所有的这些努力在 1932 年纳粹党赢得大选后都被忽略。学校迁至柏林史得可立兹(Berlin-Steglitz)一处废弃的电话工厂。在那里由密斯·凡·德·罗负责,包豪斯成为"自由教学与研究机构",1933 年包豪斯被盖世太保查封,最终解散。

但还需要补充说明的是:当其他包豪斯成员表现出或多或少对新的统治阶层的矛盾态度时,汉斯·迈耶 1930 年转向苏联成立了一个红色包豪斯阵营。格罗皮乌斯和威尔赫姆·华根菲尔德(Wilhelm Wagenfeld)也反对希特勒当政,特别是他 1934 年强迫德意志制造同盟在政治上对其服从。同时,格罗皮乌斯和其他的现代主义倡导者们希望将(→)德意志制造同盟转变为"德国艺术"。他们的希望从某种程度上实现了,许多包豪斯的成员在诸如工业工程、广告和展览设计等符合新纳粹政府兴趣的领域担任职务。1934 年,格罗皮乌斯和密斯·凡·德·罗为展览"德国人民和德国作品"做了宣传部分的设计,密斯·凡·德·罗为 1937 年的巴黎世博会的斯比尔馆设计了一个部分。在包豪斯早期的大师中,对纳粹煽动性宣传的重要"形象"的形成,赫伯特·拜耶可能是最有影响的一位,至少在他的作品(以及几乎每个包豪斯画家的作品)在慕尼黑展览"堕落的艺术"上被贬低之前。

最后,拜耶与格罗皮乌斯、密斯·凡·德·罗以及包豪斯的很多其他成员移民至美国。约瑟夫·阿尔伯斯和安妮·阿尔伯斯被科罗拉多州阿斯本的(→)黑山学院(Black Mountain College)聘为教授;格罗皮乌斯被马赛诸塞州的哈佛大学聘用,在那里他与马歇·布劳耶共同授课;密斯·凡·德·罗 1938 年到芝加哥成为阿默理工学院(Armour Institute)建筑系主任,该学院后来成为伊利诺伊理工大学,在那里,曾经担任包豪斯教授的路德维格·希柏赛默(Ludwig Hilberseimer)和瓦得·彼得汉斯(Walter Peterhans)成为他的支持者。拉斯洛·莫霍利-纳吉在芝加哥成立了新的包豪斯学院。赫伯特·拜耶成了一名成功的广告、平面和展览设计师。

此外,还有很多前包豪斯的成员继续为斯佩尔(Büro Speer)以及在其他相关领域为纳粹政府工作,直到德意志第三帝国在汉堡覆亡。在战争结束前几年,密斯·凡·德·罗曾致信德国建筑师协会,说如果能回德国并帮助重建德国,他将会非常高兴。[PE]

→ 设计与政治(Design and Politics),教育(Education),功能主义(Functionalism),历史(History),工业设计(Industrial Design),国际化风格(International Style),现代性(Modernity)

美
Beauty

我们会惊讶地发现,在公众讨论中形容词"美丽"以及它的反义词"丑陋"出现的频率十分高,而专业和学术上关于这个话题的报告却很少用到这个词。很明显,后者的表现显示了他们害怕使用这个词会把设计降格为单纯的装潢,也就陷入了品味低下的境地。结果是,关于美的反思在大多数设计论述中都被排除在外。

在设计语境下对于美应该考虑哪些方面以及应该写下哪些方面,在(→)美学范畴中已经形成。但是,至少提倡对美本身的反思这种可能性是有价值的。特别是鉴于设计活动是在一个各种想法交叉的网络中利用理性寻求其合理性,因而就有牺牲其独特性的风险。就是因为如此,设计师在他们的作品被否定,被认为过于理想化或仅仅是装饰的东西时,并不会太惊讶。

不仅如此,人们可能会想,美是否可以代表未来对设计的评论和理解的一个关键范畴呢?归根究底,关于美,有这么多由思考和行动以及判断带来的问题,它揭开了一个十分复杂的领域,需要设计实践者与理论者去开发。很明显,不仅美需要被定义和描述,"美的东西"也需要被定义和描述。

这是因为"美的东西"与诸如品味(伊曼努尔·康德说,品味是不需要争辩的,因为它只是一件私人的事情)是有区别的,并且与简单的有吸引力的东西也是不同的,有吸引力的东西常常与某一时期或文化背景相关。如果把美等同于和谐,那也是错误的,和谐仅仅指的是恰当的东西。将美与时代思潮或一种生活方式或者简单地与完美的概念联系起来也是不合适的,易引发争论。与时代思潮或生活方式联系起来太过任意且易被操纵,与完美的概念联系起来则忽略了真实的、对不完美的美进行考虑的可能性。如果把感觉上的愉悦看做是对美的理解也太过简单,因为这种愉悦应该在特定的条件下进行检验,因此就会成为被批判的对象。比如人类器官的(→)感知很明显对诸如平行线和直角这样的规则结构更有兴趣,就像德国科学家赫曼·赫姆霍兹(Hermann Helmholtz)在19世纪论证的那样,人类大脑本身构建了这些结构,据他推测所有的神经网络由于某些传输效率的原因,使得重复的事物更能刺激大脑,大脑能够更有效地对比相似的事物。

此外,不难发现有些东西在不同的历史阶段被认为是美的,但有些东西在任何时候都被认为是美的。问题是,对于美丽事物的描述(借此我们可以感受到"无私的愉悦"(康德))是否也可以应用到设计中,这是具有挑战性性的。当然,我们仍然面临着美是否存在这个问题,虽然从经验上看,它似乎总在我们身边。[BL]

美的设计
Bel Design

美的设计,在德语中的同义词是(→)"好的设计"(Good Design)。20世纪60年代到70年代是其发展的鼎盛时期,它伴随着意大利的经济繁荣开始发展,结束于石油危机。石油危机和工业的批判性反设计运动在生产过程中引发了广范的对设计作用的否定。美的设计的典型特征是优雅的外形、实验性、对创新有兴趣并愿意接纳创新的产业的合作。与塑料工业合作的结果是生产效率得到提高。美的设计创作了许多当代经典:如1968年由贾弗朗科·比莱迪(Giancarlo Piretti)设计、卡斯特利(Castelli)制造的折叠椅(Plia);1968年由乔·科伦博设计、卡特尔(Kartell)公司制造的4867椅;1969年由维科·马季斯特瑞特(Vico Magistretti)设计、阿尔特米德(Artemide)公司制造的塑料椅;以及1972年由马里奥·贝利尼(Mario Bellini)设计、奥利维蒂(Olivetti)公司制造的电子计算器。[CN]

基准评价
Benchmarking

基准评价这个词指的是将一种产品、流程或程序与其他成功的产品、流程或程序对比,评估缺陷,制订策略和措施,以改进产品性能、增强易用性和可操作性、提高竞争能力和生产能力等。换句话说,基准评价的目标是在一个公司或组织内部确定和实施"最佳运作方式"。这个词在IT以及商业管理领域中使用最频繁,但是除了电脑程序以外的形式也可以进行基准评价。

在不考虑所评价的东西时,基准评价的原则是相同的:①对比;②评定不足;③制订改进策略;④实施策略;⑤重新评估。对于设计师而言,在这个过程中获得的信息对于改进某一产品或解读潜在市场、创新设计策略和服务有着重大意义。[TG]

→ 设计管理(Design Management),全球化(Globalization),信息设计(Information Design),质量(Quality),研究(Research),服务设计(Service Design),策略设计(Strategic Design),流行趋势(Trend)

仿生学
Bionics

仿生学是分析生物学原则和系统,并将这种知识应用到工程制造的一个学科。

英语中仿生学(bionics)这个词的词源是由两个词合成的:即生物学的前缀"bio"以及电子学的后缀"onics"。《无敌铁金刚》是20世纪70年代十分受欢迎的电视剧,男主人公就是这种合成的代表:人类身体通过电子技术的改良获得超人的力量和速度。

这个领域很大程度上关注的是人类仿生学:通过机电工具的制造,与人体发生互动,用机械手段重现人体的一些功能(→机械设计(Mechatronic Design),工程设计(Engineering Design)),其用意在于将大脑产生的人类思维和由外部机械手段引起的行为无缝衔接。

这些设备依靠电子反馈机制测试人体部位实时的行为和表现,以确定它们的功能水平,并且进行改进。比如,人工耳蜗通过绕过耳朵损坏的部分的方法恢复听觉功能,直接把电子信号传送到听觉神经。视网膜移植是通过电子刺激视觉细胞而产生对光的感知。

在仿生学的影响下,为截肢者设计的义肢也得到了改进:不是依靠残肢(截肢后剩下的部分)的运动带动义肢的运动,仿生的义肢可以在中枢神经系统的控制下运动。在这些装置背后隐藏的总体理念是希望人类思维能够激发机械装置的运动,也就是与天然的生物系统所起的作用一样。

在这个领域的设计中,有许多不同的方法可用于达到与大脑发生关联的目的:有些研究人员关注的是将电极移植到大脑或大脑皮层,另一些研究人员则尝试用体外探测器达到目的。从本质上说,大脑发出一个命令信号,通过神经传输到探测电子冲动的感应器上后到达电脑,由电脑分析这些冲动,得到的数据将传达到机械义肢——手、胳膊或腿——上,它们就会根据大脑发出的信号做出运动。使用这种技术的一个例子就是从义肢直接向残肢的神经终端发出电子信号,恢复手肘以上截肢者的手臂功能。

这种有效的仿生学技术手段还可以用于帮助瘫痪者。从瘫痪者大脑发出的电子刺激可以激发轮椅,使之移动或控制鼠标,使瘫痪者可以用一种直到近年来还不可能达到的方式去行动和交流。

现在仿生学设备的发展趋势仍然以重塑人类身体功能为主。但是,一些企图提高人类力量以超越人类自然拥有的能力的尝试确实存在。这种具有争议性的尝试的例子可以在跑步义肢的研发中看到：美国双腿截肢的残奥会运动员艾米·穆林斯（Aimee Mullins）的义腿，就是在猎豹的生物运动机能的基础上开发的。用碳纤维制作，安装了减震器和弹簧，这样的腿给予了它们的使用者与世界上速度最快的陆地哺乳动物相似的奔跑速度（每小时70英里（113千米））。使用这种外接的义肢，使用者可以以更有效的方式储存运动能量。虽然使用这种义肢的人无法达到猎豹那样的速度，但是他们如迅捷的动物那样奔跑并非没有可能。

仿生学的另一种表现是建立在动物运动和行为基础上的机器人应用。斯坦福大学、加州大学伯克利分校、哈佛大学和约翰霍普金斯大学的生理学和机器人科学研究人员最近合作进行了蟑螂的关节和腿部结构机能模型的研究。他们意图制造出一种拥有六条腿的奔跑机器人，可以在颠簸不平的地表行动，用于炸弹拆除以及军事侦察。美国国家航空航天局也在考虑利用昆虫行为，研制可以执行火星任务的机器人，可以适应火星表面不规则的地形。麻省理工学院多媒体实验室中腿部研究实验室的研究人员已经制造出了分别根据袋鼠和恐龙的生物机能进行行走和跳跃的机器人"尤尼鲁"和"特鲁迪"。模仿这些动物的运动的模型研究可以带来义肢研究的进一步发展。

仿生学有时候也会被称为"生物模拟"，也就是研究生物的系统、样式、行为和形式，制造具有创新性的产品。这种研究常常伴随着对动植物进化优化行为的研究，以搜集可用于制造新产品的信息。生物模拟的最常见的应用例子包括魔术贴（根据种子的倒钩形态）以及莱特兄弟设计的飞机机翼（根据鸟的翅膀形态）。生物模拟的应用范围突破了消费商品以及有形的物体，延伸到根据生态体系的原则进行的设计体系中，包括农业、建筑学和计算机（→系统（System））。

生物材料领域代表了另一种生物模拟的表现：分析高性能的自然（→）材料，从而开发出有类似性能的人工合成材料。这些材料虽然是人工合成的，但都具有生物降解性。以蜘蛛丝为例，这种极度轻巧的材料，在它的分子结构的作用下，强度却有钢筋的三倍。科学家对蜘蛛丝的分子结构进行研究，以期生产一种人造的材料，这种新材料可能应用的方面包括手术中可被人体吸收的缝线、人造肌腱和韧带等。再举一个例子,为了研制一种强力防水胶,科学家研究了贻贝,这种生物分泌一种防水粘液,即使在波涛汹涌的水中,也可以将自己牢牢吸附于物体表面。仿生学中的很多想法曾经都只是科幻小说中的情节,这些幻想表达了人类对人工制造的痴迷。在这些幻想中人们制造出了想象中的生物,融合了人和其他生物的特点。随着科学技术和仿生学的进一步发展,科幻世界和真实世界的重叠看似即将成为可能。[AR]

→ 未来设计(Futuristic Design)

黑山学院
Black Mountain
College

黑山学院由古典音乐教授安德鲁·赖斯(Andrew Rice)于1933年创立。它坐落在北卡罗来纳州,靠近艾塞维利亚市,这个开办了23年的学院成为实验艺术和设计的实践基地。常与黑山学院同时被提及的学者和著名艺术家,包括画家塞·托姆布雷(Cy Twombly)、罗伯特·劳申伯格(Robert Rauschenberg)和音乐家约翰·凯吉(John Cage)。设计同样是这个学校课程中不可缺少的一部分。约瑟夫·亚伯斯、安妮·亚伯斯,沃尔特·格罗皮乌斯以及巴克敏斯特·富勒(Buckminster Fuller)都曾任教于该校,并在该校任教期间塑造了20世纪的设计史。

赖斯在佛罗里达州罗林斯学院长期被剥夺授课权利,他发誓黑山学院将成为学术自由的绿洲。他决定他的新学校将建立在雅典民主原则的基础上,教员们对学术政策有充分发言权。院长、系主任、教务长、校长以及其他大学中需要的重要职务都没有出现在赖斯的计划中。取而代之的是平等的同事委员会,由教员自己管理。这个委员会拥有聘用、解雇教师的权利,以及从财务上支持赖斯的新尝试的义务。从一开始,黑山学院就把艺术放在与传统学科同样重要的位置。艺术不再被归类到学校课程以外,它们成了每个学生必学的课程。没有教条的要求,以及对什么是好的(→)教育的灵活变通的观念,为艺术和设计的繁荣发展提供了一个良好的环境。

为了保证设计课程的力度,黑山学院的创立者们聘用了约瑟夫·亚伯斯负责艺术类课程。在结束了德国包豪斯(被有些人认为是20世纪重要的艺术和设计学院)的数年任教后,阿尔伯斯与妻子安妮一起在1933年来到了美国。阿尔伯斯说服了许多20

世纪艺术和设计领域的领军人物，如沃尔特·格罗皮乌斯、马歇·布劳耶、费尔南·莱格（Fernand Leger）到黑山任教和讲课。亚伯斯夫妇关注色彩理论、几何形态、织物设计、材料、平面设计以及其他与设计相关的过程，将他们的实验视角带给了美国学生。1941年当学院迁址的时候，马歇·布劳耶和沃尔特·格罗皮乌斯受邀设计了新校园的总图。虽然他们的构想极其精彩，但由于资金问题，黑山学院不得不使用建筑师劳伦斯·科切尔设计的另一个方案。

巴克敏思特·福勒是在黑山学院任教的最著名的设计师之一。约瑟夫·亚伯斯于1948年的夏天邀请福勒来到黑山。在学院里，福勒进行了穹窿——福勒在全心研究几何形体后发现的一种利用八面体（Octet Truss）构建的建筑形式——实验。他与学生一起试图确定这种结构的张力表现方式如何为建筑带来变革性的发展。

为了庆祝黑山1945年夏季艺术学院的成立，在《设计》杂志的一期特刊中，刊登了一些关于这个学校如何试图维持它的乌托邦式的理想的文章。沃尔特·格罗皮乌斯、约瑟夫和安妮·阿尔伯斯、茱莉亚和利奥奈尔·费宁格（Lyonel Feininger）以及其他人纷纷撰文表达了他们如何以一种民主的状态在黑山进行艺术教育的工作，他们对此非常满意，并且改变了所谓的以艺术和设计为谋生手段的面貌。最有力的文字来自简·斯莱特（Jane Slater）——一名在这所学校刚刚完成学业的学生。她在描述完自己同学的状况后写道，黑山学院的教育旨在帮助"学生为将来面对这个好坏不分的世界作准备"。通过革新艺术和设计教育理念，黑山引领了20世纪关于设计的新的思考方式。[DB]

蓝图
Blueprint

蓝图的制作过程是一个摄影印刷的过程（使用曝光），在1842年首次出现。蓝图由它的颜色而得名。因为蓝色区域才是印刷出来的颜色，白色线条是留白的区域，所以蓝图是"阴文"。蓝图的精确性使它很长时间以来被用作一种可靠的技术工程图纸的生产方式。蓝图也是一种用于表达方案、（→）原型或设计（→）模型（如在（→）版面设计最终确定前的待审校样版面）的一个概括词。[TK]

头脑风暴
Brainstorming

头脑风暴指的是一种解决问题的手段，一群来自任意领域的人聚集到一起，每个人自愿、无保留地贡献自己的想法。在设计领域，这是一种流行的衍生想法的方法。最早于20世纪50年代在广告业中产生的这种工作方式，至今在这个行业仍然流行。它的主要特征是，组织方便且轻松，为了最大可能地得到原创的想法（→创新（Innovation））,一群人聚集在一起毫无保留地提出自己的想法，无需担心受到批评。它与另外一些方法并用，如"天马行空的思考"等。对头脑风暴是否有效的实践研究表明，它塑造团队的作用比产生有用想法的作用更大。根据这项研究，一系列新的头脑风暴的方法产生，其目的在于取得一个平衡：既不防碍个人产生创意，又要使这些创意能吸纳其他成员的建议。便利贴和白板是这种讨论会最喜欢用的记录工具。™

→ 协作设计（Collaborative Design）,参与设计（Participatory Design）

品牌
Brand

品牌是某一上架的商品或服务通过附加价值区别于它的竞争对手的名称、设计或标志。品牌的附加价值是处于消费者、商业、营业环境的所有交易和互动环节中心的谈判关系的一种现代建构。

品牌这个词被广泛应用于市场营销、广告、销售、宣传、公共关系、设计研究、设计应用等领域中的商品、服务，甚至人。在这里品牌的含义是从两个不同的方面进行讨论的：首先它是为了专门的市场开发和广告目的；其次它被社会科学家和设计师们赋予了新的意义。当我们谈到品牌时，我们可能想到一个具体化的，可被购买、销售、交易和为消费者所追求的产品或服务，但是品牌不是静止不变而是一个高度活跃的过程。本文从一种批判的角度看待以品牌为中心的营销概念，从流行通用的视角到最近学者们所持的较新的评论。在此，品牌的概念是一种以交易为目的的，处于所有商业和营销互动环节的中心的现代谈判关系的建构。从功能角度讲，品牌是将某一商家或集团的商品和服务与其竞争对手加以区分的名称、设计、标志或服务的一种特征。1996年美国著名营销理论家大卫·艾克（David Aaker）在这个定义上又增加了新的内容：品牌的特征是一系列品牌所代表的联想，以及组织成员对顾客做出的承诺。通过产生一种价值定位，涵盖了功能的、情感的、自我象征的意义，这种特征帮助建立起品牌和消费者之间的联系。比如，众所周知的麦当劳品牌给人们带来许多联想：汉堡包、愉悦、儿童、快餐食品以及金色的拱门。这些联想一起组成了品牌形象,而相应的,这个品牌也承诺,能够实现这些联想和期待。所有公司因此都会竭力建立起它在消费者心目中深刻的、正面的形象。

品牌通过不断重复地使用设计、广告、折扣和宣传手段使消费者获得对它的印象。那些非常成功、著名的品牌,如耐克,通过将品牌与其他相关文化形象的不断联系获得品牌的意义和(→)价值,比如与球星迈克尔·乔丹的联系,通过一次次这样的联系,乔丹的(他本身就是个品牌)社会意义、知名度、成功、流行和性感魅力与耐克的品牌发生了关联,给了它意义。最终,甚至是那个设计的(→)标识,也可以让人一看即知,无需看到耐克的字样,它成了消费者追捧和购买的物品。但是要知道,一个品牌在获得正面联想的同时,也可能有负面联想,比如关注健康的人士对麦当劳食品导致的肥胖的联想,或者是对耐克的劳动力剥削的联想。这就要求预先作出反应,比如提供健康食谱,或给工厂建立指导规章。换句话说,品牌可以作为公司消除负面形象,或表达公众善意的政治载体。比如星巴克公司现在推行一种与当地咖啡供应商的公平交易,为了降低公司的霸道条款形象,制造一种更讨喜的消费者形象。又比如芭芭拉面包——海雀谷物的制造商——为缅因海岸奥杜邦社团捐赠资金用于保护海雀。

品牌的核心是市场销售和设计师为它们的产品创造一种与众不同的品质,并且将这种与众不同在其他品牌的竞争者面前保持下去。开发产品或服务的区分度在商业领域表现为(→)独特的销售主张、品牌资产、区分点,并且被认为是产品的附加价值,在消费者心目中具有独特之处。所以品牌不仅仅是指商品,更是商品如何通过附加价值说服消费者购买,然后基于各自不同的理解使用商品。从这个角度说,品牌主要是通过消费者对品牌产品及其功用的理解和感觉的不同进行区分的。这就是说,对于一些理论家而言,品牌最终是消费者的心理造就的。

还有一些理论家将品牌定义为复杂的(→)象征,对于个体而言承载着许多意义,传达了多达6个层次的含义。这些层次包括品牌特征(其有形特征)、品牌优势(使用该品牌后对生理和情绪的好处)、品牌价值(将使用者和生产者在一个共享的信念和体系中相联系)、品牌文化(制造商理念的反映)、品牌个性(使用者投射到品牌之上的个性），以及最后，使用者本人（购买和使用商品的消费者类型）。品牌也被作为概念性主体，是当代营销讨论的核心。像早期的（→）商标那样，商品具有"视觉世界"的作用，它尝试通过无名的和抽象的广告信息，建立与消费者之间的密切关系以及一种模拟的人格。

理解品牌的难度在于它们不会清楚地表达文化、社会和经济因素之间的联系，而这些恰巧是塑造品牌以及个人消费者的情绪和喜好的因素。人们对品牌的喜好并不只是虚拟的或者象征性的，而是在他们的生活中起真正有意义的作用。对于设计师，一个品牌不仅仅是消费者头脑中的一个象征，也是一种实物制品，消费者有意或无意地通过各种方式进行使用。有些人类学家发现，比如在印度尼西亚婚礼上使用的礼品布，在使用、裁剪以及赠送给他人的时候均有不同意义；一辆车在非洲可以因为所有者不同，使用状态大不相同，可以是一辆不怎么称心的二手车，或者变成一辆出租车，然后改装成了一辆骡子拖车。物体以及他们所承载的品牌可以由不同的使用方法，被理解成不同的意思。品牌不只是任意的符号，而是当它们的物质条件改变的时候，它们的含义和使用方式也随之改变，因为它们易受物质的、经济的和符号条件的影响（→符号学（Semiotics））。因此设计师必须将物质制品的临时属性融入他们所要设计的品牌以及品牌所依赖的设计中。在品牌所处的关系网中，它们也是计算和制定公司市场营销战略的手段。比如品牌被广告部门用作与公司客户加深个人和专业联系的一种手段（梅尔福特（Malefyt）和摩尔安（Moeran），2003）。此外，品牌也可以被卖家、供货商以及所有能够让品牌保持"活力"的个人和群体当作工具，来启发、修正和获得新的市场理解。因此品牌作为一种想象同时又真实的关系存在着，在这种关系中，价值通过内部和外部的，来自个人、公司创立者和文化的力量被不断调整和修正。

即使是已经十分稳定的品牌也会受到文化的影响，需要根据来自消费者和市场情况的需要进行调整。比如，沃尔沃是以安全著称的品牌。但是安全是一个总在变化的概念，不断受到消费者生活经验的影响。随着消费者经历受伤或侥幸逃脱的过程、他们年龄阶段和生活境况的变化、他们的回忆和经验的积累，以及通过工厂召回、新车型发布等事件，人们看到了产品的（→）质量和表现，对安全的理解和实践也随之发生变化。因此对于沃尔沃品牌安全的本质，社会上充满争议和挑战，所以公司、广告商、媒体、汽车设计师等必须用新的风格、形象以及改变安全概念和安全在消费者生活中所起的作用等途径对品牌进行不断调整和评估。

从这个角度来说，品牌在制造过程中与许多不断改变意义的系统有关。事实上，品牌价值从它所有相关方面的交易、互动、修正、调整和争议中获得意义：消费者总是在变化，总是在不断地购买，所以市场份额比例才会增加；广告总是在变化，所以广告宣传永远不会陈旧；（→）潮流总是在变化，品牌必须跟上；公司总是在变化，因为它的员工在不断升迁和调动；广告商也总是在变化，每年35％～40％的人员流动率可以保证不断有新人、新思维。

这就意味着品牌处在一个不断变化着的关系和位置上，随着人、物、环境、主观和客观情况的改变而改变。从这个角度讲，品牌的一个基本特征就是：在区分与其他品牌的定位，保持在消费者心目中的独特性的同时，它是不断变化的。通过不断地改进和创新获得区分度不仅仅关系着品牌的定位，也能最好地表达品牌的改变。改变创造价值。这就是说品牌的变化，作为因市场变化和其他品牌的不断变化而做出的调整，不只是品牌打造的附属产物，更是品牌本身的一个核心问题。公司之所以要雇用新的品牌塑造团队和设计师，市场营销团队之所以总要进行新的市场调研，新的观点之所以总是挑战、取代旧的研究，证明了变化这个概念确实是商业世界中永存的。换句话说，品牌为了附加价值需要，必须保持与众不同，而价值必须通过不断地变化进行创造。

我们还可以从交换价值角度讨论变化这个概念，从而将品牌和商品加以区分。当我们在金融交换体系中检视品牌的时候，品牌在这个它所处的体系中与商品分列于两端。商品具有实际价值，可以用钱或者其他有相近价值的东西进行交易。而相反，一个品牌，是非商品化的，其价值是通过独一无二的特点得以实现的。通过附加价值，品牌得以与商品区分，它必须是不可交换或者不可转让的。这就显示了品牌的矛盾之处。营销人员最在意的，也是品牌最宝贵的财富，就是品牌不变的核心本质，在商业交易中对它的使用功能价值做最大力度的宣传。从这个角度来说，品牌可以被看作是一种特殊形式的"受保护"交易，或者如人类学家安妮特·韦娜(Annette Weiner,1992)所描述的"保留且给予"的过程。

韦娜把这种在特罗布里恩岛居民之间的矛盾的商业交易称为所有社会生活的核心事件：如何在交易压力面前将某些东西剔除到流通之外，而把另一些用于交易。她发现有些东西是很容易送去进行交易的，比如岛上的贝壳，有些东西是他们守着永远不放的，比如祖先遗物。这样，我们可以将这种例子套用到品牌上去，品牌作为独特的创造物，一种特殊类型的商品关系，创造了唯一的"保留且给予"的交易模式。这种公司和消费者之间的特殊的"保留且给予"的交易模式允许公司拥有合法的甚至不可冒犯的权威来决定什么才是根本的实用商品。因此，当品牌所意味的无形的象征价值被保留的时候，品牌作为有形产品就被送去在商品市场上用于与消费者交易。

由于品牌既是物质的有形的商品，又具有很大的象征和无形的意义，它就变得模棱两可却力量强大。事实上，就是因为品牌的这种不确定性，一种永恒不变的象征同样也是一种可铸造的产品，使个人和群体能够使用物质资源和社会实践去控制它的权威性和合法性。由此，品牌在它的不确定的可变性中实现了其价值。它在实体商品的交易中调整、变化，适应改变着的特殊消费者的需要，同时它的高度的象征性和不变的商标又支撑着公司的价值、信念和业务。

事实上，品牌的矛盾可变性使它在一个有形物体会遗失和腐败的世界中保持稳定永久的地位。品牌是一种对抗市场变化的稳定力量，因为它的卓越的象征表现赋予了公司及其历史、根源和任务象征性的不变性。通过这种方法，品牌不可分割的部分通过它的不变本质和公司的历史一起成为了表现(→)企业形象是如何在时间的流逝中得以持续的代表，即使品牌的有形特征需要根据新的市场和消费者使用的变化而随之发生变化及修正(→持续性(Continuity))。比如，福特汽车将其创始人亨利·福特看作是公司成功的、具有创造性和具有才能的不变价值，虽然今天的福特汽车已经与亨利·福特当年预见的完全不同。

正是品牌的这种核心的不确定性给予了品牌力量、价值和社会扩展性。品牌作为产品的使用价值在特定社会环境下为消费者履行一定的功能，该使用价值在董事会议和市场销售会议上被不断地讨论和改进，因为品牌的形象价值是公司形象的象征载体。在品牌不停被商榷的意义之下，它作为永久的、不断变化的社会力量的反映，将公司方、设计方和消费方的行为者聚集到了一起。

最后，品牌作为设计、贸易和市场互动中相互协商关系的现代概念，可以作为一个特殊的领域或者说要求参与的空间。布莱恩·莫兰（Brian Moeran）写到，每个社会的世界都有一个基本的互动或社会戏剧框架，这样才合理并能维持下去（莫兰 2005）。在公司的销售世界中，品牌成了社会戏剧，用以维持和赋予营销人员、企业、广告商、中间供应商、设计师等角色运作的合理性。因此，品牌并不是一个真正的实体化的东西，也不是像营销人员和设计师在平时将它看做的一个个体的象征，它是代表了一种策略性互动的动态空间。品牌更像一场社会戏剧，因为它所处的领域从不是稳定不变或静止的，在那里的参与者总是在不停地移动变化，它也是一个充满可能性的空间。从这个方面来说，品牌从一个物体（商标、（→）标识、企业颜色）的状态变成包含有一批参与者的集合，这些参与者不断制造、塑造和重新制造品牌意义。换句话说，品牌的意义和价值不是由一个企业、一个广告商或消费者制造的，而是由这个领域所有的参与者共同创造的。因此作为许多类型互动的一种表达和结果，品牌获得了某种社会价值和接受度，这种价值和接受度使得所有参与者之间的互动变得合理。

总之，品牌既是可用于交换和贸易的物品，也是与之相关的消费者、制造商、广告商、经销商、设计师和卖家之间的合作或竞争关系的象征主体，所以品牌既是一个不断变化以保持其产品独特性和附加价值的过程，也是消费者可以每天使用并享受的一种有形的服务和产品。[TWM]

→ 广告（Advertisement），品牌打造（Branding），宣传（Campaign），市场调研（Market Research），产品（Product），社会的（Social），策略设计（Strategic Design）

品牌打造
Branding

品牌在消费者心目中留下了印象。比如,一个被啃过一口的苹果不仅代表了苹果电脑的产品,也成为一系列与该品牌有关的特质的代表,诸如简洁、独特和美感。当苹果公司把它的产品生产线延伸到手机等产品上时,这些新的产品也被冠上了该品牌同样的特点。

这个例子说明了在品牌发展过程(也就是品牌打造过程)中常规的和基本的情况。虽然某个品牌的特点最终归因于消费者对产品的理解,但是品牌打造的过程总是与企业相关的,是有目的地发起并引导的。

在19世纪与20世纪之交,曾经在当地市场上买卖方之间直接的、个人的接触几乎完全被新兴的匿名的、跨地区的广大市场所取代。随着当地贸易被大型商业公司、企业取代,那些花费毕生精力建立他们的声望和全面贸易哲学的企业家成为首批品牌的创立者。在规模较小的新兴的贸易中,甚至是全球范围的贸易中,也仍然存在一些地方企业成功创立品牌的个别例子。不过当今的品牌打造者一般被认为是临时工,在公司的营销部门中有其专属职责。

20世纪的品牌发展的组织环境可能已经改变,但是成功的营销发展背后的基础环境大多仍然不变。任何一个有成功可能性的品牌的创立起点,总是它的产品的发展以及之后拥有的区分度。由于产品的功能正在变得越来越相似,其他可以将它们区别于竞争对手的特征就显得尤为必要。这就是品牌的附加价值发展的重要性的原因(→附加价值(Added Value))。一旦产品的品牌特征得以发展并且确定下来,这些特征就会成为品牌将其价值传达给消费者的基础,从而对产品的外观、包装、销售等各个方面带来影响。在较大范围内持续使用品牌的特征最终将发展并建立品牌在消费者心目中的形象。

在当今已经过于饱和并且日趋复杂的市场中,面对无止境推出的新产品,消费者感到无从下手。而品牌提供给消费者一个稳定的参照点,继而从中获得可观的利益。

从商业角度上看,品牌的重要性在于它们确保了某些特定的商业能从广大复杂、时刻变化的全球市场中脱颖而出。它们的核心承诺被传达出去,并且最终它们在目标群体心目中扎了根。它们同时也在信息传达中提高了效率,提供了抓住新的市场的机遇,建立起一群忠实的客户群体,从而带来了商业盈利。

目前就品牌为其所有者赢得优势的途径,正在进行国际化的标准评估流程。激发品牌在商业金融报告中的价值迫在眉睫,找到利用它为公司赢得经济利益的方法已经不只是信息专家的事情,同时也是投资者和财团的任务。

从它的存在至今已有 200 多年,品牌的重要性已经超过了以往任何时候,并且应用的领域不断扩大。现在关于品牌的打造吸引了那些非盈利的和公共的部门,甚至开始渗透到许多私人领域的"自我品牌"中。当然,也必须意识到品牌的兴起同时也伴随着许多严重的后果,甚至犯罪。

那些寻求从品牌的力量中获利的个人或团体,已经开始大量生产、散播、销售假冒产品。今天,(→)假冒产品已经占有全球市场份额的 10% 甚至更多。不仅局限于奢侈品,还有零配件、药品等可能影响到使用者的安全和健康的产品也常常被仿造。这些仿冒品给经济和社会带来的危害不断被提出,人们号召政府的介入。

事实上品牌已经在日常文化中普遍存在,社会自然对其产生了越来越广泛的抵制。近几年来,品牌因利用政治的、环境的、社会责任的缺失等手段牟利而受到广泛严厉的批判。换句话说,品牌打造的过程被认为承载着比广告宣传过程更多的分量——更多地涉及无良行为,而广告最多被批评为"下意识的"。品牌事实上已经成为有力的社会习俗,它们的创造者和拥有者应该意识到这一点并且做出负责任的行动(→伦理学(Ethics))。随着现代社会各方面进入 21 世纪,现代社会的评论员们也应该更仔细地调查品牌的现象。[JH]

→ 广告(Advertisement),品牌(Brand),消费(Consumption),企业形象(Corporate Identity)

任务书
Brief

这个词起源于设计学,是一种解决问题的活动。在客户明确一个问题后,他/她以"任务书"的形式给设计师准备了一个建议的解决方式,设计师需要决定如何让客户的想法得到最好的实现。雪铁龙的首席执行官皮埃尔·布朗格(Pierre Boulanger)在

1938 年准备了一份非常简单而著名的任务书作为 2CV 车型的设计基础："汽车是在四个轮子上的一把伞，有座椅，可以装 40 公斤的行李，以时速 60 公里行进。它的悬挂装置可以使它在行进过程中不会将放在座位上的一篮鸡蛋打碎，它的最高耗油量为每 100 公里 3 升。"这个任务由雪铁龙的主要持股公司米其林公司负责。

今天，一份任务书可以包含几百页的内容，详细描述背景、(→)目标人群、市场调查的数量和质量结果、要求的服务内容（项目所要达到的数量和质量目标），以及可以获得的资源和时间表。任务书的形成，也就是客户和设计师对项目的范围、目标、预算等进行分析并且达成共识的过程，是(→)设计过程的重要环节。

现在任务书的结构和形式会受到标准化规章的管制，在欧洲需遵循德国标准化委员会 DIN69905 标准（→质量保障（Quality Assurance）），考虑到任务书所固有的复杂性，这样的规定令人惊讶。除了对项目目标和资源的数量进行规定，真的可能将所有与设计流程相关的内容全部进行标准化的规定吗？ 事实上，实践证明，在综合的启发式设计过程中所获得的知识可以并且也应该在项目特定阶段加入到任务书的内容中。同时，设计实践者对日益增长的潜在利益的要求正在加强，从定义上说，没有哪份任务书是完美的。[PT]

→ 设计规划（Design Planning），问题设置（Problem Setting）

传播设计
Broadcast Design

传播设计指的是为屏幕所做的(→)视听设计。这个词与电视行业紧密相关，但不是仅仅与电视行业相关。传播设计师需要掌握一套技能并且能够在工作中应用平面设计、(→)视觉效果、现场直播和(→)动画等手段。

传播设计师的工作包含非常广泛的现场设计：电视剧和电影的片头标题和片尾字幕、电视广告、(→)预告片、音乐电视和滚动新闻只是他们工作内容的一部分。如果是现场直播，他们常常需要与其他人员合作，如声音和灯光设计师，才能得到最终的产品。

他们可能会受雇进行整个电视网或电影网识别系统的创建，

包括所有播放的(→)标识、图像剪辑和广告,以加强和支持网络的(→)品牌辨识度。广播设计的这个作用需要与其他的印刷材料和非直播宣传产品(包装和信笺)的设计互相配合。

北美直到 20 世纪 70 年代,欧洲直到 20 世纪 80 年代,传播设计才开始作为电视业中一个独立的领域存在。这种发展随着电视机的普及、电视网络数量的增加和传播技术的发展而进一步加强。特别是电子技术的应用,大大促进了屏幕影像的高效发展。

最早的专门进行视听产品设计的设计工作室出现于 20 世纪 80 年代,伴随着电视市场的扩张而出现,并且主要由美国公司控制。但是随着廉价的(→)硬件和(→)软件在 20 世纪 90 年代的出现,这种情况发生了变化。在美国和美国之外的许多地方,涌现出很多中小规模的设计公司。最后,电视网络的平面设计部门内开始产生对传播设计的需求。虽然自由设计师常常被招揽参与复杂的项目,但是大多数网络仍继续自行处理大部分内部所需的传播宣传。

进入 20 世纪 70 年代,片头以及其他视听设计元素开始在编辑平台进行制作或者使用老式相机进行素材的记录。在 20 世纪 70 年代,宽泰(Quantel)公司为传播设计革命性地引入了数字转换绘画盒(Paintbox),这种电脑程序可以使设计师使用一种绘图板和笔,用传统的方式进行静态图像以及之后动态图像的制作。20 世纪 90 年代以前,数字转换绘画盒成了传播设计的同义词,之后它被行业内标准的桌面系统超越。[BB]

→ 屏幕设计(Screen Design),时间基础设计(Time-based Design)

C

计算机辅助设计
CAD /CAM /CIM /
CNC

计算机辅助设计(如 CAD)在 20 世纪 50 年代后期 60 年代早期开始出现,是随着一些电脑程序如草图板(Sketchpad)(1963 年由麻省理工学院的伊万·萨瑟兰(Ivan Southerland)开发的一个基础绘图程序)的开发而产生的。从此,计算机工具为工程师、建筑师等提供了更新、更快、更精确地快速实现他们想法的可能性。将设计手段从传统的手工绘图和制模方式转向了用电脑数控(CNC)机床(milling machine)进行材料处理的数字化加工,这种转变给设计过程以及设计产品都带来了巨大的影响。这些转变过程体现出了不足,但也提供了新的机会。一方面,数字化产品的发展过程几乎让设计完全依赖计算机完成每一步工作,从而忽略了塑造物体过程中的触觉经验。在这样的情况下,给测试产品的功能带来了困难,必须等到较靠后的生产环节才能进行检测(→测试(Testing))。另一方面,掌握软件后可以节约时间和资源,如需做出修正也更快更方便。同时也可以更直接地随着设计师责任的扩大整合工作各个阶段。

计算机辅助系统模式也可以通过使用计算机辅助制造(CAM)软件转化为机器的生产数据。转化的方法取决于所需生产的产品以及生产步骤。除了电脑数控以外,其他生产方法包括立体激光雕刻、粉末材料选择性烧结(SLS)、融积成型、分层物体成型以及三维打印。这些(→)快速成型方法不仅保证了快速生产,也是进行大规模生产或复杂的个人定制产品生产的经济选择。

除了原型和模型的制作以外,企业也利用计算机进行各种活动,包括计算机辅助质量控制(CAQ)、计算机辅助计划(CAP)和成本核算。所以工业部门中所有计算机辅助的流程和数据都被归为计算机整合生产(CIM)。[DPO]

运动
Campaign

"运动"这个词常用于军事、政治或广告之中,指为达到某种目标进行一系列相关的活动。它可以指募集资金(商业的或慈善的运动)或提高某些公共意识的策略(大众健康运动)。运动大多与通讯设计和媒体基础设计相关，因为它们几乎都是以信息为基础的（→信息设计（Information Design），→视觉传达（Visual Communication））。运动设计可以持续几周或几年，并且常常是需要利用多种通讯模式的合作活动。

政治宣传活动（→设计与政治（Design and Politics））需要平面设计师、图像设计师、网络设计师以及制片人、作家、布景师、活动策划师和服务设计师做大量工作。政治正变得更像是关于形象包装的问题而不是讨论政治本身，并且与品牌打造的策略有许多共通之处。所以，广告商和品牌策划公司被委托负责政治活动。他们力图利用一系列直接或间接的传达形式，将候选人以一种恰当的、令人信服的方式展现出来。

提高公共意识的运动大多由纳税人赞助，意在建立一种整体意识（如对于一种新税制或政府重组的整体意识），以及改正某些行为（如减少酒驾或防止妇女受暴力侵害）。越来越多的机构团体对这些复杂的问题进行研究，用以设计更有效的活动策略。对行为的修正无疑是最困难也是最难预期的活动。比如，用电影中的一些刺激的情节对驾驶行为产生影响，所以减少汽车事故不一定能够让最容易出事故的年龄层的人改正自己的行为——他们经常能够看到高危险行为带来的视觉冲击。或者用另一种方式，比如在运动中，通过一个关于驾驶者如何撞死人后感受悔恨的故事，引起个人责任感和羞耻感；或者用同龄人或"英雄"效应（年轻女孩表现出对抽烟男孩的不屑，或者著名的球星参与到反对排斥同性恋的活动中），激发观众的情绪，以达到活动目的。

从本质上说，现在所有的广告活动都是用同样的多平台方式进行产品和服务的宣传，因此在通过越来越多的媒体和交流渠道整合他们所有的宣传信息后，内容会很长。因此，宣传活动（综合了许多操作流程）对广告企业通过多种媒体和环境手段影响大众的努力而言越来越重要。销售常常试图用一些诸如电影和电视植入广告的方式掩饰产品宣传的目的。用这种"媒体影像"传播，广告企业试图"找到"产品的受众并且用一种他们很难回避或抗拒或分辨的方式进行宣传。

互联网的兴起，交流途径的扩散，大众对慈善团体和政治家们"有所作为"能力的怀疑给传统的运动方式带来了压力。在 20

世纪 90 年代,宣传运动率先尝试了"病毒营销",试图借此找到一些交流方式,能更容易地找到有意愿的观者和/或者更方便地通过链接、博客等社交网络传播信息。政治宣传运动也使用了候选人网站等形式的社交网络关系,让选民可以看到各种信息和演讲,可以做出评论和建议,参与博客相关话题的讨论,并将博客转发到其他地方。与此同时,便携式摄像和摄影机出现了,特别是新型手机,这些新技术几乎能够记录下每时每刻政治宣传活动的场景,并且将其发送到建立在互联网基础上的社交(→)网络(现在被称为宣传运动的民主化)上。在这种背景下,"图像管理者"需要尽力处理好一对内在矛盾,既要掌控运动的每一个方面,又要充分利用这些会随意传播信息的社交网络的潜力。[TM]

→ 广告(Advertisement),品牌(Brand),品牌打造(Branding),策略设计(Strategic Design)

资本货物
Capital Goods

在(→)工业设计部门,资本货物设计是一个专业的部门,关注标准化机器产品的构想、设计和制造。在供应链中,资本货物是复杂的技术产品,被使用到商品生产中,并且使用技术服务建立资本。

资本货物设计有时候会被降低到仅仅是设计一个有特点的机器的外壳,与主要为内部机械(→涂层(Coating),造型(Styling))进行设计的工程设计的专业密切相关。但是要注意的是资本货物产品也是工程设备的部件,因此也要遵循严格的人体工学规则和建造规则。职业安全、完成度、维修保养、加工周期、(→)使用性以及将产品复杂性降低到保持最重要的可辨认特征只是在进行资本货物设计时需要考虑的部分参数。资本货物设计的社会责任感是制造出实用方便的产品的主要因素。

资本货物设计中美的形式的表达和整体的工业设计的应用十分重要,可以利用一种品牌效应和产品家族,帮助资本货物制造商在激烈的市场竞争中脱颖而出。对此,将设计融入产品开发阶段的每一步以及每个层次中(从(→)组件到包装)有着重要作用。

资本货物设计不是"响亮"的设计专业之一,但是它是最复杂、最多变的专业之一,并且需要整合许多其他的设计技能。[SAB]

轿车设计
Car Design

→ 汽车设计 (Automobile Design)

角色设计
Character Design

角色设计这个词主要用在动画电影、漫画和游戏中,需要有一个或多个虚构的角色面向观众。除了要设计角色的身体外貌,还需要对他 /她的说话方式、身体语言、行为方式等进行设计。完整的角色设计在动画电影、漫画和游戏的制作中是非常重要的一个部分,可能会最终决定产品在市场上成功与否。

角色设计需要使用许多技术,大多用在角色表现上。在 3D动画中,用三维模型,如草模、角色模型、动态捕捉等形式,进行角色设计。近年来,随着互联网的崛起,人们对这个专业的兴趣随之增加,角色设计的定义已经扩大,包含电影、动画和游戏产业之外的角色设计。最近发起的匹克托普拉斯马会议 (www.pictoplasma.com)的目的就是讨论角色设计的新发展和贡献。[BB]

→ 视听设计 (Audiovisual Design),传播设计 (Broadcast Design),游戏设计 (Game Design),插画 (Illustration),屏幕设计 (Screen Design)

涂层
Coating

随着对产品功能和外观的要求不断提高,产品开始有了涂层,也就是经过特别设计的表层。这已经成为设计和生产环节中十分重要的一个要素。从车子到制药,涂层给各种产品增加了功能上和美学上的价值(→美学 (Aesthetics))。他们的基础作用是隔离和保护产品不受环境侵害,如过热、腐蚀或机械压力。它们也用于改变一件物体的表面材质属性,如导电性、弹性或透水和透气性。

有一系列的方法可以给物体加上无缝的、永久粘附的表面。这些方法包括各种化学的、机械的、热能的或热机械的程序,如气化和物化,或浸入电镀液中。涂层常常十分复杂,由若干独立的粘性层组成,这些层有不同的作用但又必须共同起作用。

除了构建物体表面的特殊物理和化学属性以外,涂层也在消费者与产品之间扮演着重要角色。通过决定产品的外观(颜色、触觉特征),涂层也是决定市场开发成败的关键因素。在这个设计产品的功能和属性越来越趋同的世界中,涂层也成为产品区分度和品牌打造的至关重要的一步。

近年来,开发者已经完全意识到涂层对于品牌辨识度的重要性。不断发展的设计技术为越来越多的产品提供了拥有复杂和专门设计的涂层的可能性。今天越来越多的产品有了设计涂层,通过唯美的风格吸引目标消费群。因此,从符号学角度来说涂层也非常重要(→符号学(Semiotics)),它随时反映社会文化背景下市场的整体发展(→)潮流。在一个生产周期日渐缩短的年代,产品区分度成为关键,对于今天的设计者而言,涂层的重要性正在日益显现。[AAU+MF]

→ 定制(Customization),界面设计(Interface Design),材料(Materials)

协作设计
Collaborative Design

直到不久前,设计仍被普遍认为是一项以个人为主的活动,设计师所受到的专业技能的训练是为了以一种多少与他人不同的方式判断、构架和解决设计问题。但是到了 21 世纪,这种对(→)设计过程的理解已经在实践过程中逐渐消失。今天的设计师们常常以团队的方式,共同合作进行方法和产品的设计,体现出团队中各种不同专业的作用。那些不能在协作中发挥作用的设计师越来越不可能取得成功。

即使在最典型的个人设计实践中,设计师们也经常直接或间接地与其他人合作。甲方和用户的需要和喜好对设计师设计的方法和产品都会产生影响。从宽泛角度来讲,消费大众对设计师工作的肯定和否定是与设计师的一种大的协作,对设计师接下来的工作会产生明显的影响。所有设计总是处于一种协作的关系,因为有来自各方的委托、影响和要求会给任何一个设计带来不断的变化。

设计与其他一些活动类似,总是被定义为独立的实践活动,但事实上它是一个要求协作和对话环境的过程(就像许多社会科学家和理论家论证的那样)。比如,设计的协作性有点类似于网球选手打出的艾斯球,这种发球直接得分不仅是由于选手自身的实力,也是因为对手没有能够接到球。或者类似于对话,说话者随着与其对话的人回应的"嗯""啊"等语气及语调的转换推进话题。设计师无论何时更改设计原型都是建立在客户或使用者真实的,甚至是预期的反馈之上的,这就是一种协作设计的形式。

因此，即使是在只有一个设计师的情况下，仍然存在多方协作者的参与，不管是想象中的（产品的最终使用者）或者是真实的（在设计过程的各个截点中不断提供反馈意见的客户或消费者）东西。

虽然所有的设计本身就可以被认为是具有协作性的，但是协作设计这个词最为典型的是指设计团队所进行的设计活动。这些团队由各种协作者（团队成员）组成，他们在创意过程中发挥各自的作用。有些团队有一个最终对设计过程和结果负责的领头者，其他的则以一种分散的、达成共识的方式进行合作，没有明确的负责人。它们可能由来自完全不同的专业领域的个人组成，也可能由有相似背景和实践经验的人组成。设计过程根据团队的组成和结构有所差异。如果团队成员来自相似的专业领域，他们一般会用相似的工作方法解决设计问题。另一方面，如果团队成员来自各个不同的专业领域，这个过程更像是一个一边协调设计活动，一边进行设计的过程。这种协作设计是典型的跨学科设计（→学科（Discipline）），和单学科协作设计相比，要求有更广泛的理解力。

不论团队是什么样的结构或性质，清晰的交流方法是协作设计的核心。像其他团队效应展现的那样，这个过程融入了同样的人类动力学，在工作中力量、礼仪、社会距离和跨文化差异都很清晰。虽然许多设计团队仍然在使用围着桌子进行集体（→）头脑风暴讨论会的方式（如在工作室模式中），但是全球化设计项目（→跨文化设计（Cross-Cultural Design），全球化（Globalization））的兴起要求团队的成员完全通过远程媒体进行交流。这种转变需要成员更好地理解协作技巧的要素以及如何根据交际媒体的不同（面对面 vs 非实时博客 vs 实时信息发送 vs 桌面视频会议，等等）使用不同的协作技巧。

目前正在对设计团队的活力进行研究，虽然不太可能给出一个关于如何能够成功进行协作的确切答案，但是对协作技巧的理解将成为组成团队、推动他们的工作和培训下一代设计师过程中越来越重要的因素，这一点是毋庸置疑的。[MS]

→ 传 达（Communications），整 合（Integration），参 与 设 计（Participatory Design），问题解决（Problem Solving）

收藏 Collection	→ 设计博物馆（Design Museums），时装设计（Fashion Design）
商业广告 Commercial	→ 广告（Advertisement）
交流设计 Communication Design	→ 平面设计（Graphic Design），视觉传达（Visual Communication）

传达
Communications

"传达"这个词的意思是"告知、分享"，它的原意是"使普通"。它从拉丁语"communicare"或"communis"而来。communis 是 com（意为"一起"、"普通"）和 moenia（意为"防守人墙"）的组合，与 murus（意为"墙"）有关。如果从拉丁语直译过来，"传达"可以解释为"绕着相同的围墙内周行走"的某物。对这个词这样的解释让我们看到了一种奇异的、但最终又看似合理的矛盾，它表明了传达从根本上说描述了一个受限的过程。换句话说，它意味着传达是建立在排他和不可扩展的整体之上的。

这个词已被普遍接受的定义中存在的矛盾其实是恰当的，因为参与传达的人们使用的是一种私密的共享语言以及对所有相关符号（包括手势、身体语言、方式）共同认知的知识，这就将所有不熟悉这种语言和文化体系的人排除在外。这种现状是有问题的，因为不管是从历史上还是从现在来看，人们热切地（甚至是理想化地）希望把传达作为一种开放和融合的积极推动力。特别是在设计学中，常常声称能为尽可能多的人，甚至是为每一个人开发出传达的方法。

这个问题在过去的几十年中更加恶化。不断增加的移民带来了更严重的民族语言和地方文化的障碍，并且带来了更多的社会隔阂和交流障碍。另一方面，这种复杂性造就了语言的混合，极大地促进了新的其他交流方式，使得确定交流媒介更加困难。

这些同时存在的语言，有各自的传达密码，甚至在同一个语言群体中也会发展出新的传达密码。比如年轻人常常创造出他们自己的隐秘语言和符号，从而形成他们自己的小群体，与群体中的其他人区分开来。另一个类似的现象可以在某些专业团体中看到，他们使用技术语言和惯用词汇，这样就不可能形成大众交流。他们甚至特意如此，以显示独特性。

要知道，放弃或部分放弃大众交流使用的词汇和表达，对语言的动态特性和其他表达方式——也就是说社会交流发展中的其他语言——有着重要影响。在全球化的今天，情况更是如此。许多人学会了如何视情况和情绪，在不同的语言环境下调整自己，甚至可以很聪明地游戏其中（→全球化（Globalization））。

这些在传达中的变化和转化对设计有着巨大影响,由此传达设计力图创造和提供普遍理解的交流方式。同时,要知道设计不是存在于一个真空环境中——像所有的语言那样,它发展出了自己的特殊符号和标志,使它的使用者得以认识它的目标和体系。任何经设计的东西都会通过它们的形式(也包括它们的颜色、声音、触感、质地或气味)让人产生印象,它们的这些形式传达了价值、功能、互动方式、可能的情感或智力上的关系(产品语义学)等。精心设计后的服务也是如此,因为服务的典型姿势、行为和步骤也在不断地通过符号和象征创造意义(比如端头折起来的厕所卷纸,表示厕所已经打扫过了)。

不仅产品和服务试图与人交流,很重要的是,人们也通过产品与彼此交流,比如通过他们的汽车、服装、手表、眼镜、公寓家具或他们喜欢的食物和饮料进行交流。传达不仅通过视觉实现,越来越多的时候也通过声音(→声音设计(Sound Design))和触觉信号,甚至是通过气味和味道(→联觉(Synesthetic))实现。有些餐会是为了更好地交谈或激发热情准备的,酒可以用来催发饮酒者的情绪,鼓励社会交往(也有关于酒的交往),或分享梦想——在一起喝茶和喝咖啡的时候也有同样的作用。使用香料和香水是为了制造愉悦并影响他人。德国的谚语"我无法忍受他/她的气味"的后面隐含着"我不喜欢这个人"的意思。医学科学很早以前就证实了触觉传递表面、体积和形体的信息,而听觉不仅可以凭经验让人感觉到危险,也是进行实际交流的基础(设计师们用了数十年时间才真正理解这一点)。失去某种感觉部分或全部功能的人特别能认识到这点。

虽然所有的感官都很重要,但最突出的传达效果靠的是视觉。这是由于历史和心理等多种原因造成的,在文学作品中经常可以看到(比如在英语中"我看到了"其实是"我明白了"的意思)。难怪人们总说眼见为实。因此,在设计传达架构的时候,总是首先使用视觉维度(→形象化(Visualization))。

但是,考虑到人工制品要求设计和可用材料的多样性——比如在书面语言中的印刷字体(→字体排印(Typography)),设计视觉影像需要花很多精力。人们造出的字体和符号数不胜数,每一种都可以用各种语言排出各自的特征,每种都是经过设计的(比如粗体字、细体字、斜体字）。一旦选定字体，设计师可以用无数种可能的方法进行安排（→版面设计（Layout）），然后设计含有这些字的书页，形成整体的视觉场所，或者以一种独特的顺序对书页进行排序。所有这些设计决定，对吸引读者的注意力以及对他们的阅读和理解能力都有很大的影响。在设计过程中，可以形成不同的文本，即使里面包含的文字是类似的。书面文字不是存在于其本身，而是被设计出来的，通过设计来传达和决定它的可读性和可理解性。

其他的基础（→）视觉传达方式还包括（→）标识、（→）商标、图标和（→）象征，这些可以在任何地方看到，并时刻吸引我们的注意力。（→）图形文字用于指示、警告或吸引注意力，是一个需要考虑的重要媒介——它们常在机场、火车站、百货商店和路标以及通知、说明书和机器上出现。图形文字用于传递重要信息和命令，所以必须尽可能语义简明。另外，这些形式的交流在实用的同时可能也经常是命令式的。在视觉交流领域的一个有争议的话题是，这些符号背后隐含的意义是否都需要被人所知，或者它们可以作为在可习得范围内、语言特殊性之外的、类真实的符号用于交流。问题在于交流过程中的设计是否普遍有效。这个问题又回到了文章开头关于多语言使用的基础问题，一方面需要相关语言内的交流手段和表达方式，但是另一方面又有部分需要，希望可以有"打破围墙"的、通用的、共享的交流。交流设计处于这种矛盾和双重要求的中心，由于意识到了交流体验过程的连续性，正在努力尝试新的设计方法。[ME]

复杂性
Complexity

从回形针到大教堂，设计实践常常处于一个由简单到复杂的连续过程中。但是，到了 21 世纪，受到关于系统、组织和秩序的科学理论的影响，"复杂性"这个词又有了新的含义。

复杂性科学提出这样一个问题，随意组织的杂乱的元素如何用一种看似有意识的、令人叹服的，甚至能够调整的形式呈现出来。从这个角度讲，复杂性是一个既无规律又不杂乱的状态体系，它处在"混乱边缘"。也就是说，这个整体显示了从混乱的相互关联和无法预料的变量中衍生出来的连贯的属性。一群蜜蜂没有首领也没有组织智慧。但是，作为一组蜂群，它可以操纵并指挥自身作为一个集体飞向目标。我们无法从一只蜜蜂发出的指令去推断整个蜂群的集体智慧，但是作为一个整体，蜂群表现出了惊人的、协调的、整体的行为。蜂群甚至可以应对不可预知的干扰，同时仍然保持其追逐目标和协调的行为。整体无法还原成部分,整体的力量大于部分的力量之和。复杂系统因此不是直线型的。与还原论者关于系统变化的理论相反,复杂性科学认为相比于将整体还原到各个部分,人更易从整体上理解一个系统变化和发展的实质。复杂性科学因此也认为一个可调整系统可以以整体进行调整,就像鸟群和蜂群所呈现出来的那样。现代计算机可以使研究者做出多变量环境中的复杂互动模型,用于复杂性的研究,并进一步进行更多的分析。

复杂性这个概念直到20世纪60年代末才进入设计学词汇中,主要是通过两个作者的作品——简·雅各布斯(Jane Jacobs)和罗伯特·文丘里,他们都竭力反对欧洲现代主义运动(→现代性(Modernity))中倡导的简约论、简化主义、(→)功能主义,特别是以密斯·凡·德·罗和柯布西耶的作品为代表。在《美国大城市的生与死》(The Death and Life of Great American Cities)一书中,雅各布斯论述了城市规划师们可以通过观察街上行人和已有的建造环境混乱的相互作用来学习和更好地规划城市。在这个层次上,她认为有一种内涵的智慧和可改造性是被功能主义规划学说忽略的。她对组织的复杂性的关注与现代城市规划的主要方法论相互对立(→城市规划(Urban Planning)),现代城市规划往往主张将城市的复杂性分割为小的建筑街区元素,可以进行理性的建造,从而得到有序的、可预判的结果。罗伯特·文丘里也对关于以简约、理性和功能为首要原则的建筑简化论(→建筑设计(Architectural Design))做出了回应,但是他对复杂性的关注点更多地是在建筑物的构成和(→)美学上。在《建筑的复杂性与矛盾性》(Complexity and Contradiction in Architecture)一书中,文丘里论述了以简约和(→)功能为优先的建筑学忽略了人类经验的丰富性。在方案、结构、意义和作用方面,文丘里论述了一种建筑复杂主义,即在回避矫饰主义的同时又反映现代生活不断扩大的范围和复杂度。针对密斯·凡·德·罗曾说过的"少即是多",文丘里以"少即是乏味"回应。

这些现代主义的论述对建筑设计、工业设计和城市设计的影响是显而易见的。最近,复杂性原则也被纳入交互设计的概念和生产中。特别是几个电子游戏(如威尔·赖茨设计的"模拟城市"和艾瑞克·齐默尔曼设计的"机械领袖")就套用了这些原则,从简单命令行为的相互作用中取得强烈的效果,获得高级命令(→游戏设计(Game Design))。

随着(→)全球化的到来,不断涌向市中心的移民潮以及对(→)可持续性、使用性和安全性的越发关注,今天的设计师必须对许多复杂事件作出回应。这些复杂事件超出了单一(→)学科、单一设计师对奇特问题进行全面解决的能力(→奇特问题(Wicked Problem))。同时,复杂性的明显的力量随着电子交流网络和分散的互联网合作(→网络关系(Networking))的兴起而有了新的意义。这些科技的发展给合作和创作带来了无数社会行动者,而不需要依靠一个核心的组织领导。结果是,在科技、社会和政治自我组织中的去中心的、复杂的、大型的实验正在挑战现代主义的正统观念,从垂直组织企业到集中命令结构以及设计师作为创作者的所有方面。[JHU]

→ 解构(Deconstruction),整合(Integration),后现代主义(Postmodernism)

组件
Component

组件是一个整体的部分或元素,依据一套规则或原理可以进行组合。所有组件的总和可以产生一个可作业的系统或产品的功能和形式,决定其(→)质量、功效和(→)使用性。

在(→)产品设计中,这个词专用于描述以(→)硬件的形式(比如在计算机电子产品中)构造一个整体单元的各个部分。在音乐中,它是作曲的一部分,或者换句话说,就是音乐家如何排序和安排一首乐曲的各个元素。它也是设计中通过相互作用组成一个完整的作品的各个元素。[SAB]

→ 建构(Construction)

合成
Compositing

合成的意思是将多个视觉(→)组件组成一个新的影像。它可以包括不同的设计领域,如摄影、平面图像、3D图像和印刷排版。"合成"这个词既可以用于静态图像(印刷、网页等),也可以用于动态图像。过去,老式展台是进行拼贴惯用的工具。现在,常用电脑和特殊软件进行合成。[BB]

→ 视听设计(Audiovisual Design),计算机辅助设计(CAD/CAM/CIM/CNC),照片设计(Photographic Design)

概念性设计
Conceptual Design

概念性设计与其说是设计的一个分类,还不如说是存在于一系列活动中的设计方法。概念设计用(→)形式进行推断,使用"推动已知边界"的方法让设计被人接受。

从某些方面来说,概念性设计与概念性艺术相近,首先都是被其他重要考虑因素(如形式、功能、美学或市场销售)的想法激发的。严格来说,它们并非旨在大量生产,而是在展览和出版物中流通。但是概念性设计被归类在艺术学而不是设计学之下,显示了一种对设计所包含内容的狭隘解读。事实上,概念性设计的目的,正是将设计作为一种媒介引发讨论和争论,挑战关于什么是设计师、使用者和消费者的界定。此外,概念性设计不是将概念和想法孤立于功能性原则之外(功能性是实用艺术可以做到的)。换句话说,概念设计一直非常重视对日常(→)使用的预期,不管设计师是否公然反对这种预期(如设计出不可用的家具、不可佩戴的珠宝)、挑战这种预期(如画出几乎看不懂的垃圾图像),或者是创造出只能虚拟使用的替代的或未来使用的物品。

这种概念性设计特别考虑到了人与物体之间推演的心理、社会的和伦理的关系以及它们的功能关系。这些设计的表面(→)"功能"可能最终可行或合理,也可能最终不可行,不合理。事实上,这种概念性设计方案常常被有意做成不可实现的样子,目的在于强调(经济、社会、文化、哲学等的)力量都有其局限性。作为设计师,我们需要寻找预测未来的方法,扎根于事实的技术,但是要保有想象力并讨论不同的可能性。

当然这些设计也有完全成为幻想的危险,因此,设计师面临的挑战常常来自于如何保留一种现实感。在这种能力中,概念性设计可以说是使用了一种"怀疑暂停"的手法,就像电影制作者和作家常使用的那样。换句话说,与概念性设计产品的互动可以产生复杂的、与使用相关的表达。通过强调还未发生的可选方案和未来互动,这种概念性设计存在于想象和现实之间的某处,比起艺术来,它更接近于电影和文学的意图和创作过程。比如说,可以把它们看作是一部并不存在的电影的道具,或是在我们头脑中回放电影画面的提示。

与(→)批判式设计相比,概念性设计过程不是解决问题而是建立一个场景,以便公众参与、讨论和辩论。概念性设计的主要主题是关于未来社会、技术、美学和社会行为的问题，也就是关于设计本身的未来。它提供了一个检测、展示、交流概念的空间，一个致力于概念探索的平行设计渠道或类型。

像上面提到的，大多概念性设计都没有投入大规模生产的计划，而是为了让使用者反馈，提出问题，并思考设计对他们生活的影响。有许多种形式的、最终由市场驱动的假设设计方法，比如在车展上展出的概念车是为了测试新产品的可能性和适用性。高档时装常常被认为是非常概念性的（但某种程度上是理想化的、乌托邦式的，目的是为了激起人的某种欲望，因为"当下"，你不可能买到、拥有和穿在身上）。这些形式的设计很明显与概念性设计相关，因为它们都是带有假设性的，并且有未来导向的，但是在它们背后的目标是有极大差异的。

这篇文章中谈到的概念性设计，与那种为了找到一种最佳的、最终的设计而进行的各种可能解决方案的样品设计——概念化设计的实现——也是有区别的。任何正式的（→）设计过程都包括产生想法和分析概念的步骤。差异在于这些想法和理念是否挑战了或优先于通常期望的物质或商业的考虑。[FR]

建构
Construction

建构（拉丁语 con＝一起，struere＝建造）这个词描述了物质和非物质的（→）人工制品的生产过程和结果。它也同时建立了（→）形式和（→）功能之间明确的关系。这个术语经常或者有时被误用作设计的同义词。

物质建构包括设备、机器、工厂和楼房；非物质的或者精神建构包括数学理论、哲学系统、法律体系。建构过程描述了步骤先后、程序、统计规则、如何有效实施建构的标准，并且它常常是建构科学和（→）工程设计的关注焦点（Pahl and Beitz，2006）。

非自反的、科学的、一阶观察关注的是"客观"的事实、功能、数据和程序。这里，建构是由用于完成一个明确的目标所用到的元素和相互关系所组成的（→）系统，并且可以用句法的、几何的、拓扑学的、结构的术语清楚地进行描绘。这些建构通常在功能和结构上都比较复杂，但是可以用因果关系描述出来。功能和形式之间的关系是不对称的，也就是形式跟随功能。

如果观察建构是关键所在，那么我们就是在处理二阶观察。

也就是观察两边形式的不同之处,换句话说就是他们内含的但排除在外的东西。因为只有旁观者才能发现其差异性,所以二阶的观察又是旁观者的观察。灵活性以及某种程度的自由度随后会成为建构的可能(→建构主义(Constructivism))。这种自由度只是通过交流暂时确定的,因为二阶观察者认同了一阶观察的结果(Baecker,2005)。这同时适用于物质建构和非物质建构。

建构学将人工制品看做是"平凡的机器"(Von Foerster,1981),而设计则是"非凡的机器",可以随着环境和历史的发展变化作出反应。建构学解决"定义明确"的问题;设计解决"无明确定义"的问题。换句话说,建构学在技术-科学模式下运作,而设计的运作模式还有待建立。[WJ]

→ 观察研究法(Observational Research)

建构主义
Constructivivsm

建构主义是一个总的概括性的词汇,指各种出现在20世纪的科学和学术领域的与建构学概念相关的哲学。20世纪初,建构主义在视觉艺术中尤有影响力,是处于基础危机中的数学的新基石,是埃尔朗根和康斯坦茨多所学院发展的科学理论,是二阶控制论传统中的操作认识论的发展。

总体而言,建构主义(重新)建构了在科学、技术和政治实践领域中复杂的人类行为和话语,这些方法是合理的、可被人理解的,并且基于一种它与社会和生活的不容置疑的关系。

激进建构主义(在德语中由格拉瑟斯菲尔德(Ernst von Glasersfeld)首次以 Radikaler Konstruktivismus 这样的表述提出),指的是产生于20世纪70年代的被称为"操作认识论"(operative epistemology)或"二阶控制论"(second-order cybernetics)的多个(→)理论的合成。这些理论大多是在伊利诺伊大学香槟分校的生物电脑实验室中,在海恩斯·冯·福埃斯特的指导下形成的。激进建构主义不是一个统一的理论,而是松散的多个理论的集合。最重要的元素是美图拉纳和瓦雷拉(Maturana and Varela)的生物认识论——"自我创生"(autopoiesis)。

这些理论的基本假设是可操作的、信息的、自给的、认知的以及(按照尼可拉斯·卢曼(Niklas Luhmann)的理论)社会的系统的存在——也就是说,操作过程是循环的系统并且不可从外界渗透到指示信息中。自给系统的一个特征是交流是意义互动的产物,而不是为了传递信息。这个假设的最重要的含义在于这样的事实:"我们通过'共同生活'构建世界……观察者和观察主要通过严格的自我指涉产生了我们所意识到的并能够交流的世界"(S. J. Schimidt,1992)。

激进建构主义的一些特点包括反对根源于形而上学或先验主义的认识论，并且反对现实的存在论。因为系统操作总是依赖于之前的操作，所以它们倾向于支持建构意义的衍生或进化理论。真理于是成为社会过程的固有价值（Eigenwerte，语义标记或稳定的变量）。

结构耦合的生物体在概念性领域中活动时会产生语言交流，一开始并没有内容。观察活动促进了与目前操作行为有关的元叙述语言相关的建构。所以，观察者可以作为一个外部元素进行活动。随之才有可能将意义归因于交流活动。

这种看法可能很流行："客观"世界的描述不仅存在于自然科学中，而且每一次观察都是有其视角的，而这又影响了所观察的事物。然而，这种理解的含义很少被人认真理解。"常规"科学仍然坚持概念和理论不会在它们自身的客体范围中重新出现。冯·福埃斯特首创了"自主逻辑结论"这个词，用来描述那些自我适用的功能、观察或理论，比如人类认识力的理论应该能够解释它是如何起源的。在社会学、心理研究、政治经济，甚至设计中，也需要采取一种经过深思熟虑的、富有成效的方法以避免教条主义或理想化。设计建立起一个框架，以便进一步的行为和思考能够发生，然后在一个无止境的循环中不断地继续。我们需要允许自我指涉的思维模式。这开始于观察的正式概念，即作为区分和定义的一种操作。

格拉瑟斯菲尔德（Von Glasersfeld）（1987）将外部观察和自我观察进行了区分。引用皮亚杰的发生认识论，他发现并没有真正的理由去假设我们的经验开始于现成的事物、生活形态或人。事物、它的环境和它的行为的规律性只有在将经验中的感性认识和理性认识进行主动去除后才能创造出来。他通过讨论"青蛙"的感知能力将这个概念加以详细叙述——某些我们认为它能够（→）感知事物的东西。我们解释一只青蛙的行为以及它与环境的互动时，我们实际上是在建立我们自身经验元素之间的关系，所以做出关于青蛙的感知的论述也是有道理的。然而在做出关于人自己的感知论述时又是有根本性差异的。我们具有站在我们的经验之外观察自己和我们环境的能力。我们找不到一条通向一个或另一个事物的自发途径可以作为引发我们感知（就像青蛙)的原因。但是将原因归于我们对已有世界的感知经验,这对我们是有用的。

我们习得的"知识"总是关于恒量和规律的知识,是我们从自身经验中得来的,因此是这些经验的一部分。不断试图在我们的经验中建立起稳定恒量的努力最终将认知能力,即构建一个世界的能力,归因于我们称之为"同伴"的有机组织。

乔治·斯宾赛·布朗(George Spencer Brown)的《形式法则》(*Laws of Form*,1969)(→形式(Form))一书为观察理论的形成提供了至关重要的元素。他将观察解读为一种将事物互相区分的操作。这种区分是知识寻求的暂时起始点,易受未观察的结构或"未标记状态"的影响。将两者区分开来是十分重要的,因为它使观察可以从两者之一出发进行。必须要用语言描述观察到的事物,但是这种描述也暗示另一边,也就是未观察的那一边。"未标记状态"可以只是世界的其余方面。但是大多时候,没有被提到的一边其实已经受到了所做区分的限制。换句话说:观察=区分+定义(识别+语言标记)。

葛瑞利·贝特森(Gregory Bateson)(1979)将观察(信息)更简洁地定义为"任何在之后的事件中关系重大的差异"。做出区分本身的这种操作在它执行那瞬间仍然是没有被观察到的,因为它无法被指为属于不同的两边中的哪一边。这种差异是在任何观察中作为可能性条件的、被认为是"盲点"的东西。

系统理论社会学将观察理解为心理和社会系统的"基础操作"。唯一可以被描述的东西是那些可以观察到,并且能够塑造成语义表达的东西(→语义学(Semantics))。在交流的时候,个体用一种通用语言作为媒介描述他们的观察。观察本身首先是与规定相关的(塑造的)差异。它单纯地被执行,并且只能在另一个观察中(一个不同的观察者,或同一个观察者在之后的一个时间点进行观察)被加以区分。

世界设置了观察的条件,然而观察,又必然改变它所处的世界。这意味着观察不是一条被动地通向外部世界的通道,而是进行区分和定义的经验性操作。对绝对确定的经验知识基础的寻求因而被对观察行为的观察取代。卢曼(Luhmann,1990)更确切地对此进行了表述:对一个操作行为的观察,甚至是对观察行为的观察,首先是物理象征或符号(一阶控制论)变化的简单记录。对观察行为的观察,也就是用观察进行操作,要求二阶层次来解决根本性矛盾(二阶控制论)。否则,就可能出现某些"模糊",但是没有真正的观察差异。

从概念上分离操作和观察,可以区分现实和观察的客观性。观察进行的时候现实已被假定,但是这不代表客观性。一方面,从多个观察者的观察操作得到的观察集合,这一般含有"客观性"的意义,并不能推断出任何关于现实的客体——或者说,最多能够推断出交流发生过。客观和主观之间的显著差异已经变得薄弱,并且可以被外部指涉和自我指涉之间的差异所取代,而后者也只是观察本身的一种结构性瞬间。

结构(知识)指导操作(识别),反过来,操作(识别)确认或修正结构。根据卢曼的理论,这个循环可以被时间顺序打破,但不能被主观和客观中形而上学的变量打破。观察,作为进行区分和定义的行为,不能区分"真实"或"不真实"。但它能理解它本身的生物的、历史的和社会的条件性差异,因为它是"盲点",这就是说所有观察(甚至是对观察行为的观察)是在一个与它本身指涉有关的操作性层面上不加批判地推进的。这就是为什么在"客观性"中没有反射层级的增加,没有外部位置,没有不反映观察者信息的观察。世界——不管它是否像斯宾塞·布朗所说的,是作为一个"未标记状态"向观察开放的事物——据卢曼认为,对于观察者是"一个可以被变为暂时性的矛盾的矛盾",具有"能够观察的不可观察性"。这就排除了清楚的描述,而只能允许稳定的固有价值或语义标记物在一个递归的观察行为的观察过程中被制造出来,确定进一步观察和交流的指示。不论是语言还是(设计)事物都是这样的情况(冯·福埃斯特,1981)。

这些过程决定系统的边界。系统/环境差异是由最初的孤立的观察操作行为带来的,可以进行语言的处理,并且再次进入系统(Spencer Brown,1969)。这使得系统能够将本身描述为一个单元(这点和环境不同)。它变得能够自我观察,因此能够有效处理"盲点"问题。冯·福埃斯特的名言,"我们看不到我们看不到的"(We cannot see that we cannot see)就是把"盲点"假设为一个看的可能性的条件。

描述世界的语言元级可以被对观察行为进行观察的观察建构起来。知识、识别和科学可以单纯建立在这些层次在交流中产生的稳定性的基础上，而不是外部的、客观的指涉点。每个层次都附属于它所利用的差异性盲点。

一种声称被普遍认同的认识论，它本身就是它的主题的一部分，因此它是建立在一个循环的过程之上的。建构主义对自然的认识科学的发展做出了有价值的贡献，是一种能够解释自身存在的理论。建构主义没有解决建构所有知识的问题，但是它能够准确聚焦在这之上，将其作为核心。考虑到"真实"状态的起源将会减少将它理解为复杂结构的意图，认识的神经学基础不应该被夸大。其焦点应该在交流和操作之上，它们单独组成了现实（甚至是生物的理论）。[WJ]

→ 设计过程（Design Process），观察研究法（Observational Research），理解（Understanding）

消费
Consumption

消费指的是人们对各种商品和服务在它们的设计、流通和社会使用过程中做出的积极反应。消费曾经是一个贬义词，用指那些追求社会地位的人做出的明显的、可笑的浮夸表现。但在现在，消费已经有了更广泛的意义，在国家特征、当地政治、国外政策、种族、种族特征、性别历史，甚至是（→）现代性等方面，超越了流行文化和商业文化。

关于消费的概念仍有争议。它被表述为资本主义的核心和诸如特立尼达等国家的经济增长点，并且在印度等国被证实是通向民主和共同经济增长所必须的，对美国从最早的欧洲开拓到现在的国家身份也极为关键。另外，关于消费所带来的道德的、经济的、环境的和政治的结果及其对社会的影响的争论也仍在继续。

首先，货物的消费被认为是一个社会现象而不是个人现象。消费不再被看做是生产的被动终点，而是为人们提供了积极的、创造性互动的方法，向自己和他人表达他们的态度、信仰和价值观。人们从他们购买和付出的东西中找到了（→）价值，因为这些东西提供了人与人之间关系的意义。这就是说我们可以超越自我满足的目的对消费加以理解。因此，消费是社会结构和交流关系中不可缺少的一部分,并不是简单的生产的终点。

事实上,对消费的现代看法颠覆了原有的旧的生产消费模式。制造商不再是简单地生产商品然后卖向市场,而是零售商和消费者通过消费需求,告诉制造商他们想要什么。这就意味着消费是商品和消费建构中的积极主动方,制造商必须据此进行精心的产品设计和生产。苹果公司近来的设计方法很好地证明了对美学和功能的强调才是消费者所青睐的。

所以消费不应被看做是产品和服务的终点,而是传递和接受社会信息,表达特性,牢固关系,甚至是改变我们习惯的手段。比如,消费常常建立在一个文化中的社会节奏和社会重复之上,比如圣诞节、暑假、返校的季节周期,可以让人们对他们怎样购买和使用商品及服务才会得到预期收益作出策略规划和计算。因此消费不是产生一种模糊的、不确定的人类需求,而是可以发挥多种社会实践功能,可供营销人员及设计师参考。[TWM]

→ 产品(Product),使用(Use)

连续性
Continuity

连续性表述了自我发展过程之间的基础时间关系。当任何有形的或分析性事件以时间线型顺序发生,就有了连续性。

考虑到不确定的甚至偶然的历史发展,对"连续性"类别的定义不但从历史和理论角度来说十分困难,在设计领域更是困难。首先,设计总是与某些存在并需要进一步发展的东西相关。但是设计也是在当下社会、经济、技术和文化条件下,表现新的、有创意的或流行的发展趋势。两种矛盾悖论关系在企业看似冲突的活动中是十分明显的。这些活动在通过向市场不断推出新产品增加收益的同时也需要保持品牌辨识度的连续性——更不要说成本和设备的连续性。因此,设计过程深受连续性悖论的影响。[BL]

→ 惯例(Convention),企业形象(Corporate Identity),创新(Innovation),产品家族(Product Family)

惯例
Convention

惯例是对一件事、一种行为、一种思维方式、信仰、目标、原则、标准、社会形式的互动、应用、预期、美、价值或态度的总的一致的看法。惯例要么形成于一个特定的时间点,要么经过长时间的权力结构、习惯或社会化的合法过程发展和建立起来。因此，惯例多少处于一种稳固的、无可匹敌的位置，它们成为重要的参考标准、导向和历史。

然而同时，作为一致认定的惯例的定义，自然隐含着一种可能性：一个惯例的地位或立场可以被重新定义，重新构建，甚至由另一种被逐渐接受的、一致的认定所取代。因此，惯例有被玩弄和颠覆的可能。

在惯例的发展形成以及(→)评论和(→)转化过程中，设计起着基础性作用，并且对其存在的模棱两可总是能创造性地做出应对。通过发明和设计新的物体、另类视觉世界、相关论述、令人信服的景象、正式表达和启发性联想，设计的发展和引入使惯例可以在不同的人和群体间得到理解、交流和实践的参照物。同时，设计不断利用已有惯例将创造性理念、革新的解决方案和非常规性想法变得尽可能可讨论、可理解和可交流。在此过程中，设计探讨了惯例的矛盾结构，从而能够渗透、批判、改变、转化、重新评定和重新解读它们。[SG]

→ 批判式设计 (Critical Design)，创新 (Innovation)，社会的 (Social)

聚合
Convergence

聚合是指两个或两个以上话题、领域、文化、技术或思维方式合并到一起，这种合并的结果是动态的、开放的，为新的合并以及混合形式的融合、替代和变革腾出位置。通过聚合的动态行动，设计可以进行重构和确定另类视觉世界、相关设计、有形的制品、流通的物质领域和可信的参照物的创作，使它们成为可能，可以被看到。[SG]

→ 协调 (Coordination)，跨文化设计 (Cross-cultural Design)，跨界 (Crossover)，创新 (Innovation)，综合 (Synthesis)，系统 / 体系 (System)

谈资物品
Conversation Piece

谈资物品通常是一种经过设计的人工制品，目的在于激发对话。虽然它可能还有其他功能，但购买它的目的主要是为了引发话题而被放在家里。重要的一点是要提及使用的环境，因为它表

明了设计如何帮助人们进行社会活动。[ME]

→ 社会的(Social)

协调
Coordination

作为一个类别,设计可以被定义为一种基本的协调力量。因为各种各样的内容被铸成一种形式或生成一种公式,换句话说,一种观点或看法。为此,需要弄清哪种形式在不打断这个过程,不破坏内容或不使其变得无法辨认的情况下,可以成功进行协调,以及哪些形式最符合它们的内容并且能够通过协调这些内容来交流、改进或焕发活力。因此,作为一种协调表达的形式总是与需要协调的内容相关——这就一定会引发是否内容要求某种特定的协调,是否有无法协调的内容存在等问题。

设计作为一种构建形式,主要在这种关系中作为协调和交流的推力,进行表现和思考。换句话说,它强调了它的社会、经济、心理和文化方面的内容。设计最终是一种协调,设计的质量建立在相应形式的协调能力上。[BL]

→ 聚合(Convergence),组织(Organization),系统(System)

复制
Copy

拉丁语"copia"的意思是"提供"或"充裕"。随着时间流逝,产生了"复制"这个词,意思是对一个物体原件的重制,而不是积累。为了确保数据或信息的传播,常用纸张印刷的方法进行复制(比如照片复制(蓝图)、静电复印(电子照相)和(图书)印刷)或电子可写入式磁盘(如 DVD、CD、外接硬盘驱动器或 U 盘等)。滥用复制技术进行纸钞印刷就是假币制造,将受到法律制裁。不注明作者的复制画或对其他作品的复制也是被禁止的。

除了这些被禁止的复制,有一种"复制艺术"在 20 世纪 60 年代末产生,以艾梅特·威廉姆斯(Emmet Williams)、马丁·基彭伯格(Martin Kippenberger)、约瑟夫·波依斯(Joseph Beuys)等为代表的艺术家,通过提升复制在艺术中的地位,引发了一场关于复制的本质相对于新的、独特的艺术作品创作的有趣的理论争论。关于这种复杂的、矛盾的人类与复制概念之间的关系也反映在人类既害怕又迷惑于他们自身可以用克隆的方式进行复制的可能性。[DPO]

→ 版权(Copyright),假冒(Fake),知识产权(Intellectual Property),抄袭(Plagiarism)

版权
Copyright

版权是(→)知识产权的一种，是被国家或跨国的法令保护的，以有形表达方式将原始作品与作者相挂钩的一套专属的权利。这些作者专属的作品包括诗歌、小说、戏剧等文学作品，电影、舞蹈作品、音乐作曲、视频录像、素描、油画、照片、雕塑等视觉艺术作品，软件、广播和电视的直播或转播节目，尤其在欧洲还包括一些审判的数据资料。

多数的版权法令是为保护一个范围内的权利，可以包括重制、发布、制作衍生作品(修改了原作的作品，比如将一本书改编为电影剧本，或将一张照片画成一幅油画)，公开展示或表演作品。这些权利通常可以单独以一种独家或非独家的方式进行销售或授权。如果侵犯这些权利，也就是未得到版权所有者允许使用作品，属于侵权，版权所有者可能会采取阻挠和法律手段禁止这种方式的使用。

版权保护与作品的有形表达形式相关联，并且只适用于这种表达方式，它不会保护作品中包含的想法、概念、风格或工艺。为得到保护，版权作品大体上应符合最起码的原创性标准以及多少具有创新性。国际公认的版权标志是"©"，不过也可以写成"copr."或明确的"版权"字样，后面跟日期及作者名。

如果取版权(即复制权)的直接意义，就是指复制一个作品，并且阻止其他人未经允许进行复制(→复制(Copy))。版权保护不是自然就有的权利，它是一种国家颁发的专利形式，因为它是一项专利，所有的版权系统都试图通过限制版权保护的有效期，平衡所有者的权利和使用者的权利。2007年，版权保护依据管辖范围的不同，以作者去世后50年，最多70年为限。当版权期满，作品随即成为公众所有，所有人都可以不经允许使用作品。

版权在印刷业出现前是不存在的，因为复制原稿是一个非常辛苦的手工制作过程。版权最先作为出版社的复制权开始于1586年的英格兰，是政府用于维持图书交易者之间的秩序，就像伦敦出版工会所起的作用。美国的版权法倡导政府通过鼓励作者创作和传播作品从而普及知识，但是不论是原创者还是公众都不应保留和占用由原作带来的所有利益。

在多数基本法律体系中，版权法没有包括道德权。即使有，两种权利也是分开的，并且只提供很小的保护。但是，在法国、德国和大多民法国家，版权法包括两方面：经济权利(版权)和道德权利。经济权授予作者出售和授予原创作品的作者身份，权利是可以转让的。道德权授予作者贡献作品的权利和分享因作品增值带来的利益的权利，以及阻止作品被更改或破坏的权利。道德权利常常是不可分割的。中国的版权法，即1990年颁布的《中华人民共和国著作权法》总体上遵照了基本法原则，但更加强了道德权利条款。

版权所有者的需要和大众对自由分享理念的需要总是很难在版权法中达到平衡。如果所有者可以阻止所有非授权使用，他们同时也会阻止评论和批评。为了维持平衡，版权法认为有一些未经授权使用须得到允许，特别是在评论和批评中的这种使用或以教育为目的的使用。

民法国家在处理允许非授权使用的这个概念时，是将所允许的使用列入法律条款。如果没有列入，这种使用通常是不被允许的。基本法管辖区则通过合理使用和公平交易的概念取得这种平衡。合理使用和公平交易强调了有些授权材料的使用即使没有得到版权拥有者的同意也应允许使用，否则版权所有者会禁止一切使用版权作品的行为，不论是在多小的范围内使用，这就阻止了思想的自由交流。公平使用可以使某人不经允许，就能复制、出版或散布版权作品的部分内容，一般只用在评论、批评、教育、新闻报告、学术方面。在美国的公平使用分析中，法庭考虑四个因素：①使用的目的和特征；②版权作品的性质；③使用的量和实质；④在市场上对原作产生的影响和原作的价值。由于这些因素是"事实具体"的，因此需要对一件件案子进行判断。是否公平交易的争端必须提起诉讼，而这是一件很昂贵的事情。

跨国的版权总是很复杂，而现在由于交流技术和全球经济的扩张，它变得更为复杂。为应对知识产权的全球化交易，几乎所有WTO签署国都尝试将版权和相关法律融合到各种条约和协议中，这些条约和协议中最有代表性的就是1886年首先生效的《保护文学艺术作品伯尔尼公约》，并在1979年进行了修改。《伯尔尼公约》建立了若干国际版权原则，包括关键的关于某国必须将对本国作者的版权保护同样用于保护外国作者版权。《伯尔尼公约》也建立了所有签署国必须达到的最低标准。达到了最低标准的国家才可以提供自己本国的专门的保护形式，所以国际版权法仍然不是统一的。

版权法根据文化和技术的变化进行调整。它们不断地延长有效期，并且将原先不受保护的作品纳入，比如软件程序和数据库。但是，今天的版权系统受到了来自电子革命的挑战。有些评论家质疑版权是否能适应21世纪。

为遏制非授权复制,音乐和点对点的提供者发展出了直接刻入 CD 或 DVD 的版权保护技术。但是黑客利用软件程序破解了加密代码,并把这些程序传播到互联网上。行业呼吁规则,全球大多的立法机关通过法令将这种让使用者避开 CD 和 DVD 中的版权保护方法的技术或电脑程序的传播列为非法。美国版本的《千禧年版权法》于 1998 年获得通过。大多数欧洲国家修订了本国法律以适应 2001 年《欧洲版权指导标准》,这与 1996 年世界知识产权组织条约相符,与《千禧年版权法》涉及的事宜一致。

评论认为这些法律太倾向于版权所有者的权益,因为他们将传统的对版权的保护转向了对设计和制造绕过版权保护措施的工具和软件程序的行为的定罪,不论这些使用技术的人可能使用到的版权材料是否构成侵权。首先,版权侵权并不是犯罪,而制造可以侵权的技术工具是一种犯罪。这些法律中没有关于正当使用和公平交易的条款,所以所有破译加密术的例子都是非法的,即使是用于研究和教育。

考虑到经济利益,围绕着版权的争论始终激烈。支持者认为需要通过经济刺激鼓励艺术家和作者继续创作,保护版权所有者不受数字技术可能引发的猖獗的掠夺。另一些人则相信版权保护的想法基本是正确的,但保护期持续过长。他们哀叹知识产权导致"公众共享"的消失。还有一些批评家呼吁取消所有版权,因为这是工业时代的观念,在技术时代点对点的网络中已无用武之地,这种网络可以使无数的国际参与者随时随地享有高质量的电子媒体和娱乐。他们相信版权法的扩大趋势会阻碍电子革命的潜力,最终导致所有文化被一小部分人或企业巨头控制。应该说争论双方的意见都应被听到,版权法需要被再次修订。[MB]

→ 知识产权(Intellectual Property),抄袭(Plagiarism),出版物(Publications),商标(Trademark)

企业文化
Corporate Culture

→ 企业形象(Corporate Identity)

企业设计
Corporate Design

→ 企业形象(Corporate Identity)

企业服装
Corporate Fashion

企业服装从工作服发展而来。工作服在工艺产业、公共服务和服务业中有着很长的传统,在这些行业它们完成各种不同的功能,现在它们融入企业服装中并被进一步发展。

企业服装像(→)品牌那样可以起到帮助客户将员工与某一具体公司或企业联系起来的作用。它也让客户可以对不同的工作角色和作用进行一目了然的区分,将服务人员与其他员工区分开来。另外它也对在客户和员工眼中一个(→)企业形象的发展有所影响,它也可以在小范围内起作用,用于发挥员工的工作特点。不论是从字面上还是从象征意义上说,穿一件反映某人职业身份的衣服为他的个人增加了一种新的身份,有时甚至是保护性的外表或尺度。衣服不仅帮助突出员工的职业身份,在最佳情况下,它也发挥支持作用。因为像任何附属物一样,衣物帮助塑造穿着者的行为(姿态、步伐、立场等),这些行为反过来又塑造了个人形象。因此,发挥一个具体功用的同时,衣服也可以支持一些重要功能(如安全性)——在此过程中,设计好的工作服可以让工作本身在许多方面更加方便。

企业服装因此表明了工作服在企业环境下可以不止是去个人化的制服和严格的服装规定——它们也可以表达和影响集体的职业理念,而首要的则是更多的企业风格的呈现和对员工福利的贡献。[BM]

→ 时装设计(Fashion Design),服务设计(Service Design)

企业形象
Corporate Identity

关于企业形象涉及许多问题,这些问题很难解读,甚至不可能解读。最后,尝试对这个词进行定义的努力常常流于空洞。但是最常见的定义是:企业形象是一个公司内部和外部形象的和谐统一。

虽然在过去20年就企业形象的本质和意义进行了长时间的讨论,但是一个确切的、公认的定义仍然缺失。这是因为有些人认为企业形象这个概念还太年轻,定义为时过早,另一些人则认为这个词已经过时。

尽管这个词的流行性还有争议,但是可以说企业形象的真正潜力现在才刚刚开始被发掘。这个观点是建立在对充满竞争的企业世界和消费者的日常生活的(→)潮流元素的研究和观察之上的。这些流行不可避免地受到了行业文化、市场(→)全球化、市场重组以及产品的日益复杂性的影响而改变。从行业和经济角度来看,这些发展进一步说明了清晰的、可信的、令人信服的企业形象的传递在接下来的若干年中会变得更为重要。

另一方面,其他人认为"企业形象"和"品牌形象"(→品牌

（Brand））这两个概念的不同之处已经变得越来越模糊，后者实际上使前者过时。

无论怎样，在定义"企业形象"时至少有三个重要方面。第一，企业形象是企业对外展示的所有形式的集合。换句话说，除了公司提供（企业设计）的视觉图像，还包括所有公司用于内部和对外公众互动交流时的语言表达、行为和结构。第二，企业形象要求所有上述表达形式足够一致。这种一致性不一定是绝对的。冲突和矛盾不见得不利于企业形象的吸引力和辨识度。第三，成功的或者有竞争力的公司形象必须被提到所有表达形式的最重要的核心位置。换句话说，企业形象必须围绕着一整套价值观的核心。

在面对这些矛盾时，不要纠缠于关于"什么是企业形象"、"企业形象有什么意义"以及"企业形象与品牌打造是如何区分的"，而应该从一个更程序化的角度来审视这个问题。比如，一个企业的形象的发展过程显示了这个过程是非直线型且复杂的。即使是简单地将企业每天的形象发展过程进行分解，也是一件富有创造性的工作。

将任何直线型发展的企业形象的观念摒除是十分重要的，应该将这个发展过程看做是循环的。企业形象的起源和发展进程几乎从来没有确切的定位，因为它需要依赖各种环境和文化的因素。这个过程是高度政治化的；也就是说，总是取决于冲突的结果，取决于自我主张的强度，取决于达成的共识和彼此的妥协。企业形象发展的政治性并不格外令人讶异，因为企业本身是带有政治色彩的机构，必须应付权利斗争和利益冲突这些现实因素。企业形象的发展是一个连续的、循环的并且常常有争议的过程。换句话说，死胡同和绕弯路是这个过程不可避免的，并且也没有确定的终点。

企业形象的发展过程最终是将公司的核心价值观解析为各个具体的步骤的过程，这些步骤描绘了一种在公司和消费者或公众之间的很有必要的互动。这些步骤最终是为消费者塑造一种延续的连锁体验。一旦其核心价值观建立起来，最主要的三个建立和维持成功企业形象的步骤可以宽泛地用以下几点描述。

- 通过基于文字的视觉材料以及互动，创造性地、策略性地传递核心价值观。

    · 通过专业的和持续的管理在消费者意识中建立起深刻的企业形象。

    · 定期的评价和评估以保证延续性并认识到不足。

在成功案例中,这个形象发展的周期可以最终获得一种协同力量(→协力作用(Synergy))。

在不同的领域中单独的因素互相交叉,各自的活动优化彼此,从而加速了这个过程,并且公司的内部和外部操作变成了更强的联盟。启动并保持这种有远大的、复杂的形象工程需要有见地、有勇气、有力量、坚持不懈,并且有魅力、有信心,以及最重要的是要有(→)创造力。

因此企业形象发展的每个方面都要求创造性的思维和行动,这不仅是对那些参与设计活动的人的要求。为了得到富有创新性的结果,促进多方网络的交流,开发灵活的产品系统,发展出新的流程,总是需要富于创造性的解决方式。在危急情况下监督既定权利,重新评估已证实的解决方案和策略,并不是必要且足够的开发企业形象的全面方案。必须经常重新评估以上提到过的协同关系,否则它可能变成一个恶性循环。

在这个语境下使用"创意"这个词也可以帮助明确在此没有包含的意思,也就是一个独立艺术家或自由天才(→独立设计(Auteur Design))的创造性。在为公司开发形象方案时的创意,意味着不断为所有交流问题探索独创性和创新性。但是在开发某些特定的企业形象时,创造性需要展现一种与设定情景之间的合理的、易识别的关系——也就是,它必须服务于,并适应于相关的循环。

即使后来的发展一开始显得矛盾,有创意的形象开发必须是首要受到关注的。我们并不需要最宽泛的、可能的创意想法。我们应该认识到将大众化的创意可能性减少到与企业特点最切实相关的想法、活动和东西上的重要性。换句话说,有必要以一种富有创意的力量进行探索,使得到的结果与众不同并且令人信服,而不是流于平庸。其次,设计必须在风格上始终如一。为了保持这种一致性,有必要缩小可能出现的各种回应,关注于一种集合了所有企业形象表达形式的(→)整合,这样,每一种表达形式都包含有一个唤起因素并同时避免了单调的同质性。最后，设计必须震撼人心，使人印象深刻。这不是说新的和独特的解决方案就总是最好的，必须在发掘新的对公司形象的理解的同时，诚实地传递有公司特点的核心信息。其结果应当是不断重申它的核心信息，以一种不会乏味、总能吸引注意力的方式。JH

→ 品牌打造（Branding），连续性（Continuity）

工艺
Craft

从定义上说，"工艺"这个词指的是用材料创作和/或进行加工的技能和本领。工艺与应用艺术或叫"次等"艺术相关，常常指的是（→）装饰物、装潢、手工和民俗艺术。

"工艺"这个词在英语中的词源和意义在 18 世纪晚期前实际上与艺术相同。在那个时候，艺术和工艺指的是一种独特的方法、行业、应用艺术或学科的技能和本领，包括诸如书写、木器制作、制鞋和科学实验。艺术和工艺的意义分歧是后来才发生的。从工业革命之后特别是一战以后，随着设计的出现并且与以材料为基础的工艺发生密切的关系，艺术负有了更强的哲学的、诗意的和批判的任务。那时（→）包豪斯和其他许多的设计学院将它们的教学建立在新的（→）材料和媒介工艺之上。

因此设计开始与一种更工业化的工艺相关，两者与高雅艺术相比处于次等地位，因为它们与实用性相关。在 20 世纪后半段，设计逐渐找到了一种既有思想性又有策略性的地位，并且将自身从传统的与手工艺的关联中释放出来。这个时候，学校和协会开始将工艺这个词从它们的名称中摒除，以适应当时的数码革命带来的技术上的巨大转变。虽然有些突然，但就像（→）工艺美术运动的兴起是反对工业革命一样，在 20 世纪后期以及 21 世纪初再次兴起了对工艺的巨大兴趣。这种兴起某种程度上说是对数字化处理的普遍存在的回应，对在加工和美学上表面同质性的广泛感受的回应。由于和手工制造及装饰相关，在这样一个看似越来越不真实的世界中，工艺作为一种对真实的追求产生了——虽然有时它们会被讽刺为一种过时的或幼稚的理念，但越来越多的设计师和艺术家对它重新投以热情，因为它已被视为一种重要的设计感知力。在佩特拉·布莱瑟（Petra Blaise）、海拉·容格里斯（Hella Jongerius）、丹尼斯·冈萨雷斯·克里斯普（Denise

Gonzalez Crisp)的作品中就反映了这样的影响力。

　　虽然工艺作为一种设计感受力,它的重新产生可以被看做是对数字化发展趋势的反对行动,但是这两种方法对于设计而言并不是完全相互排斥的。事实上,设计师开始将一种复杂的工艺感受力投入到数字化处理中的同时也利用对工艺的掌握进行独特的产品创作。这种工艺感受力对数字化处理的影响在设计中比比皆是,从汽车设计到服装设计到平面设计到建筑设计。工艺成为越来越多的会议和出版物的话题,体现了这种复兴可能会给设计和艺术带来较为长期的影响。™

→ 装饰(Ornament),技能(Skills)

创造力
Creativity

　　创造力是一个复杂并十分有争议的词,指的是承担创造性工作这个过程。总体而言,这个词被用以区分一种方法或活动,与那些明显具有脑力的、公式化的、方法论的或批判性的方法或活动做出区分。如创造性艺术和创意性写作这样的词总的来说是描述那些用想象而不是分析理解的事物,是原创的而不是衍生的。

　　创造力常被用于描述艺术家、小说家、表演家等人的活动,但事实上这是狭隘且误导人的。创造力是人类探索中存在于各方面的一个特质。科学、工程、农业和企业的重大突破都包含着真正的创造力。认为在创作艺术中以某些脑力的或方法论上的方式进行操作就是完全依赖"不可教授"惯例、才能和反应能力,这也是具有误导性的。许多伟大的创作艺术就极大地利用了分析和系统性流程。

　　从这个方面进行理解,创造力就成为一种在工作中被证明了的品质。当一个人在从事一项活动时为了获得一种新的、不同于他人的结果,就需要创造性地利用理解力、技能、熟练度和能力,发挥他们的想象力和已有的理解力,这样才能拥有真正独特和原创的视角。类似于"能力突出"、"天才"、"灵感突现"等词常常用于说明那些创意上的突破和新的视点。这些在每天和每个活动中都可能发生。

　　"创造力"这个词对于设计师和设计专业的学者而言曾是一个模糊的概念,并且从 20 世纪 80 年代开始,越来越被认为是存在问题的。它被用于为那些非设计师的人消除什么是（→）设计过程的疑问，比如产品的视觉效果和外形的开发。建筑和服装常被描述为创造力所带来产物。问题在于当与创造力有关的设计决策所应有的分析性的、理论性的和科学性的辅助被省略和忽视时，创造力就变成了涵盖整个设计过程的东西。

难道一个公司或政府支付了大量金钱只是为了一种建立在设计师个人创作冲动基础上的设计服务吗？选择了这个或那个颜色，选择了这个或那个产品外形的意义何在？使用者会如何反馈并做出行动？如何在大量金钱消耗之前做出预测？如果无法解释，那么设计就成了一项草率的活动，只有在利润足够大的前提下才能进行这样的挥霍，并且在经济困难的时候会成为第一个被砍掉的部分（事实上在很多公司中正是如此）。

为了得到以客观和传统科学为基础的学科的尊重和信任，许多设计师、设计公司和设计学者已经尝试将设计与和设计一向关系密切的视觉和创作艺术拉开距离。逐渐地，服装设计外的许多专业的设计师都试图避免使用"富有创造力的"、"富有想象力的"或"富有灵感的"这些词汇来表达他们的创作过程。讽刺的是，那些企业领导们却开始对"创造力"越来越感兴趣。在这种商业背景下，创作过程的价值得到了越来越多的赏识。而企业在增强其竞争优势的改革中常常失败，正是因为严格遵守在 MBA 标准课程中所教授的经济高效性逻辑。

人们对于设计中创造力的态度有所改变，它现在更多地被看做是基于设计的创意中不可缺少的部分。这种对创新的理解，是建立在对以上提到的这些问题的深层认知和深切关注之上的。它是建立在分析和主观理性之上的，而不是一个替代的过程。iPod 是 21 世纪初对此做出诠释的最佳案例。开发它所使用的技术和用户的使用习惯已经存在一段时间了，从随身听的受欢迎度和随处可见的 U 盘和其他存储设备中就可以看出来。基于这些技术以及人们的狂热度进行开发，用一种富有创造力的方式在设计过程中将这些已有的能力和情况进行"反复调试"，注入高层次的设计价值，于是 iPod 诞生了。

越来越多的商业和社会文学将设计视为重要的"灵感突现"，可以将行为和实践注入新的社会和文化空间中。™

→ 设计方法（Design Methods），启发法（Heuristics），直觉（Intuition），技能（Skill）

可信度
Credibility

在许多发达国家，很多人已经不再像过去那样着迷于商品以及它们带来的新鲜感，他们不再那么愿意相信广告和平庸的宣传手段。今天的消费者更加小心地进行购买，不仅关注价格也关注环境。这可能意味着由于失业、社会政治问题、环境问题等，资本导向型体系可能会部分甚至完全失去其地位，因为资本主义是建立在成功和进步的基础上的。

确切地说当人们开始失去信仰，而企业以及它们所生产的产品的可信度受到了质疑，与此同时，却可以通过设计建立和维持可信度。因为设计如果有必要会向公众做出承诺以及保证，承诺和保证不断提供创新的、高品质的、安全的、个性化的产品。设计也可以加强和传达其他能增加可信度的措施，比如倡导文化、科学和环境策略。[ME]

→ 品牌打造（Branding），企业形象（Corporate Identity），服务设计（Service Design）

批判式设计
Critical Design

批判式设计用于进行设计方案的推断，对于产品在日常生活中所扮演的构想、预设和假设的角色是一项挑战。批判式设计的反面是确定性设计——一种强调现状的设计。批判式设计是一种态度，是一种设计的方法，而不是一种限定的方法；事实上，很多正在用这种方法进行设计的人从来没有听说过这个词，或者用这个词来表述他们的设计。但是命名这种设计活动是很有用的，因为它使设计的结果更让人关注，从而引发更多的讨论。批判式设计应该引发更多的讨论，这是十分重要的，因为就像它的名字所隐含的那样，最基本的意图是激发我们的思考：提高意识、揭开假设、刺激行动、激发讨论，甚至像文学或电影那样具有娱乐精神。

对设计的批判性的探讨即使没有数百年也至少有数十年，只是隐藏在一些表象之下。最受人关注的就是 20 世纪 70 年代发生在意大利的（→）激进设计运动，这场运动对当时社会的主流价值观和设计思想持有高度批判的态度。在 20 世纪 90 年代，发生了一场针对（→）概念性设计的运动，虽然与批判式设计不完全相同,但是确实为诸如批判式设计这样的非商业设计活动争取到了相对轻松的生存环境。这些运动主要在家具行业中展开。

当今的批判式设计方法从某种程度上来说,是建立在 20 世纪 70 年代的激进设计运动的主张的基础上的,激进设计运动对当时的传统价值观提出了质疑。我们居住的当下世界充满了不可思议和越来越深的复杂性,但是很多构成主流设计的思想仍然反映的是过去的问题。社会在向前发展但设计却没有——批判式设计就是设计正在经历的突变之一,试图与我们从 21 世纪初开始正在经历的复杂的技术、政治、经济和社会发展相适应。为了这个目的,批判式设计与各种形式的实践运动有许多共同的态度和立场,警示故事、竞争的未来、设计传奇、质疑式设计、激进设计、社会传奇、推断性设计等是受到批判性立场激发而产生的一些活动和实践。

批判式设计师常常使用讽刺(用一种政治浪漫主义的方式)或者幽默来引入批判的立场。在这些类型的批判式设计中,观众体验到一种矛盾立场并且需要对此进行思考:这样是否严重? 这是否是有讽刺意味的? 这是真实的吗? 正是这样,讽刺是其目标(与思想上懒惰的借用已有艺术形式的模仿表演和模仿艺术相对立)。就像最好的政治戏剧演员,批判式设计师的意图是使观众用想象力和智慧进行信息的传递。

批判式设计是对"设计将使用者和消费者视为顺从的、同一规格的和可以预见的群体"这个现实的回应,事实上几乎所有其他的文化领域都将人视为复杂的、充满矛盾甚至是有点神经质的。批判式设计的一个主要作用是质疑设计产品提供的有限的体验,扩大设计可能,不仅能够对复杂问题做出反应也可以体现人的情绪和心理的复杂性。一般认为设计总是为了将东西做得更好——就好像设计师已经立下了希波克拉底誓言,应限制人类本性的黑暗面。批判主义设计师却从另一个方面将生活的复杂性纳入考虑,甚至从建设性的角度将负面因素充分利用,引起对可怕的未来可能性的注意(比如在警世的设计故事中)。批判式设计识别并引起对我们如何设计我们的世界的关注,不论它们是有益的还是有害的。

对于批判式设计本身的批判，以及对其错误概念的批判各式各样：它是消极的，反对所有事物的；它只是评论但不能改变任何东西；它只是说说玩笑话；它不关心美学；它反对大规模生产；它就是悲观主义；它不是真实世界的；它完全不是设计只是一种形式的艺术。批判式设计可能在它的一些方法上很大程度上借用了艺术，但它绝对不是艺术。我们认为艺术应该是探索极端性的，但批判式设计需要与日常生活和普通人贴近，因为那儿才是它衍生力量和质疑假设的来源。奇怪的是它被作为"类艺术"而抛弃；正常的是它会被轻易且毫无悬念地同化。只有在被作为设计的一种时，批判式设计才会告诉我们日常的每一天可以变得不同——事物是可以改变的。

对于批判式设计来说存在的危险是它可能作为一种复杂的设计娱乐形式被当作幽默或新奇事物看待，其内涵见地却被忽略。批判式设计需要确定和纳入复杂的富于挑战的问题才可能避免这种情况。比如对未来预测的日趋依赖，它可以从对人类本质的更尖锐的看法和将抽象事物变为有形事物的能力中有所收获。它也可以在公众关于日常生活和未来技术的社会、文化、伦理影响的讨论中发挥作用。[FR]

→ 传达(Communications)，批评(Criticism)，评论(Critique)，设计与政治(Design and Potitics)，伦理学(Ethics)

批评
Critisism

批评是设计的一种反省式的写作类别，主要是对产品或系统进行细致描述，并与相似的产品、功能、明确意图进行比较性评估，或者对过程／实现与特定社会环境进行细致的描述和比较性评估。设计批评以各种出版物的形式传播，比如报纸、流行杂志、设计和艺术杂志、网络点评、专业(→)出版物、学术期刊、博客和其他的印刷、媒体和网络渠道，这表明它涉及的范围广泛，写作形式多样，标准无法预测。批评的一项最基本的任务是告知和塑造公众的某些观点和想法，但随着传统期刊写作形式转变为一种混合着流行、诗意、宣传且具学术性的篇章，其任务得到了拓展。批评的这种发展开启了新的学科角度，比如历史学、社会学、哲学、视觉和流行文化研究、城市研究、电影研究、性别研究和其他艺术之外的学科、设计学、社会科学和人文学。设计批评也必须将更广泛的背景考虑进来,因为设计的创作和过程是融合在技术的、商业的和经济的体系之中的,依赖于(→)创新和(→)转化。因为这种广阔性,设计批评是一种正在扩展和兴起的自省写作,反映了当前对设计任务和设计过程本身的理解。设计批评常常要求具有关于系统、组织和空间的专业知识,设计作品在这些系统、组织和空间中发生着作用,它必须考虑到(→)传达的策略以及与目标使用者的关系。这种学科专业的结合和跨学科的灵活性产生了新的思维方式以及关于当下设计的作用和意义的新思考(→学科(Discipline))。

在特殊期刊上发表的批评常常是针对某一学术和专业领域的人,探讨当下的设计问题。相对来说,报纸批评文章常常是为了教育和影响大众对某些特定的设计项目的看法。它的核心任务之一是引发大众关于设计作品带来的问题的讨论。

从 20 世纪 90 年代开始,批评的相关性和它的任务在批评家之间引起了争论。这些争论的基本点包括当代批判主义既允许粗糙的描述性评论,也会根据情况容纳学术性的写作;并且批评从以原来的意见和判断作为其基本终端,逐渐转变为由设计师、艺术家和策展人撰写,而这些人也时常是被评论的对象。这种角色的可互换性继而进一步挑战着关于客观性或主体批判距离的观点。批评常常与报纸、杂志、期刊或网站的功能相似,并且其受众也有重叠。但是总体而言,关于设计的评论至少部分利用了这些设计学科本身的方法论,这可能包括形式主义写作、图像分析、场景分析、关于个性和性别的后现代视角和后殖民时期理论的观点等。

批评作为一种独特的写作形式在西方世界文化中形成,经常由精通各学科的人撰写,他们在广阔的文化背景下观察艺术和设计。作为写作的一种发展迅速的形式,它在启蒙主义对知识探究的背景下,在城市中心文化、文化场景和市场发展和成长的背景下,在印刷业和其他传媒工具兴起的背景下产生。随着全球对当代设计兴趣日渐增长,在西方世界之外的评论也开始循着相似的轨迹发展,学术评论常常受到社会学、人类学和当代社会理论的影响。[RO]

→ 评论(Critique),研究(Research),理论(Theory)

评论
Critique

　　评论这个词是从评述和(→)批评而来的。在设计教学的背景下,这个词用于表述对学生作品进行评定和评估的过程。其意图并不一定是进行贬低而是为学生提供对他们的设计作品的专业判断和评价。因此,大多评论都会注重突出作品的成功之处,同时指出不足。

　　通常评论是由一个相关专业领域的代表小组做出的,有时也会有可能的客户和使用者——那些对真实的设计结果或可能的设计结果产生影响力的人——参与其中。一般来说评论会对设计方案进行提问,然后针对设计结果提供一系列的反馈和回应。通常,评论不会只有一种相关的价值观,所以学生设计者需要针对提供的各种选择做出解释,并且权衡恰当的侧重点。考虑到评论的主观性,反馈可能会完全相反,因此就要求学生根据他们自己的感觉,找出跟自己的设计意图最相关的观点。

　　对于学生而言,评论可能会造成情绪上的困境,学习如何接受评论并从这种形式中受益是青年设计师成长的重要一环。以一种开放和乐观的态度对待评论而不是以一种对抗和轻视的态度,将给学生带来更好的学习结果,学生可以依据这些反馈意见变得更灵活、更有创造力。设计师必须让各种事务、要求、反应、态度和方法发挥作用。人们使用设计作品时基本不可能有作品的设计师在场,所以设计师必须对人们使用设计作品时的一系列反应进行解读和回应。

　　对于初学者而言,应做好面对职业现实的准备,从评论中学到的技能是十分宝贵的。尽管学生在学校经历的正式评论在毕业后不会以完全相同的形式出现,但是如何简单明了地向客户传达信息、如何回应以使用者为中心的研究等,都是无结构形式的评论,每位设计师都必须学会应对。挑战来自于如何利用这些反馈,才能既有利于扩展设计师的继续教育又能将其作为一种工具,传递那些对设计结果产生影响的概念。[TM]

→ 批判式设计(Critical Design),教育(Education),评估(Evaluation)

跨文化设计
Cross-Cultural Design

　　跨文化设计指的是(→)产品、设计师或生产设计的实体跨越文化边界的能力,不论是产品本身从外表和本质跨越了文化边界,或者是设计师和设计实体跨越了边界在另一种文化中运营。

文化边界可以根据宽泛的国家、民族或地理类别进行划分，但是它们也可以根据更小的、在某一文化中的社会经济情况进行划分。

　　跨文化设计带来了一系列的问题。其中包括霸权主义，也就是认为一种文化比另一种文化强大，不管是因为经济、政治、社会地位或其他原因。因此关于跨文化设计的讨论很大程度上依赖于关于殖民主义和后殖民批判主义的理论讨论，批判主义植根于结构主义、现象学和马克思主义，对认识论以及与统治阶层的关系提出了质疑。在这些方法中，设计被看作是跨文化价值观的载体，因此设计的任何特殊的行动都可以是一套价值观和另一套价值观争论的场所。作为文化价值观的载体，设计可以作为核心文化或主导文化与边缘文化或周边文化之间动态交互的信息载体。在这种动态过程中，设计也可以被视为主流文化重新获取其独立性的一种途径。

　　从一种更缓和的角度来看，跨文化设计与超文化设计的概念有关，或者说设计具有超越某种特定的环境限制的能力，具有与其他文化共享的普遍或通用的当代价值观的能力。因此，设计脱离了受文化限制的语言和文字环境，成为一种建立在（→）美学、形式质地或功能基础上的，可以方便转译的交流语言。从这个角度来讲，设计由一种灵活的普遍语言和一种强大的文化交流媒介组成，并且正在迅速变得更加适应贸易、政治和其他目的。再进一步说，跨文化设计进入了全球化和全球文化（→全球化（Globalization））的范围中，文化与传统的政治或地理边界脱离，建立起新的全球操作领域。这些新的领域，或者某些理论家称其为"脉络"，主宰了在设计物、使用者、机构和商业体系之间新的关系，这些关系跨越了地域，将人们以一种历史上从未有过的全新的方式连接在一起。[ET]

→ 协作设计（Collaborative Design），国际化风格（International Style）

跨界
Crossover

　　跨界是两种或两种以上学科的程序、实践或风格的（主要是有意识的）重叠。在跨界的过程中，来自各学科的特定的特征和影响，如建筑学、设计学、艺术学、文学、传媒学、时尚或音乐被应用到新的或改进的产品、服务、策略或说明中。设计的结果经常是创造新的目标人群和市场,因为它们反映了来自多个领域的联合影响,而不是单一(→)学科。这些新市场的建立又可以增加潜在的开发、销售和(→)创新的机会——但是这也意味着与传统学科类别相关的专业和技能可能最终被压制、淡忘,甚至完全失去它们的重要性。

为了拓展公司和机构的研究范围,跨界已经成了一种在公司和机构中被广泛接受的策略。多媒体交流渠道现在被认为是成功品牌宣传的一种要求,并且是对整体(→)企业形象的全面整合。在当今的全球化世界中,通过利用引入其他市场的跨界元素拓展市场,已经成为一种常规的活动。当然,还需要对此进行进一步的研究。[SIB]

→ 策略设计(Strategic Design),协力作用(Synergy)

定制
Customization

定制是将设计产品调整以适应特殊需要和喜好的行为。这个词直到 18 世纪晚期工业化取代传统式的发展,才开始有了深刻的内涵。原本设计和产品生产局限在某一区域并与消费者紧密关联,而新建立起来的工业化生产提供了更多面向广大的全国市场的选择,但无法适应每一个人的需要和愿望,也没有打算去适应每一个人的需要。标准化的生产程序使产品变得千篇一律,产品(→)组件或终端产品的多样性消失了,因为要节约成本。相应地,那些仍然用专门的设计去满足不同消费者的需要的制造商,则把定制作为一项高端工业生产,并且选择那些可以承受得起高额消费的消费者。现代交流手段和生产技术为大规模定制的工业生产铺平了道路。[BM]

→ 生产技术(Production Technology)

D

达达主义和设计
Dada and Design

设计，最简单地来说并不经常与那些诸如达达主义的哲学运动相关，但却与（→）工艺运动，比如（→）德意志制造同盟、（→）包豪斯，或俄罗斯、荷兰等国的建构主义艺术运动（→建构主义（Constructivism））相关。设计似乎不可能脱离作为生产模式的一部分，这些生产方式既与工艺关联，又远离所有含糊或混乱的艺术和创造性活动。

一战期间 1916 年开始于苏黎世的达达主义囊括了文学、美术、戏剧和音乐，受到反战和无政府主义哲学的影响——对雨果·鲍尔(Hugo Ball)和苏黎世的伏尔泰俱乐部的主要人物而言这些都是极为重要的方面。达达从来不宣扬随意的无序性，而是以一种深刻的、彻底的方式质疑现存的概念、主导秩序和政府体系。达达经历了源自社会和文化资产阶级有序性导致的社会和文化困境以及第一次世界大战的暴力混战，它用有组织性和逻辑性的新的激进的形式直接面对这些状况。

在达达背后存在的观点、理念和实践对诗学、美学、音乐、建筑以及最为重要的设计，产生了重要影响。特别是在设计方面，达达主义在 1918 年以后出现在柏林（乔治·格罗兹 George Grosz）、汉诺威（库尔特·施威特斯 Kurt Schwitters）、科隆（马克斯·恩斯特 Max Ernst 和乔汉思·巴杰德 Johannes Bargeld），同时在战后的德国，随着混乱的经济和政治的复苏和重新定位，公开的辩论、广告和宣传对日常生活产生了很大的影响。此外，与高雅文化相对的日常生活也与（→）理论和艺术产生了联系。到处都是传单和小册子，吹嘘或批判政治节目和聚会。同时，贸易和工业利用广告再次激起了用户至上主义。还有一种需要，一种在任何统治倒台以后具有的典型需求，就是重新组织和设计大众传播的形式，比如法令和新闻公告。

这就是达达主义产生的背景，柏林达达主义运动最重要的领军人物以及理论奠基人之一，杂志 *Der Dada* 的出版人罗尔·豪斯曼(Raoul Hausmann)明确提出了意义深远和发人深省的与公众交流的方式。汉娜·胡荷(Hannah Höch)和罗尔·豪斯曼以及后来的约翰·哈特菲尔德(John Heartfield)等，设计了摄影蒙太奇和拼贴艺术，作为一种理解、观察和传递一种片段存在本质的当代媒介。拼贴艺术以及其他媒介也被达达主义发展用来解决速度和噪声的快速增长、经验世界的混乱等问题，然后设计出作品和出版物的形式从而适应这个无序混乱的世界。

达达出版（→）折页和杂志，用一种全新的版面和叠印等印刷形式。他们用拼音文字进行实验，比如创造尖叫状的文字图形、同步写作（可以在任何点开始或结束的文章）或多声部诗（合作表演诗，两个或更多人同时朗诵或演唱）。他们也组织一些行动——并不只令人们感到困惑，也作为推广和理解这些新的印象、经验和哲学的方法。达达将经验视为设计开始的关键，社会维度的经验是它的基础，因此设计实践总是以大众为导向并寻求大众的支持。

作为一种全新秩序的表达，达达出版物选择拼贴画和摄影蒙太奇作为媒介，善于利用印刷形象和比例。问号与感叹号、斜线、破折号、句号被按比例放大，并且放到了最前面——加上组成文章最小元素的单个字母，呈现出一种完全不同的形式。这为平面图像的新方法建立起了某些革命性的原则，不再遵循传统规则或局限在设计和思维的前后顺序里（像构成主义中经常可以看到的那样）。达达（类似于浪漫主义）将这些原则应用于抨击线性逻辑，并在此过程中探索反映主体与客体之间关系的编码语法。

库尔特·施维特斯（Kurt Schwitters）尤其受到这种进步的设计前身历史的影响。他主要居住在德国北部城市汉诺威，曾经做过技术工匠，并且将他的达达形式称为"默茨"（Merz）。他画画，制作拼贴画，组合艺术品，雕塑，写诗，写评论，写理论文章。他也建议一种免费进入电影院的方式（也就是从出口倒退进来，换句话说，一种负能量），还开设了维尔贝曾泰尔·默茨（一个广告公司），后来创立了"新广告设计师圈"，网罗了如冯德贝基-基德沃特（Vordemberge-Gildewat）、马克思·伯夏兹（Max Burchartz）等成员。施维特斯将他的艺术作品（甚至诗歌作品）与其他设计活动之间进行了严格的界限划分，但是他的视觉和行为基础经验（他以动态阅读形式进行剧本写作）对他发展他的整体设计实践也同样重要。

他设计了一种新的字体（并且给出了对此详细、具体的解释），还为签字笔和钢笔公司百利金设计了一个广告，为汉诺威有轨电车公司设计了广告语。1927年之后，他甚至为汉诺威市和公共权威部门（如学校系统）设计了信纸（包括标识）。另外施维特斯与建筑师奥托海斯勒（Otto Haesler）一起为汉诺威附近的小城策勒(Celle)设计沃尔克斯电话公司(Volks-Mobel),他设计了价格实惠的桌椅,还有许多简洁但颇具吸引力的广告小册子。施维特斯也与包豪斯的创立者沃尔特·格罗皮乌斯合作,为达默斯托克(Dammerstock)住宅区设计方案和出版物,这个住宅区由格罗皮乌斯设计,就建造在卡尔斯鲁厄附近。此外,施维特斯设计了剧场舞台和空间安排的新形式,为适合人类行动和行为的改变而做出不断的改变。

他的所有设计作品的一个显著的基础是对秩序概念的不断质疑,他认为这不是一个抽象的机制,他总是将其看作是以使用为导向的,甚至是主观的、不断波动的、具体的。施维特斯对包豪斯和相似的机构和运动持有一种激进的评论,是他对秩序一贯所持的批判观点(因此是达达在设计上的总体反应和实践的代表)。他曾经写到,建筑师和机构渴望设计优美和谐的空间和物品,而从定义上说这是不近人情的,因为当任何一个人进入这样的一个空间或使用这些物品时,就会从根本上和主观上破坏这种和谐。ME

解构
Deconstruction

自从尼采将(→)美学参数引入西方关于理性的讨论中,解构的理念始终关注于质疑柏拉图和亚里士多德的逻辑概念,特别体现在语言学、哲学、本体论和科学实证主义之上。解构的原则是试图将思维从二元法释放,用多元的方法取代。这个原则挑战了原来以单纯形式进行描绘和表达的信仰,因为它用复杂的辨别谬误、类比、去背景化和重复的模式取代传统的形而上学的概念。哲学家吉尔·德勒兹(Gilles Deleuze)以及诸如乔治·斯宾塞·布朗(George Spencer Brown)等作家通过解构将暂时性引入逻辑本身,结果、(→)连续性和目的导向这些曾经流行的概念至此中断。

解构的一般概念对建筑和设计的影响大多建立在由哲学家雅克·德里达(Jacques Derrida)发展出的理念之上。与尼可拉斯·卢曼(Niklas Luhmann)和让-弗朗索瓦·利奥塔的理念相似,他们否认观察者的社会、中心立场以及普通叙事的潜力,德里达将特异和去中心化的讨论优先于构造主义的讨论之上。

解构主义方法论的应用使建筑师和设计师将他们自己从传

统的、正式的语言和风格导向(→)惯例中分离。在彼得·埃森曼和弗兰克·盖里(Frank Gehry)的建筑设计中,(→)形式和(→)功能处于一种松散的联系中:线条是间断的,风格是组合的,偶然性和不完整性使建筑形态发生变化,成为一种建筑雕塑。在大卫·卡森(David Carson)的平面设计作品中,传统的印刷规则和形式被分解,成为一种富有创意的文字和图像拼贴。[SA]

→ 建构(Construction),建构主义(Constructivism),功能主义(Functionalism),后现代主义(Postmodernism)

装潢
Decoration

→ 装饰(Ornament),装饰品(Ornamentation)

设计
Design

　　本书无法为其核心词汇——设计——提供一个唯一的、具有权威意义的定义。设计的历史起源是十分复杂的,设计的本质,设计是什么、不是什么,是不断进行的各类讨论的主题,这点可以在本书的许多方面中看到。事实上,即使在本书使用的两种语言中也存在着对设计定义的互相关联而又相互分歧的释义。在德语中,设计首先与形式的创作有关,而在英语中这个词更广泛地被应用到一件物品、一个行动或一个项目的"腹案"的概念上(→造型设计(Gestaltung))。因此可以认为这个词的一般含义存在于大多数语言和文化中,其确切意义反映了特定的文化特征和偏向。因此,本文会给读者们提供多个主要的"西方"的设计定义,从中建立起"设计曾是什么,现在是什么,将来可能会是什么"的基本概念。

　　设计这个词从拉丁语 Designare 而来,意思是确定、描述或辨认。在历史的一个特定时刻,设计从一个总体描述一系列人类活动的词转变为现在的状态,即一种确定的、专业的实践。毫不意外,里奥纳多·达·芬奇第一个创立了一所专门针对设计的学院。那时候,设计的概念与艺术创作和物品及空间的营造暗合,也可以说这是向将设计师作为一个职业迈出的第一步。但是后来证实这并不是一个真的开始,因为文艺复兴时期对设计的这种理解很快转向了,并且直到 18 世纪下半叶的工业革命,设计师始终被认为等同于工匠,需要一步步学习和精通技艺和工艺。一直持续到工业革命以前，设计师/工匠始终与客户接触。客户通过与某个职业工匠直接联系，利用他们的专业化技能，向他们提出自己的需求，并且常常是独一无二的需求。这种直接的、个人的联系和最终产品中对"熟练"手工的要求成为这些以工艺为基础的设计师的制约因素，即使交通和通讯系统在殖民时期早期已经提供了新的市场、需求和机遇。换句话说，正是工艺和个人工匠的本质，成为与这些新的市场发生联系的制约因素，因为新的市场要求交易过程通过中介以匿名的方式进行。殖民主义扩张以及伴随而来的不断成长的市场和随之上升的商业阶级，可以被看做是我们现在所理解的(→)全球化发展的重要的第一步。

新的全球化市场要求新的商品形式，工艺的直接的私人服务变得越来越远离这样的要求。围绕着工艺实践建立起来的行业组织逐渐被机器生产工业和半机械大规模生产和市场化取代。工业化生产的浪潮将工匠及其私人咨询的模式边缘化。这种早期的大规模生产的发展是对新工具的发明、人类劳动与产品关系的重新组织、新的交通手段、分配形式和市场化(→ 广告(Advertisement))的回应。

在 19 世纪后半段，劳动力大量从农村流向城市制造业。这种转移导致了对于这些新的工人而言社会公正的缺失以及产品质量的迅速下降。特别是在英格兰发生的工会运动，以及在法国对这些问题做出的回应，与此同时，新旧富商和统治阶层感觉到一种对工业化产品质量下降和这些远离他们的、匿名的生产流程所导致的服务缺失的深深不满。

正是在这样重大历史变革的背景下，威廉·莫里斯和约翰·拉斯金在英国发起了(→)工艺美术运动。这场运动试图重新恢复以工艺为基础的产品(→)质量以及个人化的服务关系。工艺美术运动在 19 世纪后半叶具有很大的影响力，根本原因是渴望回归基于工艺的生产和产品。对于拉斯金而言，重新恢复田园生活和建筑是极为重要的，他反对用机器制造物品，认为这是不诚实的。莫里斯则主张恢复到中世纪工匠与客户的直接关系的结构组织。虽然这场运动试图通过怀旧的迫切性(→ 怀旧(Nostalgia))(哲学家恩斯特·布洛赫评价他们为"可怜的资产阶级社会主义者")重新构架社会和产品,但工艺美术运动影响之大常常使之被认为是我们 20 世纪所理解的设计学的开始(工艺与工业化生产之间的这种对立以及对设计的不同定义主导了 20 世纪对设计的普遍理解)。工艺美术运动的方法在法国的(→)新艺术运动、德国的(→)德意志联盟运动和(→)包豪斯中得到传播(1919—1933 年的包豪斯学院除了与现代主义美学和哲学的密切关系外,也围绕着传统的手工艺材料组织教学课程,通过动手课程体现其教学法)。

现代社会,设计通过关键人物对科技发展的新的可能和恐惧做出的反应而发展,并且正在改变着社会经济和政治状况及背景。在 20 世纪的前 25 年,在欧洲和美国设计学发展中有两个设计师,他们分别所做的实践脱离了工艺美术运动,阐释了更广的设计发展趋势。首先是曾经的新艺术派运动艺术家——德意志制造同盟(成立于 1907 年的一个集建筑师、设计师、工业家的联盟,目的在于改善德国制造的商品)创始人彼得·贝伦斯(Peter Behrens),他试图将德意志制造同盟定义为一个致力于工业发展的组织——与工艺美术运动形成鲜明的对比。他成为那时德国最大的公司——德国通用电气——的专属设计师,并且第一个跨界从事曾经分工的多种材料工艺设计工作,也就是说,他可以被看作是第一个通才设计师。贝伦斯为通用电气塑造了我们现在所说的(→)企业形象,并且从事(→)品牌打造工作,设计(→)标识和所有公司的出版物(包括设计了几个新的字体),他还设计了许多真实产品,包括各种灯、换气扇、电热器、水壶、钟等,甚至进行了公司大楼的部分设计。这种方法代表了设计师脱离手工原创制造者概念的重要一步,将设计师与手工艺大师的关系理清,把设计发展成为以作品和形象识别为目的的一个工艺体系或家族的概念。

这个时期可被看作是充满对设计和生产理念进行讨论的年代。包豪斯预示着现代主义渗透到日常生活中,将社会主义者承诺为大众改善生活的任务和设计服务于新资产阶级两者结合起来。从这个意义上说,包豪斯可以被看做是工艺美术运动的高级形式,深入了创意的许多领域(美术、电影、摄影、建筑、平面设计、手工制造),然后将这些与新的建立在工业化加工(比如标准化配件）基础上的设计形式联系起来，并且使用诸如钢管等新材料。

在法裔美国设计师雷蒙德·罗维（Raymond Loewy）的作品中能十分明显地看到设计继续脱离它的工艺起源的趋势，他最初学的是服装设计，随后转向产品和平面设计，是（→）流线设计的发起者之一。在评价罗维的贡献时，无法忽略他为某些特殊产品进行的设计（可口可乐、汽车工业、船、火车头，等等）。虽然这些设计极富创意且影响重大，但是他的主要贡献应该说是将彼得·贝伦斯的设计方法进一步发展。罗维，就像在他之前的贝伦斯那样，将设计看做是一个为了设计互相关联的产品和形象的完整系统，并且完全开启了我们现在所说的企业设计的工作。

罗维放弃了艺术以及工匠的态度，发展出了这种原创的设计方法——对于他来说设计是一个试图不断改善现存体系和产品的学科。一旦人们认识到我们与"制造"世界之间的互动是被设计出来的——从代表制造商的标识到日常的车子或其他机器的使用，再到利用产品的声音（→声音设计（Sound Design））进行交流等，这种方法就成了可能。从这个角度来说，设计可以被理解为一种极其复杂的工作，因为它需要使人类在心理的、社会的、文化的、人体工程等方面与设计世界进行最优化的互动。

因此，设计要求对现实（是什么）和一个社会中明确的或潜在的发展趋势（可以通过经济、科学、文化和技术发展进行理解）有非常清晰的认识。设计，从它的根本上说，包含所有社会因素，如果忽略了这些因素，结果可能是极其糟糕和令人失望的，所以它必须建立在对许多领域的高质量研究的基础上。事实上，现在看来十分重要的设计研究这个概念可以看做是在现代主义后期20世纪六七十年代开始出现的。它也标志着设计被视作一个过程以及产品，一个因为越来越复杂的事件和越来越多的合作（→协作设计（Collaborative Design））而存在的过程。

对设计的这些描述说明了设计学并不是作为一个单一的（→）学科存在的，而是整合了许多学术的、经济的、环境的、科学的和艺术的见解、知识和观点，将日常的生活经验融入了这些构建我们生活的产品、体系和发展过程中。设计跨越了学科边界，在试图把对一个项目的多种理解综合的时候，需要协调和转换行动。从这个角度说,设计确实是一门反对传统的学科,是一门定义一个学科学术逻辑的学科。设计不需要知道在一个确定的领域中所有需要了解的东西,它只需要从各个方面了解塑造一个项目"刚好"需要的东西。

设计将其自身塑造为一个特征鲜明的职业,因为它的具体实践与物质和经济发展过程一致,它们都与住房、制造、媒体、技术、服装等有所联系。这些领域又进一步分化,在 20 世纪后半期出现了一些新的专业领域,如(→)服务设计、(→)策略设计、(→)事件设计、(→)品牌打造等。与专业领域的日渐增加和设计职业的分化同时发生的是一种试图控制设计本身所具有的跨学科特点的趋势。问题和事件需要的各种设计和非设计的技巧——比如多元的或(→)"奇特问题"——越来越多地随着我们对设计不断扩大的理解而被提及。在这个设计过程中产生的概念和策略规划,增加了在设计某个产品时设计者的权威性。在处理跨学科问题时最为明显,例如可持续体系(→可持续性(Sustainability))、(→)城市设计以及其他领域的(→)环境设计。

设计被极大地应用到处理环境问题上,因为设计的许多重大决定对产品产生的环境影响起着很大作用,环境也是(→)设计过程的一部分。为了可持续性发展社会而做的设计,要求协调科学的、社会的、文化的、经济的、技术的、政治的趋势和现实——以及各种需要理解的学科。事实上,可以说这些复杂的问题,包括全球化、多元传媒系统等诸如此类的问题,是不能从单一的传统学科视角进行理解的。

今天,设计的两个方面仍然显而易见。一方面,公司、设计工作室和事务所的专业设计师作为高度专业的工作人员根据出资客户的要求对产品和系统的特殊方面进行改进和优化;另一方面,许多设计团队集结了各种专业人才,不论是通才还是专才,可以进行繁复的项目设计,这些项目都是无法用单一的设计或非设计手段完成的。

不论是哪种方法,正如赫伯特·西蒙(Herbert Simon)在 20世纪 60 年代概括的那样,设计可以被认为是将现状转化为人们想要的状况。而找出人们想要的状况是什么正在变得日益复杂,这要求我们具备了解我们自己设计的这个世界的能力,了解我们

设计出的世界是如何出现、如何真正运作的。[ME+TM]

打击犯罪的设计
Design Against Crime

打击犯罪的设计首次出现于 1999 年,作为英国谢菲尔德哈勒姆大学 (Sheffield Hallam University) 和索尔福德大学 (The University of Salford) 的一个研究课题。通过研究人们犯罪的原因和他们犯罪的方式,发展出一套系统知识,帮助设计师更好地将减少犯罪行为的措施纳入设计最初开发阶段的考虑中。

从一开始,这个课题就在英国国内外开发了数个旨在营造更安全的城市环境和产品的项目,以减少可能的犯罪行为,促进社会融合,改善公司业绩。[RL]

→ 设计与政治 (Design and Politics),安全设计 (Safety Design),城市规划 (Urban Planning)

设计与政治
Design and Politics

设计与政治在实施上有着复杂的关系,并且在许多方面受到政策的影响。下面将简要地从几个方面讨论设计和政治的相互作用。

设计师在服务政治意识形态中的作用是复杂多变的。在民主和非民主的国家中的所有政治势力都极大程度地利用了传达设计其打动人心的潜在力量以及视觉图像的力量,用以说服大众接受某一政治观点或对未来的看法,鼓励他们将自己看做是某一团体的一员。

这方面的经典案例包括苏联时期左翼和右翼的平面宣传(→鼓宣 (Agit Prop)),中国文化大革命的平面宣传,意大利法西斯主义的平面宣传以及历史上最臭名昭著、全面利用政治进行设计和打造品牌的——20 世纪三四十年代德国纳粹党的平面宣传。

在所有政治(→)运动中,通过政治人物的发型、眼镜、服装、声音、语调等对配色方案、版面、图像符号、电视展示进行评估已经成了一门准科学,聘请心理学家和设计师只为传递完美的整体印象。在后工业民主政治时期,政治运动几乎完全是经过设计的事件,包含有越来越少的偶然性。媒体的高度关注以及八卦报道的兴起更加剧了西方民主政治的这种发展趋势。

逐渐地,许多国家的政府将设计提升为经济增长和社会政策不可缺少的一方面。在新兴经济体如印度和中国,以及之前的日本和韩国,设计被认为是促进经济发展的一个重要途径,因为这些国家希望改变目前作为廉价商品的来源地、国外公司设计的产品的加工地的现状,发展出在全球市场具有竞争力的本土品牌。

设计在这样的尝试中负有重要作用,包括整合产品、赋予视觉特征、市场开发和将当地设计的产品出口到世界市场等。于是,越来越多的国家在设计教育中投入巨大,极富热情,因为设计被看作是经济竞争力的一个重要方面。

在那些依靠重工业发展起来成为世界强国的经济体中,它们的核心工业衰落,原来的核心工业则成为"铁锈地带"。逐渐地,这些国家的技术创新——主要是媒体技术和全球交通体系的一体化——使企业能够在贫穷国家找到廉价劳动力。从政府的政策中可以看到这种结果对于处于"后工业"时期的那些国家的工人阶级的影响。这些国家的政府试图振兴制造业,使之成为新的后工业经济的促进要素。

提升和引入"文化产业"是这些国家采取的一种措施,因为他们认识到文化和创意是创新社会的重要元素。全球竞争本身就充分强调了一个企业和一个国家的(→)创新能力。艺术、设计和文化得到了提升,并且原来的造船、钢铁、纺织制造城市被重新定位,如英国的格拉斯哥和欧洲及澳大利亚的很多地区都明确提出旧的制造业时代已经结束,需要在 20 世纪末、21 世纪初出现的"新的"经济结构中寻求不同的能力。

新加坡是这种发展趋势的一个很好的、值得研究的案例。它主要通过极其高的效率和作为进出亚洲的经济政治的安全通道这两个方面积聚财富。新加坡政府意识到无论是为了让企业在本国建立总部还是为了保护新加坡自身的经济未来,必须通过政府发起并积极倡导、发展文化以及创意产业等途径。他们对艺术和设计教育进行了大量的投入,建造美术馆、博物馆和艺术展示中心,确保与知名品牌发展合作关系,例如与宝马这样的品牌。这可能是最有操作性的案例之一。

与此相似,"设计符号"也见证了一些工业中心的复兴。一般来讲,这是通过建筑符号实现的,最突出的例子就是西班牙的工业城市毕尔巴鄂市(Bilbao),依靠弗兰克·盖里设计的古根海姆博物馆吸引游客,重振了经济。这种不同凡响且(更为重要的是)上镜效果极佳的建筑形式使这座本被忽略的城市得到极大的关注,营造出来一种品牌效应。其他城市也开始模仿,使用建筑作为城市的品牌。

设计实践直接或间接受到政府政策以多种方式带来的影响。传统上，唯一需要经过认证才能取得资格从事实践活动的设计师只有建筑师，但是在其他设计实践上也开始逐步要求"合法性"制约。这通常是以注册的形式进行而不是认证——就是说任何人都可以在一个领域从事设计实践，但是对于那些接受过"认证"课程训练的人，注册提供了一种合法性，可帮助客户辨别设计师的身份，以便做出选择。

　　政府政策的变化，从决定城市分区、规范环境影响的法律，到保护人们不受无处不在的潜在危险伤害的法律，到管制书面语言的使用的政策（比如要求所有交流必须以多语言进行），直接影响设计师，并为设计师提供了新的机会。一部新的环境法，比如要求生产商负责产品包装，会直接改变产品展现和市场推广的方式。于是设计师必须改变，考虑这些改变并推动这些改变。事实上，不断变化的政府政策直接刺激了一大批设计师的创作。

　　最后，可以说设计和政治在它们各自的活动上共同享有一种概念性方法。虽然设计和政治之间存在十分明显的差异（政治主要是制定和修正政策和法律，设计则是生产人工产品和系统），但它们确实是在相似的限定之下进行操作的。两者本质上都是关于未来：它们都"创造和塑造"世界，它们都要在一个限定的可能的构架下做出关于未来的决定。设计和政治都构建和假设可能的（→）生活方式，从更广的意义上来说，两者都需要与各种不能调和的文化、社会、环境、技术和经济力量进行协调（→奇特问题（Wicked Problems））。尽管采用的方式不同，但两者都需要协调这种复杂性，既要在那些非常小并且看似陈旧的、当地的层面上做出决定，同时也需要考虑到特别复杂、重大和艰难的层面。™

→ 跨文化设计（Cross-cultural Design），全球化（Globalization），外包（Outsourcing），抵抗设计（Protest Design），策略设计（Strategic Design）

设计协会
Design
Associations

　　设计协会是让设计师能够通过多种方式推销他们的作品的组织。它们提供了经验交流和信息交流的平台，帮助成员管理他们的经济和政治利益，通过（→）商标注册、实用范例、专利（→知识产权（Intellectual Property））等方式，提供关于设计保护的信息。设计协会也公布建议的收费价格，为设计师（和客户）在合同签订的时候提供一个参考。但是除了这些，它们无法成功地以法律，甚至是法规的形式在设计领域定价。此外，设计师，与其他职业协会的成员相比，其利益也只得到了部分反映。其他职业协会可以追溯到中世纪的行会，并且经过长期发展已成为高度有组织、有影响力的机构，可以收取会费，资助和组织游说活动。建筑师和广告设计师职业协会也比设计师的协会更有影响力。

但是设计师仍然不怎么愿意加入协会，而更愿意选择自主开发市场，因为这样做效率更高。这可能是因为设计师——即使是那些宣称使用合作方式进行工作的——仍然对与潜在的或真正的竞赛争对手共享信息和相互支持抱有怀疑。无论如何，加强设计师之间的交流可以增加设计的经济和社会影响力，也会改善设计师和公众之间的交流。

第一批设计协会在二战之后建立起来，主要是由希望将设计这类实践活动职业化的艺术家和工匠建立的。他们与对此感兴趣的客户进行合作，这种合作对设计职业以及设计（→）教育的组织和内容有着重要的影响。他们希望在设计中推广一种实用主义的方法，将设计师作为开发和生产过程中一个固有的合作方。为了达到这个目的，设计师与（→）设计中心合作组织展览、开展讲座和（→）设计奖项。

虽然设计现在被认为是一种合法的实践，但是关于它是否已达到与那些常规专业相等的地位，这一点仍然是不够明确的。设计协会在明确专业发展状态方面的作用仍然有待观察，设计专业的变化意味着当今的设计师需要成为贯通各专业的实践者，同时又要有所专精。20世纪60年代，大型企业开始设立设计部，聘用大量的设计师，此后，活跃的设计协会数量激增。于是，设计协会变得十分流行，成为与贸易协会类似的组织。同时提供一个讨论与专业相关问题的平台。20世纪80年代，当"设计"这个概念开始在热忱的社会学家、心理学家、哲学家和语言学家中被讨论和研究之时，设计协会经历了另一个迅速发展期。结果，设计的专业实践在那时的标准领域如（→）工业设计和（→）视觉传达之外得到了极大的扩展。虽然一些老的设计协会以怀疑的态度看待这种发展，但是设计的这种更广的定义为许多个人设计师打开了新的可能性。小型和中型设计公司开始取代大型设计部门，非股份制的独立企业人开始塑造设计界的面貌。不论如何，设计协会仍然没有能够建立一个对这个专业具有约束力的、全面的定义。[TE]

设计奖项
Design Awards

设计奖项是获得赞助的竞赛，旨在支持各种不同的设计活动。它们通常明显有别于授予终身成就、个人工作、已有作品或对于设计的远见卓识的奖项——虽然组织方有时会将这些因素纳入考虑。除了提高对获奖者的公众关注度外，设计奖项也对赞助组织方进行了正面的展现。一件设计物品的市场成败常常取决于多种因素，设计师只能起到一部分影响作用。于是(→)设计中心和(→)设计协会将设计奖项作为一个展现与众不同的设计案例的平台。由设计师、公司代表，有时甚至包括记者共同组成的评委会主导获奖者的挑选。在宣扬专业化设计的条件下，一些评委有时会从其他领域，如心理学、哲学、社会学进行挑选，但是20世纪80年代以后，这就变得不那么常规了。评委会对提交的设计(包括用户界面、公司形象或产品及产品系列)进行评估，用诸如使用寿命、功能性、可持续性或其他我们之前谈到的(常常是模糊)的标准来衡量。评委会的决定终究是主观的，20世纪70年代，试图去掉评委会决定程序，改为程式化评价的尝试以失败告终——就像试图将设计客观化和标准化尝试的失败那样。评委会的好坏可以从它是否有能力做出合理可信的决定看出。

设计奖项已经成为市场环境下重要的公共关系工具，专业化设计产品已经成为一种常态。它们对于处于初创时期的设计师和公司特别重要，因为它们提供了使他们的作品品质得到中立权威的判定和认可的机会。在20世纪50年代，设计奖项主要与获得赞助的(→)公共设计有关。后来，它们发展为大型的、国际性的竞赛，并且从开始注册到进入目录到互联网出版，甚至使用奖项标识都要收取费用——使组织者有兴趣提供尽可能多的奖项。这些奖项提供了一种公共关注，这种关注个人设计师或制造商是无法取得的，于是带来了问题：是否设计奖项最终是被获奖者购买的？许多赞助组织方允许设计师和制造商在参赛的同时担任评委会成员，这也是有问题的。即使这些人不能参加讨论或投票,这个情况也显然是需要再次考虑的。

正如设计领域本身在不断发展那样,设计奖项的主题也在快速地、动态地变化着,但是与建筑学相比,公开的设计竞赛仍然很少。当出资赞助公司将获奖设计应用到生产过程中时,可以看出竞赛的复杂性。误解只有在出资方做出关于竞赛、奖项、费用和设计执行清晰的分析时才能避免。设计师应该永远不要参加那些要求转让(→)版权和使用权给出资方(→知识产权(Intellectual Property))的竞赛。

"新人设计师"奖代表了相对新的且重要的类别,与事业有成的设计师相比,这些新人设计师获得的是奖金,后者一般得到的是获奖作品的证书或奖杯,而荣誉设计奖则延伸到其他专业中。但是最近给予新人设计师的过度关注,带来了许多无关设计,这些设计仅仅只是吸收或重复了市场规划。这导致青年设计师作为一个整体,由于这许多奖项的颁发,开始遵照市场的要求进行设计。同时,设计奖项有一种均等效应,因为它们为企业、设计部门和新设计师提供了相同的受关注度。[TE]

→ 评估(Evaluation)

设计中心
Design Centers

"设计中心"这个词被用于三种不同的环境中:地方上推广设计的机构、高档大型购物中心、大型企业的集中设计部。从 20 世纪 50 年代开始,"设计中心"这个词特别被用于指国家赞助的(有时是行业赞助的)、专门以推动设计为目的的组织(→设计协会(Design Associations))。它们的任务是在全国或地方范围内使小型和中型的公司纳入设计文化。中心也为公众组织展览、研讨会、工作坊和讲座,作为专门的设计方面的信息平台。设计中心可以将不同的力量聚集起来。它们建立在一种教育哲学的基础之上,就像工业革命开始前它们在工业和工艺界中的前身那样。今天,这些机构模式(意在对商业和消费者产生直接正面的影响)背后的理念不仅过于理想而且早已过时。但是,二战以后,它们在国际范围内被认为是国家支持设计模式的成功典范,如 1946年英格兰成立的首个设计委员会。设计中心的理念———一个为设计师、行业、不同学科的科学家设置的无倾向性聚会地点——一段时间内在德国也得到了认同。

为了符合德国的联邦政体,在德国建立起了分散的设计中心,每一个都有不同的目的。1953 年成立的德国设计委员会(Rat fur Formgebung)、汉诺威工业设计论坛(Industrie Form Design Hannover)以及德国红点设计机构(Design Zentrum Nordrhein Westfalen)都得到了国际认可。但是在 20 世纪 90 年代,所有试图在前民主德国建立设计中心的努力都以失败告终。推动设计的机构从 20 世纪 90 年代中期开始对其自身进行重新定位。在这个策略性专业化过程中,参与的各方开始将设计看作是一个经济因素。在大部分国家资助停止后,大多设计中心转变为服务企业。它们组织设计竞赛(→ 设计奖项(Design Awards))主要为了提高设计师和公司的知名度,并将这些获奖作品投入市场。商业化设计中心放下了不必要的包袱,然而在此过程中,设计正在失去它的洞察权威。设计师的意图一定程度上造成了这个结果,因为他们常常受制于客户的意愿,短视近利。

　　这种转变在全球范围内都在发生,伦敦的设计委员会成为了一个设计的商业中心,支持经济重振和将英国的设计服务及产品外销。荷兰在 20 世纪 90 年代晚期关闭了它的新设计中心。荷兰设计现在更多地受到实验设计学派和设计团体的影响,而不是通常的设计赞助的影响。在意大利,机构支持是很少的,因为在商业操作与外部设计师之间常常有密切的合作关系。

　　20 世纪 80 年代,美国引入了一种对设计中心的全新定义。现在这个词也可以代表大型购物中心,家具、个性家居产品、有趣的产品或品牌可以在一个屋檐下的各式商店中购买到。德国引入了这个词汇,并且将它转译为"Stilwerk"(风格工厂)。现在有四种不同的购物中心分布在德国的各个城市,它们的供应商分布广泛,为商业注入了各种文化,但是很难让市场包围的设计中心成为一个发展和保持真正有趣的形象的地方。

　　第三种使用设计中心的地方是在企业环境下,(→)设计管理整合了同一公司内的设计部门,从而可以更快地了解地区市场和品牌的特殊性,并将这些转化到新产品和服务中。汽车生产商的设计部集中在公司总部或吸引人的城市和地区,如巴塞罗那、伦敦或加利福尼亚。不像赞助设计的机构那样,设计部门试图寻找分散的文化差异。

一些德国设计中心在经济上获得了很大的成功,但是它们对国家出口的影响却很小。一份写于 2000 年的社会学专题文章建议,德国的设计中心应该消除它们之间的隔阂,在占领市场中更加强势。

这三种情况有一个共同的目标:关注设计。在一个全球联网的时代,新的组织形式正在建立起来,不再依赖地理上的集中和设计工艺所在地。^{TE}

设计能力
Design
Competence

随着生活的各方面都要求设计提供解决方案,设计专业本身已经变得十分复杂。它显然需要高水平的能力。将设计简化为一种对单纯的(→)形式和(→)功能的掌握是过于简单的看法。

设计师应该在分析的基础上推进设计任务,找到富有创意的解决方式,了解最新的技术和材料,并有效地将这些使用在他们的作品中。他们应该为未来创作设计,了解目标人群和制造过程,当然,也要发展美的、恰当的形式。简而言之,他们应该同时充当艺术家、结构设计师、幻想家、社会学家、营销专家的角色。

每个设计师都在某种程度上掌握着以上提到的每一项(→)技能,但是为了成功地为市场创造产品,设计师还需要"精通材料",这是一种附加能力,可以加强他们在操作方面的能力。懂得材料是沟通能力的核心,只有这样,设计师才能够将色彩、形式、材料和表皮的效果以一种无法用语言表达的方式在新的设计产品上表达出来。市场上有那么多种类的手表(从高科技的飞行员手表(pilot watch)到带有月相和各种小装置的怀旧精密计时钟表)的原因是因为它们反映了各种(→)符号学上的需求。好的设计师可以像钢琴演奏大师那样处理全部的符号,预测和回应客户和卖家的期望。如果公司和消费者不能做出回应,设计能力就是毫无意义的。一个产品的设计首先要能够被"读懂",被欣赏,被生产和购买。

科学研究表明,设计能力在今天是一个重要的市场因素。最近英国设计委员会发表了一项针对 1 500 个小型、中型和大型公司的研究。值得注意的是,研究结果显示不管何种规模,那些没有在设计上有所投入的公司正在逐渐走下坡路。许多公司很早就意识到对设计的投资将对吸引市场注意力等有着重要影响。当今,越来越多的决策者开始理解投资一个适合本品牌的美学标准的价值所在——比如,具有信息传递功能的与众不同的包装、使用者喜欢的产品设计。设计能力对于行业的影响意义深远:汽车制造商主要依靠它们的外形设计销售产品(→造型(Styling));工具生产商和塑料公司将使用功能作为宣传重点;设计公司的广告将设计价格作为关键因素。一个在其商品和服务中投入高水平设计能力的品牌意味着高品质,并且与其他品牌有所区分。

虽然消费者是公司和设计师花费精力的核心,他们却常常是最后被考虑的因素。虽然有理性的判断,购物——从寻找到决定和付款——仍然是一个情绪化的行为,不论是随便看看或聚精会神地看。在冲动和精打细算的共同作用下,消费者或多或少有意识地协调自己和日常生活的环境(→消费(Consumption))。个体表达采用的是所在文化中具有高区分度的某些非语言表达方式。无名的电脑、品牌手表、宜家架子组合都是一种表达符号。消费者的设计能力表现在他们对产品的搭配上。设计师创造了"正确"的产品差异性,这是他们最重要的商业能力。

未来学家、时尚代理、商业咨询师都在谈论关于传统的设计师、公司和消费者之间的角色转变。随着电子商务的极大发展以及新技术如三维打印的出现,这三者之间的边界变得越来越模糊。作为"产消者"(prosumer),以前的消费者已经有效地成为他们自己的生产者,他们根据自身的需要设计产品(→)原型,甚至可以在家用一台三维打印机进行生产。设计师的角色在这里变成了为这些将要成为产消者的人提供咨询,做出设计建议或帮他们配置具有合适打印数据的打印机。通过这种方法,普通的消费者在生产中对市场产生了影响,并且不是简单地通过他们事后选择现有产品这种方式。

根据这项理论,设计者的能力将会越来越受到消费者的影响,随着消费者影响日益提高的可能性,消费者自身的设计能力反之也会面临更多的挑战。[MG]

→ 设计管理(Design management),策略设计(Strategic Design)

设计批评
Design Criticism

→ 评论(Criticism)

设计教育
Design Education

→ 教育(Education)

设计历史
Design History

→ 历史(History)

设计
Designing

→ 造型设计(Gestaltung)

设计管理
Design
Management

设计管理这个词被用于描述一系列在商业行为背景下小型和大型的、规划和实施设计流程的实践。

从小型层面来说,设计管理包含与个人项目的完成有关的任务。从项目的整个生命周期来看,这些任务可以包括方案写作、设计任务书编写、合同签订、预算编制、人员安排、时间安排、草图绘制、原型勾画、日常工作流程管理、生产监管、质量控制、文件归档。从大型层面来看,设计管理包括与设计应用相关的、形成贸易竞争优势的任务(→策略设计(Strategic Design))。这些任务可以包括策略规划、组织性设计、(→)品牌打造和形象设计、营销传达、标准和政策制订、行动发起(可持续性)和各种形式的研究(客户、竞争者、材料和技术)。有些任务适用于两者(预算编制、人员安排),但是规模和权威程度不同。

在给出这样的任务范围之后,管理和设计管理之间的区别可能就比较清楚了。一个关键的区别就是设计的学科继承,涵盖了价值观、实践活动、独特的遗产(所有的学科都是这样)。设计处在人文和技术、艺术与(→)工艺、消费者和贸易之间。作为一种特别全面的实践活动,它将来源于多渠道的信息综合,以达到技术的、(→)人体工程学的、经济的、(→)美学的标准,最终获得一个解决方案。创意、合作、倡导和人文融为一体,位于设计教育和实践的中心,将其区别于管理教育和(→)实践,后者强调了经济上的表现和操作效率。

设计管理的意义也因当代生活视觉所关注的重点更显突出,特别是在贸易和商业的背景下,(→)消费通常包括视觉的许多方面:产品本身、包装、标识、关联广告、附属网页、销售展示、周围零售环境,等等。因此,视觉素养成为(→)产品开发、(→)品牌识别和销售沟通的根本。设计师被训练为视觉专家,能发挥"文化晴雨表"的作用,体会文化气候,以便将象征意义和使用意义融入人工产品和生产过程中。在一个竞争日益激烈的视觉景观中,商业贸易为了成功传播信息,需要能够处理这种文化融合过程的视觉专业知识,但这是设计管理的另一种突出特点,即视觉素养以及它支持商业行为的作用。设计根本上说是为帮助企业在市场上引起客户和竞争对手的注意。

　　设计管理总体来说提倡将"设计意识"整合到商业的所有方面及每一个组织层面,不管企业提供的是商品还是服务。这些被训练为"设计师"和被训练为"商人"的人在语言、优先事项和价值观等方面各不相同,文化冲突在所难免,然而,通过培养设计意识可以帮助高级决策者认识到利用设计的潜力能够在很多方面加强商业表现——创新、强化品牌形象,使产品的使用更加方便。设计策略为了达到规划目的,常常紧随着商业策略,目的是为了围绕着核心目标,协调、整合和配合设计活动。不同的设计任务被明确细分,用以实现顶级设计和商业策略(比如"研究和开发适合一个目标客户群的新的排版标准和颜色标准")。

　　不论设计活动是在大型公司内部进行或外包给小型工作室,有关设计价值观、方法和类别的知识是成功订立合同和处理这些资源(→知识管理(Knowledge Management))所必需的。已经选择设计活动内部优先的公司会从增加的创新和创意中获利。这种设计驱动型企业选择的组织结构和流程能够确保高级管理层面的支持和多学科(跨学科)合作(→学科(Discipline))。

　　最近的设计管理理念包括关注"客户体验",这一术语用来描述完整的消费者、产品(或服务)和生产商(或供应商)之间互动的组合。多媒体、多模式设计策略是典型的被用于引导潜在消费者的手段,通过模拟销售和媒体环境,在"戏剧化"的整体影响下,让人理解和信服。20世纪90年代,商业、设计和文化领域中数字技术广泛应用的结果是经验设计将消费本身看作一个无处不在的"基地",以探索虚拟的和实体的渠道(零售商店、互联网),从而加强品牌的呈现效果提升顾客对品牌的忠诚度(→店铺设计(Retail Design))。

尽管设计管理学科在许多教育机构中并未得到充分、正式的体现,但本科生、研究生及职业培训项目和课程仍然存在,特别是在设计学院和商业学校中。许多专业机构和独立顾问也提供相应的培训。

随着竞争在全球市场日趋激烈,电子交流为销售和市场开拓提供了越来越多的机会,设计越来越成为取得竞争优势的关键要素。设计管理为在商业环境下管理创意活动提供了理念、工具和价值观。[LS]

→ 设计规划(Design Planning),设计流程(Design Process),创新（Innovation）,后勤（Logistics）,质量保障（Quality Assurance）

设计方法
Design Methods

设计师在他们的工作过程中使用许多方法,这些方法其他学科的实践者也使用,不同之处在于,设计师是以一种生成的方式在使用。

为了弄清这个定义,有必要将设计方法与科学方法进行对比研究。在科学和设计实践中,方法是基础,(→)信息通过它们进行传递,知识通过它们进行整理,因此方法被用来描述实践的方式是否合理。换句话说,它们是实践者形成共同观点所需用到的惯例和程序,建立在他人的经验教训之上。

虽然科学方法和设计方法可以被视为有相同总体(→)功能的方法,但是它们所采用的程序是不同的。在科学阐述性的探索中,对现实准确的描述是它的基本关注点。于是,实践者必须在统一的标准下遵循可信的规程来应用方法,以便与外部标准进行核对并调整工作。这样的调整对于设计过程而言并没有那么重要,设计是由"新颖的概念"所引导的。设计实践者更多地以一种即兴的方式应用设计方法,并且可以改变和修正这些方法以适应特定的使用环境。比如设计师常常以项目(→)任务书为基础确定方法,而科学家则必须遵循普遍法则和已经建立起的原则。在评估质量的过程中,这些不同方法之间的差异最为显著。科学发现是在有效性和可信度的基础上加以评定的,而设计师的工作是以是否有天分来判断的。

由于设计师不需要对现实进行精确描述,因此他们可以用其他学科无法接受的方法进行实验。例如他们使用方法时常常无视形成这种方法的各种参数；他们认为处理即时反馈的能力要比按程序办事的能力更重要。这样的实践可能会使得与传统方法相悖的课程让人无法理解，但关注创意的设计学科无法与此脱离——当以（→）创新为目标时，即兴常常是唯一推进的方法。RR

→ 设计能力（Design Competence），设计流程（Design Process），启发式（Heuristics）

设计博物馆
Design Museums

设计博物馆记录了设计运动的历史，它们影响设计的准则和当代品味，因为它们的藏品都是示范性的代表作，它们不仅通过展示物品来展现设计的历史，也是一个传播和讨论新的设计发展的公共论坛。设计博物馆起着教育机构的作用，正如科技博物馆那样，它成为一种当地事务发展的驱动力。

博物馆原指古代为了供奉文学、音乐和舞蹈女神缪斯建造起来的神庙和神龛。但是最著名的亚历山大博物馆（Museum of Alexandria）是作为传奇性的图书馆闻名于世的，而不是物品的收藏。这个知识的储藏库是学者聚会的地点，并且作为社会团体和知识分子的聚集中心所在，除了收集、保存和获得物品，博物馆的一个重要任务是激发知识的大量产生，不论是以谈话的形式、研究项目的形式或是以（→）出版物的形式。古代博物馆和现代博物馆有一些共同之处：两者都是为了保存物件而建造的，这些珍贵的物件需要从日常生活和经济流通中脱离。起初，这些物件是供奉神灵的祭品，现在是经专家认可的作为示范的过去的文化、艺术和设计品，或者是由狂热的收藏家收集起来的东西，然后建造一个博物馆，希望保留住过去的时间，为后人留下记录。

许多评论都会提及博物馆将物品转变为美学崇拜物件的事实，将这些物品从社会的、功能的、宗教的和经济的背景中移走。西奥多·阿多诺反对"艺术品的家族收置"这一说法。海因里希·海涅（Heinrich Heine）在巴黎的秘书卡尔·希勒布兰德（Karl Hillebrand）也早在 1874 年在他匿名出版的《美学异端的十二个字母》（*Twelve Letters of an Aesthetic Heretic*）中提出取消博物馆的观点，因为它们粗暴地将艺术品从它们真实的环境中拉离，掠夺了它们的意义。这是一个非常冒险的主张，特别是在巴黎，1793 年在那里，皇家收藏向公众开放，作为"团结友爱的革命活动"的一部分。另外，卢浮宫的历史也显示了事实上博物馆可以创造一种新的背景。拿破仑·波拿巴（Napoleon Bonaparte）聪明地将卢浮宫用作一项政治工具，将它宣布为国家博物馆以及"爱国教育学校"。拿破仑通过把卢浮宫与他在军事行动中从欧洲大陆劫掠的艺术品关联在一起，提高了他本人的（以及博物馆的）知名度。拿破仑使人们了解到曾经只为特权阶层少数人保留的（→）奢侈品，也能完成为大众服务的任务：它们成为教育一个国家的材料。

应用和装饰艺术博物馆也体现出了它们为国家至上目的而存在的追求，就像伦敦的维多利亚和阿尔伯特博物馆（Victoria and Albert Museum）的历史所体现的那样。这个博物馆建立于1852 年，目的是改善消费产品，使它们更吸引国际市场。在 19世纪 40 年代，大不列颠成为一个自由贸易区，使它能够与其他国家在经济上竞争，特别是与法国。在这样的背景下，维多利亚女王的丈夫，萨克森-科堡的阿尔伯特亲王发起了一场英国工艺美术运动改革。他是第一次世界博览会的幕后推手，"1851 年大博览会"在由约瑟夫·帕克斯顿（Joseph Paxton）设计的海德公园水晶宫中举行。这次盛会带来的收益流入应用艺术的收藏中，特别是附属于政府设计学院（Government School of Design）的生产商博物馆（Museum of Manufacturer）。1857 年这个博物馆迁至位于南肯辛顿的现址，并在 1899 年被重新命名为维多利亚阿尔伯特博物馆。亨利·柯尔（Henry Cole）作为第一任馆长，负责博物馆收藏政策的制定。他也曾任"大博览会"的联合组织者。难怪该博物馆一些最初购买的藏品很多都是在"大博览会"上的展示品，并且后来确实被证明是极富创意和处于潮流尖端的（→）人工制品。

亨利·柯尔相信装饰艺术博物馆的目的不仅是展示设计师的工艺，也应教育社会各阶层和建立新的品味标准。在这样的想法下，他开创性地在周日和晚上开放展馆，这样工薪阶层也可以参观博物馆。他还在 1866 年引入了博物馆咖啡店（小吃店），让参观者休闲和放松，其中一个是由威廉·莫里斯（→工艺美术运动（Arts & Crafts））设计的。柯尔的设想是通过向学生、设计师、生产商和使用者展示英国艺术品的外形、功能和生产技术，通过历史例子改进英国产品的（→）质量。他也将收藏品与他认为可以延续这些传统的新产品结合。

柯尔的行动很快在世界各地出现效仿者，包括维也纳的应用博物馆(1864年)、柏林的德国应用和工业艺术博物馆(1867年)、莱比锡装饰艺术博物馆(1874年)、奥斯陆的装饰艺术和设计博物馆(1876年)、纽约的大都会艺术博物馆(1870年)。1873年柯尔退休后,他的后继者们没有能够认识到博物馆可以作为架在过去和现在的一座桥梁,并且恢复了扩大历史品收藏的做法。直到20世纪60年代,维多利亚阿尔伯特博物馆才想起它出色的过去,研究曾经的前沿作品,激发当代创作。1963年阿尔丰斯·穆夏(Alfons. Mucha)和1964年奥勃利·比亚兹莱(Aubrey Beardsley)回顾展对大众艺术(Pop Art)有着重大影响,特别是影响了甲壳虫乐队的唱片封面的平面设计;回顾展提供了许多装饰图案,激发了围绕着迷幻艺术的实践。

到此时,纽约的现代艺术博物馆已经成为具有文化、政治和经济影响力的设计博物馆的典范。现代艺术博物馆建立于1929年,正如在成立章程中表明的那样,目的是"鼓励和发展现代艺术研究,鼓励将现代艺术应用到生产和实际生活中,为大众提供流行指引"。其第一任馆长,阿尔弗雷德·H·巴尔(Alfred H. Barr)主要关注有关日用品的文章写作,其论点与19世纪欧洲建立装饰艺术博物馆背后的观点相似,也就是关于新的市场的开发。后来,在美国也试图进行针对美国设计和反对生产"可怜的中庸"产品的运动。现代艺术负有使设计师和使用者更具形式美感的任务,这应该体现在生活的所有方面,包括印刷、服装、家具、厨房用品、桌椅和建筑。21世纪设计的所有东西都是为了数学之美、机械之美和目的之美。

在哈佛学习了历史和哲学后,阿尔弗雷德·H·巴尔于1927年来到欧洲,成为(→)包豪斯理念的热情倡导者。像沃尔特·格罗皮乌斯一样,巴尔相信包豪斯反对将现代艺术放入一个装饰艺术博物馆。艺术所需要的统一,特别是应工业化生产的要求所做的调整,代表了一种从应用和装饰艺术传统中的突然分离。对创新精神的尊敬和机械美学的提升取代了对个人创意的欣赏和对工艺(需要个人用具有挑战性的材料进行手工制作的技艺)的尊重,此时工艺美术和设计被看作是矛盾对立的,两者的产品永远不可能被放在一个屋檐下。(→)现代性——对原始和世俗传统的东西的推崇成为过去式——需要它的新家,一个为了"新人类"的未来而不是过去的遗物的家。

纽约的现代艺术博物馆作为全世界的一个示范性机构,很乐意接受这个挑战。到了 20 世纪 40 年代,欧洲的现代主义已被认同为主流文化,特别当美国很乐意保护这种现代性时,它受到了诸如密斯·凡·德·罗、赫伯特·巴耶等受到法西斯主义迫害和流放的移民的支持。阿尔弗雷德·H·巴尔和策展人菲利普·约翰逊以清晰的教学概念为指引,发起针对"未受教育"大众的保守品味的运动,将他们的兴趣引向当代设计。通过一系列的展览,如"物件:1900 和今天"(1933 年),巴尔和约翰逊毫不客气地向大众展现了哪些物件应该从现代家庭中移除,因为它们是"装饰性的",因此存在美学的重复(例如所有对自然形式的模仿和所有吉马尔蒂凡尼设计的东西),以及什么是"有用的"(→功能主义(Functionalism))。以这种方式进行标记,一个物件会因为它的(→)形式是由(→)功能引发的而得到推崇,这种做法凸显并赞美了物件的实用目的,这包括无名氏设计的电焊工的防护面具、克里斯托弗·德莱塞(Christopher Dresser)设计的水壶、玛丽安·布兰德(Marianne Brandt)设计的台钟。拥护现代性更多地与思想态度有关而不是与鼓鼓囊囊的钱袋有关,这个事实在 1938 年由现代艺术博物馆主办的 5 美元以下的实用家居用品展览中清晰展现,该展览会选择了一批价格实惠、精心设计的厨房用品和旅行工具。

教育公众在美学上的正确消费观直到 20 世纪 50 年代都是现代艺术博物馆的目标之一。小埃德加·考夫曼(Edgar Kaufmann),匹兹堡一个经营百货的富商之子,从 1946 年开始担任策展人,力图鼓励零售业更多地参与进来。考夫曼受到 20 世纪 20 年代(→)德意志制造同盟运动的启发,组织了一个名为(→)"优良设计"的系列展览。这使得赫曼·米勒(Herman Miller)和诺尔协会(Knoll Associates)设计的、批量生产的家具不仅从 1950 年到 1955 年占据了博物馆空间,还在学院、大学和百货商场中巡回展览。在繁荣期,"优良设计"伴随着研讨会、广告宣传、问卷调查,被证明是可信的购买指南——由显然十分公正的专家提供的指南。

而菲利普·约翰逊 1934 年的"机器艺术"展览，展现了功能性物件能够在多大程度上挑战参观者和博物馆权威的认知传统。约翰逊的理念基础是马塞尔·杜尚跟雕塑家康斯坦丁·布朗库西（Constantin Brancusi）说的一席话，1912 年他们在巴黎大皇宫参观一场航空技术展的时候杜尚说"绘画已经被冲击殆尽。谁能做出比那螺旋桨更好的东西？"利用现代艺术博物馆永久藏品中的制造品，约翰逊向公众展示了螺旋桨、线圈、实验室设备这些物件的美，在闪亮的白墙之前，在白色底座纸上，玻璃陈列柜之内给它们进行了详细的、精确的标注。它向人们展示了如何从美学的角度欣赏普通物件。虽然有些设计师的名字被醒目地标出来，比如滚珠轴承的设计师温奎斯特（Sven Wingquist），但是展览也展示了匿名机械设计师的设计或只有生产商品牌的物件，他们的设计者同样是震撼人心的精美物件的创造者（→ 匿名设计（Anonymous Design））。通过在 20 世纪 60 年代发起组织关于公司历史的展览，现代艺术博物馆始终坚持这种范式的转移。1964 年，展出了博朗（braun）和切梅克斯（Chemex）的设计理念；1971 年，则是关于奥利维蒂（olivetti）公司的展览。菲利普·约翰逊一直都十分看重现代性原则——机器的简洁、平滑的表面、无缀饰——除此之外，诸如经济的手段、成本绩效比率、企业的社会承诺、物件的联想和情感内涵等问题也逐渐浮现。但是无论如何，形式仍然是最终的决定标准。

担任现代艺术博物馆策展人 35 年之久的亚瑟·德莱克斯勒（Arthur Drexler），总结了他的经验："一个物件是基于质量而被选择的，因为它有意达到，或创造了一个理想的美的基础，这已经成为我们时代的重要因素。"只有那些设计（→）历史上最让人印象深刻的范例——相当于艺术品中的杰作——才能被现代艺术博物馆收藏。该馆的藏品现在有 3 000 多件。重要的是，这是对独特的作品的收藏。现在还没有衣着类物件被纳入收藏，因为现代艺术博物馆看重更长远的因素，像所有传统博物馆那样：物件必须拥有一种超越时间的品质，不仅在风格的影响力上具有超越性，所用的材质也必须不易腐烂。武器被自动排除在收藏品之外。博物馆声称在美学和政治之间划清了界限，但这使该机构受到攻击。1984 年以下这段话出现在《纽约时报》上："一台直升机，悬浮在天花板上，翱翔在现代博物馆的电动扶梯上……直升机是鲜绿色的，有着昆虫式的'眼睛'，那么美。我们认识到它的美，是因为现代艺术博物馆向我们展现了如何去看待 20 世纪的方法。"但是博物馆并没有说明这架直升机是由沃思堡的武器制造商德事隆（Textron）制造的，并且用于对付萨尔瓦多、洪都拉斯、尼加拉瓜、危地马拉的平民。

世界上每一个设计博物馆都需要根据现代艺术博物馆的有效模式寻找各自的定位，不仅要根据它的收藏背后的原因，也要根据它的展示方式。伦敦的设计博物馆将自己描述为一个主要专注于当代欧洲设计趋势的研究机构。为了与现代艺术博物馆区别，巴黎的国立当代艺术购藏基金（Fonds national d'art contemporain）关注生产过程巴塞罗那的装饰艺术博物馆（Museu de les Arts Decoratives）则从 2001 年开始聚焦在生态设计上（→环境艺术（Environmental Design））。还有其他关注计算机文化、系统开发或汽车设计的博物馆。许多新的设计博物馆在 20 世纪 80 年代注册。它们常常要么是与当地有设计理想的公司密切联系的产物（如黑佛德玛塔博物馆（MARTa Herford）），要么直接与公司发起的行动相关（维特拉设计博物馆（Vitra Design Museum））。虽然这些设计博物馆有时候被作为一种微妙且又有效的营销手段，它们仍然与社会政治相关，因为它们用藏品和展品描绘了在美学爱好、技术创新、材料开发、经济因素之间的无形关联。[ANT]

→ 展览设计（Exhibition Design），历史（History）

设计规划
Design Planning

一般来说这个词与和设计相关的资源的分配和管理有关，设计规划是对组织设计活动的目标和过程的概念化、规范化的表达。通常，设计规划在项目的最初阶段最为突出，也就是策略和手段被正式提出的阶段。但是设计师也常常在整个项目进行过程中调整这种结构性构架，以应对无法预测到的发展状况。为此，最好将设计规划看作一个动态的活动，用正式或非正式的方式在各个层面处理设计的组织性事宜。[RR]

→ 任务书 (Brief) , 协调 (Coordination) , 设计管理 (Design Management) , 设计过程 (Design Process) , 产品开发 (Product Development) , 策略设计 (Strategic Design)

设计过程
Design Process

不论是从进化的角度还是从以实践为导向的学科角度来看待形式的产生,都可以从行为者与他们环境的互动中得到大量关于设计过程的不同定义。

基本上,大多关于设计过程的描述是关于形式如何从行为者与环境的互动中产生。在以实践为导向的学科中,比如建筑学、产品设计或工程学,设计过程一般被看作是人们塑造环境的手段。设计师被认为应该对那些可以逐步得到解决的问题进行界定(→问题设置 (Problem Setting) , 问题解决 (Problem Solving))。他们得到训练,将设计的过程概念化为一系列的活动,这些活动会逐个展开,并且把每个活动的完成看作是向预设目标迈进的阶段。换句话说,设计师应通过策略性地参与到他们的环境中,勾画有可能实现的未来。在这种未来规划中隐含的意义是它假定了设计师是理性的行为者。此外,也假设了环境足够稳定和具有可塑性,但这种情况并不是常态。在实践中,设计的过程只有在严守理性的前提下,才有可能达到这种理想状态。比如说,建筑学,可以是为人们解决与建筑环境密切相关的问题的有效方式,但是这种有效性很快会因为这些问题被放到更广的社会和经济背景下而消失。

在其他学科中,比如自然科学,行为者的所在机构几乎没有任何优先特权。设计过程常常以存在于行为者和他们相应的可操作环境之间的结构关系为依据进行表述,而不是作为一种解决问题的工具。正是这两种因素的结合与分离产生了形式。比如,在达尔文理论的自然选择进化论中,不需要有理性的行为者,因为设计过程是由对环境的"适应"引发的。之所以不需要有理性行为者,是因为形式是在没有在预设目标的情况下发展的。正是这种设计师缺失的设计概念将进化法与那些最依赖于实践学科的设计过程做出了区分。但是,设计在理性行为者和计划缺失的情况下发生,并不意味着两种方法之间的冲突。日常经验清楚地显示了两个过程是同时存在的。应该将两种设计方法看做一个连续体——这样便能区分"行为作用于环境"的过程和"在环境中的行为"过程。

每种设计方案都处于它自身复杂的动态环境和互相关联的

要求中。设计师在这样的环境中处理工作难点的一个方法是使用高层次的架构，比如规则和(→)启发法。这些框架将之前经验中的教训进行整理，使设计师能够将不熟悉的环境下的动态的东西进行塑形，使之稳定。但是当产生这些经验教训的环境与应用的环境差异巨大时，这种实践的有效性就十分值得怀疑。因此，表达出动态环境之间的关系的本质，特别是处理好"分层嵌套"系统内部的关系，是十分有用的。这种分层使设计师得以关注以当地情况为特征的"契机"，比如它们独特的社会、经济或政治动态。通过确定这些特征表现出的常规情况，设计师可以通过提前定位考虑实践的可行性，然后对可能的适应性进行估计。

显然这种前瞻性是有益的，因为它使策略性规划成为可能。设计师不需要提前计划，为了更有效地融入复杂的环境，可以用到平行的互补方法，由此不需要理性分析就可以使问题以可能的方式浮现。在追求(→)创新的过程中尤其如此，因为在这个过程的最初并不明确它要达到的终极目标。比如，许多精美的设计都是设计师通过不断地用(→)直觉和天赋进行各种(→)测试得到经验的结果。这种设计方法是极其重要的，它反映了"区域优化"的理念，科学家用它解释自然环境中形式的发展。在这两个例子中，设计过程都可以是随机的、无确定目标的，但它仍然依赖于过程的每一步，因为过程的每一步都隐含着后续的每一步的可能。

许多纳入设计中的以目标为导向的实践方法，可能与进化观点中固有的系统焦点论有所冲突，但这不是问题。如果从进化角度处理设计，就必须贬低个人方案的重要性——可能因为在科学学科中经常采取这种态度——那就没有必要从两种截然不同的角度来看待设计过程。作为一种人类活动，设计的过程可以是目标导向的，也可以是适者生存驱动的，可以是由理性选择激发的，也可以是直觉的产物，可以发生在稳定的环境中，也可以发生在动态的环境中。不论是从进化的角度还是从以实践为导向的学科角度来看待形式的产生，设计过程的许多种定义都可以从行为者和他们与环境的互动中产生。[CTE+RR]

→ 设计方法(Design Methods)，产品开发(Product Development)

设计出版物
Design
Publications

→ 出版物（Publications）

设计研究
Design Research

→ 研究（Research）

设计解决方法
Design Solutions

→ 问题解决（Problem Solving）

设计策略
Design Strategy

→ 策略设计（Strategic Design）

设计理论
Design Theory

→ 理论（Theory）

德意志制造同盟
Deutscher
Werkbund

德意志制造同盟 1907 年在慕尼黑成立，是一个由国家发起的艺术家、建筑师、工匠、实业家和评论家的专业协会，专门以改进德国设计业和制造业的质量为目的。它标志着从 19 世纪 80 年代开始于德国的应用艺术运动的发展高潮。它关注于给予社会一个与工业化主流一致的、象征性的表达形式，并且发展出一种高质量的设计。

德意志制造同盟对于好的设计的关注本质上具有民主和社会意识，并且最初在国家民俗文化层面进行表达。因为对形式的质疑有其深刻的经济和文化内涵，德意志制造同盟作为一个设计运动一直持续到 20 世纪下半叶。

德意志制造同盟的活动总是被其成员的不同政治观点赋予不同的特点，从法兰克福、斯图加特、德绍、布雷斯劳和柏林的社会主义或社会民主导向的建筑和城市规划，比如生活保障房项目（为低收入者提供的公寓），到那些得到解放的资产阶级丰富的家庭文化的事情，比如赫尔曼·慕特修斯（Hermann Muthesius）设计的别墅。它们也以改进产品质量甚至是工作过程本身为目标，特别是建立起与英国的（→）工艺美术运动类似的工作坊。虽然它的成员特别反对以一种怀旧的方式重新回归到手工艺，但是他们的目标中包括艺术、（→）工艺与工业的结合。制造同盟的一个总的关注点是材料文化的一致体现：从公司的（→）品牌和（→）企业设计到住宅房产和城区规划各方面都有体现。

经典制造同盟倾向于将"无装饰造型"（弗莱德尔，Pfleiderer，

1924）作为一种当代设计的象征表达：产品设计中的功能形式、建筑和城市规划中的新建筑、新客观性（最初在绘画中的反表现主义运动）、某种程度上摄影的新视角、（→）广告设计中的无游说意图和事实信息。

制造同盟早期历史上的重要事件包括 1914 年在科隆举行的"制造同盟展"、1927 年在斯图加特举行的魏森霍夫（Weissenhof Estate）建筑展（是为工人阶层租户设计的房产项目，由以密斯·凡·德·罗为首的 16 名建筑师设计）、1929 年在布雷斯劳举行的"住宅和工作空间"建筑展，以及 1929 年在斯图加特举行的"电影与照片"展。

1934 年，纳粹党取得政权并且将德意志制造同盟解散，但是它的许多成员仍然继续在第三帝国工作。

战后，制造同盟在区域同盟中重新建立，然后成为一个联盟组织，汉斯·轩威勃（Hans Schwippert）作为它的第一任主席在 1950 至 1963 年期间任职。战后的制造同盟的几个重要事件包括在 1957 年西柏林的汉莎区（Hansaviertel）参加国际建筑展，在 1958 年布鲁塞尔世博会上建造德国馆，出版《理解德国产品》一书，1953 年创立德国设计委员会。它的许多成员在艺术学院或其他与设计和建筑相关的学校担任负责人或教师。

制造同盟很快由于它的形式以及目标（关注细节）被批评为一个"茶杯同盟"（Tassenwerkbund），但是它主持了 1959 年的"景观大破坏"（The great landscape destruction）会议，这个会议对于社会和贸易都有着重要影响。

（→）出版物是制造同盟的一个特殊的力量。许多成员在各种应用艺术运动杂志、制造联盟自己的期刊《造型》（1922—1934）以及《工艺与时间》（1952）上深入讨论相关话题。机构理念的焦点之一是教育消费者——启蒙和感化他们更好地（即理性地）购买——通过信息中心、竞赛以及自 1953 年开始由德国艺术设计委员会授予的各种奖项等各种手段。[GB]

→ 工业设计（Industrial Design）

数字化设计
Digital Design

→ 交互设计（Interface Design），网页设计（Web Design）

学科
Discipline

从设计的角度很难对这个词进行定义。这个词具有多重意义，但最常见的是把设计作为一个与其他领域相关的领域进行研究，主要是科学和人文学，并且用于区分设计学中的专业——工业设计、服装设计、平面设计等。加上因为不同的时间和不同的背景，"设计"这个词会被用于指代某个设计的东西，比如一件人工制品或者一个过程或一个系统，为此定义这个宽泛的词就更难了。

根据牛津英语字典的定义，"学科"这个词从学者或门徒的工作中衍生出来，从词源上说与"学说"这个词对应，"学说"适用于医生或教师的工作。就像词源显示的那样，"学科"描述的是实践或练习一种信仰或/和知识体系的方式，而"学说"更接近于抽象理论的发展。"学科"因此带有一种某人实践的方式的意味——比如每日的朝拜、各种宗教中的象征性祭祀——这些行为的内容与其包含的理念是同样重要的。事实上，不论是理论还是实践理论的方式（学科方法）都是彼此充实和互相表达的。

学科作为实践和宗教仪式的方法，这种理解是随宗教的学术发展而产生的，并贯穿于整个历史过程中不断涌现的知识和研究的学术领域。科学学科从中世纪的基督教和伊斯兰教中衍生，以解开在宇宙中起作用的"上帝之手"之谜为己任，对其以另一种形式的宗教和认知进行理解。由宗教发展而来的学术学科的发展可以在这个17世纪所列出的"客观学科"中看到：神学、法学、医学和哲学。

随着这些知识学科的发展，它们逐渐等同于用各种特定方法进行的实践，这证明了"方法"不仅重要，而且有"真实价值"，因为通过"方法"，可以获取知识。科学本身逐渐与宗教分离，并取得了相对自主和强大的地位，通过它的调查性和验证性方法，使其权威超越"真理"。这些学科方法强调客观性，通过经验的实证支持世界是如何运作的假设。这种科学学科方法试图使知识脱离于研究者个人的和文化的偏见，以此"保护"知识，这种具有权威性的科学方法引导着其他学科应用科学手段，并由此为科学争取到那时为止一直被信仰系统独占的权力。由此发展出社会科学。

当然，历史不是直线型的，即使在几个世纪之后，西方科学和宗教之间关于权威和最终真理的归属者的争论仍然继续着。在美国，设计通过"智能设计"这个概念被纳入信仰一方。这个概念用于描述世界的最终"权威"，将上帝设定为宇宙唯一的智能设计师。

商业、建筑、设计等专业领域以一种不同的逻辑运转多年，因为它们产生于商业化贸易和工业行会中。这些实践活动处理的是生活中实用的、真实的情况，学科的学术性影响小于通过学徒学习和专业体验得到的训练和技艺。当这些领域的教育变得日益复杂,专业渐渐成为教育的而不单单是经验的产物时,责任逐渐转到高等学习机构中,包括大学。这从专业领域内部和外部带来了压力和期待,要将这些领域转化为学术领域。对设计而言也是如此,专业人员和学者越来越希望取得某些科学学科方法所拥有的权威性。对这种努力至关重要的是要建立鲜明的、以实证为基础的方法——通过运用特定的设计方法,其结果就能取得合法身份。换句话说,它们并不是个人设计师的习性,因为这些结果基于客观的、可计量的、可对比的方法。在这种背景下,诸如创意这样的概念就会变得很有问题,因为它包含着个人偏见,由于缺乏足够的证据来证实一个方案或者结果确实比另一个更好,因此,结论的合法性会受到怀疑。

设计方法和设计科学运动发生在 20 世纪后期,这是为了建立一种方法论,从而在设计实践中建立起"学科"。它假设可能产生专门针对设计的抽象理论的基础,并且此种基础会成为这个领域的原则。反过来,这种原则随后会在设计过程中的学科试验中得到验证。这场运动不仅意图为设计取得知识的合法性,也意在清楚划分设计学科与其他研究领域之间的"空间"界限。

在努力建立设计科学的同时,还有一种平行的并且有竞争性的尝试,试图更好地表达和探究内在的、特殊的、不同寻常的设计操作及它的存在理由,而不是简单地应用传统学术的形式。设计学术在学院中的发展以及逐渐在商业中的发展可以从某种程度上被看作是两个概念间的辩论和对话,它们通过竞争和合作改变彼此并且相互学习。

试图使设计的内在学科属性合理表达出来的努力与传统学科质疑和讨论自身的学科逻辑是一致的。学科方法建立起来的知识边界受到了猛烈的批评,特别是被女权主义者、后现代主义者、后殖民主义文化和科学复杂性理论(→ 性别设计(Gender Design),后现代主义(Postmodernism),跨文化设计(Cross-cultural Design),复杂性(Complexity))批评。这些学科被认为是由具体的性别和文化世界观导致的无可避免的偏见表达,而不是代表通向真理的最好途径。这种质疑也受到了传统学科方法的影响,这些方法越来越被证实,在处理与其相关的、高度复杂的、极有可能发生的情况时具有片面性和不完整性。(→)全球化的影响、解放运动、生态危机和新的传媒技术极大地改变了对传统学科范式以及它们的综合理解能力——更重要的是解决这些问题的能力——的感知。这些（→）"奇特问题"将学科和专业地域带入一个新的基准，这一点已被设计带给商业、政治、社会科学、科学等越来越多的影响所证明。可持续设计领域的产生将设计中曾经隐而不说的、萌芽状态的东西更多地暴露出来，使得设计能够有组织地处理超级复杂的问题（→可持续性（Sustainability））。这种对设计的理解不是将一个学科放在其他学科中操作，而是利用它跨学科操作的独特能力和彼此贯通的知识和方法，进行任务处理。设计在这里不是严格地由获取知识来定义的，这和设计师严格基于手中工作的需要而有效利用知识不同。从这个角度说，设计师的专业知识更多地被用来定位、组织和综合那些必要的知识或信息，以便进行有效干预。

传统学科无法单独解决特别复杂的具体事件和问题。一套学科方法有必要排除一些从多个角度理解情况的方法——因为只有确定和关注现有动态的某个方面，才能得出观点。最终，设计不是研究已有现象，而是建议、介入、改变和重新构建这个被设计的世界的未来。

面对这些复杂的情况，大家逐渐意识到，为了更好地理解那些作用于设计的不同知识领域和专业领域，理解它们可能带来的影响和作用，需要新的合作和互动的实践形式以及学术研究。结果是，大学和贸易中心对跨学科、多学科和超学科的工作、学习、认知模式有了越来越多的要求。这种对跨越传统学科边界的教育和研究的要求已经影响了大学，为了将这个要求变成核心的、鲜明的特征，大学纷纷进行自我重组。

有必要对这些常用的、从新的学科解构中衍生出来的词做一个概括。"多学科"通常用来描述一个团队，他们共同从事一项研究或实际项目，每个人都具有各自的学科背景；也可用来描述一个精通多个学科的人；这可用来描述一个需要掌握多学科知识的研究过程。在设计中，这一术语通常指的是多学科的设计团队，比如由多媒体设计师、人类学家、心理学家和工程师组成，他们聚集起来开发一件经过设计的人工制品或系统，以便更好地理解将被设计影响的人或情况（→合作设计（Collaborative Design））。

多学科教育在设计中通常指学习两个或更多的设计专业。它也可能指这种教育，比如，结合了工业设计与机械工程和管理的教育，或结合了平面设计与信息系统和交流研究的教育。

"跨学科"常用来描述一个过程、项目或研究而不是一个人或一群人。跨学科项目尝试在不同的学科方法间展开工作，有时需要更改或消除学科之间的边界。设计，当它被用作表示一个过程，常常被认为是跨学科的。这个词也可能被用作描述涉及多个专业的设计项目。

跨学科教育强调设计过程的综合和策略性的方面。

"超学科"一般表述的是一个真实事件或问题。它暗指一个事件就其本身而言无法由一个学科处理，或用一种学科的方法处理。一个很好的例子是生态可持续以及如何达到这个目标。没有一个学科可以单独对它进行全面的理解，或者独立提出一个解决方案。它只能被理解为文化、社会、经济、政治、技术和行为问题以及环境问题的集合，因此，它是超学科的。诸如全球化、社区、老年化和健康问题以及这些问题的动态发展，都涉及超学科。设计过程特别适合解决超学科问题，因为设计的潜力可以综合许多学科的理解真正处理超学科的问题。

为了详细说明这些区别，我们可以直接看一下它们的相互关系：具有特定学科专业技能的人们在一个跨学科的过程中，以多学科团队形式一起工作，为的是更好地处理超学科的复杂事件或问题（请记住这个多学科团队的一员是设计师，他的专业技能是管理这个跨学科过程）。

总之，传统的科学和人文学科主要将实证作为它们假设的基础。它们的方法是为揭开关于"事物是什么"，"事物为什么运作"，"事物如何运作"的真理而设计的。这些学科的主要评价标准是所提假说的准确程度，这一点是由业内其他人士或历史来评判。

那些诸如设计、管理、政治等的专业领域，将本学科的专业和经验与其他知识综合起来做出关于事物应该如何进行的方案。这项工作常以方案的实际有效性和优势进行评判。本质上说，这些领域是以未来为导向而不是对已有或历史因素的理解。所以为了让学科知识对世界发生作用而不是反映世界，它们需要专业领域。类似地,为了在专业领域提出有意义且有效的方案,至少要能理解干涉的后果,学科知识中关于人与环境如何作用与相互作用、为什么会产生这些作用的知识是十分重要的。鉴于世界问题日益复杂,所有学科现在正在重新思考它们的学科边界和起源。未来的设计学科也许会被认为缺乏对其他学科边界的尊重,但这样会为其他领域提供新的观点和研究。因此,随着问题的日益复杂,也就是说,日趋超学科化,对多学科和跨学科方式和方法的需求也更多了。[TM]

显示
Display

"显示"这个词从它的原始意义——展示某物或把某物放到看得见的地方——得到了扩展。它现在可以指任何一台可以传递电子信号的电脑、手机或其他电子设备的显示器。不同的数据传输技术手段制造了不同类别的显示,包括 LCD(液晶显示),MFD(多功能显示),VRD(虚拟视网膜显示)等。"显示"这个词也用于与销售相关的方式,如海报、产品展台或包装。[DPO]

→ 店铺设计(Retail Design),屏幕设计(Screen Design)

E

生态设计
Eco Design

→ 环境设计 (Environmental Design) , 可持续性 (Sustainability)

教育
Education

普通设计课程特别是学术性设计课程不仅十分复杂多变,也因国别不同而千差万别。另外,专业头衔"设计师"几乎没有得到任何方式的保护,每个人都可以称自己为设计师。设计课程的完成因此是通向真正专业化非常重要的一环。

设计教育有许多层次,从高中的大学预科课程和夜校,到培训组织为传授学生基础平面设计知识而设置的教学活动,到大学博士阶段的研究。但是我们注意到设计师得到有组织的专业教育的地点主要是大学和学院的高等教育。

设计学位课程一般设在技术学校、艺术学院或各种大学以及设计学院中(这些学院在不同的国家有不同的名字,名字本身并没有透露太多关于课程质量的信息)。设计学位这个词让人困惑,各个国家都有不同的设计学位,甚至在一个国家内都会有所差异。入学要求、教学结构和学制以及教学在概念、策略、理论、技能、管理和通才教育上的侧重点是对教学总发展趋势的最好引导。有些是关于主要学位类型基本而宽泛的概述,特别是在澳大利亚、多数的亚洲国家、加拿大、香港、新西兰、拉丁美洲和英国,存在着各种各样的学位名称和层次。在这些国家,低层次的以技术为基础的学位被称为"证书"、"高级证书"、"文凭"、"高级文凭"。通常这些证书能够让学生进行更高层次的学习或工作。在美国,有一种"副学位"(Associate Degree),为了获得它,学生常需要在技术学校或社区大学中学习 4 个学期,该学位通常以技术为基础。我们不会讨论这些学位,因为它们没有达到一个设计师成为"完全设计师"的专业和理解层次的要求。

大多数国家的学士学位是设计天才和通才培养的开始。需要注意的是世界范围内学士本科和硕士研究生正在变得越来越普遍。欧洲大陆的设计学位传统上是建立在 8～10 个学期学习的基础上——大约相当于艺术硕士或介于艺术学士和艺术硕士之间,由艺术学院、应用科技大学、理工大学和综合性大学授予。虽然传统的文凭仍然普遍存在,欧盟逐渐要求能够反映出盎格鲁-撒克逊的学士和硕士学位体系的学位标准化,这是博洛尼亚协议的成果。

虽然许多不同类型的学位项目都设有入学考试和特殊的能力测试，但是这些测试在本质、申请人的数量以及申请人成功率等方面有着很大的差异。比如在中国南方的一所艺术和设计学院中，每年有 6 万人申请进入设计类专业（大约只招收 1000 人），这个机构要求非常正式的入学考试。在其他没有那么多人申请的学校，申请者需要提交个人作品集，展示他们的想法（素描、速写等）。这些显示了他们是否具备学习设计的"才能"。那些被认为是最好的学生有时会被由教授组成的委员会邀请，完成一些任务，比如画出一个机械物体，以不同的形式进行展现，或进行合作工作。有些学校不再要求申请人提交作品集，而是布置在家完成的测试，在这样的测试中申请人需要进行概念思考并展现出丰富的思维。最好的候选人会接受类似于企业和公司组织的那种精心设计的面试。

不同的国家和不同的学校在挑选的程序和过程上各不相同，这取决于学校或教师对于设计课程的不同构想：它是否要更具实践性、更商业或更偏向理论？设计教育的供给量也受到相关的经济和政策状况的影响：私立学校财力更多地依赖于学费，可以发展得比政府支持的学校更积极，因为政府学校是按学生人数获得配额经费的。

硕士学位是国际（比如在欧洲、澳大利亚、亚洲的大多数国家、加拿大、新西兰、南美洲）最常见的研究生学位。硕士学位最关键的差异在于研究和训练的力度，在一些国家，研究型和专业型硕士是分离的，而其他的则倾向于把它们合在一个学位中。同时其命名标准也各不相同，所以应仔细查看研究主题的侧重点以确定课程计划的实质。

要注意的是，"荣誉"这个词在不同的英语国家中有着不同的意义。在英国，荣誉学士学位指的是要求在第三年完成一个主要项目和一篇毕业论文。在澳大利亚和新西兰则是指再学一年，或通过申请进入第四年的学习，这一年的学习主要以研究为导向。在美国，"荣誉"是指美术学士中的一个学位项目，更多地强调理论和概念设计课程。一般只有那些平均分十分高的学生才有可能拿到这个学位。

传统的以论文为基础的博士学位在一些国家中逐渐发生变化，允许研究型设计项目与学术项目相结合。其研究论文将是理论性或基于史实的，以文字为主，或者采用文字和实际项目资料相结合的形式。

我们可知的是，许多国家自20世纪80年代以来在许多领域如教育和设计中产生了对"专业博士"的热衷。通常这些博士学位允许将多种因素（如发表的论文、课程设计、设计制品等）作为学位授予的参照。在这种情况下，从事实践的、经验丰富的设计师成为设计博士学位的主要获得者。

申请硕士和博士学位一般有不同的准则和程序。研究型学位一般会同时考虑学术成就和申请者的研究方案。专业型硕士一般考虑之前的学习和专业经历。这些课程通常接受的申请人少于本科课程。

结合不同学校所教授课程的内容，差异进一步扩大。虽然世界上大多数学校都设有一年到两年的"基础"设计课，但是对于什么是"基础"的理解存在极大的差异。有些人认为应该主要发展绘画和其他平面能力，而另一些人则更偏重于技术媒体能力。有些人更注重（→）工艺和设计（→）技能，而还有一些以概念、策略和综合能力为优先。但是我们仍然需要区分这样的基础课程是否对所有设计学科新生都有必要（如某些学校采用的那样），或者应该在一开始就按专业分开授课。

有些学校完全没有设置基础课程，他们声称所教的每一门课程对于设计和设计学习而言都是基础，学习不应该局限于某些技能。在这种情况下，学生需要深入地参与进来，学生和他们的学习技巧是课程设置中不可或缺的部分。因此学校一方面按年级区分学生，让他们在连续的学习过程中获得知识，另一方面将不同年级、不同理念的学生联合起来，设置变动的、曲线性的课程供其学习。

涉及具体课程时，情况就变得更让人困惑了，特别是许多学院曾经并且现在仍然把这些课程以各种分离的（→）学科做出清晰的区分。

如果考虑到设计课程从工艺技艺的教学中衍生出来的方式，事情就变得容易理解了。比如（→）包豪斯将旧有的行业做了区分，并且根据材料进一步细分。因此学生要么学习陶瓷，要么学习金属、纺织、木材等。还有一些或建立在跨学科基础上或以独立学科形式存在的专业，如绘画、油画和其他平面技术。排版、印刷以及其他平面设计方向组成了一个单独的领域。这是早期设计学的最基础框架，许多文化把它们的特色加入进来，比如亚洲和中东的书法。最晚至1945年，这种情况开始发生变化。一些教育机构继续使用传统方式指导学生，特别是在那些因为各种经济原因而依赖手工工艺的国家，其他的则重新组织它们的课程。其中一些学院保留了它们原有的部分艺术和工艺系，增加其他专业，如工业设计和平面设计，或以这些取代原来的一些系。根据学院的规模或它主要擅长的领域，还设有纺织设计、服装设计、家具设计和室内设计系等。此外，许多学院开始开设艺术、设计历史和文化研究等课程。

后来，平面设计学科（常带有一种艺术感）被更宽泛的视觉传达和传达设计所取代，之后又加入了新的领域，如交通设计和公共设计。这些划分一方面清楚地表明了设计在不同阶段的具体状态和概念，另一方面也表明了它在不同学校中的概念。设计现在是作为一个操作过程存在，作为一种脱离工艺的经济驱动力存在。

当今的设计学院通常倾向于两种典型的发展方向：一方面尽量维护设计的专业性，另一方面，通过提供复合交互性设计课程的方式来满足设计的社会要求和经济要求。把设计作为一个策略性过程的学校提供的设计课程一般带有强烈的研究和方法基础（也就是在"设计管理""交互设计""服务设计""设计理论和历史""生态和设计""生产技术"等方面）。专业的、以技艺为基础的、策略性的设计综合课程目的是鼓励学生将设计作为一个整体进行学习，学生可以体验并掌握设计的完整复杂性，接受专业的设计训练，为今后成长为真正的设计师打下基础。这种教育模式要求学生以极大的强度学习4～5年。它建立在这样的理念之上：设计在它所有的文化、社会和经济的分支中以及它专业的实践中都需要毕业生以综合的、概念性的方法来思考和规划。

设计学位更重视专业化的原因在于有些人相信对设计师的要求会在这些专业化中得到体现，有些人则认为不可能将学生训练成全面掌握设计技能的综合性人才。这种方法对于那些面对另一种现实——市场化和品牌化的设计学院而言更是如此。对于设计学院以及大多数的高等教育机构，可以明确的一点是它们可以在竞争激烈的国际环境下用自己的独特性营造出深入人心的形象，从而吸引赞助商、研究基金会和学生的注意——这已经变得越来越重要。因此，这些学院不断地发展新的、有针对性的专业课程。现在有越来越多其他专业的学生接受继续教育或"职业转变"学位(一些情况下甚至包括硕士学位课程的学习)。他们在其他专业中完成了相应课程并且现在想要深化他们的知识或实现在设计学方面的专业化。专业课程可能吸引那些已经拥有经济、工程、文化研究等学位的人，也体现了对于"终身教育"日趋重视的态度。

关于设计学习最佳方法的争论和试验仍在继续，但是总体而言，高级学位正逐渐摒弃狭义上的解决问题。从英国开始，越来越多的国家政府正在推行教育质量保障机制和认证措施。这被认为是一次系统性保障学生能完成阶段性学习和系统性学习的尝试。

在某些机构中，特别是在欧洲的一些机构中，设计教育已经开始采纳开放式学院的模式。在这些学校，基于设计项目的学习成为设计学位教育的真正内容，而不是直线的、渐进式的学习。在这种情况下，学习是通过设计项目进行的，而不是参与到某个工作室单元中，学生来自于各个年级，他们共同组成设计团队，由一名教授主导，学习围绕着明确的任务和挑战展开，学生们完成(→)头脑风暴、讨论、草图和设计，然后在工作室中互相展示和评论。

许多学院还设有专业的实习，即在校外的公司、事务所和机构中承担设计任务。这种将教育中学到的经验进行实际应用的模式意图在于为学生在毕业前提供直接的职业经验。

有前瞻性的设计教育一般都采用复杂的跨学科方法，旨在培养出受过综合教育并能独立发展的专业设计师。设计毕业生应具有的核心技能和知识包括合作、交流、策略性地处理问题等，另外也包括学会应对如全球化对设计的影响这样复杂的问题和积极地认识到设计决策对环境的影响等。^{ME+TM}

→ 黑山学院（Black Mountain College），评论（Critique），学科（Discipline），非盈利（Not-for-profit），实践（Practice），研究（Research），技能（Skills），理论（Theory），乌姆设计学院（Ulm School of Design），理解（Understanding）

工程设计
Engineering Design

工程设计从造型领域分离出来，因为它的内容考虑的是可持续发展以及环境、材料和生产技术这些对创意产品开发过程有着重要影响的各种因素及相应采用的科学方法。

设计活动早在"工程设计"这个词产生之前就开始了，它被应用于自然界中的物体以及人工制品中。将设计定义为一种带有功能的艺术意味着当引发形式选择的基础使用功能性下降为次级重要时，曾经有明确功能的物品转变为一件因为它的美而被观察、称赞、欣赏甚至崇拜的物品。即使"形随××"（××＝功能、情绪等）这句话的所有变体都无法充分定义设计。我们应该记住提出该宣言的路易斯·沙利文，他用各种形式（→）装饰自己的高层建筑作品。即使是在今天，装饰也不是一种犯罪。关于当代（→）高科技装饰的一个例子就是在博朗电动剃须刀把手上的橡胶按钮，事实上它是没有真正功能上的作用的。

事实上，有许多例子可以说明设计因素是独立于功能理性主义存在的，甚至在那些第一眼看似并不涵盖在造型中的领域。这种现象的一个例子就是 19 世纪的一种垂直蒸汽机，它有意模仿古希腊和罗马建筑的形式，而不是一种技术或功能的必需品。

在 20 世纪和 21 世纪，机器和设备的外形强调的是风格因素，从视觉上传达技术的优势。汽车造型（→汽车设计（Automobile Design））对机器制造部门有着巨大的影响，曲线和优雅的线条在许多设备上都能看到，包括静止物体，如海德堡印刷机按钮。消费品生产商专门把简约主义作为一个规则，也把不完全以功能为基础的设计细节应用进来。（→）涂层技术模拟奢侈品，这在汽车室内设计或手机设计上可以看到，特殊的层压技术模拟碳纤维肌理或用镀层塑料仿造金属，这被称为模拟设计。在科技驱动下的装饰无意中传递了关于美和技术创新的理念。当然，风格因素也需要考虑文化背景，并且被跨国公司根据不同的情况进行应用，用以支持产品，影响其策略。

类似于工程设计的东西很可能早在石器时代就已经存在，或者说当一件合适的、自然的物件变得稀有，用人工制造的简单物品进行取代的时机就已到来。即使在石器时代，在考虑形式、材料和制造方法时,也有必要关注功能优化。如果要求一种以上的材料,那么制造产品时在考虑功能的前提下可以采用多种方法。这种功能可以是排在装饰和展示之后的,就像斧头这样的物品。一件物品为了使功能变得更佳,可以通过设计、材料和制造方法极大地影响它的造型。

工程设计无法随意发展出一种具有目的性的形式,因为它是被功能决定的——这再次很大程度地决定了选择最合适的材料和生产方式。优化与目的相关的形式要求清晰的因果关系。可能这就是大多数设计师不设计飞机、机翼、火箭、卫星、内燃机或心脏起搏器的原因。工程设计的进步得益于对生产程序和相关的虚拟模拟起着决定性作用(→虚拟现实(Virtual Reality))的数学模型的发展,它使人们可以不用电脑(→计算机辅助设计(CAD/CAM/CIM/CNC))也能分析出许多可能的变量。材料研究和混合及生产技术的继续开发使得创造出富于创新的形式成为可能(→快速成型(Rapid Prototyping))。

所有这些都丰富了与目的相关的形式。法裔美国工业设计师雷蒙·罗维(Raymond Loewy)的回忆录叫做《精益求精》(*Never Leave Well Enough Alone*)。他认为探索最佳的结果是一项永不休止的任务,但是世界经济依然能在当今大多的商品、资本和消费并没有进行专业化设计的前提下持续地增长。从这一点上可以看到设计显然不是迅速发展的消费主义中最重要的因素。设计常常是主要的西方国家和工业国家的中产阶级知识分子所关注的东西。设计也意味着有些东西可以做得更好看,但是功能稍逊,费用更高但不像其他类似产品那么耐用。工程设计将最佳形式与(→)直觉和(→)美学融合。这大概就是工程设计几乎很少关注家具、日用品或那些不是必要的东西的原因——这使得工程设计与总体的设计领域根本不同。

在 20 世纪下半叶,(→)仿生学开始影响人工制品。仿生学建立在以自然为模仿对象的基础上,但并不仅仅是用技术将自然复制到人造世界中。仿生学建筑(一种关于认知学科的建筑,以大脑工作模式为原型)和仿生物品(一辆车,其形状从硬鳞鱼的体型而来,可以将设施容纳其中)是建立在直接的、现象学对自然模式的复制上,大多是专门自生物学借用而来。仿生学的研究从某种程度上可以说是现代主义下一阶段的幻想技术的类比。

达尔文一直以来并且现在仍然被误读着,适者生存被解读为最快、最强或最好的得以生存。事实上,最合适的意思是解决方案最适合目前的情况。从这里衍生出使用最少的资源和能源获得最多的成果,这与完善的经济循环模式一起成为成功的重要部分。关于材料、组合和生产技术,隐含着从统一材料到复合材料,从线型到非线型,从单一功能到多功能综合特性的转变。未来,环境技术将在人类的可持续发展中起到越来越重要的作用(→环境设计(Environmental Design),可持续性(Sustainability)),特别是有关人工制品的生产。工程设计正在根据这样的发展做出调整。

设计这个词事实上已经被分割,这种状况显示了我们对这个学科理解的片面性,这是一个需要各种专业人士而不是统一的方法的学科。艺术、科学和技术的合一是达·芬奇所处的文艺复兴时期的一种标准,那时不需要"工程设计"这个词——虽然那时候出现了那么多的发明,甚至包括从对自然的直接观察而来的发明。这种分割反映在我们的教育策略上——甚至是在大学中的两段式学士硕士教育以及在学术学位(即工业设计的工程研究生)的具体性上。也许后者在未来会被一个发明的词"仿生科学"取代,这是一个将科学和仿生学合成的词。[AT]

→ 资本货物(Capital Goods),机电一体化设计(Mechatronic Design)

环境设计
Environmental Design

环境设计是把规划、生产和对每种尺度的要素的评估涵盖在内的框架,这些要素包括产品、建筑物、公园、人类定居点、基础设施。环境设计与自然系统的功能和复原保持一种互惠的关系。通过将伦理和设计的现实考虑明确地扩展到各个时代,并且超越单纯人类中心主义的局限,环境设计已经极大地改变了某些设计实践。它赋予了反映环境的景观设计师、城市设计师、建筑师、室内设计师和工业设计师灵感,将环境代价作为一个衡量成功与否的核心指标。于是,这些设计实践通过增加其耐久度和长期社会适应性,将节约能源、自然资源和(→)材料纳入物件、空间和景观的创造过程以及设计过程中。

环境设计的历史远比它的名字更为久远。从广泛意义上说，所有的设计都是自然环境的某种（→）转化。自然以能源、化学品、金属、木材、硅石、水等形式提供设计原料。自然景观依据人类居住地的模式和功能重新排列，自然系统被人类模仿、改变、支持或清除。自然被看作是设计过程的一部分的程度，主要取决于诸如"环境的""自然的""可持续的"或"生态的"这些词所具有的文化意义的功能大小。随着这些形容词意义的变迁，环境设计的意义也发生了改变，从而在某一文化和特定的实践中，在社会和时间的意义上，环境设计获得了新的意义和相关性。因此，环境设计与伦理和哲学的时代精神是不可分割的。

　　在历史发展进程中，人们曾把自己定义为"自然创造的""自然的一部分""自然之外的"和"与自然休戚相关的"。每一种观点代表了人类理解和关注环境的不同程度，以及影响了设计过程和设计对象的调和。

　　1866 年德国生物学家恩斯特·赫克尔（Ernst Haeckel）在一套关于生物有机物与它们周围自然环境关系的理论专著中首次正式用到了"生态学"这个词。与之前对自然机械的、片面的观点不同，生态学提供了关于环境的更系统和整体的思考，埃比尼泽·霍华德（Ebenezer Howard）的田园城市运动（Garden City movement，1898 年）将自然和城市综合起来，可以看作是设计对兴起的生态学的一种回应。

　　与此类似的是美国自然学家的传统（19 世纪中期至 20 世纪前期，这些自然学家也就是指艾默森 Emerson、梭罗 Thoreau、利奥波德 Leopold）在保护运动和伦理框架中找到了表现方式，它们导致了政策设计以及对以国家公园和森林公园形式存在的景观和野生生物的保护。利奥波德的"土地伦理观"形成了现代环境运动的基础，这场运动于核时代来临前的 1945 年发生。冷战的现实以及逐渐意识到人们具有给地球造成无可挽回的破坏的能力的事实一方面将科学家（蕾切尔·卡森（Rachel Carson）和巴里·康芒纳（Barry Commoner）），设计师（巴克敏斯特·富勒（Buckminster Fuller））和作家（斯图尔德·布兰德（Stewart Brand））引向了政治行动，另一方面带来基于项目的解决方案。福勒的《"地球号"飞船》（*Spaceship Earth*）和布兰德的《全球概览》(*Whole Earth Catalog*)体现了新的全球性环境设计。

1987年布伦特兰环境问题委员会正式提出了"可持续发展"这一概念,将自然资源的利用以及环境保护加入到人类长期发展的需求中。像之前的生态学那样,(→)可持续性体现了对于自然系统功能和价值的整体观点,但是将人类(→)需求作为评价成功与否的基础标准。可持续设计策略考虑到了产品的整个使用期限和过程,包括建筑(→)组件中的能源措施。它考虑到能源和材料消耗的计算和环境代价。环境设计在可持续的模式中包括无毒的、可再生原料的使用,产品回收和自然资源的保护。

今天生态系统被看作是非线型和动态的。"嵌块动态"(patch dynamics)理论很快抓住了这种特点,该理论将生态系统看作是空间的多样流结构(Heterogeneous flow structure,Pickett and White 1986)。环境设计在这种背景下是一项极为跨学科(→学科(Discipline))的活动,包含在研究、公共政策中并延伸到景观(→景观设计(Landscape Design))、水域、基础设施和人类定居点的设计。巴尔提莫长期生态研究项目为当今环境设计提供了一个模式。^{JT+MK}

→ 可持续性(Sustainability)

人体工程学
Ergonomics

人体工程学这个学科建立在人体的生理要求以及希望设计师和工程师通过设计处理这些要求的基础上。这个领域的很多工作都是由试图改进人们与(→)产品、环境和(→)系统的互动所引发。

人体工程学这个词源于两个希腊文:ergon,意为工作;nomoi,意为自然法则。人体工程学这门学科涉及到了许多领域,从一只手感很好、书写流畅的钢笔到改善坐姿、减少背部疼痛的电脑椅,到为流水线工人减少因重复动作带来的伤害的方案等。

人体工程学出现在工业革命时期,这个时期发展出流水线来作为一种大规模制造产品的途径,导致由重复动作引起的工伤增加。二战期间该(→)学科进一步发展,人们发现优化飞机驾驶舱的人体工程学对保护飞行员生命、增加轰炸成功几率有着至关重要的作用。早期的实践者分析并设计飞机的按钮、控制键和显示台的位置以及它们与使用者的交互作用(→使用性(Usability),交互设计(Interface Design))。

1959年,亨利·德雷夫斯(Henry Dreyfuss)在他的《人体度量》(*The Measure of Man*)(现在更名为《设计中的男女尺度》(*The Measure of Man and Woman*))一书中制定了人类身体和姿

势的常规尺寸,这些指标现在还被用于产品和环境的设计中。该书的最新版本体现了人体尺度,反映了人体的平均尺寸细节,详细图解了身体在进行如电脑打字、开车和工厂工作时的姿态。该书的信息多年以来对于家具设计(→家具设计(Furniture Design))和产品设计(→产品设计(Product Design),工业设计(Industrial Design))都有着重要的影响。

目前人体工程学研究中的很大一部分是由工作场所中出现的问题引发的,比如工伤或不舒适。意识到设计与一个安全的工作环境、增加产值、潜在利润之间的关系,也促进了这个领域的发展。通过人体工程学的最优化设计带来更高的效率,让人能够更快地完成工作,减少受伤带来的时间损失,对于雇主而言是两个非常诱人的因素(→安全设计(Safety Design))。

随着受伤几率的提高,政府组织也介入了人体工程学领域,制定了相关标准以减少工伤和不舒适性。这些标准不仅有利于雇主,也有利于雇员,并常常以法律形式要求雇主遵守相关条例,以免其被罚款。相应地,这也使更多的人对这个领域感兴趣。在美国,职业健康与安全局为各种行业制定指导原则,旨在最大程度地减少工作场合的不舒适和伤害事故。在欧洲,职业安全健康局也制定了类似的指导方针。这些组织关注于工业环境,把它区别于图书馆、农场和流水线,为雇主和雇员提出人体工程学的建议。他们也会鉴别人体工程学的危害,最常见的是以下情况:极端温度(冷或热)、共振、重复动作、需要消耗大量体力的动作、违反自然姿态和身体行动的姿势。

个人电脑的出现并且不断地融入到人们的生活中,这也是人体工程学迅速发展起来的一个原因。现在这个学科的一个分支就是防止和减轻由使用电脑引起的伤害,包括腕管综合症、下背部疼痛、眼睛疲劳。通过检测长期大量使用电脑人的姿势和四肢位置,通过应用人体工程学,研究者可以推荐对抗这些疾病的方法。由此出现了电脑椅、桌、键盘、鼠标的(→)创新设计以及为避免工作场合中重复动作导致的伤害的专门的设计。

"人类因素"这个词常与人体工程学互换使用。历史上,它们是两个不同的领域:人体工程学被认为是关注人体部位的尺度和动作以及它们与产品、家具和机器发生的互动,而人类因素则是常常聚焦于对人的行为（→需求（Need））产生影响的心理因素。随着对人类行为和决策的研究的不断发展，生理和心理之间的关系更加明确，人体工程学与人类因素之间的区别反而模糊起来。最后，人体工程学的实践者不再局限于设计师和工程师，心理学家、人类学家、电脑科学家和生物学家都被囊括进来。

　　从工业革命开始延续至今，人体工程学对人类的尺寸和四肢定位做了研究，从而优化了人体与产品、机器和系统之间的关系。实践者们使用人体工程学的研究结果进行分析，设计出更安全、更舒适的产品和工作环境，从而改善人们的休闲和工作生活。[AR]

→ 通用设计（Universal Design）

伦理学
Ethics

伦理学是关于人们应该如何彼此相处，以及如何对待周围事物的判断。考虑到设计也需要做出人类如何依赖于产品、环境及与周围事物的交流互动的判断，所以"设计伦理学"这个词是多余的，所有设计都含有伦理判断，不论设计师是否知道它的存在。

　　伦理学与存在论（关于什么是存在的问题）和认识论（关于我们如何知道什么存在的问题）不同，它是由行为导向的。伦理学关心的是应该怎么做，而不是是什么。伦理学也与政治学（通过社会秩序和机构执行伦理判断）和道德（伦理行为的法律化准则）不同，因为它涉及什么是值得称颂的思考，而不是消除思考的需要。

　　西方哲学家试图发展出进行这些思考的框架体系。至少有四种框架体系：普遍性、功利性、他异性、高尚品性。普遍性主要与康德关于多数宗教最普遍的合理性有关：已所不欲，勿施于人。康德将伦理学看做是关于用理性处理这个问题的迫切性：我的行为可以成为每个人遵循的规则吗？功利性，从另一方面，与英国实证主义家约翰·斯图亚特·穆勒（John Stuart Mill）有关，他对康德提出的问题有一个更实用的表述：我的行为是否使更大数量的人的快乐最大化？功利性使它自身更适合于更经济形式的理性，如成本-利润分析。普遍性和功利性是明确的关于伦理学的理性方法，它们有一个情感基础、共鸣，因为它们假设所有人从根本上说是相同的（今天在人权原则中奉行的假设前提）。相比之下，他异性始于"'他人'与'我'是绝对不同的"这一假设，因此伦理行为必须经受对他人的"其他性"的尊重。这个较新的框架体系与伊曼纽尔·勒维纳斯（Emmanuel Levinas）、雅克·德里达（Jacques Derrida）所倡导的对希伯来道德的重新认识有关。高尚品性主要是源于由阿拉斯太·麦金太尔（Alsdair MacIntyre）提倡的亚里士多德伦理的当代复兴。亚里士多德将伦理判断称为"实践智慧",或逐个案例的实践思考或深思。作为一种高尚品性,实践智慧是某人擅长的某种行为,一种分辨什么是需要的、什么是想要的,以及什么是个人、什么是整体之间的平衡的能力。一种完美的伦理判断允许所有相关的人最大限度地发展和壮大(与仅仅快乐相对应)。

相对于这些多少偏于感性的伦理学,非西方传统中这个词的词源意义更趋近于"道德思想",一种不需要思考的和谐的生活方式,一种与生活环境的其他人保持一致的习惯。从这个意义上说,没有比一个人思考——更不要说算计——在特定的情况下应如何行动这件事更不道德的事情。一个有伦理道德的人应该毫不思考就去做,立刻会做出对当下情况最有帮助的事(见 Dreyfus & Dreyfus 1990,Varela 1999)。

设计伦理学常指专业的执行规范,迄今来看,最好把它定义为设计道德。少数决定性设计的伦理学包含对以上提到的一些或其他版本的框架体系基础上的伦理判断的案例研究。在设计伦理学中,道德和法律职责促使设计能被广泛获取或"涵盖一切"(→通用设计(Universal Design)),并为那些无法负担设计服务的群体提供能够改善他们生活的公益性设计服务(→非盈利(Not-for-Profit)),以及为政治性行为做出贡献(→设计与政治(Design and Politics))。

但是在设计和伦理学之间明显有一种重合并超越了通常的"设计伦理学"。所有设计活动都涉及了关于应该怎么做的决定。这种决定是基于利益最大化(功利性)的考虑,同样也要考虑到在大规模生产中每一个人使用这个或那个人工制品意味着什么(普遍性)的问题。另一方面,所做的决定对于特定的设计环境总是特别的,并且永远不只是对已建立起的规则(高尚品性)的形式应用。因此,设计会纳入一系列"使用者中心"的研究方法(→参与设计(Participatory Design))从而达到它的目标服务人群的其他性(他异性)。设计与伦理学之间的内在联系被布鲁诺·拉图尔(Bruno Latour)的技术研究凸显出来,布鲁诺·拉图尔认为设计是"道德代表"或"道德持久"的过程(Latour 1992)。换句话说,产品具有永久制定伦理的意图——比如,自动门毫不思考地会向任何一个有需要的人敞开,不再歧视传统的带把手的门所歧视的那些年纪太大、太小或东西太多无法推门的人。在这种情况下,所有设计多少都属于给予他人的伦理礼物(Diluot 1995)。[CT]

→ 可持续性(Sustainability),使用性(Usability)

评估
Evaluation

评估是决定某物的有效性(或效果)从而评定它的价值、(→)质量或实用性的系统或程序。这个过程的关键是明确有关评定事物的(→)价值标准。只有建立了这个价值体系评估才能进行,并且重要的是,这个标准也许与设计师的意图有关,也许无关。关于成功、影响、结果等的评定与评估程序的标准有关。

评估可以从任何角度进行。设计师也许对价值有一种理解,对市场有另一种理解。社会研究者也许还有一种评定设计影响的角度。所以,评估是与情境和关联过程高度相关的,因为它要求确定什么因素造成了成功或失败。

评估的过程与检测有关,但又有所不同。检测设计是否成功是看它有没有实现预期的使用意图,而评估是看它是否遵循一个明确的特殊价值系统。这可以是一种体验的改进、销售的更多、环境影响的减少或行为的改变,等等。有时候这些标准可能互相矛盾,有时候可能互为补充。换句话说,一个生产商可能确定使用某种材料,用最廉价的方法使产品达到高销售额,但是这可能会带来恶劣的环境影响。当这种评估被放到公共领域,它可能成为一个与产品市场销路有关的问题。

这种角度的转换在健康和环境问题上最为明显。并且常常由于不同的评估程序导致不同的评估目的之间的冲突(比如三基线的引入——社会、经济和环境——是一种将这些互不相容的因素综合起来的评估)。(→)设计过程常常被用于调和评估设计产品内在价值的互相矛盾的标准。因此,懂得如何评估设计是设计师的一项关键能力,如果无法对评估过程中的一系列关键问题做出说明的话,将可能取得短期成果,带来的却是长期的问题。[TM]

事件设计
Event Design

多少个世纪以来,教堂举行宗教仪式,将人们聚集到一起并传达宗教思想。建筑、经过设计的背景、演出、仪式等共同吸引了许多人走到一起。

今天,宗教、政党、新方案、品牌和产品的成功十分依赖于它们传递理念所处的环境,因为对创意产品和服务的需求并不总是明显的,信息和广告并不总能激起人们参与或购买的欲望。如今在全球市场有太多的质量相当的类似产品,所以重要的是在文化和社会的背景下,明确和传递企业、新方案、团体和城市的代表性思维模式。

世界青年日、世界经济峰会、足球世界杯、艺术巴塞尔、迈阿密海滩、苹果电脑世界展会,甚至是米兰家具展销会,这些事件之间有什么共同之处? 它们都是成功的、当代的事件,最好的吸引注意力以及营造品牌体验的中介——不论是天主教堂、国际经济、世界足球协会或电脑和家具行业。首先,他们将人们聚集到一个地点,在那里,发起人、赞助商、承办商的想法和产品可以与客户以及消费者交流,同时这些人群相互也能够进行交流。

因此,事件可以被看做是扩展的市场。事件和它们的设计至关重要,以至于事件设计本身已经成为一种商品,这种商品关注于快乐的营造,从在小规模的场地上为单个事件专门进行的设计到大规模的国际环境中进行的一系列连续的设计。

制造文化和情绪效果的需要已经发展到各种不同的行业领域,在这些领域中有些设计的事件已经成为永久的机构。多年来,汽车工业已经创立了许多博物馆和探险乐园。沃尔夫斯堡的大众汽车城和慕尼黑的宝马世界就是因为品牌常年策划组织新的事件成为永久运作场所。其显然的目的是与公众、产品和品牌之间发展出一种情感联系。

大多短暂的、多媒体和多感觉事件,将设计事件变成一个多学科任务,建筑师、(→)传达、(→)产品、(→)照明、(→)声音设计师、撰稿人、项目经理和公共关系专家均参与其中。事件在传递企业交流意图的基础上组织目的明确且独具特色的活动。大多数事件需要一个信息传递者——一个教皇式的明星,比如史蒂芬·乔布斯(Steve Jobs),一个运动明星或顶级设计师,他们可以传递这个理念并吸引大众——使用简洁的、易于理解的、有效的象征手法的设计。

内容决定事件展示的选择形式,根据事件的大小,设计不同的传达形式,比如以一种统一的外形特征制作的邀请函、宣传袋、通讯稿、网站、事件文档、特别赠品(→噱头(Gimmick))。在特定场所内使用的统一元素对事件设计有着非常重要的作用。它也可以是气味(→嗅觉设计(Olfactory Design))、声音、光、视频投影等,这些共同特征或元素为企业事件或国家事件制造一种品牌形象。宗教仪式这个例子可以再次很好地说明上述问题:根据场合,对宗教事件的感受可以来自于任何东西,从建筑本身(企业建筑)、十字架的象征意义、教堂的装饰、蜡烛的数量、灯具(事件外观)、牧师的礼服,到礼拜仪式教堂、弥撒曲以及圣歌和圣经章节的选择。为了使跨国企业在不同的国家和城市中同时举行活动事件,有必要制定极为精确、合理的计划和设计方案,能够使来自不同文化背景的人参与其中。保证全球统一品牌形象的活动指导是达到这一目标的重要工具。KSP

→ 品牌打造(Branding),企业形象(Corporate Identity),服务设计(Service Design)

会展设计
Exhibition Design

媒体的多样性——艺术、世界博览会、主题博物馆或收藏、展销会和百货商店——必须由会展设计师处理,因此会展设计是一个综合性的专业。它要求设计师具备宽泛的技能结构,包括教育学、销售、布展所需的技术专长(博物馆学)以及制作和绘制剧场背景的设计技能(→背景设计 Set Design)。

按照常规,会展设计是一种匿名设计。所展示的作品和事实必须是人们关注的焦点,这比设计师自己的想法和设计抱负更为重要。在沙龙展览被美术馆展览取代之后,随着20世纪艺术自主权的增加(虽然可能只是虚幻的),"白色立方"(white cube)进入会展领域。白色立方是布莱恩·奥多尔蒂(Brian O'Doherty)于1976年创造的一个名词,指的是不经修饰的、纯白的展示空间。在玛丽·安·斯坦妮斯维奇(Mary Anne Staniszewski)1998年的《展示的力量》(The Power of Display)一书中,她对纽约现代艺术博物馆做了批判性的审视,并且认为白色立方只是会展设计的一种特殊的发展。无论如何,白色立方发展成了与艺术自主权密切关联的典范,成为20世纪艺术体系的一个基础元素——以至于很难把白色立方看作是一种构建,并由此引出了斯坦妮斯维奇关于"无意识的展示"的理论。但是更早的时候,作为商品的衍生物,展览已经成为被广泛接受和普遍存在的现象。因此展览的陌生的历史涉及到一种机制,用来制造和转变由大量社会力量驱动的物体和信息的流行消费。今天,"黑匣子"以及新媒体给会展设计带来了更多的挑战。有关旅游业的各种类型的转变和"轰动"效应正在改变人们对会展设计所处境况的理解。

追溯会展设计的理论和实践的发展,可以发现诸如珍品陈列和西洋镜、剧场和电影舞台、公园和全景、集市和百货公司、宣传和广告灯设计等例子。这种类别的多样性体现了不同形式的数据和事实的展现以及公众接受它们的方式。也就是说有许多形式的收集和构造、观察和辨别、想象和寻找、制造和控制以及最后的供应、讨价还价和购买。每一个程度的理解和反映——从被牵涉到被深深打动,从幻想到说服——可以说是这些形式以及实践的结果。所有展览都建立在一种特定的程序和交换关系上,是展览使它产生效果,并且通过它独特的契约、(→)惯例和技术的混合方式把展示的物体和事实与策展人和观展人联系起来。在基础的普及阶段会展设计融合了展示的话语和视觉元素。在第二步的反映阶段,会展设计负责使活动成为可辨识的、有逻辑的并且公众可以获取的事件。

需要对"展示"这个词加以解释:在会展设计语境中,它是指空间和物体的集合,通过展览、传递和理解的过程,产生效果和作用。因此会展是一个有效应用不同尺度的系统,从博物馆本身——不仅仅是建筑,也包括它的背景(古根海姆、卢浮宫、自然历史博物馆等)——到构建空间和系统定位(使用背景布、颜色、底座、玻璃陈列柜)或以墙面文字和图案进行的平面设计,从而传递有关展览的信息。此外,参观展品的角度会随着环境的变化而发生变化——就是说一种符号不仅提供了一件物体的科学的、历史的或艺术的细节,也提供了一种"排版风格"。从这个宽泛的角度来说,展示隐含了展品展现的所有状态的集合。

两种物品可以确定展览和展示作品之间的关系:首先是由艺术系统产生的艺术作品,其次是在展示的环境下进行展现的其他作品,比如历史或技术性物品、事实、物质和日常物品。艺术家马塞尔·杜尚完全地、特意地模糊两者之间严格限定的界限,1917年他在一个小便池上签上名字,并且把它作为艺术品进行了展示。这标志着"现成艺术"(ready-made)的开始。杜尚此时已经在从事会展设计的工作,"没有观众的艺术品是不完整的"这一著名的观点就来源于他。与杜尚同时期的弗里德里克·凯斯勒(Friedrich Kiesler),杜尚的朋友,关于艺术品和观众之间的关系他做了突破性研究。他发展了他的合成现实(Correalismus)理论,并且早在20世纪20年代就预言了用电子方式传播艺术的未来。1942年,凯斯勒受佩吉·古根海姆委托负责"这个世纪的艺术"(*Art of this Century*)展览,这是一次非同寻常、具有开创性的展览,早在"白色立方"这个词出现之前,他就在这次展览中使用了白色立方。像杜尚那样,凯斯勒认为观众不仅是一个观察者,而且是每个个人开放集中营中的活跃元素。这种集中营存在的一个基本现象是观众边走边看体验展览而不是站在一个静止的位置看,也就是说观众、展品和背景在空间和时间上是不断变换位置的。因此,展示空间——不管它有多么浓缩精华,多么充满幻想色彩——它总归是一个公众的、复杂的、城市空间的一部分,并且越来越明显的是,会展设计除了设计环境和空间以外,还要设计时间。

在20世纪20年代和30年代,构成主义者和未来主义者应用当时刚刚出现的大众媒体、广告、摄影、移动图像的形式组成新的城市模式并"居住在文字、图像和商品之间"(雅克·朗西埃 Jacques Ranciere)。李西茨基(El Lissitzky),罗德钦科(Rodchenko)的构成主义空间环境在苏联艺术史上是传奇般的存在,就像利贝拉(Libera),特拉尼(Terragni)和帕西科(Persico)的未来构成之于意大利法西斯主义兴起时期。为了达到宣传目的,会展设计利用城市立面进行宣传,但也极度强调城市生活的片段,从而明确其意识形态主张。设计、表达的欲望、构造环境的形态,它们对宣传观念的敏感度可以在(→)包豪斯的历史展览中看到,比如密斯·凡·德·罗和莉莉·莱克(Lily Reich)或者赫尔伯特·拜耶所做的展览。拜耶在包豪斯以及纳粹的宣传活动中应用了他的认知理论(1942年现代艺术博物馆"通向胜利之路"展览)。宣传的城市化展示变得与凯斯勒会展设计中建构和参观设施的设置一样重要。当然,这些不像那些精致的主题展览和科学展览的背景那样具有艺术氛围,主要聚焦于以上提到过的第二类展品。各类世界博览会使这些展示方法在世界范围内为人所知。即使是类似企业在汽车销售展览的活动也有活动经理人进行组织。展示、制品和观众之间的关系在完全同步以及精心设计空间的活动进程中会产生很大变化。凯斯勒将展示看做一个构成的第三方,它与制品和观众一起,处于一种开放的、移动的空间设计中,因此,它是一个开放的展示区域。相反,配景布置完全依赖于精心制作技术，从而保障了虚幻的效果（→背景设计（Set Design））。

场景设计师们使用"世界"这个词来描绘他们为吸引观众（viewer）而创造的空间。他们从电影和舞台设计中借用元素，用叙述和悬疑的手法，关注精确的时间，塑造一种虚拟的、技巧性的连贯，参观者（visitor）可以像旅行者那样沿着预定的路线体验。鼓励参观者与这个虚拟世界的互动，可以增强他们在场景中的参与感。这表明场景对会展设计的贡献达到了会展设计的目的，即通过单方的、预设的内容和情感的传递来寻求的一种吸引人的、当代的经验与教育的完美结合。但是当展览在公众、社会和城市空间中被讨论和构建的时候，这种定位以及它对时间的严格控制及媒体的延续性就成了问题。同时，参观者（viewer）从不同的角度看待自己的角色，这会从整体上影响会展设计。旁观者（spectator）作为一名消费者，支付了门票费用后进入展场，交换一种体验，一旦受到意图和开放环境的自发性引导，就替代了参观者（viewer）。把电影业中的词汇"大轰动"应用到展览中，标志着一种显著的转变，并且是一种自相矛盾的发展，在这种矛盾中明显有效的市场销售策略完全损害和破坏了那些文化活动和那些最初被成功推向市场的产品。

随着视频和艺术逐渐将"黑盒子"融入到"白匣子"中，博物馆传统的空间体制以某种新的方式与时间维度联系起来。它所隐含的一种传递以时间为基础体验的任务使参观者们（viewer）成为灵魂出窍的旁观者（spectator），他们被限制在线型的时间中且情绪昂扬（→时间基础设计（Time-base Design））。它们不再摇摆于一种停滞的冷淡和同时性之间，或者那些他们决定在某一时间所选择的涉入其中的艺术品。旁观者（spectator）则摇摆于感觉他们到得太晚或离开得太早。认真参观的一项必然要求是全身心投入，而不是定时的关注。当然，该要求同样也适用于所有基于时间的艺术表现形式。最终，在旁观（spectatorship）和观察（observation）之间就发生了根本性的差异。旁观者的角色是目睹、消费和参与。但是观察，作为一种对社会争论的事实的轻松实践，也是一种艺术形式（类似于演说的艺术）。因此，它借助于自己的想象力从而在内部构想出一个现实，换句话说，把某物放到某处从而评估(从杜尚的角度)并完成它。偶尔这会成为在所有展览情境中要求的互动的基础形式,意味着旁观者还是需要激活他内在的观察者,从而成为他们的伙伴。随着社会和城市空间的转型,展览对现实的兴趣或对现实的解释之间发展出了一种新的相似性。当观察者(observer)成为时间基础的旁观者,如果展览主要是针对全球游客而不是当地居民,展览组织方和设计师开始审视如何以他们自己经验和环境来主导展场的参观者。这无关于交流的普遍性问题,比如,不同语言和道德规范中的内容和知识。相反地,它是关于协作技能,而条件的谈判和社会的现实需要协作技能,这其中当然也包括展示的场所和实践。正如城市空间是从一个中产阶级社会转变为一个旅游社会,博物馆也会改变它自身所持的展示理念以及它的运作方式。它会经过一个(→)品牌打造的过程,从而在市场上赢得关注,像大学那样,会在线为国际范围的公众提供教育产品。联盟团体会形成——博物馆会从这些很早以前就精通如何驱动和引导大众沉迷的领域学到很多:百货商店和大型商场。会展设计的新任务和技能的拼贴将在这个转型过程中继续发展。^{MV}

→ 设计博物馆(Design Museums),事件设计(Event Design)

F

假冒
Fake

假冒——有时也被称为伪造或盗版——是一种蓄意抄袭原创的行为。钱币、文件、艺术、文字、选票、医药——甚至是身份——都可以假冒。在设计中，假冒可能表现为篡改历史或模仿昂贵的设计(→)品牌。由于需要用到非常复杂的技术，因此辨别假冒品与原创品的区别是很困难的。

那些企图将假冒品当作原创设计买卖的人会因(→)商标侵权或欺诈罪名受到起诉。因为这是无税买卖，伪造(散布和销售仿制品的过程)不仅是对于企业，也给假冒行为发生的所在国带来巨大的经济损失。在 2006 年 11 月，德国汉堡破获的一起假冒案件中，物品价值高达 3 亿 8300 万欧元。假冒也可以使用在比金钱追求更严重的行为中。比如，故意伪造照片误导大众，伪装现实——斯大林故意将托洛茨基从所有照片证明中抹除。假冒与真迹的区别几个世纪来在艺术和设计理论以及哲学和科学理论中争议不断。虽然"假冒"含有某些欺骗的意味，但不总是这样——仿冒品和复制品也可以用于怀疑、消遣或教育。事实上，有些假冒更多的是制造而不是单纯模仿——明显故意让人发现，是对原件的夸张表现。[SIB]

→ 版权 (Copyright)，知识产权 (Intellectual Property)，抄袭 (Plagiarism)，后现代主义 (Postmodernism)

时装设计
Fashion Design

时装设计是一个相对较新的类别，它使 20 世纪 50 年代法国高级时装的主导转向了在美国、欧洲和日本等地分布的时尚中心。青年风、街头风和潮文化越来越成为时装设计、经济和媒体展示的核心因素。

早在 15 世纪，在法国时尚 (la mode) 含有"习俗、流行、姿态和某人把自己打扮得更漂亮的方式的意思。简言之，就是所有与服装和华丽有关的事物"(狄德罗 1713—1784)。但是时尚这个词一直到 16 世纪中期才进入英语中。它源自法语 facon (手工艺、做事的方式、言谈举止)，但是英语中除了"习俗"和"性情"，还取了"制造"的涵义。Facon 词源上与神物 (fetish) 和派别 (faction) 相关，作为政治理念的象征代表。在法国，"时尚"意味着某人穿着宫廷的、华丽的服装，标志着皇室权威的绝对权利。路易十四，作为时尚的统治者，将法国建成了欧洲时尚的中心。到了 17 世纪下半叶，每月都有船只将最新的、最好的、最高贵的时装送到伦敦的贵妇以及那些中产阶级女士手中，之后送到了德国、意大利和俄国。始于 1692 年的《美居》(*Mercure*) 杂志,开始时是作为传播时尚服装和配件的图案描绘的途径,在法国、英格兰、德国都能买到这本杂志。1786 年《奢侈品和时装杂志》(*Journal des Luxus und der Moden*) 出版,内容与知识分子、社会和国内时尚的各个方面相关。但是自 19 世纪 20 年代之后,对时尚和时尚物品的批判大量出现。德国语言学把法语中的时尚(*a la morde*) 与社会批判主义结合起来,创造了时尚小恶魔(*a-la modische Kleiderteufel*)(格林德语辞典 1854 年)。这不仅是针对法国规则的霸权,也是反对法国时装在德国土地上的盛行。它嘲笑法国领土的"时装恶魔",主张(德国)道德(及民族主义)的至高无上,资本主义现实优于(法国)贵族的外表。法国大革命揭开了"关于时尚"和"反对时尚"甚至"对抗时尚"之间的生动辩证关系,作为一种调和现代阶级、人种和性别体系相互对抗的情绪的尝试。时尚和现代性之间的关系组成了新时代的一部分——它与时间建立起一种动态关系,因为法语"现代"(modern)意思是"与当今时尚一致,艺术加工、服装、风格主义"(格林德语辞典 1854 年)。作为现代的标志,时尚成为美学的一个重要方面:"不论何人,不论何事,如果没有遵循时尚,应该觉得羞愧"(格林德语辞典 1854 年)。事实上,19 世纪现代主义为男性躯体裹上外衣并且为其制作了统一的服装,用以帮助男性摆脱油头粉面的形象,但是越是详细地从政治解剖学的角度设计男士服装,时尚越成为这些社会上层的、注重外表人士的象征,甚至成为娘娘腔的同义词。

关于时尚的自然性或人造性仍然是生态政治讨论的一部分。"美学运动"以及 19 世纪末的艺术和知识分子先锋反对时尚,倡导自然主义、"理性"穿着以及取消紧身胸衣。为支持这种观点而设计服装的女权主义者包括艾米丽亚·布鲁默(Amelia Bloomer),医生海因里希·普都尔(Heinrich Pudor),艺术家威廉·莫里斯(William Morris)(→工艺美术运动(Art & Crafts))、爱德华伯恩-琼斯(Edward Burne-Jones)和亨利·凡·德·维尔德(Henry van de Velde)(→德意志制造同盟(Deutscher Werkbund)),舞台剧演员安娜·马修斯(Anna Muthesius)和作家奥斯卡·维尔德(Oscar Wilde)。

"身体不应该遵循时尚虚假的、有损健康的要求,而应该顺应自身的自然体型",这个观点是 20 世纪生态政治运动的基础,将身体放在了时尚的中心,并且从这个观点发展出了成为全球经济核心的形体时尚,包括营养、运动、化妆和最近的整容手术。大概在 20 世纪之交,艺术和时尚的新综合,首次成为设计学中的一个类别,以现代的、工业化生产的服装工业的形式。在伦敦、维也纳、柏林、纽约各地建立起了教育机构,1906 年在切丝学院(Chase School)(现在的帕森斯新设计学院 Parsons The New School of Architecture)首次开设了时装设计课程。

　　但是,一直到 20 世纪上半叶,巴黎高级时装业仍然是由行业主导,此时成衣开始流行。查尔斯·弗雷德里克·沃斯(Charles Frederick Worth)(1825—1895)的年度时装作品为他获得了世界上第一个"女装设计师"的头衔,而之前这个职业是女人从事的,被称为女裁缝。因为他会在作品上签名,沃斯将自己定位为艺术家。他成功地把自己的名字变成了产品,类似于现代品牌的概念,女王们、中产阶级贵妇、著名女演员和其他现代高级女装的高贵消费者穿着他设计的衣服。但是保罗·波特(Paul Poiret 1879—1944)才是第一个用他的"La Vague"裙子和女裙裤设计发起服装革命的人。在那个时候高级时装设计从艺术、剧院、歌剧和芭蕾中攫取灵感。波特也设计舞台服装并与专业模特一起工作。在 1914 年,简·帕康(Jeanne Paquin)(1869—1936)在伦敦举行了第一个时装秀,展示了她的探戈风格礼服。波特发展出了一系列的产品,包括他自己的香水、佩饰和室内家具。在 20 世纪 20 年代和 30 年代,可可·香奈儿(1883—1971)、玛德琳·维奥内特(Madeleine Vionnet)(1876—1956)、艾丽克斯·格蕾(Alix Gres)(1899—1993)、玛吉·茹芙(Maggy Rouff)(1896—1971)等女设计师统治了高级时装界。流行文化也关注动态的女性:工作时、运动时、跳查尔斯顿舞的时候、表演轻喜剧的时候、在电影院时、购物时。大范围的性别颠覆风格,如从吊带衫到风尘女子或歌女风格,在那时候都是女装时装的典型。通过裤装或西装的跨性别穿着进一步改变了性别的边界。艾尔萨·夏帕瑞丽(Elsa Schiaparelli)(1890—1973)用成衣实验,和马塞尔·杜尚一起,与艺术和先锋知识分子密切合作。她的风格帮助成就了莎莎·嘉宝（Zsa Zsa Gabor）、梅·韦斯特（Mae West）以及凯瑟琳·赫本和葛丽泰·嘉宝等许多明星。

时装与化妆品永远都是电影以及造星环节中最重要的部分，有时，它对日常生活的影响也是巨大的。比如好莱坞电影上映后它的时尚服装在美国的百货公司中销售会带起一股潮流。法国女装设计师，如路易斯·花娃（Louis Feraud）和于贝尔·德·纪梵希（Hubert de Givenchy），为奥黛丽·赫本设计，他们是最早在20世纪50年代一直为电影界工作的设计师。

二战时期美国引领了时装潮流，20世纪40年代战争期间发展出了一种美国风格的时装、牛仔服和印有美国青少年图像的服装，并且在战后出口到欧洲。

1947年，克里斯汀·迪奥的"新外表"（New Look）是高级时装的开始，并标志着更快速的流行转换，这是法国时代的终结，却是我们今天意义上理解的"时装设计"的开始。伦敦的学者开始培养年轻的时装设计师，无视已经成名的设计师如赫迪·雅曼（Hardy Amies）（1909—2003）和诺曼·哈特维尔（Norman Hartwell）（1901—1979）。20世纪50年代，从亚文化的街头风格、流行文化、艺术和设计的互动中产生了新的时尚结构。在这个时期，时尚成为创意产业和亚文化风格的一部分——就像20世纪50年代的泰迪男孩（Teddy Boys），他们将复古的爱德华时期的细节比如丝绒、褶皱与美国摇滚风格结合起来——并且被投入大规模生产，成为主流成衣。各种文化的街头风盛行，泰迪男孩、摩德族、摇滚风、嬉皮士、庞克族到新浪漫主义，在诸如玛丽·奎恩特（Mary Quant）、薇薇安·韦斯特伍德（Viviene Westwood）、约翰·加利亚诺（John Galliano）、亚历山大-麦昆（Alexander McQueen）等设计师的作品中都能看到。奎恩特将安德烈·库雷热（Andre Courreges）设计的一款迷你裙进行了进一步的修改和缩短，而库雷热的这款短裙是1964年他按照（→）包豪斯的设计原则进行创作的。

在风格上，作为符号传达的一种媒介，穿衣者和设计师之间在生产后阶段的界限开始变得模糊，因为不论是设计师还是顾客，都能在挑选，取样，重新解读历史、社会、文化和性别图像或物品中创造时尚。街头风也是一种混合产物，因为它们创造了白人、黑人、亚洲人、印度人或加勒比年轻人的文化。20 世纪 60 年代的花样一代 (flower power generation) 不仅用二手服装制造了 (→) 潮流，它也挑战了资产阶级性别概念，体现了男子气概。由韦斯特伍德和麦克拉伦设计的庞克风服装显示了同性恋对资产阶级异性恋的挑战。从 20 世纪 70 年代开始同性恋在俱乐部中流行起来。弗雷迪·默丘里 (Freddie Mercury) 这样的明星由华丽摇滚设计师桑德拉·罗德斯 (Sandra Rhodes) 进行造型，而大卫·鲍伊 (David Bowie) 则依靠造型师弗雷迪·布雷蒂 (Freddie Burretti) 成就了他在专辑《基吉星团》(Ziggy Stardust) 中的造型。妖艳的的 (→) 美学弥漫在整个时尚界，从让·保罗·高提耶 (Jean Paul Gaultier) 到安特卫普六君子 (The Antwerp Six)，并且在 20 世纪 90 年代以"都市型男"的风格被纳入了主流时尚中。这是 20 世纪 80 年代特殊经济的一部分，那时 (→) 品牌主导了时尚界，焦点不仅在明星，也在叛逆的年轻人和未成年人身上。20 世纪 90 年代的后亚文化 (post-subcultural) 风格以它们与商业紧密联系的不同的历史青年文化风格以及新民族风格 (New Tribalism) 的纹身和穿洞为特点。嬉皮说唱 (hip-hop) 作为黑人的一种音乐风格颠覆了白人中产阶级的 (→) 奢侈风和品牌风，产生了新的青年文化，故意使用奢侈品的复制物品。意大利和美国设计师是牛仔和运动服装的主要设计师，并且建立了今天的大多品牌企业：古奇、普拉达、阿玛尼、范思哲、D&G、CK、希尔费格 (Tommy Hilfiger)、拉尔夫·劳伦 (RalphLauren)、唐娜·凯伦 (Donna Kara)。从 20 世纪 70 年代开始，日本时装设计师开始赢得越来越多的关注：高田贤三、三宅一生 (Issey Miyake)、山本耀司 (Yoshi Yamamoto)。CdG (Comme des Garcons) 的创始人川久保玲 1997 年的"身体服装的交汇"系列 (Body Meets Dress) 挑战了西方体制的建筑。

数码媒体技术使用电脑设计服装成为可能，用身体扫描和虚拟试衣，提供了新的展示和制造时尚的途径。比如，大规模 (→) 定制使服装能够按照客户要求进行裁剪，使用的是个人 (→) 蓝图技术。甚至基因技术和生活科学都给时尚的材料带来了改变。纳米纤维、细菌和干细胞文化正开始确定未来时装设计的创意

结构。[EG]

→ 品牌(Brand),纺织设计(Textile Design),潮流(Trend)

可行性研究
Feasibility Studies

可行性研究是用于决定某种设计对于一个公司而言是否可行的调查。它们建立在对公司的财务、后勤和销售能力确切的和细节的分析基础上。几个需要建立的重要因素包括公司获取资金的渠道、产品与现有公司形象(包括它的象征、服务等)的关系、获得生产所需的机器和技术的可能性与状况、生产过程信息传达或销售中对专家的需求,以及能够掌控全局的后勤管理能力。

可行性研究也可以是指对某些设计因素与公司资源之间关系的调查。这要求研究设计材料的选择是否足够,工作计划和能源成本是否合理,是否配备了必要的生产设施和劳动力,每一个细节是否真的必要——换句话说,研究设计执行所耗费的成本、努力和实施策略最终是否能为公司获取最大利益。

为了回答所有的这些问题,许多系统的方法被应用进来,进行可行性研究不仅要求有前瞻性,也要有想象力。为了预测潜在可能性、存在的问题和复杂度,它在有些方面与设计有着相似性。[BL]

→ 基准评价(Benchmarking),设计管理(Design Management),质量保障(Quality Assurance),策略设计(Strategic Design)

搞砸
Flop

"搞砸"这个词含有一种失望或失败的意思,常用于指一个产品在商业上的失败。它常常与成功相对应,可以在不同的语境下使用。对于个人而言可以是考试考砸了或工作面试搞砸了等,指的是私人生活。在更严重的情况中,一件产品或服务在市场上的失败可能对企业或个人带来长期的负面影响。搞砸可以是金钱的损失和毁坏的图像。前者可以用以后好的表现弥补,但如果搞砸的是一个极其重要的东西,如客户对品牌的信任度,那么将带来长期持续的后果。此外,企业的一个糟糕的规划也有可能导致失败。如果从市场调查得来的研究和分析事实是基于错误或无关的问卷和结论,那么在这种情况下,就会导致无可避免的销售的失败。如果某个组件,某个雇员或其他有关因素的特质不可能满足要求,也可能导致生产或服务行业的失败。

在大多情况下,企业对它们的失败保持沉默,不会对外宣传或公告。有时也可能因为小的损失搞砸事情,比如产品的名字或文化意义上不吉利的颜色,全球市场上每天都在发生这样的例子。比如,当三菱的 SUV 帕杰罗引进到美洲和西班牙市场时,就要更改名字,因为在西班牙语中,帕杰罗是"手淫"的俚语。在法国,洗衣粉碧浪会遇到一个问题,因为碧浪(persil)在法语中的意思是欧芹,这就很难与清洁、白色衣物联想起来。把品牌的名字引入到亚洲国家市场同样会因为发音和命名问题而非常复杂。美孚(ESSO)石油公司的名字在日文中有一个相同的发音,意思是毁坏汽车。

搞砸并不总导致一个企业的失败。一个企业常常可以从失败中学习并进行自我修复,并且有时候错误可以转化为力量。一个在预计之中的失败甚至可能成为令人吃惊的成功。1976 年,在第一台苹果电脑麦金托什 128k 诞生的时候,除了乔布斯以及从事电脑图像工作的设计师们,还有其他人相信苹果公司电脑可以成就一个全球性的成功吗?[SIB]

→ 设计能力(Design Competence),设计管理(Design Management),策略设计(Strategic Design)

折页
Flyer

折页是一种散页印刷品,主要用于宣传当地服务和即将发生的事件。它们常常被分发给街上的人们,放进信箱或夹到汽车雨刮上。通过电脑和互联网可以用电子邮件形式更快地发送宣传内容。它们的设计必须够夺人眼球,生动和易于理解。因为折页常常被设计得颇具风格,并且反映了当前最具吸引力的东西,所以它们是发现新(→)潮流的最好资源。[CH]

→ 广告(Advertisement),海报设计(Poster Design)

食品设计
Food Design

食品设计是一个大的主题。它覆盖了食品和营养方面许多不同种类的服务,包括设计师食品,也就是说人工食品。(→)工业设计(厨房用具和所有在家用和工业使用方面与食品准备和展示有关的)、包装设计和广告宣传都影响了食品的形式和功能。它们刺激了人们的食欲并使食品的准备和处理简化或复杂化。另外,食品技术已经超越了简单的食品生产,它也涵盖了技术的、化学的和基因的改变。

食品设计的类别当然总是关于食品以及设计,但是也可以包含很多有关联但十分不同的活动。食品造型师利用他们的才能和各种手法使得照片上的配料以及菜色让你口水直流。食品设计不仅在图示菜肴或制造好的产品广告时很重要，像超市中的图片一样也可以作为销售支持。老式的街角杂货店以前常常在出售食物的时候给顾客提供相应的厨房烹饪、储藏和食物准备小贴士。今天，这样的信息要么没有，要么常常通过包装袋和其他视觉的、文字的宣传材料传递。这也用于饭店的菜单或布局上，特别是为外国游客准备的。

厨师也可以是食物设计师。最重要的设计奖项，时尚设计师大奖（Lucky Strike Designer Award），于2006年颁给了西班牙厨师费兰·阿德里亚（Ferran Andria）。他用新的、完全出乎意料的方式烹制菜肴，特别擅长烹饪泡沫的使用。在亚洲，菜品讲究形和色，这是有着悠久历史并被高度推崇的烹制原则。厨师会花许多精力将水果和蔬菜雕刻成可用作装饰的形状。不仅高档宴会需要食物设计，这同样也是日常生活所需。另外，随着工业生产的不断发展壮大，当今几乎所有的食物都是有意识设计过程的结果。

食物设计的理由有很多，其中有些是出于很古老的原因。比如，以发辫的样子做的面包曾经象征头发祭品。甚至关于有些食物形式的来源已经无从考证，但仍然沿用至今。除了象征意义或情感内涵，各种形状背后还有更多的世俗缘由。这些理由包括模仿（熊软糖）、生产技术（锥形果仁糖更易融化）、分起来方便（巧克力条的分割）、方便（奶酪切片和面包的形状）、保质期和易腐性（蛋浆使蛋糕看起来新鲜且诱人）、品牌形象（比如小饼干上的标识，品牌打造的字面意义）以及广告（额外的着色使酸奶看似水果般诱人食欲）。感官因素，比如声音、触觉和食物的颜色对于所有的食物设计都是重要的，不论是不是来自于目标人群。

除了提供单纯的营养功能，食物还是宗教、文化、社会身份的重要一部分。吃的方法、食物的种类以及它是如何展示的对于区分身份和文化差异（宗教的禁忌；传统或地域特殊性；筷子或刀；快餐或高档宴会）都非常重要。这些因素很少是静态的，随着社会变化食物文化也随之改变，并且将新的产品推向市场。"移动的社会喜欢外卖的咖啡"，随着越来越多的妇女进入劳动力市场，超市更多地会在货架上摆上可以快速烹制的方便食品。一个时代的风格不仅在文学、艺术和建筑中反应出来，更反应在日常物件中——尤其是最日常使用的东西：我们的食物。[KWE]

→ 嗅觉设计（Olafactory Design），包装设计（Packaging Design），感觉（Sensuality）

形式
Form

形式是以内容构成的外形。在美学理论中，这是一个有着很长历史的有争议的词。究竟形式是物质的还是精神的，是为某个内容服务还是为普遍内容服务，是自然的还是人工秩序的组织，这些都是关于定义艺术、建筑和设计如何成为有意义的实体最基础的问题。形式的概念包含柏拉图形而上学理论中永恒不变的实体、亚里士多德悲剧理论的结构基础、亨利·福西永（Henry Focillon）倡导的基于材料的实践、克里夫·贝尔（Clive Bell）的非历史的抽象的组合关系，以及达西·汤姆森（D'Arcy Thompson）和他的后继者的有机形态论。从这个意义上说，形式的定义是一个始终变化的概念，每个世纪都在试图对其作出定义。

鲁道夫·爱因汉姆（Rudolf Arnheim），著名的艺术心理学教授，讲了一个关于他如何学习写作的故事。在魏玛共和国时期，他作为年轻的学者是一家文化评论报纸的电影评论员。他可能需要在看完卓别林的表演之后，回到报社办公室，然后在几个小时之内写出一份完整的评论，并且用完美的辞藻对其修饰，第二天一早随即出版。他是如何写出后来成为传奇性的评论文章的？这些文章是被铸造出来的——事实上并不完全是写出来的，而是给出一个确切的形状，就像一件雕塑——在晚上散步的过程中爱因汉姆在脑中形成了对文章定稿的图像。他不是想象文字片段或关键词，而是在雕刻他的叙述，塑造一个头脑中的结构。结构就是内容，只要给出完成写作的完整图像就足够了——它会怎么开头，怎么发展，怎么结束。形式决定了文章是直线型的还是会首尾相接，是断断续续的还是紧密无缝的，是围绕中心轴线四平八稳还是在某些偶然的突然凸出中寻求平衡，等等。这种雕塑形状有细微的表达和精确的"形式"，就是重要的文章，把它敲到电脑上不过是一个誊抄和解译的过程。

"形式是内容的视觉形状。"爱因汉姆引用画家本沙翰（Ben Shahn）对形式的定义，用来说明在他个人富有创造性的实践中有着充分体现的理念。这个立场也是很多人所持有的。从这个角度来说，形式是一种非常特殊的构造类别，也就是说属于可见思想的类别（→形象化（Visualization））。因此，形式是一种以确切的形状实体进行的表达的认识。如果这样的一个实体听起来很抽象，那是因为抽象是形式的一个关键特征。形式并不是真实具体化的东西——也就是说它不是一个概念或观念，而是类似于去物质化的概念性的东西（→虚拟（Virtuality））。形式不是浇注的青铜雕像，翻模的塑料杯，木制床，或写下的文章，形式是心理的而不是物质的建构。

这种特殊的形式的概念,其历史根源可以在柏拉图的形而上学中找到。柏拉图提出了两种不同的世界,生成的世界(World of Becoming)和存在的世界(World of Being)。前者是我们所体验的世界,是由工匠制作的许多单独物体的集合,其材料是利用物质材料的当时的本质并且与"不可靠的"感觉映像本质有关。在生成的世界,颜色在不同的光照条件下发生变化,透视将长度明显缩短,冷和热给予环境不同的感觉,尺度不像计量单位那样恒定不变,物体随着时间腐烂,等等。生成的世界就像它的名字折射的那样,是不断变化的。对比之下,存在的世界是不变的。如果说生成的世界是通过感觉评价的,那么存在的世界则是通过理性评价的。它包含独立数学法则,欧几里德五条共设(the five euclidean solids),以及通用抽象结构(universal abstract construct)——也就是柏拉图形式——存在于实物之下,组成了内部物质世界。比如,当一个工匠制作一张木质床的时候,他是基于所有床的核心构造共性进行打样的。这种构造在永恒的存在世界中是一个衡定的因素。对于认为理性优先于感性的柏拉图而言,我们的物质世界事实上并没有抽象世界的形式那么真实,也当然不像抽象世界的形式那么完美。柏拉图的形式世界是如工匠般的半神所创造的产物,后来的新柏拉图思想家们将不变的存在世界与上帝联系起来,上帝即是天主教天堂中的工匠。

虽然柏拉图的理念对于我们当今关于真实的概念而言是那么陌生,普遍抽象形式世界的概念某种程度上存在于物质具体之外,这是在讨论关于常量的普遍认知(→感知(Perception))中被重新建立起来的。基础的几何形式(特别是圆形和方形)——众所周知,由罗马建筑师维特鲁威描述,并在达芬奇绘画中进一步闻名于世,因为几何常量隐含在人体本身之中——在随后的文艺复兴时期应用到教堂和其他神圣建筑中,确切地说,这些几何形式被认为与永恒的天体形式产生了共鸣。在 20 世纪之初,现代主义(→现代性(Modernity))建筑师勒·柯布西耶提出了一种关于欧几里德(Euclidean)基础共设的形式语汇的完全新的柏拉图论点。他认为如果他将一个白色的桌球给世界上任何一个人看,直接唤起的第一感觉都会是"球形"。柏拉图式的感觉假设了不需要文化考量介入的普遍的、不受时间限制的感觉,正是现代主义寻求建立一种无时间性的、普遍的形式语言的基础。许多现代主义设计师、艺术家和建筑师利用他们的才能最大程度地减少材料、重力、组合的表达（比如，对光滑表面的处理偏好，经典的三段式构成并有清晰的上、中、下之分，而且一般不屑于表现出明显的工匠手艺），这可以看作是尽量脱离于真实材料的制作，最大程度地接近预设的普遍、非材料和纯粹形式的永恒语言。

将形式想象成是一种在具体事物之外，或之后或之上的一个重要结果形成了形式和内容之间微弱的关系。如果形式是普遍的、抽象的，它不能成为个体的、具体意义的载体，柏拉图的学生亚里士多德，首先通过描述创作一部戏剧作品过程中形式的作用，提出了形式和内容之间的差异。在《诗学》一书中，亚里士多德把形式表述为戏剧作品线索或结构的外形，而不是真实的某种具体的材料。也就是说，所有（好的）悲剧作品都有着共同的结构特征。即使任何两个（好的）悲剧作品的真实叙述内容有着根本的区别，选定的戏剧作品形式结构的完整性和整体性是对其进行评论的基础。这种将基本价值置于艺术或设计作品的形式特征之上的（→）美学学派被称为"形式主义"。形式主义试图剥离（或"看透"或"挖掘"：比喻方式不同）意义、内涵、联想、指称性（referentiality）和功能性（functinoality）的表皮——这些共同作用的表皮可以被称为"内容"。形式主义不是专门关注于桌球的"桌"的部分。

一个关于形式优于内容的很好的例子就是英国艺术评论和理论家克莱夫·贝尔（Clive Bell）的作品，1914 年，他出版了极富影响力的专著《艺术》（Art），开篇第一章名为"审美假设"（The Aesthetic Hypothesis），提出的假设就是，所有艺术——贝尔将建筑和设计的作品也归到了艺术中——有且只有一个共同属性。这个属性就是"有意义的形式"（significant form）。它不是一件艺术作品具有特征的、媒介明确的、表现型的内容，而是建筑构成的线条和颜色、形状及比例的安排，由此观察者会产生某种感觉，贝尔称其为"审美情感"。剖析贝尔审美情感的概念可以把我们带到很远，可以说这是敏感的灵魂站在艺术作品之间的体验，由于它是由不同的个人以不同的动机和目的做出的不同的物质的东西（在贝尔的文章中从苏美尔人的雕塑到哥特式教堂到塞尚的绘画），审美情感必须在某种非物质的、非生物的、非代表性的属性中找到诱因。这种属性就是形式。

如果没有了解贝尔写作时所处的社会背景是无法完全理解他的形式主义理论的，这又显得讽刺而发人深省（一个坚定的形式主义者最不会接受的事就是形式主义是历史环境的产物）。贝尔时代的艺术评论试图理解许多 19 世纪晚期的艺术家（最有代表性的就是塞尚以及高更、毕加索和马蒂斯），这些人本身也正面临着由摄影技术引发的表现危机。形式主义为艺术和设计建立起了一个新的构架，形式的意义的倡导超越了对自然形体的模仿。贝尔的审美假设为理解和欣赏这些铺平了道路：瓦斯里·康定斯基（Vasily Kandinsky）和保罗·克利（Paul Klee）的"非客观"组成，皮耶·蒙德里安（Piet Mondrian）和吉瑞特·里特维德（Gerrit Rietveld）"新造型"的提炼，阿梅德·奥藏方（Amedee Ozenfant）的纯粹绘画以及在（→）包豪斯大师如马歇·布劳耶（Marcel Breuer）的椅子、威尔赫姆·华根菲尔德（Wilhelm Wagenfeld）的灯以及玛丽安·布兰德（Marianne Brandt）的桌子中清楚看到的几何形式主义。

到了 20 世纪 20 年代中期，在一次令人印象深刻的艺术理论后卫进攻中，形式主义准则甚至统治了摄影和电影，这两种媒体因为它们将让人无法抗拒的感受和未经编辑的现实细节的结合，最初被认为是不受形式主义影响的设计策略。在这场抨击中有着最深远意义的文章无疑是鲁道夫·爱因汉姆（Rudolf Arnheim）的《电影作为艺术》（1932）。

从此之后新的动态图像媒体在理论上从一种单纯对现实的反映中脱离出来，并被重新作为一种完全的世俗的艺术形式，受到许多相同的形式构成规则，如音乐和舞蹈原则的影响。汉斯·李希特（Hans Richter）的前卫电影，影片中灯光打在黑暗的场地上，编排出一种非叙述性的时间舞蹈，被爱因汉姆被称赞为形式主义影院的重要实验。

形式主义的优点也是它的弱点所在：随着形式扩展成为金字塔形的艺术和设计实践的主导审美标准，它的释义和衍生能力会相应减弱。形式主义已经开始并且现在仍然常常与贬义的形容词伴随使用，如"空洞""无意义""强力的""动机不明的"，反映了形式主义在避免任何语境的、文化的和材料的具体性方面加诸设计作品之上而带来的高昂代价。

1934 年由法国艺术历史学家亨利·福西永（Henri Focillon）撰写的《形式的生命》(*La vie des Formes*) 试图弥补形式被加诸的空洞无意义的印象。福西永将形式返回到一种材料和工艺的基础，把形式与内容重新结合，并保持形式的独立的历史。福西永写道：形式永远不会脱离其形体存在，没有了此材料，形式"只不过是头脑中的情景，仅仅是一种推测"，物质材料和它的相关技术组成了形式世界的生命力量。用福西永的话来说，形式始终是"化身"。材料在成为艺术形式的过程中被转化，制作雕像的木头不再是树的木头，大理石不再属于悬崖，砖从黏土坑中分离出来。技术是转化的中介，并且针对某一材料的状况（福西永甚至将雕刻线与镂刻线区分开来，它们是两种不同的形式，属于不同的谱系），以任何一种材料为媒介的创意活动即刻有了其特性，由于媒介本身拥有的形式历史，而这些历史可以用多少相似的方式描绘，正如经济、政治或社会历史那样。但是历史，福西永指出，不是直线发展的，形式的生命勾画出它们自己的图标，也许与政治剧变或科学发现的轨迹重合，也许不会。正是从这种意义上形式的生命保持了一定程度上的独立自主，避免成为仅仅是社会和文化实践的副产品，也就是所有的桌球，而不是球。

福西永在他生物学比喻中使用的名词用以描述形式的进化大多都是带有修辞手法的，他不赞成将一种真实的器官或生物的模式作为形式的基础。但是在形式的理论中存在一种有力的趋势，明确认为：形式是力量在某一情势下表现出的有机结果。在这种情况下的标志性文章（虽然不是这个观点的首例）是英国动物学家和数学家达希·汤姆森（D'Arcy Wentworth Thompson）的尽管不怎么被阅读，但辉煌详实的巨著《论生长与形式》(写于1917 年，1942 年修订)。汤姆森对于有机体形态学有很深很广的兴趣，"生物的形式如何可以用物理因素进行解释……并意识到整体而言没有哪种有机形式存在可以做到像物理和数学法则那样的程度"。自然中的所有形式，以及自然形式中的所有变化，都是力量作用于事物的产物，由此有机事物的形式可以用自然科学的语言描述（如果不是确切地解释，因为它是一个形而上学的而不是科学的问题）。汤姆森的成就和他的研究是惊人的。它包括细胞形态学、生物组织的结构、液体滴落的几何形态、蜂窝的建造和薄膜的表现。对于设计师，关于形式以及材料的力量的章节提供了最为清晰的有机形式的表达，展现了动物形式就重力和动力荷载是如何从结构上优化的等方面。对于汤姆森而言，形式是直接自然环境作为载体作用于有机体的结果。对于每套载体而言，只有一种最佳的自然选择的形式。

当然，从存在论角度来讲要把汤姆森的经验从自然领域转换到人类事物上是很难的，但是错误的本体并没有阻碍"有机形式"的概念进入设计师的词汇。建筑师路易斯·沙利文（Louis Sullivan）的名言"形式服从功能"意在促进他对反映自然系统完整性的有机装饰主义（→ 装饰（Ornamentation））的信仰，弗兰克·赖特创造了广为人知的术语"有机建筑"用以描述在他的建筑形式和美国文化及地理景观之间的"自然"适应。结构决定论，"一个结构的承载量决定了相应的形式"，这早已成为一项优先的设计方法论。确切地说，因为形式显示出被指定，而不是随意选择的，通过把自然力量的行为和材料本质结合。意大利工程师皮埃尔·路易吉·奈尔维（Pier Luigi Nervi）的大跨度混凝土结构、瑞士结构工程师罗伯特·梅拉尔特（Robert Maillart）设计的桥以及最引人关注的西班牙建筑师安东尼奥·高迪（Antonio Gaudi）为了帮助解决他的建筑形式问题，发明的倒挂式抗张力研究模型，被归为一种接近神圣的方法。

但是汤姆森将数学和生物合并所具有的深远潜力只有利用现在超常的电脑和数字模型的进步、生物学的发展、人工智能和电脑数控制作技术的进步才能完全得到理解。这些有着显著差异的领域共同在一个名为"生成"（Emergence）的领域找到共因。"生成"从进化的角度（→设计过程（Design Process））探索形态的起源。它探索的结构明显拥有许多遵照一定行为规则的简单行为者，它们组成了高度复杂的系统，这些系统拥有无法拆分为各个组件的特征（→复杂性（Complexity），系统（System））。比如，蚂蚁和白蚁在没有任何建筑平面图的情况下可以制造出非常复杂的结构；鸟和鱼集结成群都具有明显清楚的形式特征，但并没有进行集中设计；当我们穿过一条繁忙的街道时，我们的整个生理系统在无意中对自身进行着重新的校准。这种"生成"形式从互动的、规则约束的实体在某个环境下发生作用并对环境产生影响。这些实体和环境可以建立起数学的模型,反馈回路,反复的过程,并且在一个数字环境中展现出来(→启发法(Heuristics))。如果制造参数被作为系统生成逻辑的一部分被纳入其中,得到的形式可以用电脑控制机器系统进行实体的输出(激光切割机、槽刨机、铣床、3D打印机等),形态生成模型可以用于研究大都会区域的表现,从而激发城市政策的生态考虑,它们可以被用到建筑的结构和机械系统优化以及对商业组织形式的重新思考。

生物形态和复杂的几何形态与最为复杂的生成研究一起在今天的设计中以极高的频率出现。但是本文的作者非常确定的是,今天的一些沙发、网球鞋、汽车、洗发水瓶、手表、公文包、水瓶、背包和童车的生物形态可以在"形式"这个词中找到最好的处理(→噱头(Gimmick))。[KK]

→ 复杂性(Complexity),建构(Construction),功能(Function)

功能
Function

功能这个词来源于拉丁文 functio,意为表现或执行。韦伯字典对功能在设计学语境下的定义是:"设计的哲学(如在建筑学中那样)认为形式应该服从使用、材料和结构。"这条定义从语义学延伸,并将目的涵盖进来,也就是提出方案从而建立起一个目标或期望达到的结果。而在设计中,我们可以认为功能代表了一种客观计划结果的目标,功能是行动的目的。

功能是设计的核心要素,不仅包括产品的技术和实践表现,也包括(→)美学、传达、政策和经济等方面。为了理解设计这门学科的历史,有必要提出讨论功能状态的各种方法。每个设计实践者都持有一种明确的或隐含的个人关于功能的观点或立场。

很长时间以来,建筑理论影响,事实上主导了,如何在设计环境下使用功能的理念(→建筑设计(Architectural Design))。从文艺复兴到19世纪,建筑学吸取古罗马宣言的精神——正如在维特鲁威《建筑十书》(De architectura libri decem)中流传下来的,从公元前一世纪开始的观点——建筑应该是坚固、实用和美观的。维特鲁威将坚固、实用和美观予以区分,它们分别表达了建筑的技术、建筑的目的和它的美的外观。利昂纳·巴蒂斯塔·阿尔伯蒂(Leone Battista Alberti)将这三条关于优秀的建筑的标准写入规范,并且一直到19世纪,它们都是建筑实践中常见的特质。从(→)工艺美术运动开始,设计理论将这个理念进行了进一步的分析和发展,研究(→)美与技术功能性、艺术贡献与实际

(→)使用性之间的关系。

如果"形式服从功能"这句话没有成为设计界最著名的名言之一，我们禁不住推测功能这个词可能从来不会在设计理论中占有如此中心和优先的地位。这句话首先由美国建筑师沙利文在他的文章《高层办公建筑艺术设想》中提出，并且很快成为一个被信奉的真理。

事实上，"功能是设计固有的"这个概念深深地根植于设计师的脑海中以便理解他们所扮演的角色。设计是实现意图的手段。区分功能在形式方面和商业方面的异同挑战了它们基础概念的统一性。诸如区分设计与功能的宣言从某种程度上表明了在价值或尊重方面一个物体不仅应具有审美上的舒适感（如时尚的外表），也应具备功能性（如能否达到一种现实的目的）。"形式服从功能"这句格言在此是有异议的。语言学上甚至知识层面上常常将形式与功能加以区分——但事实上，它们是密不可分的——就像一枚硬币的正反两面。物体的形式不可能像一块被粘贴的商标，撕下后露出里面光秃的功能，物体形式的任何变化总是伴随着它功能的变化。1955年由汉斯·古格洛特（Hans Gugelot）、奥托·艾舍（Otl Aicher）、迪特·拉姆斯（Dieter Rams）为博朗设计的留声机 SK4 将收音机与唱片机的功能合为一体。它超越了当时的标准形式，最终改变了物体的功能。它不仅作为播放唱片或收听广播的工具，也成为房间整体室内设计的一个装饰因素。换句话说，它成了一件物体，消费者可以将它用于表达他们如何看待自身以及希望被人们如何看待的想法。

"服从"这个词看来成了困惑的来源，围绕着"形式服从功能"这句话，它暗示了将会有一个严格并具有逻辑性的结果：B 在 A 确定之后出现。但是美并不是一种结果，它是需要去体会的某种东西。形式也不是一种结果，它是不可避免的存在且不会在功能达成后自动出现。它是一种由有意识决策和主动过程而带来的结果的产物，并不是在所有不必要因素移除后剩余东西所构成的不可避免的结果——就像在艺术家将多余的石块凿掉后才真正成就了一个雕塑那样。形式无法服从功能，因为它不是一个常量。它会随着使用者的观察和应用发生不同的变化。事实上，常常会发生倒过来的情况——也就是功能服从形式。椅背是一个再好不过的挂外套的地方，榨汁机可以用作给客人留下深刻印象的装饰元素（→无意识设计（Non Intentional Design））。

功能主义是功能的实用升级，从实际性变成某种确定性的东西——一种试图使功能尽可能纯粹的努力。"纯功能"这样的词指的就是相信物体的本质就是它的功能，物体如果没有尽可能清楚地表达它们的核心功能就是有缺陷的，是对现实的扭曲。

这种观点相当可疑，不只是功能物品的美，还有它的真实性，只有在它完美地完成它的功能时才能体现。当完全针对功能性进行判断，设计被赋予了一种完全绝对的关于成为"对的"设计的要求，于是大众化的方法被置于应对特殊环境和问题所采用的方法之上。这是关于 20 世纪现代主义（→现代性（Modernity））合理性的核心评判。高度现代主义（High Modernism）坚持认为可以不依赖先前的解决方案处理各种情况，但是在实际操作中，现代主义技术常常以公式化平庸的重复为结果。功能主义批判者不知疲惫地抨击这些失败，特别是在西奥多·阿多诺关于"今天的功能主义"的讲座以及亚历山大·米切利希（Alexander Mitscherlich）的《现代城市的敌对》之后。20 世纪 70 年代，意大利和美国的建筑师和设计师开始抛弃现代主义的冷静形式主义，转而接受对神圣功能性的讽刺（→后现代主义（Postmodernism））。

这些都可以归结到一个事实，那就是永远无法获得对功能的定义。任何物体可以带有多功能和功能潜力（→可供性（Affordance））。设计必须做出优先决定。换句话说，功能的概念是一种抽象——功能才是真实的。消费者在使用过程中常常获得设计师意图之外的功能。多数椅子在现实中都被当做高梯或悬挂衣服的工具。设计的品质显然在于如何将实用的、审美的、交流的、市场销售的、商业管理的或者甚至是企业策略的功能进行区分，以及它以何种程度建立和开发这些功能在特殊方面的重要性。[RS]

→ 无意识设计（Non Intentional Design），使用（Use）

功能主义
Functionalism

功能主义在设计发展中作为一种实践、一个过程和一门学科起过非常重要的作用。至少有三个原因：第一，它试图客观地描述功能，把设计本身看作是客观的，因此有可能避免有时武断的或偶然的主观性，因为这些仍然被认为是艺术具有的属性。第二，通过推崇功能作为某种特殊需求的满足，设计可以将自身从单纯的艺术装饰中脱离出来，由此展现了它和工业以及贸易与生产世界的关系。第三，设计（像思考或表现的任一形式，至少在一种肤浅的层面上）需要一个参照的框架，从而界定并塑造它操作的范围，并且可以避免以无形无状的结果失败。换句话说，它需要发展出一个焦点，一个核心或一个概念词汇，可以清楚地把设计理论与设计实践结合起来。

正如那句不朽的宣言"形式服从功能"，功能主义规定功能应确定设计的逻辑，或更具体地说，形式的逻辑。这条宣言显然说明功能是一种可以清楚定义的元素，至少可以由对设计产品理解的基本共识所代表。起初这种隐含的意思在物质世界的框架中看似有理。比如，眼镜应该可以改善视力；车是用于驾驶的；点烟器是点烟的；灯是为了采光的；杯子用于盛放液体；椅子是用来坐的；标志是用于识别的；写作是为了被阅读，等等。

但是进一步考虑的话，会发现，比如车的功能如果只是把它作为一种交通工具，那么就忽略了（可以说是第二位但同样重要的）车的关于安全性、舒适性、速度、采光等实际要求。换一种情况说，将可持续性作为写作的唯一功能在许多情况下都是错误的，因为它也可以被设计为促进或延长理解，激发读者某些情绪，关联以及互动。功能的定义如果将它的多重性考虑进来，那么很大程度上会扩展这个词的语义框架，确实如此。结果，关于设计的讨论从功能这个宽泛的方面来说会变得复杂得多。

一方面，我们可以找到并说明无数关于历史上和当下的设计掌握了这样的功能的例子，其具备了基础的合格功能性，甚至在功能主义这个狭小的框架中发展和设计出新的功能。另一方面，可以很明显地看到在同一些技术功能中能找到许多不同形式的解决方案。有千千万万不同样式的椅子，每一个人都可以安坐无恙，还有无数的汽车型号，所有的司机都可以驾驶，并且可能有许多都具有同样速度、舒适度和安全性的东西。无数写作形式，它们的变体可以让人阅读和交流。我们都知道这点，于是就引发了这样的问题，功能之中的哪些差异可以说明多样的形式变化。

无论如何，这个问题在功能方面打开了全新的领域。比如，市场的一个功能是为满足居住在某一地区的人们的需求——但是市场也让企业有利可图，因而发展出它们自身的逻辑结构以及评价它们产品相关功能的标准。换句话说，产品功能的设计，如果它是为了繁荣市场，必须服从那个市场的功能要求，虽然产品的技术功能以及市场的技术功能不一定是相互排斥的，但它们也不会互相重合或互相加强。结果，一种新的、高度功能性的安全特征因为成本等原因却没有被企业引入到汽车生产中，或对于某个市场划分,能带来更高速度的更有利的引擎却被禁止,等等。此外,在品牌的竞争中,有时功能只是为了成为一种特征而被创造出来,并将一个企业以及它的产品与其竞争对手区分开来,即使只是暂时的,也因此保障市场成功并增加盈利。

设计已经明确做了许多旨在满足这种功能定义的扩展。此外,设计行业将另一个很大的功能主义方面综合进来:对我们的物理环境进一步提高的认识。特别是,设计已经提出了需要开发可以被修复、重复使用和回收的耐用产品;有责任感的能源使用;可生物降解的材料(→可持续性(Sustainability))。但是很显然,这个功能的新方面可能会引发较多的矛盾——比如,一种环境友好的材料可能价格高昂并且带来人体工程学上的不舒适。

因此,功能表达的中立是不现实的——在此种情况下,最终,"形式服从功能"有必要定义为一个清晰的指导性原则,它已经无法为设计提供逻辑的一致性。

当今的世界更是如此,随着数字技术代替机械工具,即使是简单的对顺序和体积的合理的辩护也变得跟不上时代。比如,一台打字机,由于结构和机械原因决定了它应有一个最小的体积,按键需要有足够的压力,能放入标准尺寸的纸张和成人手指按压的键盘。随着文字处理器的出现,这些要求突然消失了,可能想象的是一种小到人的手指无法操纵的打字设备。这些发展改变了设计的方向,由此它可以关注于更强调使用状况以及人类极限的方面。

但是,在功能类别扩展后,另一些东西变得清晰起来——功能主义,为了意识形态的原因,忽略了对功能在人类生活环境背景下的(→)复杂性的全面强调。换句话说,功能主义忽视了设计眼镜时,应考虑它对人们脸部美观的影响;车是地位的象征;灯在很多家庭中同样被当做雕塑使用;文字可以激发情绪反应和表现形式。在考虑功能世界时,人们的愿望、工具、梦想和需求永远不应该被忽视,因为正是使用和拥有功能性产品激发或缓和了这些情绪因素。目前的设计实践有时事实上就是在这种复杂程度上进行操作,以至于许多人认为功能的概念显得太模糊和冗长——有些人甚至质疑功能的概念是否还适合作为今天设计的基本焦点。

当在(→)伦理学的范畴讨论时,功能主义的问题变得更加复杂。直到20世纪50年代末,德国哲学家和社会学家西奥多·阿多诺以极具说服力的方式,基于功能作为一种理想的形式这一前提向形式主义发出了进攻。他认为如果依据功能主义观点,德国纳粹党和意大利法西斯主义可以被认为是功能发挥"良好"的组织。弗雷德·雷乌齐特(Fred Leuchter),一位已故的美国电椅设计师,曾经说过他设计的这些致命的机器是符合功能和人体工程学的。

按照这样的考虑,很显然,功能类别作为一种首要的组织原则可能在设计的初期讨论中被过高估计,现在有必要使用不同的标准讨论功能。同时,在设计领域中对功能的讨论所固有的矛盾——正如在技术、建筑和人类本身运作中那样——仍然没有得到解决。一方面,设计应该总会受到功能的支配,因为总会有要求用设计形式解决需求。我们仍然需要灯来照明,机动车将我们从一处送到另一处,以及那些易于理解和提供信息的标识。另一方面,要认识到,设计师有时最好的表达它们创意和取得(→)创新的地方正是他们未能成功表现功能的地方。所有这些都表明,功能类别总是会被人们用不同的方式解读(有时是模糊而矛盾的方式)。[HS]

→ 现代性(Modernity),使用(Use)

功能模型
Functional Model

功能模型是一种对已有器物的真实尺度的(→)复制或一件设计装置的真实样本。与设计模型相对的是功能模型,生产功能模型是为了展现一件已有设备的技术原则或在设计过程中测试功能表现。(→)模型的外表在这个阶段是次要的。[DPO]

→ 产品开发(Product Development),原型(Prototype),测试(Testing)

家具设计
Furniture Design

家具设计包含座椅、躺椅、储藏和展示的微建筑设计。它的产品包括椅子、长凳、沙发、工具、床、储藏柜、架子、桌子、椅子等。

在西方,家具的历史深深植根于世俗的功能性之中,书桌由那些诺曼底统治者从各个居民区强迫征集的木箱堆叠而成,并且直到 17 世纪,椅子都被放置在屋外以便需要时可以直接搬去集会场所。在东方,空间重于家具的现象大多持续到了二战之后,西方习俗侵入的年代。

与家具演变(提供当代舒适性)背后的实践力量同时存在的,是显示社会地位的家具之间的等级区别,表明了家具的类别(皇室接待塌与睡觉的草垫)和工艺。有意识的风格承继开始于文艺复兴时期,与文物有关并且在18世纪埃尔科拉诺(Herculaneum)和庞贝(Pompeii)古城的发现中被推动。直到19世纪,从新文艺复兴到埃及和哥特风格的复兴,将文化和政治价值加诸家具陈设的观念在实践中随处可见,产生了一系列流行风格。另一个推动风格转变的动力是工业革命带来的大规模生产。对手工消失的担忧和对可能的更民主的生产和分配手段的热情在20世纪初得到非常明显的体现,(→)新艺术运动拒绝理性主义,传教士风格对机器保持一种更模棱两可的立场,(→)新装饰主义却十分乐意接受这些。更具有社会影响力的是早期现代主义者们(→现代性(Modernity)),他们通过大规模生产对日常生活产生了积极的影响。平民创意伴随着诸如(→)包豪斯的运动,比如1926年马歇尔·布劳耶(Marcel Breuer)的瓦西里椅(Wassily Chair)(据说是受到了制造自行车钢管的启发),极大地改变了家具设计的材料使用。在20世纪的进程中,这些早期显著的工业特征逐渐缓和,特别是在斯堪的纳维亚半岛对自然材料和线条的偏好下。

在21世纪初期,家具处于一种状态,这种状态可以最恰当地被描述为一种推演,建立在20世纪60年代大众艺术的基础之上,并且从20世纪末的家具运动中获益。但是,对当代家具的最大影响可以追溯到20世纪80年代。这是一个见证了后现代(→后现代主义(Postmodernism))历史主义风格产生的年代,杰出的建筑师(迈克尔·格雷夫斯,罗伯特·文丘里,丹尼斯·斯科特·布朗 Denise Scott Brown)进入到这个领域,增加了利用不规则推动和物质性(盖特诺·佩斯 Gaetano Pesce 的高强度树脂家具)的实验,并承认家具是一种功能性极强的雕塑(斯科特·波顿 Scott Burten 直接用石雕做成的座椅和孟菲斯集团 Memphis Group 的反传统家具陈设)。这些建筑师、艺术家和设计师共同创造了重要的先例,在当今日益标准化的设计工业中寻求自由。

最近的家具设计师们可以展现一种与稳定性和牢固度的微弱关系,而这些曾经是对于桌、椅、床、墙面和书架的要求,实木和贵金属不再被认为是唯一合适的家具(→)材料。今天,材料不仅是因为它们的实用性而开发——这是包豪斯的关注点,也因为它们的叙事和构架的能力，就像托德·布歇尔（Tord Boontje）作品中的金属切片、马塞尔·万德斯（Marcel Wanders）的绳结椅、以圣保罗贫民窟的废木和破布为材料的汉伯特·卡姆帕纳和费尔南多兄弟（Fernando and Humberto Campana）的作品、埃尔文及罗南·布卢莱克兄弟（Erwan and Ronan Bouroullec）使用的塑料材质的树脂墙面。

今天，精致性和独特性允许对其进行多元的解读，反映了从互联网到电视到卫星广播的媒体交流手段的改变带来的更多的社会多元化和同时性。明显可以发现设计师们通过把历史元素置入现代材料中来对这些非直线型媒体行为做出应对，比如使用通透塑料的菲利普·斯塔克（Philippe Starck）的幽灵扶手椅（Louis Ghost Chair）(1996)，从中可以看到这位法国设计师的尺度概念。更具明显批判表现力的是荷兰设计师马丁·巴斯（Maarten Baas）的焦黑系列家具，名为"烟雾"(2004)，反映了破坏与回忆。

在家具的实际应用上的差别也存在模糊的情况。为办公设计的家具陈设与为家庭设计的家具陈设之间的区别正在减弱。随着工作周延长，承包家具行业从家庭中获取元素，并且进入家庭的办公室风格家具也变得越来越常见（比如比尔·斯坦福1994年的标志性空气椅），现在，电脑也早已成为一件家庭设施。而随着企业开始允许消费者购买曾经只有通过专业装饰公司和设计师能买到的家具，情况更是如此。甚至专门从事承包家居纺织品的公司也为大众提供了它们的家具饰品精品生产线。此外，网上零售业的产生促进了市场直接面对消费者的进程。

专门关于设计的印刷（→）出版物的大量出现也引起了广泛大众对中世纪现代家具的兴趣，而它曾经被认为是一种少数人的品味。在一些情况下，这是通过对史料探究完成的，而在其他一些情况下，则是通过特殊的营销宣传进行周年纪念销售，比如2006年伊姆斯休闲椅的销售活动。此外，大众市场的商业链已经开始委托设计师，通常在专卖店的玻璃展柜中，营造一种大众市场接受它们的作品的形象。

家具常常可以当做生活理念的实验室。但是在今天，这些理念被市场迅速吸收，就像（→）社会品牌的品位标志加速了实

验的速度以及风格复古的频率。此刻的独特性就是这两者的结合。[SY]

→ 室内设计(Interior Design),产品设计(Product Design),店铺设计(Retail Design)

未来主义设计
Futuristic Design

"未来主义"这个词由意大利诗人菲利普·托马索·马里涅汀(Filippo Tommaso Marinetti)首先提出,他的文章《未来主义宣言》(*Manifesto of Futurism*)于1909年发表于法国《费加罗报》(*Le Figaro*)。自此,这场吸引了诸如巴拉(Balla),博乔尼(Boccioni),卡纳(Carra)和圣埃利亚(Sant'Elia)等艺术家的运动就有了名字。这些艺术家呼唤一场对社会和艺术传统的巨大变革,一种对新的、现代的,以及艺术、建筑、技术和日常物品之间更密切的关系的无条件的尊重——这些理念在后来的几年中流行于俄国和其他国家。

二战以后,设计理论家雷纳·班汉姆(Reyner Banham)再一次拿起了"未来主义"这个词,但是他将它应用于他所处的年代的设计中而不是意大利的前卫运动。从那以后,未来主义设计被用于指那些具有明显未来理念的设计。未来主义设计的风格特征很大程度上受到那些空间旅行、生物科技、汽车科技以及日益流行的科幻题材等领域中现代科技变革的激发。但是,未来主义设计不像创意理念,它至少是作为美学类别的一种,与形式、表皮、展示相关,但是不一定与具有技术和艺术创意的设计有关。

这个类别的例子可以在诸如吉瑞特·里特维尔德(Gerrit Rietveld)和让·普鲁威(Jean Prouve)等早期现代主义设计师以及20世纪30年代和50年代的流线型(→ 流线型设计(Streamline Design))中看到。然而迄今为止,最具意义的未来主义设计阶段是20世纪60和70年代。在这个阶段,那些设计看起来似乎"来自未来",受到了人类登月的激发,同时也出现了许多新兴塑料产品的设计师,比如工业设计行业中的乔·哥伦布(Joe Colombo)、皮埃尔·波林(Pierre Paulin)、奥利维尔·穆尔固(Olivier Mourgue),以及时装行业中的帕高·拉巴纳(Paco Rabanne),皮尔·卡丹(Pierre Cardin)。对于设计师的另一个刺激是科幻电影的兴盛。早期的詹姆斯·邦德(James Bond)电影和斯坦利·库布里克（Stanley Kubrick）的《2001 太空漫游》的场景设计是最突出的例子。接下来的数十年中，可以在苍松四郎（Shiro Kuramata）、菲利普·斯达克（Philippe Starck）、马克·纽森（Marc Newson）作品中看到未来主义样式的设计，但是在 20世纪 70 年代和 80 年代的未来——批判中它们已经不那么时髦了。这个类别在技术型配件小型化的 20 世纪 90 年代又经历了一次复兴，特别是在电子消费产品行业，为产品外包装设计开辟了新的可能。这十年中也有无数的新兴塑料进入到工业中。这些发展作为未来创意技术的革新力量为经济带来了新的信念。最近的一些关于新形式的未来主义设计包括乔纳森·艾弗（Jonathan Ive）设计的苹果电脑，沃纳·艾斯林格（Werner Aisslinger）和凯瑞姆·瑞席（Karim rashid）设计的家具，以及汽车工业中无数的利用空气动力学再设计。

今天，电脑工作中的未来主义设计从体育设施到游戏机都是专门以年轻人、惯用高科技产品的人为目标人群。这些行业常常关注于通过未来主义造型达到审美的独特性，因为它们在技术上是做出真正创新的设计。

为了在使用"未来主义设计"这个词的时候区分当代语境和历史上曾经的流行语境，古典未来主义有时用于指代过去那个时代的未来主义审美。[MKR]

→ 仿生（Bionics），高科技（High Tech），复古设计（Retro Design）

G

游戏设计
Game Design

游戏设计是一个复杂的、具有多重性的设计活动,因为游戏系统是通过游戏规则的设置建立起来的。作为人类文化的产物,游戏实现了许多需求、渴望、愉悦和应用。作为设计文化的产物,游戏反映了一系列技术、社会、材料、形式和经济的关注焦点。由于规则是在游戏体验中被玩家执行,因此游戏设计可以被认为是二阶命令的设计。游戏设计者只能通过直接设计游戏规则,间接设计玩家的体验。

游戏设计的真正范畴是互动系统的(→)美学(→交互设计(Interface Design),系统(System))。作为动态系统,游戏为策略性的和量化结果的互动创造了环境。这种互动经常依靠数字化的媒介(电子游戏经常在电脑、游戏机或其他电子平台上进行),但是,情况并不总是如此,比如关于游戏设计实践的基础知识同样被大部分地应用到非数字游戏的设计中。早在电脑存在以前,设计游戏意味着创造一个可以使玩家在其中游玩的动态系统。所有的游戏,从国际象棋到电脑模拟人生等,都能够让玩家有可能进行空间的探索。设计这个空间是游戏设计的焦点。游戏设计师设计游戏情节,构想和设计游戏规则系统,从而使玩家获得有意义的体验。

既然详细描绘出游戏设计的基础原则是十分具有挑战性的,也许我们可以通过其简化的原则基本建立起对这个高度跨学科实践的理解。该原则基础的要点包括理解设计、系统、互动活动以及玩家选择、行动和结果。其(→)复杂性包含事件生成、游戏经验、程序系统和社会游戏互动等方面。最终,它们包含游戏规则与由规则构成的游戏之间的强烈联系、游戏带来的愉悦、它们体现出来的意识形态和它们诉说的故事。

如果某人为游戏设计本身设计规则,可能会这么写:

规则是任何游戏所都具备的基础部分,确定一个游戏的规则以及这些规则共同作用的无数方式是游戏设计师实践中的关键一环。当规则以特定的方式结合起来,它们可以为玩家创造出活动的形式,称之为"玩"。玩是规则产生的一个直接特性:规则共同创造出的行为比单独的规则个体创造的行为性质复杂得多。

由于游戏是动态系统,它们会根据玩家的决策做出反应和变化。规则的设计引导玩家如何、何时和为什么与系统发生互动,这与存在于它各个部分之间的各种关系,共同形成了游戏设计实践的基础。

游戏设计是关于意义系统的设计。游戏中的物体从它们所处的系统中获得意义。就像字母表中的各个字母,游戏中的物体和行动通过游戏规则获得意义,这些规则决定所有部分发生关联的方式。一位游戏设计师有责任设计规则,从而给予这些物体意义。

游戏包含许多部分,也就是组成一个游戏世界的所有物体。游戏角色、游戏版面、计分系统以及其他物体都是游戏系统中的部分。游戏设计师必须选择需要组成这个游戏的那些部分,并且给这些物部分分配行为和相互关系。行为也就是确定一个物体如何行动的规则。一个游戏角色可能会跑或会跳,这是两种不同的行为。一扇门可能被赋予"隐形"的功能,也就是说它是无法在屏幕上被看到的。

游戏设计做得好的时候,才会变得有意义。游戏中有意义的玩来源于玩家行为和系统结果之间的关系。它是一个过程,在这个过程中玩家在经过设计的系统中做出行动,系统也会对行动做出回应。一个行动的意义在于行动和结果发生的关系。一个游戏中的行动和结果之间的关系既是可识别的,也可以综合在游戏的大背景之中。可识别性的意思是玩家可以理解一个行为的直接结果;综合的意思是行动的结果被作为系统整体的一部分编入其中。

玩家希望在游戏中他们做出的选择是有策略、可以融入系统的。游戏设计师必须把游戏的规则设计为:玩家做出的每个决定感觉上是与之前的决定相关联的,同样与接下来的游戏过程中将要做出的决定相关联。随机和概率是游戏设计师可以使用的两种平衡玩家做出的策略性选择的两个工具。选择与游戏的目标有关,常常包含玩家在游戏过程中要赢得游戏而需要达到的更多更小的目标。所有的游戏都有一个或赢或输的状况,即表示游戏结束时应该达到的目标。因为从对游戏的传统界定来看所有游戏都必须有某种量化的结果,从而确定输赢,这是游戏设计中的一个重要特征。

游戏设计将玩家的互动分为几个层次:人与人的互动,人与技术的互动,人与游戏的互动,并且确定了三个层次之间的交互。游戏设计师必须考虑到游戏中不同的互动类型。

核心技能是玩家交互活动的经验值,代表了玩家即时即刻的最重要的活动,也就是贯穿在整个游戏过程中被不断重复的东西。在一个游戏中,核心技能塑造了行为的模式,并且玩家是在机制中做出有意义的选择。技能包括诸如交易、射击、奔跑、收集、谈话、占领领地等活动。游戏设计依赖于扣人心弦的互动核心技能的设计。

　　在玩家与输入设备之间的互动中允许玩家在游戏空间内控制各要素。输入设备的设计与游戏界面的设计相关联,它组织信息并允许玩家可以进行游戏。游戏界面可以简单,也可以复杂,但是应该提供玩家进入游戏元素和活动的渠道。

　　不同的游戏组成部分之间的互动可以用规则进行确定,该规则描述了这些部分相互作用时会怎么样。球(组成部分)会从墙(组成部分)上反弹(规则)或者打出(规则)一个洞(物体)吗?

　　游戏设计是一个互动的设计过程:一个游戏通过规则和构成游戏组成部分的行为的互动顺序进行设计。游戏设计遵循的设计周期:测试—评估—修正—测试—评估—修正。通过互动,游戏设计师在挑战选择和玩乐之间正好达到平衡。

　　游戏设计师调整或平衡他们的游戏,从而使玩家不致玩得太简单或太困难,需要提供刚刚好的挑战。玩家必须克服所有游戏中的挑战或阻碍,从而完成游戏规则设定的目标。

　　游戏设计包括资源的设计,或者说玩家在游戏中使用的游戏元素的设计。资源可以包含诸如金钱、健康、土地、物品、知识或弹药。在一些游戏中,资源被作为系统的部分称为游戏经济,决定了资源如何管理和流通,以及在游戏中每种资源可能如何存在。"经济"这个词不一定是指货币,也可以指棋子、点数、牌、生物或其他构成游戏系统的项目。游戏经济是一套可以输或赢、交易或协商,隐藏或显露,储藏或被偷的东西。为了定义经济,游戏设计师必须考虑组成它的形式以及玩家如何与它发生互动。

　　游戏用许多不同的方式对玩家进行奖励,这也是游戏与玩家发生交流,或者说游戏就玩家表现作出反馈的一种方式。游戏设计师必须决定在他们的游戏中应该给出什么样的奖励，不管是即时性的（玩家是否知道他们杀死了怪兽？）还是整体游戏的（玩家是否知道他们赢了或者他们这次的完成速度比前几次快？）。

作为一项高度跨学科（→学科（Discipline））的尝试，游戏设计需要平面设计（视觉设计、交互设计、信息建筑）、产品设计（输入和输出设备）、编程、动画、互动设计（人类计算机互动）、写作和声音设计（→声音设计（Sound Design））之间以及与游戏领域专家的合作。游戏设计师必须知道如何表达这些领域中的"语言"，从而在他们的设计中看到可能性和局限性。这些领域局限性的交汇与规则一起能够用无数种方法塑造游戏，并且将设计流程向前推进。

游戏设计要求设计一个可能的空间，反映在规则系统的设计和游戏所在空间中。空间的设计和组织是游戏设计师的核心关注点。游戏空间鼓励或不鼓励什么样的活动和互动？玩家是否可以外挂、交易物品或以玩命的速度比赛？这个空间可以提供什么样的策略性的或故事叙述的机会？它支持何种形式的导航？游戏空间允许和限制玩家的行动，也许它是一个像《侠盗猎车手》中的开放式的城市空间，或者是《频率与振幅》中的凹槽轨道。作为空间尺度的代表性系统，游戏给予玩家一个通过空间化的互动来创造意义的机会。

技术在决定游戏空间的性质和质量时起到了很大的作用。从老式的冒险游戏和矢量空间到实时三维空间，科技可以提供的东西很大程度决定了如何刻画和设置游戏空间。技术影响空间，影响设计。[KS]

→ 视听设计（Audiovisual Design），人物设计（Character Design），合作设计（Collaborative Design），复杂性（Complexity），原型（Prototype），社会的（Social），虚拟现实（Virtual Reality），虚拟（Virtuality）

园林设计
Garden Design

→ 景观设计（Landscape Design）

性别设计
Gender Design

设计直到最近才将性别视为一个对设计形式和实践产生影响，并影响男性和女性设计的应用、使用和购买的因素。其实这个问题在市场营销和市场调研方面已成为关注焦点，特别是有关目标人群。现在，设计师和企业也逐渐开始理解设计如果不考虑性别，那是不完整的设计。

性别设计致力于对物体的分析（物体在这里的意思是对所有设计产品、符号、概念和过程的统称）以及主体与客体在性别方面的彼此关系。从社会和文化角度来说设计专业不仅（有意识或无意识）受到性别产物的影响，而且日常使用物品的设计也涉及具体性别的行为和行为模式。此外，影射和欲望总是含有某种性别化的潜在意义。从这个方面来说，它们系统地解释了性别或多或少被隐藏或忽略的现象，并被进一步探索出对设计的影响而最终成为设计研究和实践中显而易见的元素。

性别的影响在设计的环境下必须从历史的、社会文化的、经济的、生态的和技术的维度进行考虑。来自几乎各个设计领域的学生、设计师和营销人员都需要认识到性别理论的、概念的、经验的、与设计相关联的以及实践的暗示，并且在他们的理论和实践工作中积极地体现这些。这对任何设计都适用，因为没有哪个具体的设计领域能控制交流的形式或采用的方法、理论和具体实践的形式，这些形式将性别作为一个核心类别，将性别主流作为一个标准元素融入设计过程。

性别角色的社会失衡在设计的所有层次中都是显而易见的。设计不论是学术的还是职业的仍然都是性别隔离的，并且某种程度上表明社会将"特殊天赋"归咎于男女性别角色。因此，在汽车或资本货物行业中几乎没有女性设计师。少数在这些领域工作的女性也是绝大多数因为"女性天赋"而受雇，更不用说，她们并不受雇于技术部门。男性主导了产品设计和工业设计，而女性设计师更多地在时装、配饰以及逐渐地在视觉传达中（至少是学术层面上）取得成功（虽然总体而言不如男性那么成功）。已建立起来的性别常态仍继续对设计的营销、购买和使用方式带来影响。

由于以上原因，对于设计教育而言非常重要的是在所有三个层面对性别关系进行分析，这些与相关研究和方法、观察以及设计流程有关。以下是几个关于将性别问题更完整地融合于设计流程的例子：

· 综合有关女性和性别研究的（跨）文化理论，同时也将社会学、心理学和人种学纳入当今的设计讨论中。在性别构架的主观体系的基础理解和人与物之间的互动中特别重要，并且相应地可以帮助解释设计过程中必要的情感、文化和经济要求。

· 考虑将日常文化中的物品和环境与它们的性别含义的关

系：私人空间与公共空间；内部世界；目标文化；象征和符号系统；身体语言和政治体制：从身体运动姿态角度进行身体设计；衣服作为"第二层肌肤"；身体设计（控制、认知度、品牌化）；虚拟人体世界（机械人、"角色"等）；性别身体图像：宜男宜女的扮相、中性魅力、男人味十足、"伪娘"）。

- 系统地分析设计发展、设计运动和设计机构与性别有关的历史。

对于设计学科而言（或者只对于建筑学而言），什么是独一无二，这一点在理论和实践结合的创意过程中是很有必要的。设计实践必须考虑性别的相关要求，因为环境、产品、符号以及"技巧"都有着因性别而产生的不同类别和强度。性别是我们文化的一部分。不存在无性别差异或中性的现实，每个人每天都在"与性别打交道"（朱迪斯·巴特勒（Judith Butler））。为此，任何设计开发必须考虑一系列不同的性别身份、经历和兴趣，不管是从设计角度还是从使用角度。

随之出现的问题是，设计是否有益于维持两性模式的性别构建，还是说它起到了平衡两性或弱化两性的作用。迄今，设计的创意过程对性别类别的忽略到了令人乍舌的程度。只有少数产品是倾向于或专门为男性或女性人群设计的。另一方面，那些不是为特定性别开发的产品几乎没有人注意到它们隐含的性别暗示，不管它们是否试图将其"中性化"，甚至是否试图转化传统的性别模式。[UB]

→ 批判式设计（Critical Design），社会的（Social）

造型设计
Gestaltung

德语词汇 gestaltung 在英语中可以等同于设计，总的来说意为有目的的造型过程。从国际范围来看，这个词与格式塔心理学相关，这是于 20 世纪初在德国创建起来的心理学的分支。

这个词指的是在一个环境中有意改变它的形体的介入行为。这种转化可以发生在具体的、可感知的物体之上，比如空间、物体、过程或理论构架，比如（→）生活方式或政治性的社会结构的设计。

设计主要是有意识地对物体、信息等的视觉审美进行修饰或给予某物一个抽象的、二维或三维形式的方式的修饰。

这个词指的是一套策略性行动（设计的行为或过程）或它的结果（产品、企划、模型、展示、外观或整体设计）。

英语的"设计"与德语的"设计"之间的关系是很微妙的。它们在德语中常常作为同义词使用，但是它们之间仍然存在着一个重要的差异。

在 19 世纪,随着工厂生产的开始以及接踵而至的工业化生产商品的设计,设计这个词成为一个职业头衔,就像德语中的许多词那样,都是英语词组"工业设计"的变形。发展出这些词是为了强调(→)工业设计和(→)工艺美术之间的差异。

英语中设计这个词在 20 世纪 70 年代以前都被非英语国家排斥,因为它总是与那些平凡的、肤浅的产品装饰为伍(→造型(Styling)),但是,在欧洲过去的几十年中,这个词在全球被确立,成为一个专业名称以及专业的产品和成果的代名词。由此,设计这个词变成了一个时尚词汇,在许多不同的领域中被使用甚至滥用:地毯设计、厨房设计、指甲设计,等等。设计是一件营销工具,并且以任何一种可以想象到的方式被使用,这也是为什么在德国的顶级工作室和事务所中开始再次使用德语词 gestaltung 指代设计,用于将他们自身区分于纯造型,突出他们职业的复杂性。但是国际环境中,英语"设计"与德语"设计"仍然作为两个平行同义词使用。

德语 Gestalt 能够进入英语中为人所知是因为它与心理学分支格式塔理论有所联系。格式塔理论作为心理学的一个分支,它关注的是在心理认知事件中建立秩序。格式塔心理学建立在 19世纪 90 年代哲学家克里斯蒂安·冯·厄棱费尔(Christian von Ehrenfels)发展出的理论之上。他质疑、反对当时在心理学界盛行的原子论。他证明了(→)感知的特征可以通过对整体的观察获得。冯·厄棱费尔将这些称为"格式塔特征",并且提倡整体的观察技巧。

在 20 世纪初,柏林学派的马克思·威尔塞莫尔(Max Wertheimer)、沃尔夫·苛勒(Wolfgang Kohler)、库尔特·考夫卡(Kurt Koffka)以及库尔特·莱文(Kurt Lewin)进一步发展了这一理论,并且在认知中进行了大范围的实验研究。他们的研究证实了以下这些核心假设:

· 从功能上看,整体不等同于它所有部分的总和。

· 对整体的观察不同于对个体部分理解的总和。

· 部分之间相互联系并且影响对整体的认知,不论这种联系是怎样的结构。

因为各个部分属于某个整体,所以这些部分的特征也会随整体的改变而发生变化。这个理论被称为格式塔理论,某种程度上是为了指出它与心理学之外的理论的相关度。这些理论中有关格式塔特征的部分给不同学科的研究者带来了影响,他们一直在寻求能够通过对各个部分的分解进行分析测试主体的方法。

在这个基础上,马克斯·威尔塞莫尔建立了"格式塔定律",概括了视觉上怎样会被认为是一个整体,什么会被看作是各个分离的个体。边界形式,按照马克思·威尔塞莫尔的观点,也就是"不同特征相交"的地方或两种不同的特征汇集到一起的地方。边界尽可能天衣无缝,才有可能使整体尽可能一体化。

简洁性定律,也被称为最佳格式塔定律,在所有定律中居于首位。一个图像的各个部分可以组成多个图像,因为简洁、确定的特征允许认知系统进行视觉印象的联系。如果这个图像是含混的,有某种显著特征的元素就被记录下来,被解读为简单完整的元素。

· 接近性定律:空间上接近的元素可以理解为属于一起。

· 相似性定律:相似的元素可以理解为属于一起,而不相似的元素则不属于一起。

· 连续性定律:与前面的刺激物连续的刺激物可以理解为属于一起。物体在时间上相连,创造了一种运动的印象。

· 闭合性定律:围合成一个表面的个体元素被认为是一个单元或样式。如果有必要,填补空白或加入信息,从而将图像拼凑完整。

· 共同命运定律:两个或两个以上元素如果朝着一个方向移动,会被理解为一个图像。

· 连续线条定律:线条被认为总是沿着最简单的轨迹延伸。如果两条直线相交,观察者也不会认为直线是断开的。

20世纪90年代,斯蒂芬·帕尔玛(Stephen E. Palmer),确定了以下格式塔定律:

· 共有区域定律:在围合区域内的元素被认为属于一起。

· 同时性定律:同时发生变化的元素被认为属于一起。

· 关联元素定律:关联元素被认为组成一个物体。

迄今为止,已经建立起100多条定律,并且其中的一些被直接运用到了（→）界面设计中。

为了逃离德国纳粹，许多格式塔心理学研究者在 20 世纪 30 年代和 40 年代移民到美国，在那里继续他们的工作。这使得格式塔理论在美国、意大利和日本等地得到传播和发展。科勒和威尔塞莫尔的学生沃尔夫·梅茨格（Wolfgang Metzger）在德国继续发展格式塔理论。

近来，格式塔理论被那些关注跨学科的认知、传达和社会过程复杂设计的设计师、哲学家、社会学家进行了重新发掘和解读。德国社会科学家、哲学家和管理咨询师伯纳德·冯·缪修斯（Bernhard von Mutius）支持在"格式塔技能"中建立起一个教育类项目，可以让设计师处理信息社会中复杂的认知挑战。随着知识、过程和系统的设计继续越来越多地主导设计职业，"Gestaltung"这个词越来越多地被使用到无形物体的语境之中。[AD]

→ 复杂性（Complexity），设计（Design），形式（Form）

噱头
Gimmick

从地方口语表达"给我"这个词而来，用于低成本制造吸引人眼球的物品，宣传产品、服务或公司。

→ 广告（Advertisement），品牌（Brand）

全球化
Globalization

全球化是最近兴起的一个词，指人们或他们的制品离开最初产生的环境，到达外部世界。

人类总是在迁移，并且在迁移中发明了新技术、生活方式、语言和进行过程模式。从早期的基督时代开始，甚至是更早的时候，发生这种迁移的主要是商人、战士、抄写员、圣人和他们的家人及追随者。这些大规模但相对缓慢的迁移常与重要的革新有关，比如书写、马的圈养、史诗叙事和王位更替。在过去的一千年中，这些迁移带来了与其有持久联系的金钱、交易和学术研究，使学者在世界体系中取得了发言权，有些是源自西方，另一些与伊斯兰世界、亚太地区有关，并且与商品和思想在撒哈拉和非洲次大陆之间的长距离迁移有关。

全球化可能更应该属于 20 世纪 70 年代后的世界。一系列事件的发生，使企业必须加速它们对全球市场的研究并引发了跨越国界的新形势的金融资本的不稳定流向。在 20 世纪 80 年代和 90 年代，因为苏联帝国的解体和同时期的电脑技术在世界许多地方的传播，这个过程的范围变得更大。互联网和民主理想以许多方式成为高度全球化结构的塑造者，这种情况一直持续到20世纪90年代。这一时期，在国家之间的人、信息和物品的迁移使几乎所有人类社会都无法逃离这种融合趋势。

虽然世界范围的经济融合是全球化的基本制造者和驱动力量，但是如果为此无视于它的深刻的文化结果和伴随产物，那就是错误的。虽然文化相似性成为全球化的大众传媒和全球企业在某些方面渴望呈现的结果，但是文化差异性（有时也被称为"文化多样性"）的制造速度更快。这是因为文化材料会接触到新的领域、新的群众、新的使用者，它永远不会作用在一片空白纸上。它必定要接触到当地目标、局限、思维模式，这些都会塑造越过政治通道到达的文化并被其塑造。

这些政治通道中最重要的是国家的领土边界，现在正变得前所未有地保守而开放。这种矛盾几乎是全球化的一个最突出的特点。物品、思想和人以各种千奇百怪的方式穿越国境，有些合法，有些非法，另一些则处于灰色地带。它们游走于法律之外，在官方禁止和封锁之下进行。所有主权国家都必须设计它们的边界，从而鼓励那些它们需要的东西穿越边界而将不要的排除在外。因为相同的组织，也就是最终的国家武器，需要承担两方面的责任，大多国家发现它们本身疲备于应付如何构建正确的边界才能将黑金与白银，合法与非法的武器交易，药品与毒品，高尚之人与邪恶之人进行区分。

因此，全球化的核心政治因素使它改变了主权的本质，通过迫使社会（包括富裕如美国的社会）重新思考关于公民、公平交易、移民和外交等问题。不论是最贫穷的国家还是最富裕的国家现在都要依赖其他国家政治精英的决策，也会遭受其他远近各国所犯错误带来的影响。全球变暖也许是关于政治主权国家和地球资源管理之间的冲突的最具戏剧性的案例。

全球化也围绕着身份、公民和人权创造了新的挑战。由于民主统治理想和普及人权思想之间的密切关系，所有曾经的"弱势"公民——妇女、难民、囚犯、儿童、移民——现在都可以在法律赋予的人权名义下为个人生存状态而抗争。这又带来了文化和政治认同之间界限的模糊，文化宣称要突破家庭的限制，而政治权利则逐渐宣扬文化认同。

我们必须抵制认为塑造全球化时代特征的文化流通是完全正确的企图。全球化,特别是在文化范围内,已经带来了强有力的文化和宗教鼓动,正如激进伊斯兰组织那样,在过去的十年中改变了战争与安全的面貌。全球化也使跨国贩卖儿童、性工作者、非法武器、毒品和其他类似商品变得更容易。

最重要的是,越来越多的证据表明,全球化在世界范围内增加了财富,但它并没有为公平和平等带来太多益处,不管是在国家内还是在各国间。自由贸易、国外直接投资、跨边境财经投资和快速的技术革新没能创造出一个"平"的世界,但是现在世界的管理层对此给予了关注。对于世界的贫困人民而言,全球化仍然是一个没有兑现的承诺,甚至在许多地区成为一个无效的协议。这就是为什么它会成为 21 世纪世界唯一的最重要的趋势。在这个潮流中,大量人口涌向超大城市,许多城市已经显示了极度的"不平等",统治和基础设施系统严重破败以及高比率的潜在犯罪和暴力存在。这些超级城市到 2050 年可以容纳世界人口的 60% 以上,许多城市的人口将超过 3000 万。

因此,对于设计师而言,全球化代表了前所未有的机遇和挑战。一方面,全球贸易为了获得更好的生活品味、风格、技术和图像,为设计新的产品和服务(→服务设计(Service Design))以及新的零售和商业场所、新的设计原(→)材料技术(如纺织品、字体、颜色、形状和结构等)创造了无数新的机遇。全球在大型购物中心、信用卡、公众广告、媒体图像造型等方面的增加塑造了一个全球的、互相作用的消费群,他们在日常生活的每个方面都要求高档设计。另一方面,随着世界上许多人口迁移到世界城市的边缘地带,城市人口感觉越来越丧失公民权、越来越绝望,随着世界贫困人口挣扎于疾病、破房子、经济赤贫之中,他们不可能无所谓地看待世界的高端消费。这就带来了不断增长的暴力和大众社会的瓦解。

因此,所有设计师必须像一个规划者那样开始思考。换句话说,既然设计师承担着当今世界的愉悦感,他们需要留意未来世界的托管责任(trusteeship)。规划师需要认识到当今全球化带来的欲望,设计师则需要思考社会和环境的(→)可持续发展,因此我们的地球正处于社会危机和环境末日的边缘。设计师需要

更有责任感,规划师需要更谦虚。一个设计糟糕的世界不仅仅是一个无聊的世界,它可能会变成一个无法居住的世界。[AAP]

→ 传达(Communication),跨文化设计(Cross-cultural Design),流动性(Mobility)

好的设计
Good Design

好的设计是 20 世纪 60 年代的一场运动,旨在以严格的客观标准品味取代主观意见的产品,提高德国企业和它们产品的国际竞争力。

设计发展,比如在联邦德国的"好的设计"运动,是 20 世纪 60 年代发生在欧洲的以设计为导向的国家评估设计的代表性手段。它们在各国语言中有各自不同的名称,比如在意大利它指的是达到的好的设计的不同方式,以及多大程度地达到好的设计的标准。在联邦德国,20 世纪 60 年代,经济复苏,一扫战后经济、政治和社会混乱,就连设计也被确定了它的地位。此时,可以看到各式各样的旧式(→)包豪斯与对新形式的追求,无论长期的与短期的,还是高贵与(→)媚俗混杂的,而那些怪异的东西被留在过去。品味已经不足以表达想要表达的东西。

好的设计被深入到了人们的思想中。乌姆设计学院的马克思·比尔(Max Bill)(→乌姆设计学院(Ulm School of Design))于 1949 年首次在瑞士工人联盟主办的巡回展中使用这个词。它变成了一个固定被赋予了更多的特征的词汇并且在 20 世纪 60 年代发展到顶峰。当时的设计与工业的联系更为紧密。工业大生产主导了快速复杂化的商品和产品生产,急需评估标准的建立,这是每个设计师和企业能达成的一致观点——即使他们的初衷各不相同。工业正寻求客观的讨论,从而为它们的产品提供可信度(即使它们具有随意性和相似性(→独特销售主张(USP))),并且改善它们的市场营销状况,将设计评估视为一个决定性因素(→设计管理(Design Management))。设计师,另一方面,再次看到了建立起他们关于好的设计的真正定义的机会。

20 世纪 60 年代三股相互作用的力量塑造了设计:生产的日益商品化、使用通用接受的标准进行评估设计,以及教育。其推动因素当然不仅是社会或文化,更有实际的经济考虑。其目的是为了通过利用好的设计改进德国企业在国际上的形象。这种设计意识成就了意义重大的政府支持的设计。设计学院或新建或扩大,除了 1953 年建立的德国设计委员会,其他的设计中心也相继开放。消费者组织建立了起来,倡导好的产品设计,带来了越来越多的政府机构和私人企业组织的设计竞赛。

对好的设计的普遍客观的评估标准的不断追求很快演变为严格的设计法则。如果产品的设计受到了各种评委的评估,则这些产品必须证明它们本身使用了这个评价结构并最终建立起一个鲜明的德国式的、好的产品设计模式。一个可辨识的德式风格(即使德国设计师强烈拒绝这个概念)具备了外形的保守、使用的功能性,严肃、可靠、方整、黑、白、灰、简洁、有技术上必要的细节,等这些特征——这些是产品理想外表,符合好的设计的标准。

贝朗(Braun AG)的产品可以被视为好设计的典范(这也是1969年设立的最具声望的德国设计竞赛的获奖头衔),并且常常赢得奖项(→设计奖项(Design Award))。收音机和留声机集于一体的产品任务书(特别是留声机 SK4,被戏称为"白雪公主的水晶棺")由乌姆设计学院教师汉斯·古格洛特(Hans Gugelot)在1955年发起,并由下一任贝朗的首席设计师迪特尔·赖姆(Dieter Rams)接替并扩展应用到其他产品的设计中,如首台全波段便携式收音机 WRT1000(1963)、电动剃须刀希克斯系列(1962),电动食物料理机 KM32(1964)或桌面点烟器 TFZ1(1966)等物件中——请注意这些以德语命名的技术性的和两面性的产品——它们成为传奇性产品,并且早已成为高昂的时尚品,并受到收藏家的追捧。

换句话说,后来发生的正是好的设计客观的、普遍的标准所要回避的东西。好的设计与其他运动一样,正是这么一场永恒的、主观的和情绪化的运动。最终,它是一场潮流,最多,最后成为一场经典的(→)复古设计。[UB]

→ 设计方法(Design Methods)

平面设计
Graphic Design

从最广义上讲,平面设计指的是有意识地组织文字或图像用以传达某一信息的设计。这个词不仅指传达产生的过程(动词),也指这个过程带来的产品。它用于告知、宣传或装饰,并且常常是这些功能的综合。越多的(→)美学和感官元素加入,平面设计越接近于艺术(诗学);越少,则越接近于科学(功能性)。今天这个词包含诸多活动,从传统印刷媒体(书籍和海报)到特定位置的媒介(符号和标志牌系统),以及电子媒体(CD/DVD-ROM 和互联网)的设计。

平面设计在 20 世纪上半期以一种独立的学科姿态出现,包括历史悠久和新近出现的活动,比如字体排印、书籍设计和广告。几十年后在 20 世纪前半期以先锋实验为标志,在二战后的数十年中这个学科取得了某种程度的专业敏锐性。在千禧年到来之际,这种状态被所谓的出版民主化(桌面出版)所动摇。在机械时代向电子时代的转变中,平面设计的工具——页面制作和想象软件、字体等——可以任意得到并相对廉价。平面设计概念的进一步的明确,使人们质疑平面设计师专业立场和相关度。像很多其他媒体角色那样,平面设计现在被打上了这样身份未定的印记。

平面设计仍然在大多时候(普遍地)被理解为是关于物体的表象而不是关于物体运作的方式:外表、风格以及越来越多的附加物。它书写并记录了它所代表的时代精神。近几十年来,平面设计大多与商业相关,几乎成为(→)企业形象和广告(→广告 Advertisement)的同义词,而在对理性的追求中,它的角色正在逐渐边缘化。此外,通过后资本主义特征的复杂因素,许多平面设计中更富策略的方面都是由那些"中级管理"职位的人承担的,特别在公共关系与市场营销部门。在这样的情况下,那些以平面设计师头衔工作的人只在这个系统的末端完成生产(排版、页面制作、活动安排)。

另一方面,后工业社会不断分解成小圈子,国际上呈现出平面设计师脱离了传统外部委托的工作,进行自主项目或与相邻专业同行合作项目的趋势。这种工作模式具有典型的实验性和个人特征,一般会很好地保留下来,并在大范围媒介中得到流通。

在平面设计这两个方面——明显的商业化和明显的边缘化——变得越来越分明,这种分裂使这个词变得模糊且无用。至少,这说明这个词应该清楚地区分其使用语境。[SBA]

→ 版面设计(Layout),包装设计(Packaging Design),照片设计(Photographic Design),海报设计(Poster Design),出版物(Publications),视觉传达(Visual Communication),网页设计(Web Design)

绿色设计
Green Design

→ 环境设计(Environmental Design),可持续性(Sustainability)

H

手工艺
Handicraft

触觉学
Haptics

触觉学,关于触觉的一门科学,源自于希腊语 haptikos,意为抓住。严格意义上的触觉和广义上的触觉有所不同,前者指的是触觉认知(源自拉丁语 tangere,意为碰触),也就是触摸表面;后者包括运动感觉(源自拉丁语 Kinesis,意为运动和感觉,认知),或者肌体运动的感觉。当今设计界广泛使用的是严格意义上的触觉学定义。

→ 工艺(Craft)

触觉是作为一种具体的、自主的感觉与外部(→)感知有关。触觉学,是触觉的科学,因此与诸如压力、震动、疼痛和温度等感觉的转化相关。

设计关注触觉在操作和控制技术性设备机器时所起到的巨大作用。为了达到这个目的,不同形式的操作杆、开关、旋钮以及按钮等的操作信赖度不断被测试。从使用者通过碰触以及其他感觉而来的经验反馈是十分重要的。这让使用者做出判断,比如在按下一个按钮型开关时有多少触觉阻力,是否已经将电流开关打开。在按下按钮时发出的声响也能同样传递这个信息,而在开关旁的一个小信号灯则能从视觉上告诉使用者开关是否打开。这个小灯是很重要的,因为按钮经常在被按下后又回到它原来的位置,而小灯只要亮着就说明电流系统仍然在运作。这三种附加的感觉反馈大大降低了机器不良运转的概率。这也同样适用于拨动的开关和操作杆,因为这些不像按钮开关,它们可以让使用者一眼看到开关是否将系统开启或关闭。这种情况下,即使在保留三种附加感觉的反馈系统,人们也可以不依赖这个小灯。

这些案例显示了触觉反馈的重要性,因为盲人或聋哑人使用者可以安全地利用这些开关操作机器。而使用按钮开关的机器,则不能适用于部分人群。这种非常老式的开关的另一种优势是,这种开关在控制面板上是凸起的。盲人使用者或在黑暗中工作的人可以通过触摸检查控制面板,就算是简化的命令,也可以进行操作。

一个不完善的触摸控制形式的例子是触摸屏。它可以让使用者通过触摸进行控制,但缺少触觉反馈,从而让使用者只能完全依赖视觉和声音的反馈。盲人使用者不能区分不同的点击区,因为他们只能感觉到平滑的、冰冷的玻璃,他们得不到可以让他们确定是否点击到的触觉反馈。当今对设计适应残疾人需要的要求事实上已经引发了对于控制面板开关和按钮设计需求的重新兴起（→ 屏幕设计（Screen Design），通用设计（Universal Design））。

另一个与触觉反馈有关的例子可以在汽车工业中找到。在豪华汽车中驾驶，驾驶者经常会有失去速度的感觉。出于安全考虑，设计师想出了制造一种刻意震动的办法，当车子到达某一速度时，可以让这种触感帮助驾驶者意识到他/她正在行驶的速度（→ 安全设计（Safety Design））。

对触觉学最重要的全面定义来自于埃德蒙·胡塞尔（1859—1938），该定义在哲学和物质现象学的背景下，将个人主观经验作为我们对客观现象理解的源头。这包括关于人们的运动感觉的总的理论。人的身体及其触觉在这个哲学理解上发挥了核心作用。胡塞尔将身体定义为与物体和空间的组成相关的东西，即：

1. 所有认知的媒介。

2. 一个由感觉器官组成的自由移动的存在实体。

3. 方向的中心。

作为一个自由移动的存在实体，身体表达了自发性的功能，即"我能"。"我"决定了我在一个房间里是想往左还是往右走，是往前还是往后走。"我"决定了我是否想用我的手触碰桌子的表面以确定上面那闪烁的一点是否黏在上面。"我"侧过身子，为了更清楚地听到猫叫声。除了自发性的功能，还有属于空间和物体组成部分的两种相关感觉：首先是组成物体性能的感觉，比如，颜色感觉，表面材质感觉；第二是运动感觉，也就是说身体不同部分的物理感觉，就像看东西时眼球的运动，或者伸手触碰某物时胳膊的运动。事实上，几乎不可想象，不论是哪种感觉，可以在没有任何物理知觉的情况下获得某种认知。人的身体几乎处于时刻不停的运动中。即使在你坐着的时候，你的眼睛在眨，你的头在转，你交叉着双腿，你甚至能感觉到身体里的器官：你的心脏在跳，你的胃在咕咕作响。当然，人们经常不那么关注于他们的身体运动感觉，而更专注于他们感知到的一件物体的性能。可以说，在环境改变的时候，会更容易将注意力集中到身体的感觉上。在树林中漫步时，大多数人的感觉都集中在风景，树木，动物这些东西身上,只有当他们绊了一脚的时候才会注意到他们的身体。马拉松长跑者将身体技能发挥到极致,所以需要他们特别关注他们身体上的感觉。

认知常常会同时激发几种感觉。如果我看着一张黑色的、抛光的桌子表面,我的触觉预测这将是一张拥有光滑表面的桌子。声学上,我也会做出预判,当我的手指滑过表面时会发出的嘎嘎的声响。从我们对外部世界理智的理解来看,我们的意识会对同时受到的感觉刺激立即做出应对。最终,感官认知是不同的身体感觉系统的产物,身体感觉系统不停地对它接受到的和处理的信息进行平衡。有意识的声觉、视觉、触觉或者嗅觉经验塑造了一个互动的预判系统,在认知过程中得到预判的验证或者预判错误。不同感觉存在的事实允许即使是抽象的、孤立的"自我"发展出一种初级形式的客观现实,就像胡塞尔在他的《观念二》中写到的那样。这种初级的部分客观性只有在"自我"从触觉角度意识到某种感觉是不确切的或者是矛盾的(如在一个指尖上长了一颗肉瘤)的时候才会有所发展,因为其他感觉,以及它们提供的那种"相合的综合"(Deckungssynthesis),有助于保持认知过程的统一性和连贯性。确实,这并不是真正的客观性。客观性只有在主体间发生联系时才会产生。

莫里斯·梅洛—庞蒂(Maurice Merleau-Ponty)最先将胡塞尔的身体现象学发展到了多感官理论,他更精确地分析了知觉的互动。

在建筑学理论中,广义的触觉学早已建立并且在研究和理论中成功应用,而它在设计研究中的经验,失败的教训等一直到近年来才被认识到。[TF]

→ 嗅觉设计(Olfactory Design),联觉(Synesthetic),肌理(Texture)

硬件
Hardware

科学将"硬件"解释为一个由固体材料组成的物体,也称"固体商品"或机械物。在英语中,"硬件"也指(→)工具和设施。在电脑业和电子行业,这个词用于将材料元素(也就是处理器、显示器和控制器)区分于无形(→)软件的程序和编码。[SAB]

→ 组件(Components)

启发法
Heuristics

启发法是设计师用于生成或评价理念的引导方法。

设计研究从认知科学中（通过赫伯特·西蒙 Herbert Simon）借来了"启发法"这个词，它指的是决策者处理问题时使用的已有价值观。比如，某个人可以用"有限理性"限制一个问题的设计范围或复杂度（寻求公平交易的咖啡，而不是公平交易的可回收材料包装的当地有机咖啡），或"满足"预先设定的"足够好"的标准，而不是一个确实的问题的解决（如果无法找到当地咖啡，可以接受有机咖啡取而代之）。在这样的情境下，启发法帮助决策者衡量各种可能性从而推算出最佳的行动轨迹。由于缺乏明确的问题和解决方案，用启发法程序做出的决策永远不会是完全理性的，但是总会取决于决策者个人能力和偏见。从这个角度启发法涉及了人类认知的多个方面，在最佳解决方案的探索中，这些方面并不能被轻易计算（也即"预感""情商""直觉"）。

"启发法"这个词来源于古希腊词 eureka，也就是阿基米德的那声著名的惊呼"我找到了"。由于探索意味着寻找那些你永远无法确定它的地点、本质甚至是它的存在性的东西，所以所有的探索都涉及了启发法，也就是决定去哪里寻找，找什么，探索那些有可能做出猜测但无法确定的东西。对于（→）设计过程而言更是如此。设计中不存在抽象的设计理论或方法，可以通过讲授然后应用到广泛的问题解决中。设计不是一个规则约束的活动，但却是一个依赖环境的活动，一个受到问题背景约束，受到背景引导，受到客户、设计师和可能的使用者所做的决定的影响以及设计所存在的历史和文化的具体性影响的活动。因为多数设计问题都是复杂的，甚至是"奇特的"（→奇特问题（Wicked Problems）），也就是说，在没有任何确定的或客观的形式的情况下，很难或几乎不可能使设计过程自动化。

但是，仔细的观察和分析表明了设计过程不是任意的，而是在问题环境下以多少相似的方法进行设计活动，这些问题在设计师看来多少总是相似的。设计老手不同于设计新手之处在于能立刻辨别设计（→）任务书中的关键问题是什么，并且能够最终决定最佳的完成任务书的方式。相比之下，设计新手常常不知道从何开始，或只能用相同的方法应对所有任务。这种认知能力在"高手"的实践中更趋向于使用（→）"直觉"，但是这种直觉是可以表达清楚的，也就是它属于"高手"的知识构架的一部分（包括

"知道如何做"，以及"知道何时做"）。当被问到如何将他们的设计进行清楚的理性解释，他们常常可以用他们工作中使用的设计问题和设计程序模式进行解释——换句话说，是他们有意识地遵循的规则。这些模式常常被解释为推断的预设，具体的习惯原则，导师或同行的可参照模式或个人的生活习惯和品位等多方面的组合。但是，这些模式既不是成功的保证，也不完全依赖于过程的经验或权威，同样也无法在每一个它们可以使用的情况中应用——换句话说，它们不只是合理和标准的规则。所有这些综合考虑，它们被称为启发法。"拇指规则"指的就是发现创造性的设计方案。

使用者中心的设计研究以强烈的启发法出现，因为使用者研究是一种研究形式，使用者无法简单地说出他们想要的东西，特别是对于还没有存在的设计（→使用性（Usability））。设计研究者因此正在发展大范围的"生成研究"技术，通过消费者进行的创意使用，引出消费者习惯、期望和向往（比如伊利莎白·桑德斯的生成设计研究工具，比尔·加富尔的文化洞察法，以及泽赛2006年提出来的系统观察法），从而使设计师能够领会这些生成的东西。

启发式也是专业系统编程的一个技术名词（→计算机辅助设计（CAD/CAM/CIM/CNC））。这些是预设价值和关系的基础，既核实冲突（比如在大型团队时间紧迫的时候进行的平行设计中的一个重要工具），也可以产生一套复杂的产品形式变化。[CT]

→ 设计方法（Design Methods），创意（Innovation），问题设置（Problem Setting），问题解决（Problem Solving）

高科技
High Tech

"高科技"既是一种评价也是一个整体描述。它指的是与相似产品或系统相比，输入产品或系统的技术等级。它也可以用于区别某些不涉及科技的产品和系统（低科技），或在一些文化情境下作为"现代"的一个同义词。

高科技总是研究和发展复杂科学过程的结果，旨在拓展当前可能的材料和技术。这个过程在特定的要求或某个实验中视情况而定。高科技产品常常在航空旅行、太空旅行和军事方面得到发展，并且之后被大众使用。今天，高科技设计中还涉及许多其他领域，包括纳米科技、生物科技、电脑科技以及大范围的（→）材料研究。

设计实践、工程实践和建筑实践常常能够形成科学研究和发展的过程与工业高科技材料和流程的工业运用之间的界面。在过去的几百年中，特别是以工业材料、建筑元素的外露和功能方式（→功能主义（Functionalism））为特征的建筑实践在开发高科技风格中影响重大。著名的高科技建筑包括帕克斯顿的水晶宫（1851），蓬皮杜艺术中心（1976），福斯特在香港为香港银行和上海银行所做的项目（1979）。

"高科技"这个词与设计实践的关系正在变得越来越紧密，因为创意材料和生产方式逐渐被融入日常生活的产品世界中。高科技使产品变得更快、更亮、更坚固、更智能，比如假肢产品中使用的纳米材料表面和超级弹力碳纤维、生物陶瓷骨骼代替品以及为穿着者的皮肤补充微量元素的衣服等。

当今市场对高科技的需求是很大的，因为它们帮助产品使消费者眼前一亮。高科技产品也代表了最神奇和最富创造力的设计，（→）创新塑造了对未来的视野并且突破传统设计表达的限制。最终，高科技进步常常是设计师寻求改善当今日常生活品质的起点。[SAB]

→ 仿生学（Bionics），工程设计（Engineering Design），未来设计（Futuristic Design），机电一体化设计（Mechatronic Design），现代性（Modernity），生产技术（Production Technology），智能材料（Smart Material）

历史
History

与艺术史、建筑史这些早已建立起来的临近学科历史研究相比，设计史仍然较为年轻，它与其他人文学科和社会学科的分支，包括社会学、文化和传媒科学，紧密联系，并且有时依赖于特定的国家的相应人类学、工业考古学、经济学、语言学和心理分析。虽然它作为一个独立领域，研究时间较短，但是已经出现了许多分支，包括 20 世纪 70 年代在法国、德国、美国的设计符号学；20 世纪 80 年代德国的设计文化；20 世纪 90 年代在英语国家流行的设计基础文化研究和视觉研究。通过利用跨学科方法，发展出了诸如广告、摄影、性别研究等其他与设计有关的流行文化，后来又出现了许多从传统的设计史中分离出来的学科分支。

设计历史的发展在不同的国家之间存在着很大的差异，但是设计实践作为一个独立的（→）学科一般被认为可以最早追溯至19世纪中期的工业革命。在这一时期早期，设计很大程度上被归为"艺术工业"的替代词，特别是在英国（→）工艺美术运动时期。但是在20世纪初，设计开始更多地与工业化大生产相关，有了作为一个独立实践领域研究的可能性。直到20世纪70年代，在（→）后现代主义作为对现代主义的批判出现之前，现代主义（→现代性（Modernity））的基础标准实践、有目的的建造形式为设计史打开了"阳关大道"。从那时起，越来越强调的是设计方向多样性以及如何将设计从风格分类和各种"主义"中分离。

由于设计史的学习在大多大学中没有得到支持，它常常需要依赖于贸易、杂志和展览市场。这些贸易、杂志和展览市场从根本上都是受潮流、时尚和对下一个"大牌"的不断追寻的驱动，这也是为什么设计史最后常常变成了按年代排出的最受瞩目的设计师、设计团体或学派的列表。很显然，需要一种持续的方法对那些一般的作品进行讨论，即通过它的发展史程阐明关键性的设计运动。收录匿名设计作品历史的出版物——比如希格弗莱德·吉迪（Sigfried Giedion）的《机械化的决定作用》（*Mechanization Takes Command*）（1948），该书批判了第二次世界大战中科技带来的后果以及美国对欧洲的影响——这些有些遗世独立的作品却并没有对作为一个学术主题的设计史的发展带来长久的影响（→匿名设计（Anonymous Design））。

传统的设计史几乎完全关注于设计物体（见鲁西斯·波克哈尔德（Lucius Burchhardt）在《设计＝隐形》（*Design＝unsichtbar*）一书中的评论1995）。他没有特别地将商业艺术或（→）视觉传达这些领域纳入进来，而其他观察消费者行为方面的方法（如接受历史和理论，品味的文化，心理学和文化价值观的转变）也只是偶有涉及。

有时候企业会自己进行企业设计历史的记录（索纳特Thonet、奥利维帝Olivetti）或者如果它们有兴趣甚至会记录下总的设计历史(维特拉博物馆(Designmuseum Vitra))。一些国家拥有自己的设计历史学家协会,这些专家共同工作并出版研究成果(比如英国的《设计历史学报》(*Journal of Design History*),创办于 1977 年)。[GB]

→ 鼓宣(Agit Prop),新装饰主义(Art Deco),新艺术运动(Art Nouveau),包豪斯(Bauhaus),美的设计(Bel Design),黑山学院(Black Mountain College),建构主义(Constructivism),达达主义和设计(Dada and Design),设计博物馆(Design Museums),德意志制造同盟(Deutscher Werkbund),展览设计(Exhibition Design),功能主义(Functionalism),国际风格(Internatinoal Style),好的设计(Good Design),孟菲斯(Memphis),激进设计(Radical Design),理性主义(Razionalismo),复古设计(Retro Design),乌姆设计学院(Ulm School of Design)

人机互动
Human Computer Interaction(HCI)

→ 界面设计(Interface Design)

人类因素
Human Factors

人类因素是设计实践的一个领域,它直接与社会科学发生作用,以此更好地理解设计产品使用和流通的经验背景。观察技术被有效地应用在设计发现过程中,用以创造经验以及观察产品对个人的、社会的及心理的互动环境做出的回应。从它的起源来说是对人类机械在第二次世界大战中航空航海运用的有效性和安全性的研究,人类因素技术已经在许多其他设计和工程领域中得到运用,从产品设计到互动设计,从建筑学到环境系统和组织设计。在这个领域中的专家包括人类学家、心理学家和其他社会科学家。人类因素不仅作为评估技术评定产品的功能性和(→)使用性,它们对于理解更广的背景下的设计介入所产生的(→)感知和体验也是极为重要的。[CM+VR]

→ 工程设计(Engineering Design),人体工程学(Ergonomics),界面设计(Interface Design),需求评估(Needs Assessment),社会的(Social)

超文本
Hypertext

　　1945 年,万尼瓦尔·布什(Vannevar Bush)提出了被称为"存储扩充器"(memory extender)的概念,这是具有开创性的信息组织方法,形成了今天超文本的基础。文本间的交叉引用链接使使用者可以用非线型的方式查阅信息,类似于人类思维的方式——也就是说,通过联想而不是直线顺序。为了制造这些"联想"链接,单个的因素会被标上标签,从而可以得到打开系统的动态链接。设计师的任务是创建内容,决定链接,用非线型组织信息的方式做出简易而明确的引导。今天,超媒体进一步使用视听设施扩大文本。[PH]

→ 信息设计(Information Design),网页设计(Web Design)

I

图示/插图
Illustration

这个词的动词(to illustrate)来源于拉丁语 lustrare,意为用灯光照。插图是用图片在各种媒介中传达简明想法的艺术。它既可以说明一个主题的意义也可以创造一种能在其中观察世界的新环境。

一幅插图以一张或连续几张图片讲述着一个故事,并且常常配合文字。不论是为一页书、一个屏幕或一面墙所配的插图,成功的插图既能表达插画家的视角也能表达他的个人媒介和技巧,并且能够有力地对叙述内容进行阐述。它从某种程度上说是一种图像写作。

插图依赖于三项能够在多个领域中运用的重要技能:将想法概念化(如何看待世界);富有创意地解决问题(如何传达观点);简要的、能激发情感的渲染技能(它可以如何被准确地描绘)。这三项技能强调在创意生产中使用的实用方法,有助于将插画定义为一种高层次的依赖媒体的技艺,从而加强它最基础的功能:想法的(→)传达。

插画大多(但不是绝对)是一种商业实践活动,常常作为以商业为基础的、大规模生产的企业活动的一部分。它存在于平面设计、艺术和互动设计的交叉地带,并包括很大范围的创意活动:报纸、杂志、广告和产品包装、成人和儿童书籍以及长短不一的动画中的移动画面和漫画、图片小说中的插画。最近,插画家又采用了一些非传统的活动(也就是非印刷媒体),如玩具和(→)织物设计,为大银幕和小银幕设计的图像(动画电影、网页手机图像、网络动漫、手机图像)以及街头图像形式,比如移动广告、招贴、涂鸦等。虽然插画从历史上看大多存在于文字之中,作为文字的配合,但是随着文化变得越来越视觉化,到近年来它有了更独立的作用。

插画家将艺术历史上每一个媒介元素进行了应用,包括但不只局限于油画、水彩、蛋彩画、蚀刻版画、版画、拼贴、木版画、钢笔画、木雕、可模压媒介以及诸如 Illustrator、Photoshop、Flash、

Dreamweaver 等电脑制作软件工具。插画的历史向来与工艺无关，甚至为了取得效果，采用短暂的、无法留档的媒介，但是逐渐地插画家开始像对待美术馆展示品那样对待他们的作品。他们在作品中投入了与那些委托作品相同的艺术感染力，加入了自己的想象并且回应插画家自身的内心需求。

不论采用的是何种媒介、动机或思想，插图可以使观看者最大程度地用新的角度看待世界或者进入一个全新的世界。[DN+SGU]

→ 动画（Animation），平面设计（Graphic Design），海报设计（Poster Design），故事板（Storyboard），视觉传达（Visual Communication），形象化（Visualization）

→ 假冒（Fake），抄袭（Plagiarism）

模仿
Imitation

工业设计
Industrial Design

工业设计旨在改善人类使用的工业化生产产品的功能、互动和审美质量。

作为一个实践领域，工业设计的限定范围较广也较松散，并且常常与其他领域重叠，比如工程设计和交互设计。许多工业设计师在有关特殊产品的生产的分支领域中工作，从汽车工业到电子工业到家具行业。虽然这两个词在实践中常常被相互替换使用，但（→）产品设计常常被划分为工业设计之下的分支领域。

从历史上说，工业设计大多时候作为以工艺为基础的生产技术的对立。这种明显的手工艺审美与大规模生产之间的分离可以追溯到工业革命，反工业生产的运动，如（→）工艺美术运动和（→）新艺术运动。后来出现的如（→）德意志制造同盟运动和（→）包豪斯试图调解的当代工业复杂性与艺术、文化和社会伦理之间的矛盾。这些试图改善人们日常使用的机械生产产品质量的尝试被认为是现代工业设计的开始。

但是除了它们对设计的深远贡献，这些运动并没有能够完全消除反手工艺中所有跟"工业"有关的内涵。于是，当代的工业设计实践仍被认为是优先于技术元素的。但是，审美、创意和质量各方面对这个过程都至关重要。成功的工业设计师必须不只是展现技术的效率，也应在他们的产品中注入显著的社会价值观和视觉特征，使消费者萌生购买的冲动。

由于这个领域涉及广泛，工业设计师很少会在孤立的状态下工作,而是要与其他的设计师、工程师、心理学家和科学家合作。作为一个以消费者为导向的(→)学科,生产成本和市场价值也日趋重要,由此,最终设计常常与其他非设计专业和商业及营销密切相关。设计过程本身包含研究与发展,继续测试与完善设计(→)原型,直到它们达到预设的表现和审美标准。通常,形式发现和分析的模拟过程包括以粘土、蜡或塑料铸模,真空成型、蒸汽弯曲、泡沫切割和许多其他的三维成型和研究触觉技术。这些模拟过程倾向于在产品设计情境中发生,但是由于产品设计和工业设计常常由同一个人执行,不可避免地会分享一些技术和方法。

过去的几十年已经见证了工业制造领域让人难以置信的进步。生产技术与电脑(→)软件相关联,今天,设计师常使用三维电子软件在生产前进行虚拟空间中的形象化、建模和产品分析。这个过程帮助设计师从概念到生产的过程,更实时、更高效地进行设计。另外,电脑技术(→计算机辅助设计(CAD/CAM/CIM/CNC))的改进使得产品和其组成部分的物质输出更快捷,从而更经济。数字化制造和(→)快速成型迅速地拓宽了工业化生产产品的形式色彩,并且使其有可能在不牺牲机器化大生产的精确效率中探索形式复杂性。

虽然新的生产技术的出现毫无疑问地给工业设计带来了重要的商业影响,但是目前在将生态与经济作为需要重要考虑因素的学科推动方面,仍然存在着其他很强的动因。不断增加的新职业增强了减少生产垃圾以及在生产过程和使用中减少使用高碳排放量的能源意识,这些关注鼓励了许多工业设计师寻求替代这些生态破坏性的工业生产过程的解决方案,这在实践中是非常重要的发展趋势。最近与这些发展并行的革新还包括综合利用新的可持续材料(→材料(Materials),可持续性(Sustainability)),应用可再生能源以及对消费品的再重复利用和负责任的处理方式。[EPV]

→ 工艺(Craft),人体工程学(Ergonomics),功能(Function),产品开发(Product Development),造型(styling),使用(Use)

信息
Information

设计在处理特别复杂的数据库时,在开发促进信息系统的自主性发展的方法的过程中,它的作用正变得日益重要,其目标是支持知识风格和类型的多样性。在此过程中,设计的作用已经超出了形式的创造延伸到了意义的创造。适当的理论的基础已经形成,从而支持这些额外的功能。

信息不是由事物或能量组成的,它不能被直接设计出来。它需要被转化为某些可被感知的有形的东西,正如在"信息构架"、"信息流"、"信息景观"这些词中所表达的那样。

当信息应用到设计中成为有效的人工制品的催化剂(主要物体都与媒介有关),可能提高接受者以预设和恰当的方式处理信息的能力。

除了这点,还有研究方面的问题,如(→)信息设计是否可以证明独立认识论的正确性,这种独立认识论综合了不同风格和类型的各种知识,并且利用实验调查感知知识的功能。跟科学家不同,设计师倾向于相信:全球提高大众幸福感的努力不仅受到数据和信息匮乏的限制,也受到能力和意愿缺乏的影响,只有用可以获得的数据创建恰当的信息,才能确保相关行动的顺利进行。这就是通过实际的数据管理信息渠道,自决信息的民主权利成为一个政治有效因素。

设计的描绘性方法有时被认为比科学方法次等,因此,是知识建立过程中的最后一步(→设计方法(Design Methods))。但是这些行动和理念的数字化展现,在巨大复杂的数据库环境下,首先被定位为行动和知识的催化剂。真实的信息处理机器由此处于了中心地位,设计对未来信息处理技术的潜在贡献成为研究的基础焦点。今天,根据这个理念建立社会技术的信息设计师是构成已建立的方法系统的一分子,从奥托·诺伊拉特(Otto Neurath)(视觉系统),威廉·奥斯特瓦尔德(Wilhelm Ostwald)(色彩学)和赫伯特·巴耶(Herbert Bayer)(全球视角)到查尔斯·埃姆斯(Charles Eames)(电影、展览),巴克敏思特·福勒(Buckminster Fuller)(动态最大化世界,协同能量),乌姆设计学院信息系以及诸如超级工作室这样的团体(→激进设计(Radical Design))。

数字化媒体为有效的、与设计相联系的信息系统的新的不同的可能性铺平了道路,但是它发展的理论基础问题仍然悬而未决。在此过程中,20世纪60年代的信息美学试图为科学的、艺术的生产力、技术功能以及可以整合所有这些概念的美学信息形成一个普遍描述——考虑到今天无处不在的数字化系统,这是一个现在看来更有必要的项目。

现在许多正在完成的信息设计可以用"信息美学"（Manowich 2006）予以总结。认识到这个领域的实践和研究的尖端性是非常重要的，但是如果认为它是个全新领域，那么就是缺乏对设计历史的认识，并会导致理论谬误。

在后工业社会中"信息"这个词是个基础词汇，并且引出了诸如"信息社会"或"信息时代"这些词。但是仍然没有将心理学（→）感知和认知科学的必要方面综合起来，将传达理论和技术以及社会和政治方面考虑进来的连贯一致的信息理论。

从根本上说有两个可被明显辨识的信息理论立场：科技立场，信息从数学上被确定为某种程度的不可能性；系统理论或建构主义立场，被认为在一个（→）系统和它的环境之间存在着差距，并假设观察者是一个独立的系统，在这个系统中信息得到了关注（→建构主义（Constructivism））。两种立场均相信信息不能被作为事件或能量理解，即使事实上将原子和能量压缩的比特（最小的关于信息的可能单元，可在电脑中进行 2 进制计算法）是当今最关键的研究之一，比如在量子电脑中的生物信息或蜂窝式机器。

信息不是绝对存在的，它只能说是从观察者的角度"差异制造差异"（格里高利·贝茨（Gregory Bates））。物质化的可感知差异作为一个事物或能量，它像杂乱的信号那样进入人类感官系统。只有提取这些信息才能进行有意识的处理，要选择从何处引导注意力受到人类学模式的理解力的影响，以及文化、个人和情境的影响。基于过去的经验和对后续的预测，感知系统从结构上与它的环境相联系，并且发展出对环境未来本质的预测。环境中与这些经验差异悬殊的部分作为信息获得了额外的价值，因为它们正是需要被解读的事件——事件可能性越小，信息价值越高。因此信息本身无法存在于环境中，它必须由结构相连、独立的信息系统进行创建。这个版本的"信息"与由激进构成主义引导的系统立场相适应。由此，理解被认为是一个挑选的过程，它不断更新着传达与信息之间的差异，因为相同的感官刺激，也就是传达，可以建立起一定范围的信息形式。"我走"这句话可以理解为"我步行走"（不是坐车）或"我走向门口"（而你还坐着）或"我走开"（而你在原地）。传达与信息之间的差异在跨文化交流中特别明显,同样的姿态可能包含不同甚至完全相反的意义。

　　如果设计被理解为系统与环境之间在情感和认知上有效的交互的创造者(→交互设计(Interface design)),那么关于信息的有效性和功能性定义就十分必要。因为在理解的选择过程中,甚至意义的选择过程中,它作为对设计的确定标准,呈现出似乎真实的信息与真实可信信息之间的差异点。从这个角度看,形式与内容之间的差异不是问题,设计师(创造形式的人)可以努力发展出能传达各种意义的新的解读。

　　这个定义显示出信息是一个常被误用的词。可以被转移、记录和存储的是数据,而不是信息。互联网包含数据,而不是信息,当然更不是知识,这种不恰当的认知分离常来源于将科技模型随意用到人类信息和交流系统的模型中。因此,虽然题目容易被误解,克劳德 · 香农(Claude Shannon)的《通信的数学理论》(*A Mathematical Theory of Communication*)(1948)一书专门关注的是信号传播的技术问题。甚至,最大的不确定性相当于最大的信息价值:系统表现越无法预测,可能性就越大,可能的解读也越多,信息内容越多并能以数学统计予以计算。但是如果没有(→)人类因素介入这个模型,相当于很难调准频率或者收不到频率的收音频道,一个夹杂着各种频率噪声的收音频道可以获得更多信息。很明显像这样的统计性的定义是无法转换到人类信息的领域中去的。信息全面的和功能性的定义必须假设存在一个转译的观察者——一个在符号学中发展的理论,除了句法,它也关注(→)语义学和语用学。信息的范围包含:首先,信息是建立在数据之上,而数据则建立在符号之上;其次,知识需要信息,这个构建的依次顺序为信号、数据、信息和知识,而从一个层次到下一个层次中选择、样式和语境依次发生作用。知识不仅是这个过程中的最高点,它也能形成它的语境,允许自我指涉以及(→)复杂性的存在。利用可获得的知识,信号得到过滤,数据得到构建,通过转译,成为信息,并且通过在语境中的应用,产生新的知识。

　　"信息社会"这个表达法建立在20世纪50年代形成的一个定义之上,这个定义认为象征和远程媒介会产生比其他资源(如资金、人力和后工业社会的土地)更高的经济价值。"信息管理"和随之而来的(→)"知识管理",在它们的名义下发展信息显得尤其具有挑战性。受到数字化技术发展的带动,数据传播数十倍地增加却没有带来相应的信息行业的成长,并且在许多地方反而带来了它的倒退(信息超负荷、假信息、(→)错误信息)。信息质量和潜在的信息生态学随即成为最新的问题,带来了新学科的兴盛,如信息学,从图书馆研究中发展出来,关注于信息中介引起的结果,这些信息中介在电子市场上将作为人类客户与技术系统之间在其他问题上的中介。

设计对于信息质量的未来发展的贡献受到技术对构建更多的数据(信息模型)的需求的驱动,并且由允许复合数据库得到更有效的理解和发展的心理感知的多方面所决定。

这两个方面是在(→)信息设计的概念下走到一起的。这综合了符号学(通过理解意义是如何被信息单元之间的安排和关系所决定;通过决定对信息的组合及重新组合的限制),句法学(通过选择合适的数据结构和视听展示),以及语用方面(通过将社会技术系统和过程综合到已有环境中)。[PS]

信息设计
Information Design

虽然"信息设计"表达了一个广泛的和日益重要的设计领域,事实证明很难得到一个普遍接受的定义。总体而言,信息设计包含将复杂的、组织不良的或未建构起来的数据转译为可获得的、有益的、全面的信息。这个词从某种程度上说有误导作用,因为不一定信息的内容是经过设计的,经过设计的是传递信息的形式。

虽然信息设计通常涉及利用图像或互动手段进行数据的视觉化,但如果简单地把它归为平面设计或传达设计的下属类别是不正确的(→平面设计(Graphic design),形象化(Visualization))。信息设计是一个独立的(→)学科,由多学科和媒介活动构成,这些活动由科学方法和(→)设计方法以独特的方式构成。比如,信息设计师在分析和规划阶段会利用从社会和应用科学(特别是认知心理学、人体工程学和环境心理学)以及从科学插图、传达设计、交互设计和平面设计实践中产生的研究方法。这个过程也可能要求特定的专业特长,协作、数据库、(→)网页设计、标牌设计甚至是产品设计或工业设计。

除了这个过程中使用的特定技术,信息设计的焦点总是终端使用者。因为人们以十分不同的方式接收信息,信息设计必须不仅考虑到使用者的需求,也要考虑到他们的理解能力和动因(→感知(Perception))。为庞大的使用团体设计信息时,设计师必须要么找到共同点要么允许一个系统有多种到达方式从而保证有尽可能多的人可以不受阻碍地进行使用(→通用设计(Universal Design))。

设计师必须考虑到使用者接收信息时所处的环境,因为环境因素会对设计转换和理解的方式有所影响。其目的是为了尽可能清晰、没有歧义地传递信息,但也是为了创造一种为信息接受者量身定制的设计。

很难绘制出一张信息设计的直线型历史图表,但是可以发现首次受到专业驱动进行的信息和知识的传递尝试建立于19世纪初左右的某个时间。这个时期最早的作品之一(并且仍然是最震撼人心的)是查尔斯·约瑟夫·米纳尔德(Charles Joseph Minard)绘制的1812—1813年拿破仑征俄图。20世纪20年代,维也纳社会学家奥托·诺伊拉特(Otto Neurath)创建了一个使用标准化视觉语言传递信息的系统。建立在这个方法之上,他与杜塞尔多夫的平面艺术家盖尔德·安茨(Gerd Arntz)一起发展出了维也纳图形统计学方法(Vienna Method of Pictorial Statistics),并且在后来将它发展成为ISOTYPE(国际版式图片教育系统, International System of Typographic Picture Education),被沿用至今。

现在,信息设计领域正经历着一场发展高潮,我们可以看到它已经被作为一个独立的学术课题进行研究。这种发展并不令人吃惊,在今天复杂的后工业社会中,设计师对于在信息时代中解码、组织和传达知识起着至关重要的作用。[AD]

→ 传达(Communications),跨界(Crossover),界面设计(Interface design),转化(Transformation),视觉传达(Visual Communication)

创新
Innovation

设计中的创新指在发展、生产、分配或使用产品、环境或系统中做出的改变,被它的建议使用者或目标人群(→目标人群(Target Group))认为不同于它之前的东西。在这样的语境下,创新区别于"发明",因为它只能通过对先前的东西以及它所有创造的结果进行考察才能真正地得以理解。换句话说,创新只能在一个连续的过程中存在,不仅根据先于它的东西,也要根据它被接受的方式。比如——不管一件产品或过程如何强烈地打破常规，只有当它得到公众同样强烈的认可才能被定义为富有创意。事实上，21世纪许多最高创新的设计并不是因为科技的重大突破，而是通过对市场上已有技术和方法的跨界整合和再利用(→跨界(Crossover)，再设计(Redesign))。创新对一个团体而言带来了新的定义、视角或环境，因此，任何标有"创新"的东西，其传播和应用都是极为重要的。

设计创新是一个启发的过程(→启发法(Heuristics))。不是简单地对一个给定的问题做出回答，设计师确认一系列可能的解决方案以及这些方案带来的矛盾、选项和结果。通过这样的方式，设计创新的过程说明了通常在一个复杂的问题中或者一系列问题中发生的关系和连接。虽然很难在设计和生产过程中进行量化评估，但创新是一个决定当今企业是否成功延续的关键因素。随着这个因素逐渐被人关注，曾经以牺牲无法量化计算的启发法(合作、独立、创造力、使用者中心的设计等)为代价而注重效率(投入产出比、内部收益率等)的方法开始改变，人们逐渐认识到后者的重要性，并同时运用这些方法，从而在工作室和企业中建立起创新文化。正是在这样的"管理思维"和"设计思维"的交叉中，"真正"的创意诞生了。

总体而言，创新可以根据它们的类型和它们的动态进行组织。创新的类型(渐进式或突破式)显示了创新所引起的改变的程度；创新的动态(保持型或中断型)显示了一个创意在特定的市场和目标人群中的影响力。

渐进式的创新从对"轨迹基础思维"的强调获得它们的形式。它们既是因为对早先发展做出的创新贡献又是因为对某件独立的事物做出的贡献而被称为渐进型创新。

这里的一个典型的例子就是摄影从基于卤化银媒介发展到数字化媒介。突破型创新也可能从其他先前的创意发展而来，但是它们的出现和应用给其他类似创新所在的领域带来了完全不同的改变。比如核武器的出现完全改变了使用传统武器发生冲突的各种势力，转变成了一场"全球的冲突"(值得注意的是今天给予了创新这么多正面的强调,但创新整体上对人类的贡献仍然需要道德价值的判断)(→伦理学(Ethics))。

在这两种创新类型中,又产生两种创新过程的动态形式。首先,"保持型创新"是一种以沿着一根时间线的表现为基础的创新,不会对设计或它的功能所依赖的其他组成元素带来巨大的影响,比如,在一块芯片上的路径的设置将微处理器从 286 提高到 386,在保持了一个创新的同时将"运算"速度提升,而不彻底改变运算这件事本身。

第二种动态型创新被称为"中断创新"。这种动态是建立在同类元素而不是性能指标之上。这种动态可能不会对一个系统或大的设计带来至关重要的改进,但确实会对已建立起的方法、材料或功能产生中断。因此,中断型创新提供了一个改变的机遇,并常使一些方法、材料和功能过时。比如,笔记本电脑的出现极大地改变了设计电脑、使用电脑、电脑普及、电脑制作、电脑营销的方式,标志着为一个全新范畴的"个人"和"可移动"电脑运算的出现。

总而言之,设计创新是一个复杂的过程,与解决相关问题新方案的发展、应用和接受均有关系,因此可以将它与单纯的理念构想加以区分。[HW+SP]

→ 设计过程(Design Process),问题设置(Problem Setting),问题解决(Problem Solving),产品开发(Product Development)

整合
Integration

整合是一个有意将人、组织、媒体、知识体系、方法论或专业实践这些原本分离的东西聚集到一起的过程。它既可以是过程指向型也可以是结果指向型;它既可以在设计和生产过程中发生,也可以在体验和使用设计物品、系统或服务过程中发生。作为一种实践,整合通常由(→)复杂性的增强引起,并同时受到对理性的寻求、对效率提高的要求、认知舒适度的改进和更整体的理解力的驱动。在系统和组织的设计中,整合可以将不同的组织单元和下属单元结合起来从而将交流和生产最大化,而在产品设计中,整合把不同的平台或个体、产品特征结合起来,从而改善使用者终端的体验结果。

在设计行业中，整合一般表现为垂直整合或水平整合。垂直整合是层级式的，在组织内部发生，一般受内部驱动（→策略性设计（Strategic Design））。通过这样的一个过程，组织起来的各个单元得到了确定的任务，组织即成为一个整体。最好的关于垂直整合的商业案例就是电脑行业中的苹果公司，一个从20世纪90年代末开始直接生产自己硬件、配件、操作系统以及大部分软件的公司。在设计以及研发的投资中通常对垂直整合企业的投资更大。

相比之下，平行整合是发生在组织间的、受外部驱动的整合。一个很好的例子就是戴尔电脑，一个控制装配过程而不是生产过程的企业：设计外包给德克萨斯奥斯丁当地的一些公司，独立的单元和平台由世界各地的供应商生产（→外包（Outsourcing））。当企业在一个范围内的当地市场上建立起分支机构，就产生了平行整合的变体。这样的分支机构定制、设计并有时生产出这些产品的特色使其适应当地文化环境。

垂直整合和平行整合的概念也可以应用到设计教育上。在设计教育中，垂直整合可以被看作是一种关于总体课程的学科内部活动（→学科（Discipline））。在这种语境下一个关于垂直整合的很好的例子发生在20世纪80年代，那时世界范围内的设计学院开始提供各学科的设计历史和理论课程，而不再局限于艺术史教学系。相比之下，设计教育中的平行整合是基于对当代所有问题都是"固有的跨学科的"认识而产生的。不像垂直整合，平行理论整合旨在增加学生的理解，通过建立设计学科内部之间的联系（如产品设计、平面设计、建筑设计或时装设计），以及设计与其他学科（如工程学、商学、人种学或社会学）间的联系的方式。这样的整合课程究竟是真正多学科的还是有强烈的学科偏见？它们常常根据主题进行组织，从而提升整合的方法、团队合作和协作（→协作设计（Collaboration Design））。随着日常生活的不断复杂化，全球化经济和对持久的以人类为中心的关注的要求，整合的设计思维在诸如医疗保健、公共政策、法律执行、犯罪预防和社区规划这些领域中已经得到了应用。[MM]

→ 聚合（Convergence），综合（Synthesis）

知识产权
Intellectual
Property

知识产权,在英语中常使用缩写 IP,是附加在某种特定类型的人类思维的无形产品之上的各种法律上的独家权利或授权的总称。知识产权法,是由司法部门或者国家授予所有者、发明者和创造者的用来保护他们的知识产权不受未经许可的使用的侵犯的法律。

知识产权法包含一系列的传统法律领域:专利权、设计专利、使用专利、版权、道德权利、商标、商业外观、商业秘密和公布的权利。

专利权是在一段时间内,保护新颖实用的设备、方法、流程或发明的独家权利,使他人不能制作、使用、出售或出口的权利。

设计专利专门指设计物件的外观,特别是新颖、原创的装饰性外观和表面,而不是毫无新意的东西。

· 使用专利适用于仪器、流程、产品或物质的构成。

· 版权保护作者的原创作品如文学、电影、艺术、舞蹈作品、软件和音乐作曲。

· 道德权利,要么作为一个独立法律,要么是版权法的一部分,取决于国家的不同。道德权利授予作者归属权、分享利益权(如果作品的价值有所增加),以及保护作品不被改变或破坏的权利。

· 商标是一个具有辨识力的词、名字、标志、设施或其他辨识和区分企业产品或服务的符号。

· 商业外观指的是企业产品或服务的整体形象,由明显的、非功能性特征组成,如包装的颜色或包装的设计。

· 商业秘密保护商业或企业的机密信息,包括程式、实践、流程、设计、设施或模式这些一般不为公众所知并且能产生经济效益的东西。

保护思想财产并不是一种新行为。罗马人曾使用某些形式的商标和专利,最早出现在中世纪 1474 年的《威尼斯专利法》。但是,现代广泛地使用"知识产权"这个词可以追溯至 1967 年,随着联合国知识产权组织的成立,随后该组织开始频繁使用这个词。

知识产权法总体而言建立在合法理念之上,人们可以拥有真实的财产和有形的物体,财产可以买卖、授以执照甚至免费转让。知识产权将这些同样的权利授予思维的无形产品。将拥有真正财产转移到拥有思想资产的过程具有极其的哲学复杂性以及持续的争议性。普通法的根源可以说是源自于约翰·洛克(John Lock)在《政府论》(*Two Treatises on Government*)(1690)一书中的理念,即人的双手的劳动力属于他们自己。这些建立在经济利益基础上的知识产权体系假设如果创造者无法拥有他们所创造的,他们就失去了激励其创作的经济动力,一旦知识产权被销售,创造者也失去了后续的利益。从黑格尔的《权利哲学》(*Philosophy of Right*)一书的概念而来的民法体系认为人类用他们的灵魂和意志填满了物品。这些类型的知识产权体系既提供了经济保护也提供了不可转让的道德权利。法律使创造者拥有作品的一些后续控制以及可以在作品价值增加的时候获得利益,不论谁是真实物品的拥有者。

早在 19 世纪末期人们就试图协调知识产权法,但是直到 1994 年才出现了全面的国际协议——世贸组织协议关于《与贸易有关的知识产权协定》(TRIPS)的签署。该协议建立起了对几种形式的知识产权保护的最低标准,含有执行条款和争端解决的强制机制。

在过去的 40 年中,作为对互联网和技术革新这些允许实时交流和完美拷贝存在的领域的兴起的回应,知识产权进一步扩展了有效期和涵盖了以前未受保护的新产品,比如生物科技、数据库、新的植物品种、电脑芯片、船体设计。这些改变引发了强有力的支持和激烈的批评。今天对于知识产权保护的争论比以往任何时候更激烈。

扩展知识产权保护的支持者坚持认为如果没有强硬的知识产权法,在传达、农业、交通和健康保健方面的大多进步都不会存在。他们坚称知识产权繁荣了文化发展,提高了生活水准,倡导公共健康和安全。他们指出知识产权法在中国和印度这样的发展中国家中对提高生活水平所起的作用。比如 1999 年印度通过了它的第一部知识产权法保护它的电脑科学家的知识创作。他们坚持认为如果没有这部法律,那么印度现在的资产阶级高科技工业是不可能发展起来的。

对"知识产权"这个概念的批评几乎与它本身的存在同时出现。托马斯·杰弗逊质疑版权是否是一个自然权利,他认为发明不应该被称为财产。现代的反对者则认为这个词有误导作用。他们认为"财产"这个词含有稀有的意思,但是思想和发明不是稀有的。他们认为使用真实财产进行类比是有权限的,知识产权保护是一种政府辅助形式,也就是说一种合法强制垄断力量保护创作者的同时使其他人无法使用一种有价值的文化资源。随着越来越多的文化财产被一小部分人或企业控制,大众则因强硬的知

识产权控制而无法自由交换思想和产品，而思想和产品的自由交换对于一个强有力的经济和文化都是至关重要的。[MB]

→ 复制（Copy），假冒（Fake），抄袭（Plagiarism）

交互设计
Interaction Design

跨学科
Interdisciplinary

界面设计
Interface Design

在过去的 10 到 20 年中，界面的范畴与快速进步的科技在界面设计领域引发了基础性的变革。

→ 界面设计（Interface Design）

→ 学科（Discipline）

将界面作为一种普通的范畴理解，就是在这一领域中，用户希望完成某种任务来与产品或制品交汇，产品或制品执行任务，由此增加了用户在设计过程中的参与度。这种参与可以是被动的，通过观察或通过增加对认知或人体工程学方面的关注的方式；也可以是主动的参与，从成为合作者、决定内容、个性化设计以及（→）定制产品等角度。这种对界面的理解不可避免地导致了设计关于开发硬件或软件产品的本质上不同的理念。

界面设计远不止外部表象所呈现的那样，虽然从表面看观察者和使用者并不能体会到设计的全貌。

界面设计的一个主要领域是将创建界面作为获得数字信息的渠道。很重要的一点是在用户和数字应用之间设置一个反馈层——换句话说，一个可以回应用户的指令、传达或选择的系统。交互设计是界面设计中一个极其重要的部分，负责设计在一段时间内与用户相关的表现。人与产品之间的互动是人与机器互动以及人与电脑互动研究的主题，对产品的多重操作性或使用性做出了要求，操作性领域触及多个方面，比如感知、认知、语义学、（→）使用性、人体工学和体验的性质，这些对于界面设计而言意义重大，需要将这些方面纳入到设计流程中。大型项目包含与其他学科的重要互动。成功的界面设计是决定日益复杂、系统综合的产品（如手机、网络、汽车和电脑）是否被用户接受的关键因素之一（→聚合（Convergence），系统（System））。

界面设计发展并且设计在不同使用情境下的使用情况，从而取得最佳用户界面。如今这些界面常常包括触屏式传达和信息系统。这种系统使用情境通过一个作为图形用户界面的显示器完成。它试图决定用户使用何种软件以及在什么样的环境下使用，不同的媒介如何结合使用以增加效率以及增加体验的质量。在这种体验中，系统的个人媒介，以及考虑如何让用户简单易懂地进行操作，都被纳入其中（→屏幕设计（Screen Design））。

1945 年，万尼瓦尔·布什（Vannevar Bush）引入了被称为"存储扩充器"（memory extender）的概念，他同时也引入了一种主要的界面设计的比喻，使用普通的桌子作为文件管理设备（也就是桌面）。又一个 20 年后，格拉斯·恩格尔巴特（Douglas Engelbart）为电脑配备了鼠标，作为一种除了显示器之外直观的获取抽象信息的途径，现在鼠标已经成为电脑的一个不可或缺的标配。当艾伦·凯（Alan Kay）在 20 世纪 70 年代在施乐帕克（Xerox Parc）开发出一种将抽象的命令行界面转换成图形用户界面的方法，这种界面由建立在真实世界基础上的窗口的层叠组成，于是诞生了视窗、图标、菜单、光标四者结合的模式。这创造了界面设计在许多不同领域的应用，包含操作或控制媒体的每一种机器或应用。

信息设计是信息的结构和形式设计（意为感官解码），从而将数据转变为清晰和可获得的信息。其目的是为了发掘内容的新方面和新角度，通过避免繁复的表达形式，减少复杂性，展现一个更清晰、更易懂的对情况的理解。这种信息的互动将信息设计与交互设计相结合。通过这种方法，创建起公共空间服务的信息系统以及网络（→网页设计（Web Design））、可移动终端或展览的信息系统。

越来越多的数字化和媒体的发展将使信息成为交互设计最重要的资源。当理查德·乌尔曼（Richard Saul Wurman）在 20 世纪 70 年代末首次提出"信息建筑师"这个词的时候，他正想象着一个设计师可以将固有的模式构建为数据，从而以尽可能清晰的方式展现复杂的信息。今天，信息建筑师负责构建复杂信息，为网站设计总图，为手机、电子节目手册或软件应用设计菜单结构。

既然信息不再是静止构建的，而是动态地作为一种实用的机构模式（为内容或功能做出有关情境的建议），那么发展出一个界面"中枢"就需要交互设计师、互动设计师、工程师和用户之间的沟通。通常，会进行实用案例的模式化，描述不同的使用程序中的片断和部分,然后以使用脚本进行展现,预测和论证各个使用者的需求。这些脚本和个人化开发形成了一个服务设计领域的界面。

各种界面使信息得以提供、获得和应用。但是到了 20 世纪 90 年代末,不断增长的大量信息导致了信息的(→ 复杂性(Complexity)),使得(→)知识管理系统不得不开放并使其自身可被获得和理解,为进行电子信息管理而进行了内容管理系统的开发。它们从结构上分离并存储信息,独立于展示的形式方面。今天,综合情境正变得越来越重要,使得在情境管理中使用元数据(关键词、优先次序、使用信息等)成为构建和取得信息的一个关键方面。

考虑到界面的内部结构极少呈现在用户面前,界面设计发展了视觉和听觉的展示工具,使用户能更简便清晰地掌握信息——并且在未来可能还会利用其他感觉。

界面使用最早也是最重要的比喻是桌面。真实世界的比喻被应用电脑上使它不会显得那么抽象:窗口中文件的分层;用丢到垃圾箱的方式删除数据;以文档形式对文件进行归档。随着存储能力以幂次方的速度增长,存储的数据使这些比喻失去了潜在的转换性——因为在真实世界中,文档不会包含没完没了的子文档,CD 或存储媒体不会被丢进垃圾桶。

最终,一系列图形界面建立起来,如树形地图(tree maps)或双曲线树(hyperbolic tree),代表数据和某些质量(元数据),使它们可被理解。在马里兰大学,计算机科学家本·施耐德曼(Ben Shneiderman)从事着开发创意的展示形式的工作,这种形式超越了基于现实的比喻。

电脑的迅猛普及使用性成为其成功应用的关键因素之一——从网站应用到专家系统和操作系统。地图数据(manpping data)使得系统能够清晰地构架并使数据直观易懂易操作——独立于真实世界的比喻。认知心理学和真实世界体验转化到电子应用(重力、周围声音、用蓝色体现空间进深)上,进一步推动了这种发展。今天的绘图,特别是在展现复杂数据如股票市场信息方面,对表达整体概念和言之有物的评论极其重要,不需要涉及太多细节。

这是必要的,因为用户困惑于互相关联的内容,他们必须在找到他们想要的信息前先做出若干选择。好的界面设计使用户能直接找到他们所需要的信息，而不需要穿过若干层级。超文本或超媒体导航可以使用户直接做出任何讨论话题对应的结论。

这个过程要求策略性地编排以克服常规的、顺序叙述的结构。在此可以用文学做一个实用的比喻，很久以前，有些像詹姆斯·乔伊斯(James Joyce)那样的作家早已实验甚至抛弃了直线型的叙事技巧。

知道了这点之后，关于"流动"(米哈里·契克森米哈(Mihaly Csikszentmihalyi)所阐述的)或关于对界面设计产生重要影响的"体验设计"(由布伦达·劳雷尔(Brenda Laurel)和内森·谢卓夫(Nathan Shedroff)所阐述的)的讨论得到了发展。

界面首先变得真实和可操作，一旦用户与它发生互动即可进行。交互设计勾画出它的使用并且使它可以用内容进行导航，可以重建建构内容(通过对外表的选择和可调整界面，根据用户的兴趣和知识层次进行定制)，并且操控视听因素。交互设计关注一个界面的时间。反馈、控制、生产力、创造力、交流、学习能力和适应力是互动的核心环节。交互设计从根本上说是关于设计空间体验而不是关于技术。

界面的交互行为指的是设计界面的各个元素的性能。一个界面如何对用户的行为做出反应？是被迫的吗？选择正确的视听手段是决定用户如何体验、理解以及与界面互动的主要因素。

交互流包含结构或导航，使用了与电子应用有关的因素或超媒体。信息建筑师对不同信息空间可能的结构选择做出规定。当规划演示法和对话顺序时，需要做出一个决定，即信息内容应如何在最初的导航层次进行传达，从而导航本身能够包含之前所选的内容。

这意味着可操作性不只是基础的、关注于生理和心理层次的感知和回应的、人类环境改造层面的使用性。这个理解层次看重认知方面，但界面设计主要着眼于尽可能地减少认知耗费的工作量。这就排除了在研究和开发中的实验工作，这些实验工作寻求的是设置一种新的媒体展示语言和互动原则。这些要求用户付出更多的认知努力，从而他/她可以在新的结构、类比和互动原则中操作。

每个互动会提供用户下一步行动的选择(郭本斯(Gui

Bonsiepe)将这个称为行动区域)。行动也意味着提供做出选择所需的知识导向。通过这种方法,车子的导航系统可以在某一方向的行驶中预测全程是否需要休息、停留或考虑到机动车的体积而选择另一条路径。每一次用户做出新的选择,系统会为新选择提供新的线路标准。很重要的是传达决策来源与用户系统做出的决策之间正确的平衡关系——因为这正是界面设计的切入点,在预测未来可能的使用时,不断地发展和塑造这一方面。这显示了界面设计对于用户对产品或系统、应用等的接受度的重要性。

逐渐地,空间本身正成为体验的领域,这是新科技作用的结果,并且随之发展出了交互系统。在利用光影创造动态建筑墙面(mediatecture)方面,发展出了与媒体有关的建筑,起到了内部与外部之间的隔断(membrane)作用并且形成了系统与产品的互动。这样的应用涵盖了展销会、展览、博物馆、呈现过程的建筑,并最终成为界面本身。可以使用可移动设备发生互动(如手机),或通过某人穿越房间时的移动(他们在空间中的位置和声音)进行互动。未来的可能性是无穷的,特别是展示科技的进步远不再局限于传统的显示器和演示屏(它们仍常作为相似物使用),几乎所有的表面都能作为信息投影表面。交互设计将用复杂的系统对互动的设计做出界定,从用户的角度有可能只是展示简单的、不那么复杂的物体——特别是定位系统,具有可以定位用户在房间中的坐标的能力。这些定位服务显示了情境在开发界面时的重要性(在这个案例中,空间情境的重要性,但还有用户的时间情境的重要性)。这些服务只能显示依赖于地点和时间的用户,某些数据处于层级较高的位置而被隐藏。基础科技条件对潜在的界面设计有着重要而关键的影响。在设计开发中,正针对新科技的需求以及对已有科技在新领域中的应用进行开发。这样的例子包括展示科技(比如有机LED),身份识别技术(如无线射频识别RFID),以及全球定位技术(如全球定位系统)。后两个聚焦在开发系统——身份识别技术需要身份识别系统网络,全球定位系统需要卫星。射频识别芯片可以使非接触物体得到验证,数据随后将分配到数据银行。这样的识别可以是某人在超市中买了酸奶,识别后将显示出酸奶的配比、成分甚至生态环保证明,也可以是你在进入停车场时用户信用卡账户直接从银行支付停车费。

从技术上讲,不论是用信用卡完成还是用直接植入车上的芯片完成都没关系——但是从设计的角度来说,其区别是至关重要的。

这些提供方便和舒适的服务,也需要释放一定的自主权,并使人们对一个日益加强对公民监控的社会有信心。用数据所做的这些并不明显的事情,要求有高度的信任感,而这是很难获得的。便捷已经僭越了人们选择谁能获得他们行动的信息的权利。

在开发脚本时的切实参与度对于界面设计尤为重要,即使在停车场的那个例子中,可以看出界面有时会完全消失——它是一个系统,明确人在空间环境中的位置(→ 脚本规划(Scenario Planning))。

这就创造了设计师的新的职责范围,设计师们越来越多地进行着将产品纳入系统和流程的工作。从用户的角度来看,系统的复杂性将在某些时候从复杂的交互系统中分离出来(比如停车时或将购物的东西带回家时)。设计师将在开发行动和使用脚本中发挥越来越重要的作用,即在这些旨在将产品综合到系统,定义用户、产品和系统间的关系的工作中发挥越来越重要的作用。PH

→ 人体工程学(Ergonomics),信息(Information),信息设计(Information Design),感知(Perception),服务设计(Service Design)

室内设计
Interior Design

室内设计不仅涵盖了空间的装饰和摆设,也需要考虑空间的规划、照明和适合使用者行动的方案问题,从具体的通道到空间所引导的行动等问题。今天室内设计的特点之一是,其类型中存在的新的弹性,在商业公共空间的家庭化方面引发了最富戏剧性的变化。

室内设计包含方案规划和对室内空间的物质处理两方面:它的使用设想(projection)、摆设和表面(也就是墙、地板和天花板)的本质。室内设计从它的范围来讲不同于室内装饰。装饰师处理的主要是家具摆设的挑选,而室内设计师则需要将装饰的分散元素综合到空间和使用的方案考虑中。室内设计师常与建筑师合作,处理从地基开始构建起来的内部空间,但他们也会各自独立地工作,特别是在改造的项目中。历史上还曾有过建筑师进行室内设计,这根源于从 19 世纪晚期 20 世纪早期的(→)工艺美术运动衍生而来的综合艺术的理念。对此的强力支持者(从弗兰克·劳埃德·赖特到密斯·凡·德·罗)在室内设计专业起源期间,将他们的实践延伸到了室内设计,这种现象并不是一种巧合。事实上,这正是那些将室内装饰或设计师的形式介入看作是对他们作品整体美学的威胁的建筑师们所采取的一种防范的措施(→

建筑设计（Architectural Design））。

今天，除了如理查德·迈耶这样特别看重整体性的严谨现代主义者，担当起室内设计师角色的建筑师（他们的数量正日益增加）则采取一种折中的哲学和实践观，这与 21 世纪的多样化发展是一致的，但是对室内设计和设计师的偏见依然根深蒂固。对室内的批判性讨论受到将它普遍视为临时物体的容器的这种认知的阻碍。另外，传统的对室内的观点也存在着偏见：几个世纪以来与商人的密切关联带来的阶层偏见，以及性别的偏见，认为装饰这个领域主要是女人和同性恋者的工作范围。结果，室内作为文化价值的一种表达被严重削弱。但是理解普遍文化所处的条件和情境在（→）全球化的影响下正在发生改变。"高雅"文化与"低俗"文化之间的区别正在消失，在一个更宽松的环境下，鼓励在两极之间进行跨界的补充。同样，在建筑、设计和装饰这些被认为互不相容领域之间的互相借用的案例也越来越多。当建筑、室内设计和室内装饰领域仍然有不同的教育方案和不同的强调重点的时候，它们正展示出更大的多重魅力。

另一种思考这种突然出现的综合方式是用"现代性、技术和历史"代替"建筑、室内设计和装饰"这三个领域的组合。后现代的重点之一是意识到过去对塑造现在的作用（→后现代主义（Postmodernism））。在室内设计中，这表明它本身对（→）装饰重新感兴趣，体现在（→）工艺和（→）材料应用以及空间的复杂性方面，所有都与正在进行的（→）现代性项目并存。

更重要的是，在类型中出现了一种新的弹性。今天，传统的室内类型，即严格控制彼此边界的室内设计，如按住宅、阁楼、办公室、餐厅等分类，明显的风格趋同已经可以在许多公共空间和商业空间中看到，它们意在变得更贴近使用者以及唤起消费者的意识。越来越多的私立医院（为了争夺病人）使用豪华温泉浴场似的形式语言和风格，同时，许多健身房和健康俱乐部则利用像医院似的风格和设施使客户信服他们的服务。同样的，室内风格的融合也可以在其他地方看到，比如办公室中非正式的、艺术家式的阁楼工作环境、酒店中使用美术馆似的语言形式和内容。类似的现象还有很多，比如越来越多的杂货店和书店将吃和社交空间纳入进来。

同样,有一种新的室内风格的融合将设计历史上分离的元素进行重新组合,相应的例子可以在多个作品中看到,比如,位于葡萄牙波尔图,由库哈斯2005年设计的作品——波尔图音乐厅(对传统葡萄牙砖的创造性应用),明尼苏达州赫尔佐格和德梅隆的作品——沃克艺术中心(在美术馆的许多出入口使用了莨苕叶装饰(acanthus-leaf pattern))。这些室内利用混合风格创造艺术。他们不只是融合和拼接时代性摆设和风格,也用现代的视角对这些元素进行了重新筛选。

　　当代室内设计的另一个特点是明显的叙述风格。从拉尔夫·劳伦(Ralph Lauren)的服装店零售空间和拉斯维加斯赌场的娱乐空间中可以看到紧扣主题的环境(→店铺设计(Retail Design))。但是,一种更有趣而不那么直线型的叙述方式正变得日益普及。比如东京的精品酒店,设计事务所(Torafu)截取了器物的剪影——如台灯、吹风机——投射到酒店的墙面上,既体现了对产品设计的有趣的致敬,又提供了这些器物的储存空间。

　　在所有室内设计的类型中,居民受到以上那些改变带来的影响是最小的,除了一些短暂的时尚的影响,如室外厨房和富丽堂皇的浴室。但是,主要是居住空间的风格主导了室内设计。它成为促使人们重新思考一系列原来与它并无关联空间的催化剂,这些空间毫无联系,诸如从秘书的柜子到护士台,到图书馆管理员的阅读室。考虑在工作空间中如何放置个人的饰品、医院中颜色的使用以及在图书馆中摆上沙发已经变得越来越常见,这些只是列举的极少数例子。这些环境的家庭化(如窗帘和墙纸这些家装室内元素)提供了这些在以前被认为不能出现以及被社会排斥的更舒适、更放心、更愉悦的感受。无疑,这些发生在公共和商业空间中的改变归功于20世纪60年代后期的解放运动。室内设计在与种族、阶层、性别和身体能力这些阻碍因素的斗争中,为更大范围的友好性和可居住性打下了基础。

　　在普遍居住模式中也可能引发出完全不同的其他讨论。将家庭氛围引入商业空间,比如办公室内的娱乐空间,可以作为一种尝试在自由市场资本主义的工作中建立起一种被人接受的面貌。从这个角度看,室内设计戴上了娱乐的帽子。这个"猜字游戏"中并没有什么新鲜的部分。每个室内的设计从根本上说,是一种舞台布置,也不是什么特别隐蔽的设置——只要想法透明。但是当幻想破灭——当设计过度地用一种施以恩惠的态度对待现实的不完美之处或者当办公室因为无休止的 24 小时工作要求使办公室成为公寓的代理地,就会有危险。由此看来,设计放弃了它潜在的转变日常生活方式的可能性而仅仅为了成为一种重新定义空间的工具。

另一种力量正在促使室内设计朝家庭化方向发展,这种力量就是公众对设计和设计师的扩大的意识。受到日渐增多的家居杂志、关于家装的电视节目、商业实体诸如塔吉特百货(Target)和宜家等的广告宣传等的刺激,越来越多的人希望设计能成为一种礼仪和生活状态的标志。在西方世界,经济繁荣以及媒体的口味,都对室内设计着迷,由此产生了另一种在消费者驱动型社会中的自我迷恋。一方面,从强调依靠自己的 DIY 网站和诸如美国家具建材商家得宝公司这样的企业数量的增加上可以看出:其积极的、民主的结果带来的是设计在公众中形象的提升。总体而言,考虑到它对激发改进的倾向性,重新考虑在设计中所隐含的美是对社会现象的一种改良。另一方面,通过个人行为所促进的室内设计的普及效应,如菲利普·斯达克(Philippe Starck)、玛莎·斯图尔特、芭芭拉·巴里等。他们行为中表现出的对室内设计更多地关注物体而不是关注物体间的行为和互动的理解助长了这一效应。

最近设计公司突然对室内设计产生的诸多兴趣,仍然局限于设计的衍生领域,这种现象的产生根源于室内设计中围合、安全和舒适的概念。这种理解促进了专业化的设计实践,如健康保健、医院的室内设计。这样的公司在提供心理学、机械、特殊环境经济学的知识服务的同时,也阻碍了室内设计发展出一种能使室内成为建筑甚至景观设计的延伸的更综合的方法。一个典型的例子是越来越多的建筑设计公司开始积累在环保材料方面的专业知识与技术并且将其应用到室内设计中。同时,设计公司将自身定位为可持续导向的设计公司,宣传自身是环保主义者,富有环境责任感(→环境设计(Environmental Design))。

在过去的 40 年中,为了使室内设计成为一门专业并且达到与建筑设计专业平等的状态,室内设计人士付出了极多的努力。

在美国和加拿大,室内设计鉴定委员会,对学院和大学的室内设计教育进行评估,从而规范实践标准。此外,工业设计协会国际委员会也将室内设计纳入它的范围内,将它定义为"知识专业,而不是简单的企业贸易或一种服务"的一部分。即便如此,室内设计师受到的教育仍然参差不齐,室内设计专业没有形成一套系统的教学法。因此,它继续被作为一个向专业人士以及业余人士开放的行业。这种理解既显示了室内设计本身相对较短的历史,又体现了广泛文化力量的涵盖性,以及标志着全球社会的互动性。[SY]

→ 家具设计(Furniture Design),照明设计(Lighting Design),装饰(Ornament)

国际化风格
International Style

"国际化风格"是 1932 年纽约现代艺术博物馆所进行的建筑与设计展览的标题。亨利·罗素·希契科克(Henry Russell Hitchcock)和菲利普·约翰逊(Philip Johnson)早在 1930 年就开始准备这场展览,这场展览展示了自 1916 年以来欧洲设计发展给美国设计师带来的影响(开放的平面设计、条状玻璃、平屋顶、空间经济型、综合取暖、通风、空调以及固定家具或钢管家具)以及从风格派(De stijl)到捷克(→)功能主义的概况。它也为日后瑞士建筑师带来的影响铺平了道路。自 1933 年起,瑞士建筑师柯布西耶和德国建筑师和设计师(如沃尔特·格罗皮乌斯、密斯·凡·德·罗、马歇·布劳耶)的设计风格开始影响美国设计界。大部分作品展览涵盖了社会住宅项目(房地产、酒店式公寓)部分,这对大多数美国设计师而言是一个全新的领域,甚至导致当时的美国人普遍有欧洲设计师对风格可能有正确的认识,但对政治的立场却是错误的想法。相比之下,思想开放的美国设计师的非政治理想可能更现代,但它们缺少正确的(意思是欧洲式的)风格词汇。因此,不带社会内涵的风格元素被吸收,融入到美国的设计实践(比如幕墙、弧线形玻璃幕墙、功能性而不是宽敞的家庭厨房、悬臂椅)中。欧洲的冲突,比如有机设计与机械几何设计之间的冲突(汉斯·夏隆和雨果·哈林与密斯·凡·德·罗的对立)被忽略并最终被融合(如理查德·诺伊特拉和威廉·利斯卡泽)到了 1945 年的大军。随后,当代风格形成,比如以《住宅佳作分析》(*Case Study Houses*)为代表的出版物的出现。

虽然约翰逊与希契科克认为国际化风格是非政治的,但它还是引发了大量的政治敌意。德国纳粹对其做了犹如对犹太人那样的声讨,认为它极度不纯粹,给人印象淡薄。斯大林时期的苏联则把它视为资产阶级的、富豪的东西加以批判。但是国际风格征服了西方,从 20 世纪 60 年代成为现代主义的关键词之一。

华丽建筑物的黑白照片文档在国际化风格如何被人接受的过程中常常起着非常重要的作用。这些黑白复制品唤起了曾经流行的白色现代主义(就像在理查德·迈耶的作品中那样)。理查德·巴克敏斯特·福勒(Richard Buckminster Fuller)是欧洲形式主义早期评论家,那时的形式主义很少或者说只有一小部分,考虑那些迁移性、预先制造、集中维护的设施等问题。汤姆·沃尔夫(Tom Wolf)1981 年的《从"包豪斯"到我们的房子》(*From Bauhaus to Our House*)最终是一场主要针对美国对国际化风格接受程度的讨论,可以理解为一种对后现代主义的反欧洲分析。英国杂志《墙纸》展示了一种对国际化风格解读的当代手法。它将国际化风格与战后现代主义结合,将它视为当代设计的一个调和元素。[JS]

→ 设计与政治(Design and Politics)

直觉
Intuition

直觉是基于先前经验和快速迅疾的洞察力做出决断的能力。在口语中,这个词常常表示一种没有理由的特殊"感觉",一种认为如果没有跟随这种感觉做出关键性改变将会导致错误的感觉。

直觉描述了一个人的各种思考和学习过程之间的关系。它也意味着一种自觉的、即兴的决策过程。在设计中,它暗示一种感觉,即未来可能的流行趋势,行为模式会给现在的产品设计带来影响。凭直觉进行设计的设计师不考虑市场分析和结论的逻辑,而是出于一种对内在的"某种感觉"的信任。许多重要的设计作品都是设计师出于突然的灵感或者生产商出于直觉做出的选择作品成为系列产品的决策。直觉是视觉传达和界面设计中的核心元素,特别是关于网站、手机和其他技术设备的导航界面。对于普通使用者而言这类产品的操作难易程度应该是难度适中的,否则就会致使使用者产生挫折感或导致使用者缺乏兴趣,影响使用性和信息的成功传达。使用者导航也必须是直观的(也就是说,不需要使用说明就能理解的),并且针对目标人群设计成信息丰富的、直接或有趣的形式。为个人行为习惯量身定做的、具有直观操作系统的产品现在充斥市场,并且事实证明十分成功。iPod 的"多维论"(click wheel)是一种用户便捷的界面设计理论,基于该理论设计的界面可以直观地进行多层次操作。多维论渐渐成为衡量其他设计的使用性能的标准。

除了从"直观"这个词在当今的流行程度,还可以从大多用户导航界面的设计中清楚地看到我们对直觉的许多假设都是错误的,我们对于它的运作也知之甚少。在这个领域(设计),研究是至关重要的,如果没有它,"直觉"这个词的使用和语境可能仅仅是使无思考的状态变得理所当然。

→ 创造力(Creativity),设计过程(Design Process),设计方法(Design Methods),启发法(Heuristics)

J

珠宝设计
Jewelry Design

珠宝设计涵盖了佩戴饰品的创作。珠宝设计是一个巨大的市场,参与其中的不仅包括小型工作坊,也包括个人设计师,还有拥有自己销售渠道的设计工作室、专业的珠宝公司以及旗下公司成功开发珠宝设计的时装、香水或配饰公司。有的珠宝制作人努力使自己成为艺术家,有的则将自己视为工匠,还有的称自己为设计师。设计师这类人群又进一步分为设计少量珠宝(甚至限量和/或签名版)的设计师和给企业进行大规模珠宝设计的设计师。

在定义珠宝设计前,有必要来回顾一下珠宝这个词的词源。德语中珠宝这个词与英语中的动词"走私"有关。这样的词源表示这个词的意义在历史发展过程中可能发生了变化,从某种需要像守护财宝一样守护的东西变成了一种展示物件,一种可以体现佩戴者地位和姿态的东西。在英语中这个词与"宝石"有十分密切的关系——虽然目前所定义的珠宝仅局限于宝石或者贵金属制品,但几乎也包括所有仿冒材料的使用,包括塑料、纸、橡皮筋和纸板。

不断增加的对产品开放式的定义使设计能够发展出关于珠宝价值的新标准。从中世纪到 19 世纪晚期的新艺术派运动,珠宝的核心价值几乎完全取决于价值要素。这种转变有时导致传统珠宝制造者和它们的市场之间的冲突。

对珠宝意义的思考也开启了许多不同方面的考虑。它可以被视为十分简单的经济投资(特别是宝石、黄金、白银、铂金)、一种打扮的形式,或强调凸显某些方面和获得尊重的象征器物。后者在皇室的、政治的和军事的应用语境中特别引人注目,经常用于王冠、权杖、权利和影响力的勋章上。这些象征性的应用在日常使用中也十分引人注目。像穿着那样,珠宝可以代表佩戴者的富裕、时尚和为人瞩目程度;可以使人具有某种姿态和形体;可以制造出一种平衡或允许的不对称。同时,珠宝业可以起到吸引注意力的作用,如某人希望强调的部位:耳朵、脖子、胸部、手腕以及极少情况下的脚和脚趾(发展出越来越多可以佩戴珠宝的部位的

可能性,并开始流行)。^{ME}

→ 时装设计(Fashion Design),象征(Symbol),潮流(Trend)

刚刚好
Just In Time

"刚刚好"是 20 世纪 50 年代由日本汽车制造商丰田公司引入的一种策略性方法,旨在将贮存材料所需要的空间和时间最小化,节约生产过程中所需的环节。在最合适的时间输送所需的组件优化了操作流程,节约了人工劳动。现在所说的跨部门物流策略可以将生产部门保障平稳生产的很大一部分责任转移到供应商这方。^{DPO}

K

媚俗
Kitsch

媚俗是日常文化的一部分。一个东西是否被认为媚俗取决于它的文化来源、社会环境,且很大程度上是一个品味的问题。有些人认为巴伐利亚巴洛克教堂或亮丽的墨西哥祭坛属于媚俗,相反有些人认为它们是各自信仰系统中不可缺少的部分。将某些东西理解为媚俗取决于环境、个人文化、教育和时代。一个曾经被认为媚俗的东西可能在几年后由于它的稀有变成一件众所追求的东西。相反,艺术品或设计产品可能因为大众化生产而不再稀有,成了平庸媚俗的东西。

媚俗的东西已经在美学领域引发了许多激烈的讨论。甚至这个词的词源也成了讨论的主题。它首次出现是在 19 世纪末的慕尼黑艺术场上。有些人认为它来源于德语 kitschen(意为大街上清扫垃圾),而另一些人则认为它来源于英语"sketch"(速写)(那时在德国艺术市场上十分受英美游客的欢迎)。虽然他的词源仍叫人猜测不定,但到了 20 世纪,它的意义已十分明确。媚俗是一种差品味;艺术是一种好品味。换句话说,媚俗代表了受过教育的高阶层和俗气的低阶层之间的社会分化。

今天,艺术和媚俗之间的人为区分已经模糊,很大程度上是因为受到 20 世纪 80 年代杰夫·昆斯(Jeff Koons)和皮尔和吉尔(Pierre et Gilles)这些艺术家的影响。对媚俗本身的批评一旦变成惯例,它就能成为对惯例的挑战和质疑。语境化甚至去语境化的策略被用于将媚俗变为艺术。

今天有许多媚俗的例子:拉斯维加斯的建筑,那里的赌场不只是活力四射的城市典范,更是一种夸张;电视乡村音乐节目聚焦于那些重塑乡村小镇生活的怀旧明星;无数的浪漫小说和八卦杂志;博物馆销售纪念品、著名的教堂或朝圣地;水晶塑像、瓷器塑像;花园精灵;日本招财猫;等等。

在一个全球化的世界中,媚俗也可以代表地方来源、家乡和根:在美国、德国或日本的意大利餐厅里常常挂着圣母的油画像、浪漫的港口照片、贡多拉模型,以使餐厅看起来比意大利的餐馆更意大利。家里的过分装饰也会营造出这种感觉——墙上的印刷油画、房子里摆设的从国外收集来的饰品。

媚俗是极有魅力的,不管它是不是个人品味的问题——比如对于昆斯来说,在一个被理性和成就所限制的社会,媚俗代表了"救世主"的平庸。KSP

→ 达达主义和设计(Dada and Design),后现代主义(Postmodernism)

知识管理
Knowledge
Management

知识管理是在一个组织中进行的收集、保存、组织和传播被认为是对组织至关重要的知识资产的总体实践活动。知识管理的主要理念是:在任何组织内部的信息都具有商业价值。

从知识管理角度,可以将知识分为明确的知识和隐含的知识的两种形式。明确的知识指的是合法化的知识,比如在报告中或专利中涉及的那些。隐含的知识指的是那些不易被捕捉和保存的知识——过程、方法、关系、结构等受雇者长期积累下来的东西。对于知识管理而言最重要的挑战之一是辨识并捕捉这种隐含的信息。

有效的知识管理有许多不同的捷径。有些是以技术为基础,有些寻求创建一种组织内部分享知识的文化,有些依赖于组织过程的发展,从而直接影响知识在工人中的传播。用于支持知识管理的工具一般由设计用于收集和组织知识资产的应用工具组成,可以保证准确地搜索和检索。这些工具常在内部网络中使用,并常支持合作式团队的工作。

市场和工作场所的变化正在驱使越来越多的组织应用知识管理。建立在信息和知识基础上的激烈竞争、更多的工人主动性、即将到来的生育高峰期出生的人大量退休和职员削减使得企业和组织尝试保留核心知识资产以维持竞争力。MDR

→ 设计管理(Design Management),知识产权(Intellectual Property),策略设计(Strategic Design)

L

景观设计
Landscape Design

景观设计是将景观表现的构想作为物质实体项目进行的实践。景观设计作为自然体系和居住在其中的人们之间的象征媒介，通过改变土地外表以及决定活动在空间和时间上的分布方式产生着作用。景观设计因此既是一种设计的活动又是对那种设计的接受。它是一种共同的"普遍性"，同时也是一个表现空间，在其中各个作用方和自然系统开启新的景观。景观设计师正是在这样的反馈循环中工作。

景观设计的材料性工作通常包括堆土、切割、填充、种植、排水、引水、保留原貌、灯光照明和休憩设施等。这些都是为了创作出影响行为与地面、地坪和围合三者之间关系的设计元素。这些元素总是在连续或不连续的行为中得到体验，比如，在仪式、漫步和休闲中。材料在这些行动中实时的展现和转换带来随之发生变化的使用者(→)感知。

景观设计如何与场地发生关系取决于设计师。有一种方法是将地面作为一个中立的容器，承载设计师的方案。另一种方法是假设场地潜藏着各种珍贵的生活过程，试图与最细微的介入发生良好互动。还有一种折中的方法是认识到场地的表现和外观并将这些部分转化到新的有弹性的和值得注意的生态关系中。

所有这些方法都基于一种想象，即场地是一个有边界的领域或一块建筑地块。但是，关于场地的组成的理解仍然取决于设计师对它的掌握程度。任何一块场地都具有互相关联、一层套一层的尺度组织、过程和价值。这样的叠层和关联尺度也可以指城市的发展模式。也就是说，地区中套着地方，农业区中套着都市。当代的城市发展模式与全球化过程紧密关联，创造着围绕机场、交通枢纽、旅游集散地和知识文化中心的星星点点的景观。

这种在尺度概念上的转换体现在各种景观方案图的表现方法上。今天的图形工具，比如卫星影像、地理信息系统、脚本软件、电影以及现在的手持工具与传统的手持工具，比如制图工具、科学绘图工具和欧几里德几何工具等的共同使用带来了从多方面描绘当代景观的可能，能够将关联的几何学以及边界分离的力量融合进来。

产生现代景观设计项目的领域之一是后工业领域。这些后工业领域的土地要求重新整理和规划。另一个领域的快速发展消除着重要的生态-社会网络和过程。这些领域要求根据现有的居住状况培养有意义的形态学。垃圾填埋转型、海岸线的稳定、湿地恢复、新能源系统和水资源管理也是当代景观设计项目的元素,是应新的生态系统而产生的。

　　而另一个产生现代景观项目的领域是基础设施建设。城市的基础设施,也就是加强和配合其他城市系统的网络——最近作为一种景观设计元素重新审视自己(→城市设计(Urban Design))。在这样的背景下,景观设计受到了技术有效性和标准化以及自然过程操作的影响。在基础设施项目中,它常会被称为"景观城市主义",景观转化的影响最明显地体现在实验、监控和重建所进行的探索和开发中。除了城市和地区的公园,城市滨水码头、公共广场、边境交汇处等都是这个专业实践的新范围。这些项目常常是由公共资助或公共和私人共同资助的(→公共设计(Public Design))。

　　作为一个专业设计领域,景观和园林设计可以理解为一个创造知识的过程,一种治愈的形式、建造社会连结的方式或一种(→)奢侈和地位的体现。这些多样性的个人活动常常以一种无意识的状态影响着城市的面貌。房产规划、花园设计、社区公园、纪念馆、邻里构建的景观装饰和景观维护都是没有被人们认识到的景观设计的项目。

　　生态平衡理论与人与自然分离的概念仍是并存的。这反映在可持续景观设计遭遇的难度上(→可持续(Sustainability)、环境设计(Environmental Design))。最近的生态理论和非西方的景观理念则承认人与自然是互相关联的,演变是一个健康的生态系统应有的过程。因为这种对景观的综合理解将复杂的人类影响作为自然世界不可分割的一部分。景观设计作为一个范畴丰富的学科比其他学科诸如建筑学和规划专业享有更多新的机遇。[VM]

→ 建筑设计(Architectural Design),系统(System),城市规划(Urban Planning)

版面设计
Layout

　　版面设计是平面设计的一种,设计师在页面上对各个元素,也就是:图片、正文、标题和其他图像元素,进行排列,划分比例和处理相互之间的关系。版面设计常常建立在一个设计网格基础之上,它要面对的挑战包括视觉建构内容以及通过图像表达吸引人们的关注。它的样式取决于要求(海报、折页还是图册)。它常常是打印出来的东西,但是网页的图形结构也可以称之为版面设计。

从词源上看,英语"layout"这个词曾经指的是一种手工技能,那时用手工将设计元素放置在一个表面,需要把它们一一人工排列到页面上。今天,版面设计的每一个步骤,从设计到印刷都完全使用电脑软件进行。[CH]

→ 折页(Flyer),平面设计(Graphic Design),组织(Organization),海报设计(Poster Design),预印(Prepress),字体排印(Typography),网页设计(Web Design)

生命周期
Life Cycle
生活方式
Lifestyle

→ 可持续(Sustainablity)

从20世纪90年代开始,"设计"这个词就已几乎与"生活方式"甚至"风格"作为同义词使用。今天,几乎所有媒体、杂志、报纸、图册、邮购目录中都包含至少一次"生活方式"或"风格"这些词,并且越来越多地出现在了标题中("生活和风格""生活方式""风格""日本风格""国际风格杂志"等)。

在谷歌中键入"生活方式",可以得到372,000条搜索结果。把它作为两个分开的词键入,又可以得到24,900条结果。如果只输入风格一词,那么得到的条目数量是惊人的1,130,000,000条(2006.10.04)。在维基百科免费开放资源中可以找到:"在社会学中,生活方式是一个人(或人群)生活的方式。这包括社会关系、消费、娱乐和衣着。生活方式特别反映了个人的态度、价值和世界观。"但是,这里又存在一个解读误区:生活方式,常常被用于指那些有着良好教养,培养自身艺术气质的人:比如奥斯卡·王尔德、温莎公爵等。那些知名的音乐制作人,或来自汉堡的花花公子,或者拥有富有磁性声音的电视偶像,可能过着很好的生活,但从这个定义上讲,并不是一种指定的生活方式。

让我们从社会学背景下看"生活方式"这个词,特别是法国人皮耶·布迪厄(Pierre Bourdieu)的理论。他说统治阶层精英通过倡导高雅文化以及细致优雅的生活方式建立起它的权利地位。另一方面其他的社会阶层则发展出一处栖居地,甚至小到等同于他们起居室的摆设,使之看起来似乎他们所处的社会地位是有意识选择的生活方式。"你得到了你喜欢的，因为你喜欢你现拥有的。"

德语维基百科 Lebenssti(生活方式)词条下包含有医学子项中健康生活方式的目录。"在医学术语中，这个词含有健康的生活方式的含义。"维基百科进一步指明了支持健康生活方式所具有的功效的数据少于那些支持全面医学治疗的数据。这可以认为是因为医学工业从提倡健康生活方式中得到的利益少于从提倡医药工业中所获得的利益。但是必须记住担任国际五星级酒店的温泉理疗师或健康俱乐部的太极和瑜伽教练所获得的薪酬是非常可观的。在化妆品行业、针织行业(时尚体育服装)和任何一期健康杂志(比如《生命》、《保健》、《平衡》这些杂志)也是这样的情况。电子企业菲利普公司最近宣布他们已将旗下半导体分公司出手，正在向"生活方式品牌"转型。这与他们创立时的初衷差异十分巨大。它将自身放到了一个与法国酩悦·轩尼诗-路易·威登集团(LVMH)相同的领域中，这是一个以奢侈品为主打的企业，旗下拥有 LV 箱包，酩悦香槟，轩尼诗白兰地以及爱马仕、普拉达、古奇等品牌。这些品牌倡导健康的生活方式。另一方面，瑞典时装企业 H&M 在展现一种成本意识的同时，提供了高端设计。不论如何，像麦当娜、卡尔·拉格菲(Karl Lagerfeld)或斯特拉·麦卡特尼(Stella McCartney)(甲壳虫乐队成员之一保罗·麦卡特尼的女儿)这些偶像为这个瑞典企业的成功提供了帮助，H&M 与瑞典设计和家居公司宜家共同影响了一代人的品味(或风格)。很明显，生活方式可以引发许多的商业行为。宜家和 H&M 的风格毫无疑问唤起了大众的设计意识，并且显然在世界范围内对提高造型品味有着正面影响。

英语和德语中关于"风格"这个词的意义差异重要吗？有必要吗？在德语中"风格"只获得 69,500,000 个搜索结果，并且有些是关于"风格与图像参照"(如"大风格，也就是大尺度，浓缩铀"——一篇关于伊朗的刊登于福克斯杂志的文章)的。阅读这篇文章而不是《明镜周刊》(Der Spiegel)上的文章，可能会变成一种社会学上的消遣，可能会支持布迪厄关于生活方式的理论。当然，这可能离题太远了。不论怎样，维基百科这个对所有人开放的可阅读和添加或编辑的百科网站，告诉我们"lifestyle"这个

词在意义色彩上与德语 lebensstil 有所差异,就像英语 style 与德语 stil 的差异那样。[BF]

照明设计
Lighting Design

人类因素、技术评价、美学和环境影响是在照明设计过程中几个最重要的时刻需要牢记的因素。虽然照明设计作为一个正式的专业存在的历史相对较短,但是科技进步和人类因素的研究使这个学科在近年来得以向前发展,它提供了一个更全面的对媒体设身处地的理解。

照明设计这个词用于一系列与专业实践相关的实践活动,由光的特征的应用和表现组成:

· 建筑照明设计指的是自然和人造的灯光系统的设计,为建筑构架物、室内场地或城市环境相关的功能和/或效果的设计。

· 剧场灯光设计指的是当代为舞台和剧场设计的可移动照明设施的搭建。

· 日照设计指的是对建筑场地位置、建筑物朝向、外形、造型和外观设计进行评估从而最大程度地发挥日照的作用。

· 专业化灯光设计可以指对广告牌、标牌的研究或将灯光作为某个行业的一部分进行展示,比如制造、汽车、机场或交通系统。

虽然照明设计可以指一件具体有形的设施的设计(正如在灯光产品或专业灯光设计中那样),它常常也包含与其他建筑材料和表面发生互动的光。光几乎总是与我们在任何建筑环境中的感官体验紧密联系。为此,建筑照明设计成为建筑领域中最广为人知的类别,常常包含其他类别中的许多方面(比如,日照设计常是建筑照明设计的一个重要组成部分)。因此,建筑照明设计将是一个基本的参考点。

人类因素、技术评估、(→)美学和环境影响是在照明设计过程中需要谨记的几个最重要方面。有些人认为在用光进行设计时最重要的考量点应该是人类互动:对使用者的感知、生理和心理影响。我们的生理以一种奇特的方式受到与光照有关的日夜更替和季节变换的影响。这些生物响应是我们每个人通过生活中的经历积累起来的文化体验的结果,也是千百万年前早期进化得到的普遍具备的生物特征。比如受到日照影响会带来某些对人类正常生理功能包括睡眠模式等至关重要的影响。现代人造光源的发展极大地改变了这种已建立起来的生物模式,将对人类健康带来长期的显著的影响。近年来,随着科学研究发现光对我们的生理和心理健康的直接影响,人类因素越来越成为照明设计中一个重要的考虑因素。

大多与照明设计有关的定义都承认了技术/科学和创造/艺术之间的双重性。在建筑照明中常有照明设计和照明工程的区分,照明更倾向于美学而照明工程则倾向于技术。但是本文作者认为这种区分太过刻意,让人悲叹。一个富有创意的设计如果无法满足技术要求,就是一个失败的方案,而只解决技术问题却毫无美感的方案也同样糟糕。强调技术评价常常导致项目类型流于雷同,这些基于量化标准和规范的项目几乎不允许任何具有独特风格的变量产生。以各组织为例——国际照明委员会(CIE)、北美照明工程协会(IESNA)、德国标准化学会(DIN)均出版了"建议标准",作为设计师和工程师的参考。不幸的是,这些概括性的技术标准常常被误读并作为单方面的最起码要求。当这种字面解读成为大量项目的首要要求,通常得到的结果是方案达到了任务要求但也只局限于这种数据式的问题解决,没有任何拓展。

　　任何一个照明设计项目方案都应考虑项目需求、具体任务的要求、客户特点和场地状况。但是设计行为中包含与规划相关联的创造性的艺术实践的应用。在照明设计中,这可能包含光源本身的组合、组织、完成、色调和尺度以及空间照明的结果。这些美学选择势必直接影响与人类因素和技术标准相关的考虑,每个设计师势必做出不同的美学选择从而导向独特的设计方案。对于设计过程而言,掌握多样性,对历史传统做出挑战是很重要的,从而为未来的实践者们打开新的机遇以供其参考。

　　除了与照明设计有关的生理、技术和美学方面的问题,近来对可持续性也有了极大的强调,在这种语境下,可持续包含更多的对能源有效性的传统关注,但也关注照明和照明硬件对环境的影响。照明系统占用了建筑物总能耗的很大一部分,并且能源利用率常常不高。它们也会通过光侵袭和光污染以及光产品的丢弃,特别是含水银灯管的丢弃对环境产生负面影响。这些环境因素需要与上文提到的设计环节中的其他考虑因素进行综合和平衡。

　　建筑照明设计可能由灯光设计师、专业的独立设计师在与此相关的任何专业实践领域如电气工程、建筑、室内设计和制造业中进行。并不是头衔而是能力决定了实践者是否能进行这类设计。说到这里，不得不提的是虽然有许多与此相关的具备传统实践或美学的基础知识的个人实践，但是他们对最新的技术成果常常缺乏了解。此外，实践者原来的专业常常给他们的基础实践带来某种偏向。比如从事照明设计的工程师，具有结构、机械和水利系统基础，常常倾向于将参考标准视为若干生命安全或重要荷载因素的"最低"标准。在许多时候，他们的项目"太过工程化"，限定太多。这些偏向可能带来一种不平衡的结果，过多地倾向于美学、技术研究或产品销售，而不是一种对人类、技术和其组成的综合考虑。照明设计专业在某些方面已经发展为能够提供一种对媒介更全面的情境化的理解。

照明设计作为一个正式的专业存在的时间相对较短（大约75年前产生，但30～40年前才得以推广），因此没有一种系统的教育方法。大多实践者通过个人经验、研究和专业实践发展出他们的知识基础，甚至今天还只有少数学术机构提供全日制的专门针对照明设计的专业教育。更常见的是，照明设计教育在诸如建筑学、室内设计、产品设计、戏剧或工程专业教育中出现，但是所涉及的课程也十分有限。与这种有限的课程相似的是，照明设计课程常常因为开设专业的不同而有不同的教学侧重点，比如在建筑照明设计课程中，常强调量化的评估，照明设计经常与采暖、通风、空调、管道等平行开设，最终成为建筑系统中的一个技术指标。

与大多设计学科一样，照明设计师资格的认定没有正式的教育、专业或测试要求。在美国，照明设计师资格认定只需展现具有一定程度的照明设计能力即可。这种认定不能等同于正式的认证或注册，如注册建筑师或职业工程师，但在一个专业教育仍不完善的专业上，这也是一个对专业能力认定的有效途径。这个认定程序由照明执业资格认证国家委员会建立，这是一个独立组织，其全部目的是对照明职业进行认定。随着这个学科的进一步发展，技术进步以及更复杂的人类因素的介入，可能会出现一个更正式的测试规范的具体要求。[CB+DP]

→ 建筑式设计（Architectural Design），人类因素（Human Factors），室内设计（Interior Design），背景设计（Set Design）

后勤学
Logistics

总的来说,后勤学可以指复杂生产流程的计划和执行,包括货物和人员的运输和分配。

后勤学已经变得越来越重要,特别是在工业生产领域。在这种背景下,它主要处理的是各生产阶段的顺序,正确的放置和机械的使用,材料和组件的供应,一个特殊产品阶段的持续时间,连接机器的网络系统,以及包装和分派等环节的互动和最终协作。

如果把后勤学设计的过程表述为一种高级形式的协调,两个方面立即显现:首先,后勤学需要非常细致的设计;其次,在后勤学方面的设计可以特别具有创造力。在考虑到日益加剧的生产流程自动化和数字化的时候更是如此,因此它强调了设计在自我生产过程中的责任。在大型的现代企业的设计部门(比如汽车工业),设计以及生产的全部指示都以数字形式装在机器中,根据这个数据,生产过程从开始到结束已全部得到预设。因此,在这个案例中,后勤学是设计的一个固有部分。

也需要承认,所有机器和自动设备以及将它们互相连接的系统,将得到恰当地设计——设计对产品质量控制和企业自身后勤的供给负有责任。一些工业公司转型成为简单的组装或销售和分配的贸易企业,需要大型企业给出明确的地点、时间和质量要求才能将生产进行最有效的综合。设计这样十分复杂的互动过程需要很高的设计水平——后勤学一直延伸到销售和分配并且决定了材料清单,制定内容和运输地址、安排装卸,协调盘货。

此外,后勤学这个词来源于希腊语"logos",意为"词",圣经中这个词含有起点和中心方面的意思,《约翰书》(*Book of John*)中的开首句:"在开始时是 Word。"所以,后勤学是从一个中心点引出的活动,或一个设计和统计的因果链,一个从开始到各种不同的终点的过程。[BL]

→ 设 计 管 理(Design Management),设 计 规 划(Design Planning),产 品 开 发(Product Development),生 产 技 术(Production Technology),策略设计(Strategic Design)

标识
Logo

这个不那么确切却很常见的词"logo"表示一个公司或一种实体或非实体产品的标志。说它不确切是因为希腊语中 logo 意为"词"或"演说",因此更确切的表达应该为"词标"(word sign)。

一个 logo 通常涵盖了文字、平面图形或两者的结合。它是企业设计的一个重要元素,因为它将实体的视觉形象和它代表的机构进行了程式化的表达。有些人认为 logo 是设计一个企业形象所依赖的基础,而另一些人则认为它正在消亡,他们认为成功的企业设计最终应该不用 logo 就能被识别。由于全球企业机构变得日益复杂,有必要发展出一整套标识和符号系统以利于形象识别。

设计 logo 对许多设计师而言是一项具有挑战性的工作。好的设计易于理解,能经受时间的考验,并且能够在多种媒体上进行表达,能够"吸引眼球"。技术上检测一个 logo 是否具有再现能力,常常用传真机进行测试。通常在多次传真后它们仍能清楚辨认,那么就被认为可以在任何媒体上成功展现。另外,也需要考虑其他的一些因素和应用方法:印刷的长度、在多种媒体中的解读、它最终会使用的环境等都是设计师最终决定 logo 的颜色和形式需要考虑的方面。

Logo 设计应该用一种清晰而有深刻见解的方式传递它所代表的一个实体或机构的形象。Logo 的作用包括社会形象识别(他人如何看待它),排版形象识别(它如何与其他竞争对手区分),以及所有者形象识别(它如何传递关于所有权的信息)。历史上有一些 logo 存在之前与之相似的东西,诸如军队的制服(社会形象识别);早在古埃及即已存在的在牲畜身上打上的印记(所有者形象识别);古罗马在一些陶器如油灯上的签名。随着时间的流逝,logo 的技术需求变得更为复杂。在今天的新媒体中,越来越多地在 logo 设计中使用联觉因素,如声音和移动要求设计师扩展他们的专业技能,了解诸如声音商标(audio branding)和动画 logo 等方面(→品牌打造(Branding),动画(Animation))。[CH]

→ 广告(Advertisement),平面设计(Graphic Design),版面设计(Layout),声音设计(Sound Design),商标(Trademark),视觉传达(Visual Communication)

外观与感觉
Look And Feel

一件物体、平面作品或包装的外观与感觉来自于对设计的主观感知。它表示物体带给观察者的印象,它产生的效果,它看似拥有的特征或它外部形态的表达。

因此外观与感觉既可以是正面的也可以是负面的,从感知得到的感觉是主观的。东西的外观或感觉可以是坚硬的或柔软的,技术的或艺术的,经典的或现代的,等等。

物体的外观和感觉来自于创造它的设计过程:所选用的材料和颜色、构建的形式、制作的比例。因此,气氛的营造、(→)美学的表达、所有设计元素发展出的和谐等冲击了观看者的视觉,观看者将这些与他们的期望、需求和经验进行比较。如果氛围很大程度地与期望吻合,它就会被理解为协调的、舒适的、恰当的。[KW]

奢侈
Luxury

这个词来源于拉丁语 luxus(意为高级、无节制、放荡以及旺盛的繁殖力),它描述了行为、花销和产品被认为超出了社会认为必要或理性的程度的方式。德国社会学家、政治经济学家维尔纳·桑巴特(Werner Sombart)在他的关于现代世界作为无节制精神的产物一书《奢侈与资本主义》中将奢侈定义为资本主义之母。奢侈的概念,从物质商品以及拥有它们的行为角度来讲,根据文化、社会阶层和经济状况有所差异,并且是社会经济和文化发展的最重要的驱动力之一。富裕阶层和统治阶层的成员有足够的时间和资源建立和享有奢侈的服务和产品,奢侈文化大多由他们驱动形成。他们不断想超过彼此的想法驱使他们更大胆更有创意的需求,从而推动了艺术、建筑和手工艺的发展。

奢侈的历史与人类历史本身一样古老,对被归类为奢侈的服务和商品的共识也在不断改变。富人总是偏爱昂贵的材料,所以用宝石、象牙和贵金属制作的产品总被认为是奢侈品。在欧洲的专制时代(1648—1789)的商品特别多地使用奢侈材料,裁缝使用织锦、天鹅绒、丝绸和其他珍稀材料裁剪衣服,商品如进口品种和稀有食品也被认为是奢侈品。由欧洲探险开拓者们带回来的可可豆于1544年首次在西班牙宫廷的饮料中出现,到了18世纪它已经成为欧洲贵族的奢侈品。诸如咖啡、茶、胡椒粉以及其他的一些商品都是重要的贸易商品,作为奢侈品,是欧洲城市积累财富的重要基础。在17世纪初期,郁金香成为荷兰的地位象征,17世纪30年代其价格突飞猛涨,直到1637年2月6日,郁金香风潮发展到了巅峰。

一直以来始终存在着对奢侈的夸耀与铺张的批判。从古至今,哲学家、法律制定者、牧师和政治家都批评奢侈行为,认为它对社会有害。它对社会的积极作用从未得到赏识。直到 18 世纪,法国政治哲学家孟德斯鸠和伏尔泰捡起了这个主题。孟德斯鸠说:"如果富人不浪费,穷人就会挨饿。"事实上,瑞士钟表业发展正是作为对卡尔文教反对古董和饰品的直接回应。1705 年,专门制造复杂和精细钟表的珠宝商开始定居到法语国家瑞士的拉绍德封(La Chaux-de-Fonds)和力洛克(Le Locle)这些中心(→珠宝设计(Jewelry Design))。自此以后,钻石逐渐被更细致和复杂的机械,越来越小和越来越技术精巧的构件所替代(腕表仍是男士在公共场合可佩带奢侈宝石的少数机会之一)。

在今天的时代,奢侈的理念几乎总是与高级和昂贵的品牌有关。奢侈品牌商品的定价策略有它们自己的规则并总是迷惑消费者的眼睛。但是品牌最终是为了帮助消费者在世界市场无数的选择中不至于迷失,因为消费者不再需要发展出自己的评价标准(比如关于设计、工艺和质量)。知道最重要的品牌名称然后成为负担得起它们的人,这标志着某种社会地位。

甚至奢侈行业本身也易受到审美和经济结构的影响。如果消费习惯发生改变,奢侈品牌可能失去它们的地位。今天看似奢侈的品牌,明天可能就过时了。

奢侈商品的标价可以取决于以下一系列因素:

· 使用珍稀昂贵的原材料(钻石金表)。

· 品牌的价值和历史(→)可信度:这种联系可以单独地保证高价格或使用材料的价值,因为这个品牌是精心发展而来并且用历史(遗产)和设计培养形成的。

· 精心设计的包装和国际市场(奢侈品香水)。

· 产品组成元素的数量和复杂度以及工艺水平和生产要求的工人素质("卓越繁复"(Grande Complication)系列机械腕表)。

相似的价值因素也可以应用于奢侈酒店行业,完美的坐落位置、奢华的空间使用、周到的服务可以使客人感觉特别或得到优待——或应用于奢侈轿车行业,奢侈汽车的价值取决于强劲的引擎、精致的用材、丰富的配件、良好的技术性能、宽敞的空间等因素。工艺、制造技术和限量生产都能创造出奢侈感。

从符号学上看,奢侈的现象不是一个独立的现象——像其他所有美学象征那样,它是所使用环境的一个产物。一辆跑车是一种奢侈商品,这是对于商人而言的,可以显示他的地位,但就一级方程式赛车手而言,它只是工作用的交通工具。对于高尔夫球手而言高级的球场并不奢侈,那是他们谋生的场所——而伏尔加河上的渔夫,他们用鱼子酱当早餐。

奢侈品的价值使它们的制造商易受到商品掠夺和抄袭。时装和配饰行业特别容易被复制,因为大多生产环节不涉及精巧或技术的复杂性。然而即使是诸如机械腕表这种高度复杂的产品仍然可以使用现代生产手段精确地复制,有时它们甚至在原生产厂家中被秘密制造。复制品会对奢侈的理念产生极大的影响(→假冒(Fake))。它们对奢侈品牌的价格策略是一种不自觉的挑战,并且开启了有关奢侈功能的公共讨论。

奢侈现在已超越了商品范畴。时间对于社会精英而言可能是最重要的奢侈品;劳累过度的经理人则渴望平和与宁静;对于人口密度高的亚洲城市居民而言,洁净的空气是不可企及的奢侈品。对于第三世界国家的许多人来说,进入教育机构读书是件奢侈的事。而文化本身就是件奢侈品。设计总是在这些情境和过程中起着积极的作用。[MBO]

→ 质量(Quality),社会(Social),价值(Value)

M

市场研究
Market Research

当市场结构从供给驱动转向需求驱动,就产生了获知市场要求和喜好的需求,这对于行业而言已越来越重要。起初,客观的量化程序被用于检测人们的希望和要求。用复杂的统计学编辑和处理性别、年龄、收入、家庭状况和消费习惯,然后形成产品开发和营销理念的基础。即使今天,基于消费者行为研究的市场研究仍然是许多营销部门的标准模式。计量社会学,或者说对人类情绪、欲望和行为这些长期以来被认为与指示和控制人们的愿望和行为有关的因素的测量已经有了可能。

动机研究和质量导向研究首先出现在 20 世纪中期。那时以欧内斯特·迪希特(Ernest Dichter)为首的动机研究建立在对消费主义批判的基础上,提倡保护消费者。万斯·帕卡德(Vance Packard) 1957 年 出 版 的《隐 形 的 说 服 者》(*The Hidden Persuaders*)一书表达了当时普遍的担忧,即消费者会成为心理操控销售和诱导策略销售的自愿受害者。对颜色、形状、产品和包装的心理影响、设计策略的不同卖点、气味和声音的潜在情绪效果、广告的戏剧效果等知识的增加引发了对消费品和销售世界中操纵行为的担忧。

担忧早已种下,质化心理营销和动机研究已经成为市场研究和营销部门中的固有元素。深度采访、聚焦人群、小组讨论、影射研究设计以及人类学观察是质化心理营销和动机研究的几个基础方法。社会环境分析使聚焦人群这个方法在今天更受设计师和市场开发者的欢迎,作为一个引导点和手段,强调了对消费者生活和生活方式的研究。

所谓的(→)潮流研究在市场研究中也受到高度重视,因为猜测未来影响消费者行为的发展趋势是十分重要的。当然未来学是一个很困难的领域,正如尼尔斯·玻尔(Niels Bohr)那句名言中所说,"预言是很难的,特别是如果它是有关未来的时候"。但是,未来和潮流研究仍然成为市场研究的两个重要方面。潮流研究的常用方法包括:潮流追踪、藏品预示、搜索、调查等。

市场研究需要在(→)全球化、工业化和复杂交流网络扩展的背景下被重新评估,这给予了消费者参与产品设计的机会,同时也使他们的行为更难预测。有趣是,这种困境使直觉成为一种意外的、很好的选择和模式,即明辨动机和行为的统计何时何地会误导研究。神经生物学研究上的进步正被用于定位直觉的位置,并且在磁共振成像的协助下发挥它的作用,从而对新型的神经营销学有所贡献。[BM]

→ 参与设计(Participatory Design),观察研究法(Observational Research),研究(Research),目标人群(Target Group)

材料
Materials

材料这个词指的是用于生产(→)物体或(→)产品的有形物质。材料不仅构成了我们的日用产品,也构成了我们生活所处的环境。

材料的选择是设计师需要做出的最重要的决定之一,因为它将影响到之后所有的过程和决策。当然,几乎有无数的材料存在着,新材料以一种惊人的速度发展和被发掘。关于材料的广泛理解对于设计实践者尤为重要,从工业设计领域到建筑设计、纺织设计领域,设计师在选定某种材料之前必须考虑所有的相关因素:它的触感、外观、气味、移动方式、重量、寿命、成本、美感或文化共鸣、生态影响等等。设计师也需要考虑到每种材料对于不同的使用者会激发出不同的(→)价值考虑和反应。因此成功的设计取决于最佳材料的选择策略以及能否将这些材料与设计结合从而发挥材料的独特属性和特点。

虽然所有材料都来自于地球,但是今天的大多产品都由那些自然属性发生很大改变的材料组成。换句话说,大多产品是经过了物质自然形态的一系列生产加工后的结果。原材料——未经加工直接从地球上开采的材料——可以由无机物(铁矿石、黏土)或有机物(木、棉、丝)组成。有机物组成的材料指的是自然的或生物的材料,大多都是易降解材料。原材料经过处理或与其他材料结合成为半完成处理的材料(金属合金、组件、纸、布)。今天,这些经过处理的材料常常是合成的或人工的——也就是说,要求一系列挤压或化学反应处理的,无法在自然界中找到的材料(合成塑料、橡胶、树脂和注入聚酯和尼龙纤维)。

合成材料种类的增加和发展从 19 世纪到现在，虽然历时较短，却引向了新的研究和工程学领域，即材料科学。这个领域的实践者们通过对已有材料性能的扩展研究打开了各种新的可能性和工艺，利用具体属性创造出新的材料（比如在耐热、弹性和传导性方面）。这些发展使设计师既可以改进已有产品的性能表现，又可以发展出新的产品和技术。比如（→）智能材料，可对热动态能源转化做出回应。另一个例子是纳米技术，在分子和原子层面进行材料的控制。这些新的技术和流程有可能改变设计师对产品设计材料选用的方法。

随着我们进入 21 世纪，材料开发者和有意识地应用材料的设计者们的责任正变得越来越明显。正在进行的材料研究使我们的生活不仅有可能变得更方便，也更安全和可持续。从工程设计的角度讲，材料对于保障产品的安全性和可信度在一个日益技术化和机械化的社会中的重要性是显而易见的。从生态角度，设计产品的环境影响取决于设计师为产品所选择的材料以及产品的使用方式（→可持续（Sustainability）、环境设计（Environmental design））。近几十年来，材料使用量的减少、排放研究、可回收和生物降解开始得到关注。同时，纳米技术和材料科学的进步、数字化网络的扩展，甚至空间旅行的革新已经改变了我们所认为的设计作为物质空间的思考方式。关于我们对自然资源产生影响的深化认识以及我们与人工和虚拟环境之间的日益复杂的关系，正在改变我们对材料作为一个概念和材料本身的理解。^{JR}

→ 外观与感觉（Look and Feel），虚拟（Virtuality）

机电一体化设计
Mechatronic Design

"机电一体化"有时被理解为"电子机械设计"，它代表了电子、机械工程和（→）软件的一体化。这个词于 1969 年由一个日本企业的高级工程师首次提出，它由"机械"（mecha）和"电子"（tronics）两个词根构成。设计和产品开发过程将这些元素聚集到一起，产生了能够生产更智能和更互动的产品和系统的协作。

在机器人研究领域，由软件以及机械和电子控制的自动化产品，是机械一体化设计最为人熟知的东西。机械一体化也包括控制系统的设计，也就是工程学调节系统方式。其他领域的电子机械一体化包含有微电子机电系统、感应器/制动器、人机界面。常

见的依靠电子机械的物件包括感应龙头、感应洗手液龙头以及防锁死制动系统。[AR]

→ 工程设计（Engineering Design），硬件（Hardware），高科技（High Tech），界面设计（Interface Design），系统（System）

媒体设计
Media Design

→ 视听设计（Audiovisual Design），传播设计（Broadcast Design），界面设计（Interface Design）

孟菲斯
Memphis

孟菲斯集团由一群后现代主义设计师于 20 世纪 80 年代在意大利创立，并且在远远超出意大利范围内为设计的解放做出了许多努力。这个团体的名字来自于由鲍勃·迪伦（Bob Dylan）演唱的歌曲《孟菲斯蓝调》，并且多少是其创立者随意选择的一个名字。其成员包括集团的创建人和精神领袖埃托·索特萨斯，米歇尔·德·卢基（Michele De Lucchi），安德里亚·布兰兹（Andrea Branzi），梅田正德（Masanori Umeda），安东·西比克（Aldo Cibic），乔治·苏顿（George J. Sowden），马可·萨尼尼（Marco Zanini），娜莎莉·杜·柏诗姬（Nathalie Du Pasquier），以及许多其他年轻的国际设计师。

1981 年在米兰举行了第一次孟菲斯展览，并且在那时引起了很大反响。所展示的家具和产品设计远远超越了简单的后现代展品或风格潮流。设计大量使用拼贴和突起的形式，在大面积的表面使用丰富的色彩和样式。最重要的是，孟菲斯设计师打破当时的常规的方式使自己区分于其他设计师。相比工业化大生产，他们更看重工艺和限量版生产，他们刻意设计那些明显不具功能的物件，而不是过多地看重理性主义（→ 理性主义（Razionalismo））或（→）功能主义倡导的原则。但是这并不是说孟菲斯是完全由对之前的设计运动的批判获得确立的，正如孟菲斯的事件记录者和艺术总监芭芭拉·拉迪斯（Barbara Radice）所写的那样："孟菲斯并非设计乌托邦，不像激进的先锋艺术家，在设计过程中并不占据至关重要的位置……孟菲斯将设计看做一种直接的……交流方式，并且使其内容具有当代性，完善动态语义学的潜力。"

孟菲斯设计师培养了一种开放的、富有弹性的设计文化，认为设计的人工制品不管它来源何处都具有重要的系统和文化意义。他们不抗拒商业化，但是认为消费者行为是个人社会身份的一个重要表达。由此产生了孟菲斯与之前的更激进或更先锋的运动（例如（→）激进设计，或者甚至被认为是孟菲斯前身的阿基米亚（Alchimia））之间的主要区别。从这个方面来说，孟菲斯标志着真正的"新设计"的开端。

孟菲斯现象最终被家具行业应用，进行商业化并且演变成了一种"风格"。孟菲斯也在意大利设计界引发了另一个重要发展，即将意大利设计推向国际。[CN]

→ 后现代主义（Postmodernism）

错误信息
Misinformation

正如这个词所显示的那样，错误信息指的是蓄意散布的不正确信息，常常通过媒体以及所谓的"道听途说"传播。通过已有媒体或直接在人与人之间传递错误但又有一定权威度的信息的目的是为欺骗目标人群，获得计划的效果。广告有时用各种微妙的错误信息的形式，达到细微的有时甚至惊人的效果。20世纪70年代在印度关于奶粉的广告运动以及烟草公司的健康声明是最好的精心设计的错误信息的例子。[TM]

→ 广告（Advertisement），信息（Information）

移动性
Mobility

在设计领域，移动性指的是开发物品和系统使其可以被移动和运输。这个词常常用作"可用的运输设备"的同义词。但这又忽视了可移动性的系统性方面：在各种独立或公共的交通系统之间单独的物质或精神的可移动性或它们之间的关联。换句话说，在设计语境下的移动性不仅是关于运输的物质手段，比如汽车、火车、飞机和船（→汽车设计（Automobile Design），交通工具设计（Transportation Design）），它也包含着设计这些交通工具的转换网络以及运输、交通和后勤的可见或不可见的部分的整体服务。设计为运输和旅行的平民化做出了贡献，使更多的人可以获得这些资源，而数字化运输网络系统则使各种运输模式能够综合联系起来。

布莱士·帕斯卡（Blaise Pascal）在1670年时写道："我已经发现了人类不幸的唯一原因是他不知道如何才能在房间里安静地呆着……我们的本质在于运动，完全的休息即是死亡。"在现代世界,完全摒除移动性就像完全摒除交流性一样不可想象——一个有时让人振奋且沮丧的概念。一方面,移动电话、手提电脑和其他无线电子交流设备的不断发展,使人们有可能过着很大程度上不再局限于地理位置的安定或漂泊的工作和生活;另一方面,随着不断扩展的混乱的交通,不断增加的电话网络和其他设计用于促进移动性的设施也使世界上大多数地区的人们很难逃离引擎的噪声或移动电话的铃声。换句话说,在很多情况下移动起来的想法比试图服从于这种可能性的想法更吸引人。当交通过于繁忙时,就会塞车。于是移动性被阻碍,变为停滞。

为了使移动性成为一种令人满意的机遇而不是一个令人沮丧的必要性,运输的不同方式和目标带来了情绪的激昂。有趣的以及有时非理性的特征被加诸于移动性的基本途径上。这被应用到汽车上,有时也用到家具上。在家具上安装轮子,不是因为实用,而是为了展示即使是家用设施也能移动,家具本身是可移动的物体。

输送技术对我们与空间和能源的关系具有基础性影响。建筑师、城市规划师和文化理论家保罗·维希留(Paul Virilio)在他的速度学(dromology)研究中做了这个主题的研究。速度学是研究与现代技术社会有关的速度学说。维西留认为现代高速度科技通过扩展和延伸分解了空间,他也提到了关于一个社会的"愤怒的停滞",它显示出控制空间和时间,但是最终设计出它自身的区分度。社会学家齐格蒙特·鲍曼(Zygmunt Bauman)的畅销书《流动的现代性》(Liquid Modernity)(2000)提出了从浓重现代性到轻微现代性的转变:"耐久性对于任何巨大的、稳固的或沉重的或移动性受限的东西都是一个负担。"

不可否认,人类的移动性易受多种约束和限制的影响,并且这是一个普遍的现象,使它更令人兴奋和危险。由于运输系统互相关联形成越来越大的网络,它们也更易迟滞或受到恐怖行为的攻击。设计师和工程师传统上会开发出管状或中空的运输设施,使许多人能在其中度过一段时间的同时以高速且不被打扰的方式在地面上或地面下、空中或轨道上行驶。对于车辆、火车或飞机的质量的关注度远高于对交汇点(即乘客等待、花时间或通过)的关注度(→公共设计(Public Desgin))。在未来,这些也需要得到与交通工具移动所得到的同样多的关注和科技投入。同样,少数图像使用界面被优化,融入新的、越来越复杂的关于移动性系统和网络的设计过程中。

关于其他移动性形式的研究在能源逐渐减少的背景下尤为重要。移动性的问题远超过了诸如如何从 A 到 B 的移动的问题。为了向前发展,设计实践者们需要在全面考虑环境、经济和社会因素的前提下,考虑他们关于移动性的不同决策将带来的差别和影响。[TE]

模型
Model

将想法实施并且使它成为有形的东西的能力,使模型成为一件自人类发明产生伊始不可或缺的规划工具(比如人工制品)。另外,它的教具式的信息传达价值使它成为一件有效的教学工具。它首先在建筑学领域发展,是一种物质的制品,但是已经被逐渐应用到了日常生活和科学研究中。到了 20 世纪后半期,这个词不再被用于主要指手工制作和三维的东西,而是更多地被用到许多物体、系统和流程上。今天,"模型"可以指一个示意图、图表、总图、图纸、图文、电子测试装置(就像风压测试中的汽车模型)、声音模型或时装模型。它也可以指诸如理论和推理模型这样的概念模型。它的语义学涵盖范围几乎不可能给它一个全面的、普遍认同且清晰的定义。克劳斯·戴尔特·伍斯特耐克(Klaus Dieter Wüsteneck)和赫尔伯特·斯塔修维克(Herbert Stachowiak)分别于 1963 年和 1973 年构想了普遍模型理论,定义了所有模型的普遍性。这个理论认为一个模型只存在于两种情况:一方面与原型关联,另一方面与主题关联。这个三角关系中最主要的元素是人(主体),人作为催化剂,形成了在模型和其(存在或非存在)原型之间的必要通道。

模型几乎在设计过程的每一个方面上使用:形式的视觉化、功能的开发、过程的传达、可选物的评估等等。它们以广泛的形式存在着:二维速写、三维物体(比例模型、功能模型)和虚拟展示(三维电脑渲染)。

不同的使用模型的方法需要不同的内容和形式表达方法。新媒体的进步(虚拟视觉)和创新性模型建构技术(→快速成型(Rapid Prototyping))正进一步扩展这种可能性。它们为设计提供了新的方法，并正在部分影响着从技巧工艺转向电脑生成技术（→计算机辅助设计（CAD/CAM/CIM/CNC））的广泛认知的转变。^{MKU}

→ 设计过程（Design Process），功能模型（Functional Model），展示（Presentation），图案（Pattern），项目（Project），原型（Prototype），渲染（Rendering），草图（Sketch），工具（Tools）

现代性
Modernity

不是现代主义而是现代性各阶段的整体历史阐释了设计意识的发展。

现代性对于设计如此重要的一个原因是设计实践确切地说起源于我们通常所说的现代。但是这个时代进一步的细分，又常被压缩到 19 世纪 80 年代至 20 世纪 20 年代，或者到 20 世纪 50 年代之前的现代主义。20 世纪 50 年代之后开始称之为（→）后现代主义的时期。

无法对这个时间进行确定的划分。但是无论如何随着对可设计性的渴望，从今天的角度看，越来越多的东西正被设计着，更重要的是事实上就像进化的现代的化身，设计由此产生了。

为了更好地阐述和理解这个背景，有必要看一下历史，最好是有关现代的历史。有一段时间，一些历史学家把现代的开始时间一直追溯到中世纪或更确切地说追溯到以证实上帝存在为基础的"判断时代"。曾经，很少有关于一个人是否有罪的辩论——有疑问的人将交由上帝判定或开恩。被指控者将面临审判：扔到水中，滚下山坡或跳下悬崖。然后大家看他能否幸存，上帝以此判定这个人是否有罪。无法确切说明社会何时停止使用超自然力量进行评判，历史的转变总是难以做出精确的定义。由于各种原因，当人们不再使用或容忍这种方法时，社会不得不面对许多挑战。首先，必须定义何为有罪，如何判断有罪，如何证明有罪——这就对传递判断的人和整个社会做出了全新的要求，需要全新的审判理念。其次，嫌疑人对自己的行为负有责任，换句话说，拥有个人自主权、责任和品质——因为只有你根据自己的自由意志行事而不是作为上帝或神明的被动的工具时你才有罪。最终，对于犯罪责任的概念转移使它有可能并且事实上将人看做行动者或者说完全具有主观性——这对设计而言是极其重要的。

大家对于首次现代性的过程也是很熟悉的。对理性思考和行为的需求成为主流，事实上理性看上去成为生活和社会的核心方面；封建主义和宗教受到了批判（部分通过改革行动以及改良声明），理性的"此在"（Dasein）和个人的"此是"（Sosein）变得可信、可能和可取。

在这首次现代性之后的几百年，在启蒙运动中产生了有些历史学家称其为第二次现代性的时代，用康德的话说："从自我施加的不成熟中解放。"第二次的现代性与浪漫主义的理论和诗学，以及之后的视觉艺术、音乐和建筑学相关。它强调生活和思考常受到深刻的非理性的东西的影响。事实证明，还有许多其他的完全不同的影响或塑造人类存在和行为的完全不同的力量，以及对抗和超越纯粹理性思考为和态度的努力——比如，强烈的诸如害怕、恐惧、渴望或负罪感、敬畏、欲望、性冲动甚至是梦境和幻想的产物等情绪。

最后，浪漫主义挑战着推演理性和科学家理论以及它们的副产物。它与不可避免性的理念和一个被设计的世界的理念产生了矛盾，提倡一种流浪的、吉普赛式的生活，充满激情，与自然和谐相处，这与一个有组织的、有规划的存在的概念是相悖的。浪漫主义也构想出"人造的东西"，也就是人工制品，可以是真实的，并不同于公整直线型的、推演的逻辑，而是联想的逻辑。此外（即使那时并未广泛存在，它仍对分析设计具有基础作用），浪漫主义严厉地批判工业化的开始带来的影响：城市化、对自然的开发和逐步的破坏，资本的日益重要性和物品的商业化（以金钱作为元符号——一种价值的首要符号），以及劳动力的分工和人类身体和技能的细致分工。即使如此，或者正因为如此（浪漫主义是它所处时代的产物），有些对它的批判变得互相冲突和自相矛盾，甚至十分极端。

在现代背景下讨论设计很重要的一点是要注意，浪漫主义的反设计从来不是简单的非理性，而是它用一种不同的理性概念取代了原先理性。这里不得不提的是首个二进制语言，也就是后来计算机的发展的基础语言，是由拉弗拉斯伯爵夫人艾达·金（Ada King，1815—1852）与查尔斯·巴贝奇（Charles Babbage，1791—1871）共同合作发明和应用的。拉弗拉斯伯爵夫人是英国诗人拜伦的女儿，《科学怪人：弗兰肯斯坦》（*Frankenstein*）（一部关于人造人的小说）的作者玛丽·雪莱（Mary Shelley）的密友。

卡尔·马克思(Karl Marx)也常被归为浪漫主义后期作家,他通过对市场完全不同的理性分析的证明(一开始看似是非理性的),破除了建立在对合理主题理性讨论基础上的对开明社会的幻想。

第二个现代性的到来——也就是浪漫主义和它的影响——对思想和行动、文化、社会、商业、工业生产和可设计性的概念等产生了重要的影响。最终,理查德·瓦格纳(Richard Wagner)发展出了关于完整和统一的艺术作品的理论(Gesamtkunstwerk),同时也在英法发展出了早期社会主义乌托邦,旨在恢复作品的尊严以及使其衍生产品得到完全的认同,从而认同社会秩序。此外,妇女在社会中的角色被重新定义和评价,她们被认为非理性的本质正成为一个被认真研究的课题。另一方面(或者说可能甚至与它相关的),忧郁和讽刺现在被认为是思考和行动的重要动力,这使澳大利亚作家罗伯特·穆齐尔(Robert Musil)发展出关于可能性感受的想法,这些可能性使世界变得复杂但由此才能被设计。

查尔斯·达尔文或西蒙·弗洛伊德的研究和理论如果没有浪漫主义,将变得难以想象,或者说对于启蒙运动中无数关于新定义以及社会和主体的讨论都是如此。此外,这个时期已经提出了关于现代性的主旨,先锋派是另一股有意与之前历史脱离的派别(虽然不幸的是由于缺乏想象力,许多又恢复到了以前的模式,特别是中世纪的模式)。

工艺美术运动和包豪斯是这场奇异的第二次现代性运动的证词,至少体现在它们关于回归、现代性和乌托邦思考的固有冲突的矛盾中。这将我们引向了常被称为"现代主义"的社会时期。对现代性的特殊本质最好的阐释是新理性在建筑和其他设计活动(常常是在经济学语境下)中明显的融入。它也可以阐释一些构想乌托邦式的新社会、秩序的概念、可设计性的激进努力。这第三个现代性明显带有企图征服世界的梦想——似乎可以预见和构建一个更好、更漂亮、更人性、更快或更高效的未来。

当然在 20 世纪以后发生的历史事件丰富了这些理念,但是它们也得到了新兴资产阶级、殖民主义和殖民战争(一战以及德国以其野心的失败告终的结果,和苏联革命及其结果等事件)的鼓舞。结果,在政治思想上,在政治本身、商业和文化上产生了这样的概念：社会存在和个人主义的每一个方面和每一个角度都可以被设计——正如我们所知，这些带来了许多令人遗憾的景象和糟糕的后果。最终，现代性的历史说明了矛盾之于历史关系的历史以及矛盾之于矛盾的历史。现代性由此可以说是乐观的理念、作品和设计在矛盾发展中的新宣言——有了对这些矛盾的意识并有时大胆向它们做出挑战。

这正是设计产生的地点和时间：本质是最乐观的，作为复杂可设计性的最有反抗性的梦想，作为不断冒险的机器、工业利益的保证、工业质量和私有不动产的保障，个人化和主观化实现的积极环境，思想和行动之间的谈判者，一个讽刺推动者和平庸破除者——作为现代性的确切表达和化身。[ME]

→ 工艺（Craft），设计（Design），形式（Form），功能主义（Functionalism），后现代主义（Postmodernism）

情绪板
Mood Board

情绪版是一种用于引出某种情绪、主题和消费者世界的拼贴版。情绪版可以使用从各种印刷产品而来的剪切图片或将草图和照片放到一起制作而成。它们用于以最佳方式展现设计。在项目一开始就制作出情绪版也可以帮助设计师得到正确的、手头正在进行的任务的思想框架，特别是当项目要求超出了设计师本身的经验时。[TG]

除了现在能使用的复杂展示技术，情绪版剪贴所具有的粗略但能唤起灵感的特质常是最有效地向观众传达某种情绪的方式。

→ 外观与感觉（Look and Feel），草图（Sketch），风格（Style）

多学科
Multidisciplinary

→ 学科（Discipline）

N

需求
Need

　　"需求"这个词描绘了一种因缺乏某物而渴望缺乏得到满足的感觉。一个较有影响力的心理学上的理论是由心理学家亚伯拉罕·马斯洛提出的。他的"需求金字塔"将人类需求分为以下几个层次：①生理需求(呼吸、睡觉、食物、繁衍)；②安全需求(住房、工作、生活计划)；③社会关系需求(交往、友情、爱情)；④社会接受需求(地位、财富、事业、成就)；⑤个人实现需求(个性、艺术、哲学)。

　　虽然马斯洛理论对于某个人群的需求先后具有普遍适用性，但对大多数个人而言并不是严格按这个需求模型的先后顺序。在某些情况下，比如，对某个人而言，可能会优先满足个人实现需求。事实上，可以说马斯洛五个层次需求的相对重要性大部分取决于环境因素。比如在一个部落社会结构中对各个需求的评价：如果生理需求和安全需求的达成很大程度上依赖于一个人在群体中的作用，部落的幸福将优先于个性和个人实现需求。

　　换句话说，所有需求都具有个人主观性和文化特殊性。再举一个例子，人们对他们需要的基础睡眠的定义因国家而异，因人而异。睡多长时间，是跟其他人睡一个房间还是一个人睡，是睡床、睡垫子还是睡在室外——所有这些都因不同的性别、年龄、文化背景、社会地位等而不同——另外也会因个人的能力、经验和动机而有所差异。

　　设计被认为是一种对人类需求做出的回应，一项最近的针对使用者为中心的设计质量和结果的调查给这个主题带来了新的内涵(→使用性(Usability))，但我们也要知道所有设计(和设计师)都扎根于特定的社会和文化框架内，并且每个(→)设计过程都需要对使用者需求进行预估。因此，"通用设计(Universal design)"的概念可能从本质上来说就是错的——甚至是自以为是的，或者说太过天真了——因为它无法完全满足各个人、各个文化、各个群体的多样性。为了满足大众群体中的每一个人，而不是其中某一个人，那些号称服务于大众的程式化设计和无特征设计，可以激发使用者或通过对设计作品的个人化使用（→无意识设计（Non Intentional Design））以及通过个人的穿着和成熟的打扮（→做旧（Patina））实现个性化和适用性。

这种个人需要也可以解释为什么总会有为日常简单用品而产生的新设计的消费市场（比如一件家具）。此外，与现代设计师相关的事件还包括对已有设计的改进，或者调研还未被明确表达的需求（也就是说，从社会发展带来的需求）。当今设计必须同时考虑几个需求层次，这样才能带来真正的新发展。[CH]

→ 需 求 评 估（Needs Assessment），问 题 解 决（Problem Solving），社会的（Social）

需求评估
Needs Assessment

需求评估是向终端用户或客户发放问卷，从而决定他们的需求和有关一个特殊设计项目的目标。问卷常常使用的研究技巧，是以用户为中心的，明确前端目标设计的问卷。大多数情况下使用质量研究技巧，例如观察或采访。但是量化研究技巧如大量的问卷研究也可以用于大量受访者的调查。衍生的需求评估用在设计过程中，从而保证所设计的产品或服务能成功满足这些终端用户的需求。[MDR]

→ 市场研究（Market Research），观察研究法（Observational Research），参与设计（Participatory Design），研究（Research），目标人群（Target Group），使用（Use），使用性（Usability）

网络
Networking

网络是将各种节点连接起来的集合。随着新节点的加入，产生的新的连接点可以将它们汇入已有的网络，网络随之扩大。然而，这只是一个简单的描述，并不能代表网络理论在解释我们当下世界中存在的越来越繁杂的现象中的重要性。

网络理论直到 20 世纪晚期才成为主流，与互联网的扩展平行发展——互联网是最受瞩目的网络例子。从恐怖组织到大脑运行，从社区大楼到商业模式，研究人员正在各种社会和组织企业中不断发现强大的新的网络理论的解析可能。不论是联合的还是自我组织的，网络化实践所具有的强大的协作可能性可以重塑创作物体的每一阶段，从它们的概念、设计到它们贯穿在生产中的评估、分配和最终消费。

对网络的研究也引起了通常所说的对"网络化"的关注，也就是利用某人与未来职业进步之间的联系。例如，如果某人的社会网络由"强的连结"（密友）和"弱的连结"（关系较远的认识的人）组成，马克·格兰诺维特（Mark Granovetter）所做的研究表明反而是"弱"的连结对于保证新的工作机会更有帮助。也正是这些弱的连结成为理解"世界真小"现象的关键,这种现象是指在强大的网络中有效联系两个远距离的节点的戏剧化图解。"世界真小"指的是人们常常碰到的情况,即遇到一个不认识的人,却发现你们有共同认识的人。20世纪60年代斯坦利·米尔格兰姆(Stanley Milgram)的研究发现通过有效的弱联结,可以在每5.5个联结的间隔下将任何两个美国人联系起来,产生了非常盛行的"六度分隔"(six degrees of separation)假说。

但是一个网络不只是许多联系的汇总,它必须与其他的、具有不同属性的层次结构构架有所区分。层次构架,如军队中或垂直结构企业中那样,更强调让金字塔顶端或接近顶端的人做出决策。指令链集中于顶端,向下级生产商分派工作,下级生产商常无从得知在他处所做的决策的合理性。但是在一个网络组织中,不存在一个集中的指令结构,输入指令来自于并指向网络中的任一方向。但去核心化的网络确实也展现了一定的集中性,也就是倾向于将某些节点联结得比其他节点更紧密,从而产生了高度活动的中心。然而对于某几种工作而言,研究表明网络不仅可以更高效地实现信息循环也能更有效地进行协作生产。

在共享电子文件的协助下,多个平行项目虚拟协作的能力对于(→)设计过程具有深刻的意义。它意味着一个项目不应只有一个单独的设计师,可以有成千上万的设计师、用户和消费者对它有所贡献(→协作设计(Collaborative Design))。虽然看似不切实际,这却制造了林纳克斯(Linux)操作系统和开源(Open Source)操作系统。这两个系统在商业和工业领域均占有很大的市场份额。开源系统模型是一种新颖的、协作式的设计电脑编码的方法,而不是将编码按比例分割为上下级,然后分层级给下级编码员分派低一级命令任务。开源系统模式给网络中任何一个可能的编码员分配任务,他们具有处理自己所选任务的能力。通过在递进和重复的循环中编译这些编码,它们发挥着那些成千上万的合作者的最大优势。虽然不总是网络关系的纯粹案例,但是开源系统可以替代设计软件时传统的、层级组织的方式。网络的潜在可能用户能够创造和制造——就像在线的维基百科那样的现象——代表了核心化、后福特主义的生产急剧转向了网络化的、用户驱动型创意。[JHU]

→ 复杂性(Complexity),组件(Component),组织(Organization),虚拟化(Virtuality)

无意识设计
Non Intentional
Design

无意识设计指的是使用者对设计的物件在日常生活使用中进行的重新设计。它不仅创造了一个新的设计,也通过使用创造了一些新的东西或替代了旧有的东西。

无意识设计这个词起源于 20 世纪 90 年代末的设计研究领域。它指的是对经过专业设计的物件进行日常的、非创作的(→)再设计。无意识设计是在以一种与预设的使用意图不同的方式使用物件时产生的,在这里,原来的意图没有在新的使用方式中体现,无意识设计是将常规变成非常规——每天、每时和每个人。无意识设计在使用中检测了物体的功能和意义。它指的是不论大小,改变了人们的生活或工作环境的所有的应用、过程、处理或介入。人们总是以并非物体原先预设的方式使用它们,因为他们对物体进行了调节。这种现象可以追溯到很久以前——一直到物质文化开端的时候。至少早在石器时代,人们开始使用在自然界中找到的材料,以提高他们的生存概率。用石头打火,将道具磨砺用于刮、撕、切、刺,将树枝用作矛、箭或棒。在这个方面,解决问题的能力补充了人类将找到的和可获得的物品用于日常使用的原始能力。但是人类历史的这些阶段的设计并不能被归为无意识的。无意识设计只存在于自工业化以来对设计物品的大规模生产的产品文化中。

无意识设计反对标准化,给予那些显得最为简单易懂的东西多样性,用巧妙的新功能带来转变。无意识设计是对当前匮缺的反应,为了使用方便或使(→)功能最优化。它也可能是出于好玩或本能。它减少了开支,并帮助一个充斥商品的世界减少了多余的东西。

为了更好地定义这个现象,有必要明确哪些不属于无意识设计。自己做(DIY)、自由职业手工艺人的作品都不属于这个类别。因为 DIY 的人(大多都是男性)和其他人进行的创作和建造、有意识地制作独创性的东西(并且经常是无用的东西),其心理上得到的满足感超越了实用。战后德国、德意志民主共和国或非发达国家的经济以短缺时代为标志,制造了巧妙的、资源可获得的、实用的东西,但不一定是无意识设计。在这些案例中,材料和社会需求是满足个人需求或通过销售保障个人生存的驱动力。在民主德国,根据说明书组装家庭制作的物品或产品,这是对无法企及的西方繁荣的唯一复制途径。

　　然而,无意识设计不是一个设计过程,并没有东西被设计出来。无意识设计在英语中可以作为形容词,是个人行为主语的一个不可分割的指称,指的是那些积极地、富于创造性地重新使用一件人工制品的人,但是他们的动机并不是做业余设计,因为不存在有意识地创造任何东西的动机。因此,无意识设计不受设计意志的影响或命令。但是无意识设计也不能与巧合混淆,巧合是缺乏好的感觉,或没有目标或策略,因为无意识设计的再利用是解决问题的结果。解决问题的欲望(→问题解决(Problem Solving))可以源于不同的动机和情况,多少是主动的、有意识的。在无意识设计中,使用者的动机更多地是建立在希望用与原先预设的目标不同的方式使用一件东西,从而平衡资金不足——不论是瞬时的(紧急处理、临时的、即兴的:比如用碗碟充当烟灰缸)或系统的(没有产品适合某一特殊具体的要求:用啤酒杯垫放在摇晃的桌子的桌脚下)。并且它总会涉及对一件经过设计的产品的使用。椅子用来挂衣服或充当架子或梯子,冰箱的门被当做信息板,回形针用于清洁指甲以及取出电脑中的CD,楼梯台阶被用作长凳或者把坡道当做滑冰道,袜子当做12月25日等待圣诞老人分礼物的容器,等等。

　　无意识设计最重要的原则可以总结为以下几点:

　　· 可变更再利用:一个物体暂时或永久用于一个新的情境中,但不改变原有的状况和作用(用果汁罐当笔筒)。

　　· 不可变更使用:新的使用完全脱离原有轨迹(将瓶子用作烛台)或物体需要永久改变以配合新的应用(在果汁瓶罐上戳出许多孔,做成一个砂糖罐)。

　　· 改变位置:东西从原有的位置移走(用草垫当做床垫),或者,反过来,一个地点被给予了新的功能(在桥下开派对)。

　　通过无意识设计可以重新使用如此多的物品,人们几乎完全没有意识到日常生活中他们的这种行为。这表明,根据其基本形态的使用,不仅物品的原始应用目的得到了评估,它的再利用潜力也在不断被评估,这两者都是产品具备的内在特征。只有当物品以一种非常规或不熟悉的方式被使用,人们才会觉得好奇或感兴趣。

依据专业设计标准(以及它所预设的功能和感官使用),被认为奇怪的、被误解的或误用的产品和场地事实上拥有很大的创新、想象和自发性的潜力。

分析性的使用是如此有启发性,即使在全球化背景下,人们使用产品的方式充分展现了文化差异和多样性。现在正是该认真考虑无意识设计日常但独特的新发明和附加功能的时候。[UB]

→ 可供性(Affordance)

怀旧
Nostalgia

"怀旧"这个词最早出现在病理学的病症中,指的是一种因为思家而引发的不可忍受的痛苦和伤痛。奇怪的是,随着时间流逝,医学的症状消失了,这个词转移到了日常语言中用指对过去的渴望——常是某个人的过去。但有趣的是,媒体所展示的历史怀旧,总是没有任何人参与其中的怀旧。今天最接近这种感觉的现象可能是许多以前苏联人感受到的对过去时光的怀念,那时在共产主义政权统治下的生活总是可预测并稳定的。比如,"南斯拉夫-怀旧"就是一个用于指南斯拉夫的一些人民向往回到铁托政权的"黄金年代"的词。

怀旧是设计师的一个流行的主题和创作源泉,在市场销售上十分有力,操作性强。随着技术以令人难以置信的速度进步,重拾过去的流行、生活方式和审美也同样兴盛起来,从而以一种令人信服的姿态引入新的东西。虽然它也可以称为所有设计领域的一种特征,但怀旧因素的使用最常见于广告和时尚界。比如,在现在的建筑上使用石材,这几乎从不是为了结构考虑而只是用怀旧传递一种坚固可信和威严的感受。20 世纪 60 年代和 70 年代的流线型、色调和平面符号以及时装风格不断重现作为对真实或想象中的过去(→)生活方式的怀念。[TM]

→ 复古设计(Retro Design),潮流(Trend),造型(Styling)

非盈利
Not-For-Profit

正像这个词所体现的,"非盈利"指的是组织和机构的全部目的旨在促进社会进步、文化发展和环境改善。从法律上说,它们必须没有经济利益的驱动,否则就违反了大多国家"优惠税"的实施原则,并在大多情况下,企业只能给予非盈利企业捐赠。许多设计学院都是以非盈利组织的模式运作的(→ 教育(Education))。"盈利"学校被要求将盈利分红给所有者和股东,但是非盈利学校的任何盈利财富都要返还到机构的核心任务中。许多设计师、设计公司和设计学院专门抽出一定的时间以低于市场价或免费为非盈利组织工作，比如非政府组织，常见的还有学生在教学活动中进行的服务于非盈利组织的慈善项目。[TM]

→ 设计管理(Design Management)

物体 / 目标
Object

虽然"object"这个词在不同的哲学、科学、(→)语义学讨论的语境下拥有许多可能的意义,在日常语境下这个词通常有两种定义:某种关心、问题、事件、挑战、目的或目标(就如在"这份任务书的目的"语境中);或人类感官可以感知的具有有形材质的具体的东西。

根据后者的意义,一个物体可能是由人类设计的,由机器生产,或可以在自然中找到的,它可能是功能性的、装饰性的、仪式性的、美学的、可改变可制作的、可回收利用的或具多种属性的;它可以是没有生命的,只包含单个不可分割元素或多个移动的或机械的(→)组件(组合或合成物件)。不论它的来源、物理特征或(→)功能是什么,设计可以作为表达主体(使用者)和他们所感知的材料物体之间的关系。TWH

→ 人工制品(Artifact),形式(Form),感知(Perception),产品(Product),工具(Tools)

观察研究法
Observational Research

观察研究法是设计流程最恰当的实验程序,它所研究的物体和功能对设计的作用最为有效。

"看""盯""瞧""望""瞥"甚至"跟随"这些词都与"观察"有着类似含义。观察是社会的日常活动,是几乎在所有场合(休闲时、逛街时、工作时、等人时),在不同的地点(橱窗、大街、公交车站、在私人或公共交通设施中、在医院等候区),为了不同的原因(出于好奇、无聊,为了控制、监视或者害怕和欲望),每个人都在做的事情。

在观察时眼睛受到视觉的刺激,大脑可以根据其重要性或吸引力对最重要的视觉信息流加以筛选。"看"和其他的感知一起共同成为理解非语言的交流形式的主要行为。它主动地、主观地发生着,并且不需要反馈。与之相比,科学观察是聚焦的、由目标引导的,并且系统地、有意识地选择它的主体。

当然观察研究法并不是设计研究中独一无二的实验方法,但是它可以说是实验研究程序中与设计流程最为密切的一环,其目标是为了最有效地为设计流程服务。

在集中讨论观察法与设计的关系之前有必要理解设计历史上三个重要的阶段。

"观察",甚至"系统观察",可以追溯至人类历史很早的时期:地球外来的东西、神话时期、历史编撰和文学中。观察研究的出现需要明确三个阶段。它的科学根源和第一阶段,可以追溯到19世纪由欧洲探险和殖民引发的人种学的繁荣。传道士和之后社会人类学家的文字,如布罗尼斯拉夫·马林诺夫斯基(Bronislaw Malinowski),他的研究成果形成了参与观察法的基础。第二阶段开始于社会学和它在工业化程式中发现的问题的日益重要性,首先在英格兰,然后从20世纪20年代开始由芝加哥学院和罗伯特·E·帕克(Robert Ezra Park),将城市作为一个社会研究的图书馆。第三阶段和最终的观察研究法与人种学的心理分析法一起得到了发展(这是由汉斯·朱登·海尼瑞奇(Hans-Jürgen Heinrichs)、玛雅·纳迪茜(Maya Nadig)、马里奥·爱丁海姆(Mario Erdheim)首先发起的)。这种本质的但没有得到足够认同的研究分支将主观性的必要性通过研究人员的自我反思转化成为科学品质,就像德国哲学家和社会学家尤尔根·哈贝马斯(Jürgen Habermas)所表达的那样。

科学观察"变成局内人"的风险高于其他具有明显标准的更客观的方法,因为观察法研究者——如果完全投入和活跃在他们的研究领域——会逐渐呈现出一些他们所承担的社会角色,这些角色组成了他们的客观性,导致过于投入,感情介入或对某个团体产生认同感。观察研究法则具有允许根据事件所处环境的社会行为、相互作用和情绪表现的优势,并且这些观察到的行为和行动是主动发生的,不会受到言语交流的反映和控制,不会受其他观察者的干涉。

受社会或心理导向的观察研究法关注对某些团体的社会行为或各主体间的相互作用的审视和解读。设计也关注主体和客体之间有趣但又复杂的关系——比如,关于人们在某些情况下如何交流或如何与产品、标志或服务发生互动。

设计实践并不常考虑这些设计的物品最终将如何在日常生活中发挥作用或它们会得到怎样的使用。理想地说,系统观察可以使设计流程获知更多的人们的日常需求、他们关于设计物品的问题,以及他们的欲望、愿望和这些想法如何与物体产生情感联系。观察研究可以从社会和经济角度提供关于人们的动机和需求的感官理解,并且研究了许多关于使用者和产品世界、全球化和文化差异之间的重要关系。任何参与到设计、营销、品牌打造的人,将考虑且必须探索和创建新的潮流,他们会发现观察可以作为一种工具和知识策略。潮流搜索者(trend scout)或潮流关注者在世界范围内搜索,将各种观察结果收集起来,这些结果不一定有科学性或有分析性,只要对产品服务和运动以及设计的新理念有所启发即可——这个过程被称为"聚焦(spotting)",多少可以归为人种学的一个"轻量"类别。在许多情况下,社会的兴趣和策略会融入动机中,因为矛盾心理是所有复杂和矛盾社会不可避免的副产品,这不仅对于设计理论适用,对于研究也同样适用。

根据不同的情况和设计的相关目标和观察研究的目的,可以使用不同的观察形式。首先,现场考察和实验研究是不同的。前者在自然发生的社会环境,也就是所观察群体的常规环境下进行观察,而实验观察则是在由专家改造过的人工环境下进行。针对某些研究目的,现场观察更有权威性,因为人们是在一个他们熟悉的或自然的环境下被观察的。当研究人员在公共场合(大街或公共广场)或半公众场合(咖啡馆或商店)找出所要观察的人时是最有效的。但是实验观察都是在被观察主体未意识到自己的行为是被观察对象时最为成功,因为他们的注意力被分散了。实验观察的场景通常用于市场或用户同意的研究从而确定他们对产品的选择。但是这些方法并不属于观察研究法,而只是简单的、摘要性的(主要是代表性的)对平均值的分析。

需要区分观察研究法的显性方法和隐性方法之间的差异。前者是主体意识到被观察的情况,使研究人员更易于在观察环境中有所发挥。但是,这种方法容易引发"反应效果(reactivity effects)",也就是说主体的行为可能受到观察情况的影响。显性观察又被进一步分成三个类别:主动参与(观察者是与观察主体在同一层次的积极参与者),被动参与(观察者出现但不参与),非参与(在外部隐藏观察者,这是实验研究的特征)。

秘密或隐性观察的显著优势是不存在"反应效果",互动是自然的,观察者可以研究"未受破坏"的主客体互动。但是这里存在伦理问题,因为这个方法涉及主体在不知情的情况下的隐私,比如当人们没有意识到正被观察,而做了某些尴尬或文化上不被接受的、或秘密的、或者社会不容的事情。

在设计研究中,存在伦理争议的观察形式并不常见。当试图建立"一个人如何开门"的观察或者消费行为或触觉的性别倾向研究时,如果把它们称为涉及侵犯某人的隐私,就显得荒谬了。设计物体的意义也常在没有主体的情况下进行分析——比如,研究男人和女人分别如何组织、构成和个性化他们的桌子和工作场所。

任何形式的观察都会影响对物体的研究或主客体之间的相互作用。因此清楚地勾画认知的兴趣、目标、活动、时间和空间维度是极为重要的。并且作为一个研究人员,应该负起研究过程的合法性和客观性的责任。以下是应用观察研究法的必要步骤和元素的示例。

- 建立研究认知兴趣的客观性。
- 形成一个假设。
- 决定观察或发生互动的目标人群或物体。
- 建立观察领域(地点、时间、社会团体和基本条件)。
- 决定观察方法:现场或实验室,直接或间接,参与性或非参与性,显性或隐性,建构性或非建构性,或自我观察。
- 准备一个初步的观察计划,建立需要准备的文件类型。
- 预备调查:没有固定计划的自由观察,从而再次检验关于完成度、可行性和类型的方法,并且做出相应调整。
- 准备观察格局。
- 用固定的计划进行详细的、精确的观察(可行性和完成度的测试,并进行必要的纠正)。
- 进行观察研究。
- 评估和分析:量或/和质的评估。
- 设计分析的展现和传达:图像、图表、文字、速写、示意展现、声音(→声音设计(Sound Design)),照片(→照片设计(Photographic Design))、和/或(→)动画。
- 解决方案的设计方法。
- 准备理论、设计等方面可能的总结。

设计中的观察研究法,特别是质的观察研究,是一个可以应用于非常规情境的完美方法。它使设计师能够更好地理解人与物之间的情感和实践关系,明确使用模式和意愿,因此能更好地理解人们的动机。它是挑战常规,创造真正巧妙的、富于创意的设计的一件很好的工具。[UB]

→ 建构主义(Constructivism),设计方法(Design Methods),参与设计(Participatory Design)

原始设计商
ODM

原始设计商指的是一个设计和制造产品的公司,它的产品最终会以另一家公司的品牌名称进行销售。这些制造商存在于任何一个国家,但是对于那些谋求在依赖外包制造(→代工生产商(OEM),→外包(Outsourcing))以外发展经济的国家尤为重要。原始设计商可以展现这些国家是如何不再简单地为发达工业国家制造产品,而有了独特的研究、开发和设计能力。

这就是许多亚洲国家的政府和企业正如此积极和成功地在设计领域进行投资的原因之一。这对传统的工业国家和他们的企业是一个强有力的挑战。[SAB]

代工生产商
OEM

代工生产商通常指的是生产在另一企业品牌旗下销售的产品(或组件)的承包企业。在日益加强的(→)全球化背景下,代工生产商对于那些希望通过发展出国际化生产标准获得经济增长的国家十分重要。对于这些国家而言,首要的是展现他们利用先进技术和生产方式的能力。(让人疑惑的是代工生产商在一些情况下指供应商企业而不是承包企业)。[SAB]

→ 后勤学(Logistics),原始设计商(ODM),外包(Outsourcing)

嗅觉设计
Olfactory Design

在文学上,马赛尔·普鲁斯特(Marcel Proust)的玛德琳蛋糕的香味迷倒了全世界,并且显示了它们勾起回忆的巨大力量。气味的终极力量通过帕特里克·聚斯金德(Patrick Süskind)的小说《香水》(Perfume)以及之后的电影版《香水》给公众带来了更广泛的影响。事实上,我们无法躲避气味(除非我们的嗅觉器官被破坏或者我们的鼻子塞住了)——任何东西在任何地方、任何时候都有气味,不管是好的气味还是坏的气味。

嗅觉处于长距离感官(视觉和听觉)以及短距离感官(触觉和

味觉)之间,从主观上区分,通常分为香气和臭气两个极端。嗅觉与呼吸紧密相关,把我们与世界联系起来。它也具有进化的、生物保护的功能,并且与情绪,特别是性别直接相关。嗅觉也与先天反应有关,因此它是如此有趣,并且具有争论性。我们一般不会特别关注某种气味(不管是让人愉快的香气还是不愉快的臭气),只要不是在许多气味中特别突出。这可能会带来问题,因为这种气味仍然可能会给我们身体上甚至心理上和社会状态带来重要的无意识影响。换句话说,气味可以轻易被利用,并进行巧妙的操控。

近年来,人工制造香味的方法越来越多,气味变得更加复杂,未来,越来越多的食物被基因改造,或者改变气味,比如加浓、加重或者中和气味(→食物设计(Food Design)),嗅觉设计也正在兴起。排除我们的文化差异,社会,以及社会不断对人类先天冲动的日益加剧的规范,正在逐渐拒绝自然的人类气味和其他的气味。在一个被严格控制的日常公共社会环境中,由于社会对卫生的极度追求,恨不得将人类的一切气味消除,汗味被归为一种动物的恶臭。但是即使是令人愉悦的气味,由于个人的心理模式和他们可能引起的个人回忆,也有文化和社会的内涵。

所以,事务所和公司开始致力于气味的设计,就像他们在(→)声音设计上所做的那样。他们使用的方法一般都是试图制造那些被认为是好闻的、使人愉悦的气味,或者中和那些臭的、让人不愉快的气味。

化学家、生物学家和设计师们忙着消除那些令人讨厌的气味(比如,厕所的味道)。但是更有意思的是气味的调节可以用于控制生育。最近的研究表明,精子用气味感受器找到卵细胞,可以形象地说,如果精子的鼻子塞住了,它们就无法找到卵细胞。

掩盖人类气味或者用人工的方式令人类的气味变得好闻,使其被社会所接受,以此为目标的香味设计则更具启发性。这包括所有的化妆品,特别是香水或古龙水的设计。香水业著名的"鼻子"们是一个非常复杂的香味设计师团队。虽然香水只不过是各种精油和提炼物的混合体——现在几乎所有的香水都是合成的——溶解在酒精中,但是有超过两千种标准物质可供香料商选择。一般香水的配方包含大约 40 种不同的精油,有时甚至达到

100 种。

　　除了香水制造,还有其他用到嗅觉设计的领域,不明显也不太容易被察觉。这些包括在平价汽车里使用仿真皮模仿真皮的气味,面包店里用人工制造的新鲜面包出炉的气味吸引顾客,加油站弥漫的咖啡的味道取代汽油的味道,旅游公司里沙滩和海水的味道,以及百货公司、精品店和办公楼里"空气护理"或"室内空气质量"这些概念。这些细微的、几乎感觉不到的气味在商店或办公室中通过空调系统散发出来,目的是激发动力、使人放松、加强注意力,或者提高商店顾客和办公室工作人员的信任度,这些都使嗅觉设计成为(→)品牌打造的高级策略并且在建立(→)公司形象的过程中发挥重要作用。[UB]

→ 感知(Perception),感觉(Sensuality),联觉(Synesthetic)

组织
Organization

　　总的来说,"组织"(来源于希腊语 organon,意为"工具")是指整体系统和它的部分之间的具体关系。"集合"意味着一个整体,也就是它的各部分的总和,而"组织"指的是一个大于各个部分总和的整体。后者也可以用"系统"指称,但是"组织"这个词也含有"自然的"和"生物的"以及"人工的"意思。

　　首先,组织可以与过程有关,意思是完成的某些东西,比如一次设计会议。这是关于一次事件的计划和实施。但是从具有责任、权威和特定关系的一群人或机构的角度讲,组织也可以是静态的、制度性的。从这个角度说,德国设计理论和研究协会(Deutsche Gesellschaft für Designtheorie und-forschung)和德国设计委员会(Rat für Formgebung)正是这样的组织。

　　"自我组织的形式",或者说"浮现"或"自我创生(autopoiesis)"这些与之同义的词,是这种语境下的特殊案例。浮现的原意是指在自然进化中新的质变突然出现。浮现的典型特征是创意和极为新颖的感觉,或者之前在相似的系统中没有看到过的特点。今天,这种现象可以用自我组织的理论进行诠释,也被称为自我创生。"自我创生"这个词指的是可操作的自我遏制生命系统的自我繁殖。从分子层面看,一个生物细胞就是一个系统,但它不断创造它内部组织所需的元素。德国社会学家尼克拉斯·卢曼(Niklas Luhmann,1927—1998)将原先的生物自我创生理论转化到了社会系统中。

在设计语境中，自我创生的概念很有意思，是一个可以解释当今很多现象的概念，诸如在互联网上可以看到的各种现象。在网络上设计和文化项目基本是对所有人开放的，常常以故事、视频和绘画的形式出现。任何人都可以登录发表评论，参与集体绘画或在其他人撰写的故事上续写。"作者"或"作品"这些词无法有效解释这些现象，这已经变成了自我操作，并且可以用自己的秩序进行重新创新。[TF]

→ 协调（Coordination），设计中心（Design Centers），设计规划（Design Planning），造型设计（Gestaltung）

指示系统
Orientation System

指示系统旨在系统地引导一个人在任何情况下从 A 点到达 B 点。为了开发一个成功的指示系统，设计师本人必须对环境的细节以及在其中发生的典型的、已知的行为模式十分熟悉。指示系统通过视觉和听觉途径进行实施，并且通常需要使尽可能多的人可以获得和理解系统信息。[TG]

→ 视听设计（Audiovisual Design），信息设计（Information Design），系统（System），视觉传达（Visual Communication）

装饰
Ornament

装饰从本质上说范围广泛且复杂。它可以是单件物体，比如一枚胸针或耳环；或者成系统的东西，比如精致的提花织布的编织样式。例如，在中东文化中，传统认为装饰是一个表面或一件物体内在固有的，而西方文化则一般认为它是被附加的。正是后者的观念很大程度上导致了 20 世纪对装饰的轻视，它几乎曾被彻底蔑视。维也纳建筑师阿道夫·鲁斯（Adolf Loos）在 1929 年发表的《装饰和罪》一文，标志着现代主义（→ 现代性（Modernity））将装饰视为犯罪，现代主义者认为"少即是多"，装饰被指责为多余。然而到了 21 世纪，装饰在（→）后现代主义设计师身上找到了知音，他们保持着更广阔的历史观和非线型美学观。装饰再次进入设计和视觉艺术领域，不仅作为一种受消费圈推动的风尚，更重要的是作为全球化潮流中的有力派生物。当代设计师正在发展使用装饰架构文化、阶层、种族、性别以及曾经分离的装饰艺术、设计和美学之间的桥梁这些形式语言。

在后殖民时期，装饰可以被看做文化"调和"的工具，就像它在全球化中的运作方式，如中世纪西班牙的安达卢西亚（Andalusia）（→跨文化设计（Cross-cultural Design））。澳大利亚墨尔本的米克·道格拉斯（Mick Douglas）主持的特拉姆加特拉项目（Tramjatra），将装饰作为一种被广泛认同的潜在话语模式向不同的观众传达多种信息。在特拉姆加特拉的例子中，装饰通过识别澳大利亚与东南亚的文化动态使当地的有轨电车充满活力，提供一种集合了广告和倡导可持续公共交通的选择。在此，装饰被作为一个世界主义的倡导者。

除了作为调解民族和种族分歧的工具，装饰也作为解决种族、性别和阶层冲突的方法。在评论当代种族紧张局势时，纽约平面设计师梅丽莎·格尔曼（Melissa Gorman）使用镀金的铁丝线作为说唱艺人利夫（Lif）的专辑 *More Mega* 的装饰主题。2002年瑞士艺术家和平面设计师桑德琳·裴乐迪（Sandrine Pelletier）创作了一系列的关于年轻的北英格兰摔跤选手的刺绣肖像，她将英雄主义与女性家庭生活的状态结合到了一起，阶层和性别在此都得到了体现。

随着设计师在企业资本提供的多样性之外寻求建立一种想象的视觉景观，装饰再次得到关注。在这样的背景下，装饰以制造优先，就像在明尼苏达州的明尼阿波利斯，由埃里克·欧尔森（Eric Olson）和安德鲁·布劳威尔特（Andrew Blauvelt）于2005年在沃克艺术中心（Walker Art Center）设计的图形标识那样，装饰成为体系性的网络，可以进行开放式的处理。

处理的能力是由电子技术所带来的新的互动的直接结果。同样的技术也产生了新层次的形式的复杂性并且推进新的叙事。美国平面设计师丹尼斯·冈萨雷斯·克里斯普（Denise Gonzales Crisp）发展出了一种关于"装饰基础"的理论，用于阐述由先进的电脑技术带来的装饰可能性。相比之下雷切尔·菲尔德（Rachel Wingfield）利用科技进行装饰来强调人类与自然环境之间的动态平衡。她在日常物件上嵌入了电子发光技术使它们随着光线的亮度变亮或变暗（使用者也会相应改变对它们的注意程度）。

当今的装饰使用最频繁的是设计文化本身，这种文化已不再将其起源定义为与大规模生产相关联，而是拓展了它的外延，将装饰艺术也涵盖进来。2005年荷兰设计师的两个例子说明了这一点：荷兰设计品牌德梅克斯万（Demakersvan）设计的名为"如何种出篱笆"的篱笆图案蕾丝；以及由赫拉·琼格尔斯（Hella Jongerius）用从刺绣样品上借用的夸张的装饰性色调设计的名为"样品毯"的系列织毯。

装饰作为视觉语言的一方面，正重新获得它的发言权，它找到了潜在的相关性从而扩展了设计的外延。它既具有形式的扩展性又具有社会的包容性。今天，装饰更多地被认为是一个综合形式和生产系统，可以生产创意的过程，而不仅仅是一种具有边界和框架的或新奇事物的样品。[SY]

→ 现代主义（Modernism），装饰物（Ornamentation）

装饰物
Ornamentation

英语中的"ornamentation"和"decoration"是同义词，意思是装饰物。艺术史学家杰姆斯·特里林（James Trilling）认为所有的"ornamentation"都是"decoration"但不是所有的"decoration"都是"ornamentation"。"ornamentation"必须有一个主体——比如一面墙、一个水管、一扇门、一块毯子、一本书、一个字母表——任何具有某些表面化使用的物质物体，否则将因为没有这被称为"装饰物"的东西而无法有效地运作。这种融合假设了一种共生现象：装饰物依赖于由主体建立起来的背景和目的，而主体依赖于它的装饰物，这一装饰物显示出了它的独特身份和文化作用。

装饰物可以用任何一种材料制作，它只受到工匠的技艺和想象力以及制造所需用到的科技的限制。历史上来看，装饰图案从自然中提取，从几何学中构建，形成叙述风格。这些装饰图案通过视觉组织如"重复"（→图案（Pattern））或"构成平衡"进行连接。因而装饰物的形式和文化角色被放置到了艺术的领域，与绘画、雕塑和建筑一起在"应用艺术"的分支之下。美学范畴维持装饰物的完整性作为对功能和内容的完整补充，许多具有影响力的理论家都做过这样的讨论，如约翰·拉斯金（John Ruskin），阿尔伯特·韦尔伯·普金（A. Welby Pugin），李格尔（Alois Riegl），卡尔·格罗斯（Karl Grosz）等。

工业革命的高潮带来了大规模、机器化生产的装饰物，这些装饰物某种程度上受历史材料文化的影响。当机械化带来了新的发明，也展现了它仿制的功力。装饰物面临着失去它原有的艺术优势地位的危险。为了教育人们反对这种简单的抄袭,英国设计师欧文·琼斯(Owen Jones)撰写了一本名为《装饰法则》(*The Grammar of Ornament*)(1856)的书作为回应。琼斯将各种古文化按照它们各自所要表现的形式逻辑进行整理归类,表达了在生产商和工匠中唤醒"更高的志向"的目的。琼斯与其他装饰物传统的支持者号召再创新,以历史的教训激发艺术发展的新道路而不是以商业利润为目的,这似乎是从视觉发展资料库中发掘不断更新的样式的不懈努力。

19世纪初是欧美装饰界任务转变的时期。在格拉斯哥风格派、维也纳分离派、英国(→)工艺美术运动、(→)新艺术运动、美国"草原式"(Prairie Style)风格,以及安东尼·高迪(Antoni Gaudi)、路易斯·沙利文(Louis Sullivan)的作品中倡导的美学思想发挥作用,引入建筑、平面、纺织和家具设计,从而复兴了装饰行业,使其重新成为一种艺术形式。这些理论和实践为一个时代复兴了创意的灵魂,也在一定程度上回应了过度工业化,但是工业以其力量向进步的推动力以及公众对新鲜感无止境的需求做出回应,并超越了这种理想化的潮流。

在20世纪初,富有影响力的文章《装饰和罪》(*Ornament and Crime*)标志着另一波潮流的开端。维也纳建筑师阿道夫·鲁斯为在先锋艺术家中开始出现的流行下了定义"过度装饰是一种粗俗"。受益于机器化高效率——1925年勒·柯布西耶所表达的——设计实践者和教育者逐渐将装饰视为现代性的对立物。"功能性"美学(→功能主义(Functionalism))很大程度上被称为缺少装饰,却可以代表现代生活并且帮助处理它为人所知的复杂性。同时,传统装饰物——由各类工匠手工制成以及机器批量生产的——降格成了二流甚至三流的东西,等同于过时的或者平庸品味,或是被归为广告式的身份不明的艺术或更糟糕的一种工薪阶级的家用品。

到了20世纪中期装饰艺术成为一门极为重要的技艺,此时高水平设计艺术看似已濒临消失,但事实上它被融入了正在发展着的现代美学中。比如查理斯(Charles)和雷·伊姆斯(Ray Eames)的夹板、玻璃纤维和钢质办公家具,从形式上探索了接近这些材料和创造"自然"属性的表面和颜色。由自动化生产方式而引发的人工制品,乔治·尼尔森(George Nelson)设计的挂钟,推动了具有争议性的"过度"但又富有创意的想法。在 20 世纪的后 30 多年中,许多设计师主动开始脱离 20 世纪功能主义的理想。(→)孟菲斯集团的赫伯·卢巴林(Herb Lubalin)、沃夫冈·温加特(Wolfgang Weingart)、埃托·索特萨斯(Ettore Sottsass)以及建筑师文丘里·斯科特·布朗(Venturi Scott Brown)等以充满想象力的方式将有趣的、被称为外来的形式融入到现代视觉元素中,这也开启了装饰物重返其艺术根基之路。

今天,欧文·琼斯号召创意的振兴。当代视觉取的是装饰的功能和内容两方面所长。赫拉·琼格尔斯,托德·布歇尔以及荷兰设计团体楚格设计(Droog Design)代表了世界范围内的一代设计师,他们将装饰物重新作为一个至关重要的关于社会和知识的元素加以恢复。[DGC]

→ 功能(Function),功能主义(Functionalism),装饰(Ornament),风格(Style),造型(Styling)

外包
Outsourcing

外包指的是与外面的公司签订合同,让它完成客户公司的委托,从而使公司自身能够将精力集中在它的核心业务的运作上。许多现代企业外包了从研究开发到产品的整个生产、运输、后勤和包装。设计也是一个常见的外包服务。外包任务越来越多地在国外进行:比如,设计可能外包美国,生产可能外包亚洲,数据处理外包波兰,后勤外包荷兰,等等。由此将任务外包的企业能专注于对它的品牌形象和品牌价值的定位和保证,因为被外包的责任转移到了第三方。它的关注只在于对它们所有外包企业进行规划、控制和质量的管理。[KSP]

→ 品牌打造(Branding),企业形象(Corporate Identity),设计管理(Design Management),策略设计(Strategic Design)

P

包装设计
Packaging Design

一件经过设计的产品包装可以完成许多不同的功能——它为运输和储存提供了一个保护性的外壳,在当今充斥大量商品的世界是传递给使用者商品信息的一个重要来源,并且为产品从各种相似物中脱颖而出起了重要作用。所以,包装设计师需要将各种技能融入到他们的工作中;除了吸引人眼球的版面设计,他们也要展现使用材料(玻璃、塑料、纸和其他经过处理的材料)、形式、颜色和生产技术方面的专长。

包装的一个直接的作用是保护产品不受多种因素(光、热、潮湿、灰尘)的损坏并且使它在运输和储藏中具有抗击破坏力的作用(通过挤压、撕扯等)。许多包装将产品完全包裹起来,当然也有一些例外。以纺织品为例,常常有外露的开口,从而使消费者可以直接感受到里面的质地。

除了给产品提供一个保护性外壳,包装也向目标使用者传递关键的信息。包装的基本功能之一是确切地描述了其内部是什么,不论是通过与产品形状相似的外包装方式还是通过照片、图片或文字描述的方式。由于今天的消费者主要通过工业生产商购买产品(这是相对于工匠、技术工人、特殊商店这些工业化以前的商品购买地而言),包装也常常需提供使用说明。

包装设计将会对内部产品的估价(→价值(Value))产生影响。同样的产品如果其包装是以用纸板贴上皱巴巴的标签会比以天鹅绒布包装的看起来廉价得多。而如果打开包装的过程是一种特别的体验,产品也会看起来更有价值。有些情况下,包装的价格甚至超过了产品本身。对于那些产品形象更重于使用价值的产品尤其如此,比如礼物或显示生活品味的产品。另一方面,有些产品包装则有意设计成看似不那么昂贵的样式。比如普通的超市品牌,常故意用朴实的图片和颜色进行设计,从而传递给消费者对价格的预期信息。单独从包装外观考虑,精心设计的包装产品常会摆在由售货员进行现场包装并可以讲价的柜台旁边。包装也可以是一种有效的品牌推广和广告形式。除了提升产品辨识度,精心设计的包装可以体现出一种"销售项目"或其他类似的销售技巧。

包装设计可以对零售经验(→)店铺设计(Retail Design))带来深远的影响。今天的包装常常以方便销售为目的进行设计,比如上面都有大大的用于扫描的条形码。现在更常用的射频识别(RFID)标签则更为方便:每个标签都有一个独一无二的数字可以在处于强烈电磁感应区内传递无线信号。被称为"智能"货架的设施可以识别出这样的标签并且向货物管理系统传递信息,结账出口就可以立即识别出购物篮中的所有商品。这种射频识别技术使它有可能在数米的距离范围之内自动进行货物识别。

包装设计应该给在商店顺手牵羊的人打开设置足够的难度,但又要让使用者打开时够简便,不会破坏包装或里面的产品,对于"自密封标签"(self seal label)来讲更是如此,因为这样的标签可能会在撕掉后留下难看的粘贴或撕扯的痕迹。

正如在许多其他的设计专业中那样,(→)可持续性的问题对于包装设计而言正在变得日益重要。为了促进垃圾的分类回收,今天的许多包装设计师在他们的设计中尽量减少多种材料的使用(比如纸板和塑料衬底)。比如在德国,如果设计师和制造商没有遵循包装条例,也就是对生态(→)材料使用的要求,将受到罚款处罚。最近也开展了许多关于可再生和生物降解材料的开发研究,比如用玉米制成的聚乳酸(PLA)。包装设计师们一直被要求在使用持久性和生物可降解之间找到需求的平衡(→环境设计(Environmental Design))。[KW+STS]

→ 品牌(Brand),平面设计(Graphic Design),产品(Product)

参与设计
Participatory Design

参与设计指的是一种设计产品、服务、空间或系统的协作方法,在这个进行创意的过程中包含各种利益相关方。那些在最后设计结果中有利可图的人,在对其利益发生关键作用的某个阶段,被邀请参与到设计团队中,参与设计的实践者相信建立在生产商、设计师和终端用户之间创造性合作基础上的方法必将带来更有效、更恰当和更吸引人的结果。

参与设计的历史根源于斯堪的纳维亚,20 世纪 70 年代将科技引入工作场所。其目的是使工作空间的设计民主化,从而保证在对工会成员产生影响的系统创建中将这些工会组织纳入其中。为了在保证工人利益的前提下明确表达目标和争取执行策略，工会代表需要与管理者和技术设计师密切合作，从而理解新的技术所具备的意义和可能性。这个时期的代表项目有挪威的由内贾德（Nygaard）于 1979 年设计的 NJMF 项目，瑞典的由恩赫（Ehn）与桑伯格（Sanberg）于 1979 年共同设计的 DEMOS 项目，以及后来丹麦的由金（Kyng）与马萨森（Mathiassen）于 1982 年设计的 DUE 项目。

在 20 世纪 90 年代，参与设计在美国得到了更广泛的应用，并且被应用到更广范围内的设计挑战。随着设计团队将这种方法改变进而用于开发商业产品，在许多情况下，其动机从哲学到政治角度与早期实践者相比有所减弱。参与设计不再是单纯的民主化工具，它被新的实践者认为是一种更快捷地构想终端用户（在一些情况下是工作人员）所向往的高档产品、环境或服务的方法（并且很好地适用于组织能力）。在一定程度上，这种变化的原因是由于欧洲和美国之间社会经济和政治环境的差异，但是也有可能更多地是因为在工作场所中工会的影响力水平的不同。

最近，这个方法被应用于影响组织文化的转变。这些类型的项目，参与设计方法为解决主要来源于组织成员或"用户"本身的解决方案提供了一个支持框架，参与设计的实践者主要起到处理支持的作用。

随着时间流逝，一系列加速团队创作构思、交流和合作的方法被开发出来。最常见的五种方法是：协作设计讨论会（也被称为"未来工作坊"）、剧本定型、快速原型塑造、实物模型和背景调查。"协作设计讨论"是任何一个参与设计项目的关键因素，正是团队讨论使人们参与到项目中，反映、优化、检验然后合作式地创造、定型和改进解决方案。总体而言，这些讨论会的一些内容会在项目过程中进行。在协作设计讨论中一个常用的技巧是"剧本设计"，或在各种可能的设计将发挥作用的情境中参与者的设定（→剧本规划（Scenario Planning））。"快速成型"或"实物模型"使参与者能够粗略地评估一个方案将如何形成，并且讨论其含义和改进方案（→原型（Prototype），快速成型（Rapid Prototyping））。"设计游戏"有时候会被用作讨论会的一种形式，游戏规则和条件帮助人们在脑中记住所在的环境或方案因素，可能包含物体、照片、语言或视频。"背景调查"是一个设计团队常用的方法，他们对团队所做方案的背景不那么了解。这个方法帮助设计师体会并构架情境，或将团队注意力聚焦于展现设计的挑战和机遇的关键方面。[FD+GJ]

→ 协作设计（Collaborative Design），设计过程（Design Process），需求（Need），策略设计（Strategic Design），使用性（Usability），使用（Use）

专利
Patent

→ 知识产权（Intellectual Property）

做旧
Patina

这个术语源于拉丁语，原意是"盘子"，后引申为留在厨具上的残渣或任何因自然或人工的老化过程残留在器物表面的东西。在艺术和建筑领域，它指青铜器物的氧化表面（包括人工氧化的器物）；在设计上，这个术语指人或物通过磨损改变外观的方式。

虽然最初的"做旧"都是降低物品的价值，但随着时间的流逝，物品本质上拥有的价值仍然会被认可（有时甚至成为物品不可或缺的部分）。不管是一张古旧的有明显污渍的餐桌，还是一条磨损严重（破洞、褪色）的牛仔裤，都能因它们勾起往事而有价值。在某种程度上，做旧也会由于在特定部位使用时留下的痕迹让人知道它是如何被经常使用的，从而实现它的价值。翘起的页角描绘了读者的阅读历程和习惯，而被手摸得光滑发亮的门把手则传递了它是被如何频繁使用的信息。在商业上对"做旧"的使用，或者说对它预期的价值，已经成为设计过程的一部分。[DPO]

→ 涂层（Coating），风格（Styling）

图案
Pattern

图案是一种用于创造或聚集其他东西的（→）工具。在设计中，指南、印版、模板和模型都属于某种图案。比如服装生产依靠的就是图案，将（→）模板转化为织物，利用这些对人体进行测量，然后用一系列符号或图表将这些模板拼到一起，似乎在构建一个三维谜语。一旦转换，服装的不同部分被缝到一起。图表、（→）模型和（→）蓝图也属于样式，虽然它们可能不一定会扩展成为最终产品。建筑依赖于一系列图纸和模型，包括平面、剖面、立面和细节，从而传达信息，然后这些信息被转译为建筑形式。

　　虽然如上所述的图案可以作为单独单元，通常在这个词的使用中含有多样性和重复性。当我们从这个意义上谈论样式，我们指的是重复的或反复的图案。重复的图案可能是自然产生的（贝壳中的螺旋图案），专门按某种规律设计的（一个组成文本或图像的网格），甚至是行为的（行为模式、人类居住模式等）。决定它们成为图案的是它们以某种确定的风格进行组织，也就是它们多少展现了一种前后连贯性或带有某些统一的特征。

　　二维图案常见于（→）平面设计、纺织和墙纸中。（→）工艺美术运动代表人物威廉·莫里斯通过设计自然形式的有机墙纸样式确立了这种图案风格。重复的图案以一个单独单元开始（原始的"图案"）和重复。重复，指的是多次复制一个单独单元使其成为一种图案，目的是在大面积（如一面墙）的图案设计上按比例平衡各单元。进一步说，二维图案可以被转译为三维形式，如在建筑师路易斯·沙利文的作品中看到的那样。与莫里斯类似，沙利文的有机形式将有机图案转换为建筑室内外的三维赤色陶砖。沙利文使用装饰性（→装饰（Ornamentation））面砖修饰拱门和门厅。依据一个图案的内容和应用，它可以作为纯粹的修饰性、功能性或两者兼备。

　　"图案"这个词在设计中大多指应用性的使用，也就是直接将图案使用到材料上，从而得到最终产品。但是许多设计师也依靠在概念或行为框架中对重复图案的分析对其进行应用。比如一位城市规划师（→城市规划（Urban Planning））在分析诸如行人、公共交通或车辆移动时所用的"图案"这个词。在这个例子中，规划师在实践和观察基础上制作出图标，从中认识到正在形成的行为模式。[LW]

→ 复制（Copy），组织（Organization），装饰（Ornament），模板（Template）

感知
Perception

　　感知指的是有意识的生物感应、解读和理解他们生存环境的方式。换句话说，它是我们将意义与我们周围环境进行组织和归因的过程。设计既回应又塑造体验到的世界，因此设计与感知互相塑造。

感知总是带有主观偏见的，即便在纯生理性环境中仍然很明显。生理性环境将感知描述为我们处理外部刺激的感官的、神经的生物功能。比如我们对任一给定物体的感知依赖于除了物体的物理特征之外的一系列因素：如我们的生物感受能力、动机和情绪状态。感知的另一个重要因素是过去经历的影响。像我们看到的、闻到的、尝到的、触碰到的周围世界，我们自觉地将这些感受到的信息组织并转译为一种形式（记忆），我们可以用它解读并理解感受到的信息。因此感觉无法独立地为我们提供一种对周围世界的理解，我们需要感知提供一个框架，我们在此框架中解码、储存和重新得到我们生存环境的信息。就这样，我们积累的已有经验必然影响我们之后感知所有事物的方式。

多数感知的生理性假设了在我们身体之外有一个外部世界，我们与之产生互动。换句话说，我们原本即与我们感知到的物体相互分离，不论我们是否能感知到它们。数个世纪以来，这个假设在思想家、哲学家甚至是认知心理学家，特别是那些对认知论（自然的知识）有兴趣的人之间引发了激烈地讨论。这种争论主要是被框定在先验知识相对于推理知识的条件下（或直接现实主义相对于间接现实主义）。简而言之，先验主义认为如果没有感官体验的帮助将无法认识任何事物，而理性主义则认为知识可以单独通过各种感受获得。

因此感知的生理方法倾向于优先考虑以外部世界塑造我们经验的方式，而哲学甚至是现象学的方法则倾向于优先考虑以我们的感知塑造外部世界的方式。然而日常生活表明两个过程是同时发生的：人类不是外部世界的被动观察者，而是在创造形式过程中积极、主观的参与者。另一方面，我们不能否认这个事实：我们积累的体验是被限制的。即使不受周围物理环境的限制，也受我们生活的社会和文化背景的限制。

当一个人将世界视为精心设计的产物，就可以理解这两种方法的相互调和性。感知调和感受和基于体验以及各种主观和文化偏见之上的知识两者之间的关系。比如，本书出版如果用牛皮真皮封面，上面标题以哥特字体印刷，它就会被以不同的方式感知，因为它会激发另一套完全不同的感官（嗅觉、触觉、视觉）和文化（圣经、古书、"经典"）共鸣。由于可以用有意义的形式组织感官信息,所以设计可以被定义为对感知的表达。设计总是一种在世界中的介入行为,我们的设计行为不断积累并且最终改变我们所处环境的物理现实,以及之后我们对环境的感知(通过设计园林改变了我们对自然的感知)。因此,设计同时产生于并回应于一个更广阔的设计背景。换句话说,设计不仅表达了也改变了对世界的感知。[JR]

→ 可供性(Affordance),人类因素(Human Factors),界面设计(Interface Design),联觉(Synesthetic),理解(Understanding),形象化(Visualization)

表演
Performance

修辞艺术和视觉艺术总是在作品、作者和观众之间存在着各种差异性的解读。20 世纪 50 年代末,这种现象发展达到了顶峰,公众可以看到不同的艺术家参与到诸如煽动运动、行为事件和激浪运动中。表演本身成为一种艺术,艺术家或者叫"表演者"是表演的内容,公众可以观赏到个人化互动的戏剧性。今天的设计可以从这段历史中学到很多东西。

广泛的产品宣传(→)运动,类似于我们从苹果公司及其CEO 斯蒂夫·乔布斯身上看到的,拥有一种表演特征,这不仅加强了产品的(→)可信度和受尊敬度,也能通过消除表演者/制造商和观看者/消费者之间的边界从而促进商业美学与真实世界之间的融合。公众的实时参与性提高了体验度并带来了视觉、听觉甚至触觉的刺激。

这些原则适用于小尺度的活动。不论是球场、展示会、讲座或互动场合,设计师的表现能力对公众对产品的接受度有着至关重要的影响。从这个方面来讲,核心问题是要在可信度和表演效果之间找到一个平衡点。

将产品的(→)功能作为它们的表演(→)质量,它们内在的、独立的客观存在融入了脚本中并激发我们的参与愿望。卡尔·马克思曾将这表述为商品的假象,看起来会跳舞的一张桌子,它隐藏的事实是它只是一件被生产出来的东西。[SA]

人物角色
Persona

人物角色这个词来源于 phersu,意思是表演者的面具,尽管它今天更多地被用作"角色"的同义词。人物角色在设计中常用于设计任务语境下——为了在设计过程中完整地、系统地应用虚拟使用者。从词源的角度来说,在设计中对这个词的发展代替了其原先的带有类型学一般性质的个人特征。人物角色可以依据人的年龄、性别、阶层、种族等典型地体现各种属性的特征,但通常这些因素并不是焦点所在。在多数背景下,人物角色想象的需求、体验、生活品味和使用某些界面或服务的能力才是优先考虑的因素。一旦人物角色的特征得到确定,转变为客户或使用者的原型,它们常会被用于设计过程中帮助想象虚拟使用环境或脚本(→脚本设计(Scenario Planning))。人物角色的开发由阿兰·库珀(Alan Cooper)首先引入互动和体验设计中(→界面设计(Interface Design))。[BM]

→ 服务设计(Service Design)

照片设计
Photographic Design

照片设计是一个有多种含义的词,它来源于照片图像的形式或视觉属性但又不局限于此。这个词的关键意义在于以下三个方面:将照片图像作为平面设计一个不可或缺的视觉元素;一种事先构想、事先计划或艺术化的拍摄实践;以及关于摄像实践的形式设计原则(如构图、组织、色调、光线、颜色、视觉重点等),这种方法可以用于任何一种摄像类型或实践。

将摄影图像作为完整的平面元素之一应用到设计中的想法首先由拉兹洛·莫霍利·纳吉(László Moholy-Nagy)于1925年提出,他首次提出了"影印(typophoto)"这个词。这个词用指他在平面和版式设计排版(→版面设计(Layout),字体排印(Typography))中使用照片作为平面元素。在这次实践中,照片本身并不是一个不可侵犯的物件,而是作为一种原材料被剪辑、操作或转换,只要是对传达视觉效果有必要的操作都可以。常用的技巧有拼贴、蒙太奇和照片美化。

虽然莫霍利·纳吉使用这种方法所做的多数作品在很大程度上依赖于照片和图像素材的形式属性,但是并没有忽略传达意义的目的。影印是莫霍利·纳吉出于文字语言的模糊性的考虑而发展出来的形式。作为当时具有代表性的现代主义者(→现代性(Modernity)),他相信摄影作为人类视觉的主观延伸可以表现出普遍的真实性和意义。换句话说,从它的机械本质而言,摄影具有消除交流歧义的可能性。这种方法曾在(→)包豪斯中吸引了较大的注意力,他们建立起一种基于全部感官(→)感知基础上而不是文化习俗基础之上的系统视觉语言,但毫无疑问,这种追求本身是基于那时的文化习俗之上的。

照片设计实践中与这种干预性方法并存的是探索照片的质量。这种探索中渗透着媒介与其他现实展示方式(特别是绘画)之间的复杂关系。照片和绘画作品之间的关系一直可以追溯到第一台相机,即相机暗盒的发明。相机能用于帮助艺术家进行从文艺复兴以来一直进行的精确的透视刻画。19 世纪中期,图像固定技术的发明激发了绘画元素和关于自然的真实展现的摄像以及艺术家在绘画创作中的角色之间的对话。不久之后摄影师们开始认识到媒介可以进行自我操作。

爱德华·史泰钦(Edward Steichen),绘画出身,是最早看到照片图像组合图形的潜力的摄影师。20 世纪 20 年代早期受雇于康泰纳仕集团(Condé Naste),他拍摄了一系列用于文章和广告的照片,得到了早期现代主义者的关注,其照片的强表现力和清晰的人为加工的形态、形式和普遍意义与当时占主导地位的现实主义做出了极大的区分。可以说这是最早用于商业目的的艺术导向照片图像,虽然人为加工照片并不是一个新现象。

艺术引导的摄影(→艺术指导(Art Direction)),主要用在广告和媒体报道的出版中,是一种视觉传达设计(→视觉传达(Visual Communication))。在这种实践中,照片是事先构想的,常是由非摄影师的视觉设计师在拍摄前用草图形式构想。虽然它们可能刻画了现实情景,在现场或摄影棚中拍摄,但是图像的每一个因素都在拍摄前以及拍摄过程中经过了仔细的考虑。这种"舞台操作"摄影实践与纪实摄影实践有着本质的差异,后者将发生在眼前的"真实"事件如实记录下来(当然这是关于真实和设置两个概念最简单的区别,并且常常是舞台纪实照片的争议性实践)。

广告和媒体报道摄影从史泰钦开始发生了巨大改变,但是艺术指导的摄影的概念仍然有着控制性的影响。从这个意义上讲,照片设计实践与视觉设计实践的各方面都相关,从识别所拍图像的传达目标、图片风格、使用的背景和所在地,到拍摄的主角、需要入镜的道具、灯光的类型和图片本身的构成和图像特征。照片图像本身将会应用的背景得到了更多的考虑,来展现莫霍利·纳吉(Moholy-Nagy)在早期实验中留下的视觉遗产。

照片设计的概念也可以用于其他不属于艺术指导或构建的摄影类型,但前提条件是记录一个在真实背景下观察到的现象或物体。这样的类型包括但不局限于纪实摄影、建筑、新闻和景观摄影。这里照片设计的概念与有意识地使用编辑技巧相结合,如灯光和投影、剪接、场地纵深、快门速度、视觉权重、电影类型等,强调观察到的和所记录的场景、物体或现象的视觉和交流方面。

最后,随着电脑照片图像软件的出现,看起来几乎有无限的图像操作的可能性。曾经一度,图片处理专家、早期现代主义大师如莫霍利·纳吉、埃尔·利西斯基(El Lissitzky)和约翰·哈特菲尔德(John Heartfield)惯用但又消耗大量时间的拼贴和蒙太奇技巧,现在多数人都能使用。由于这种技术的出现,使许多可能变成现实,比如摄影师、非摄影的视觉设计师等几乎可以在任何一个阶段对图像做出处理。现在数字化处理图像被认为是照片设计中不可或缺的一部分。虽然其技巧、实践和动机会有很大的不同,但在摄影处理方面的持续兴趣展现了其与早期现代主义者作品之间惊人的相似性。[MR]

→ 广告(Advertisement),美学(Aesthetics),传达(Communication),达达主义和设计(Dada and Design),视觉效果(Visual Effects)

图形文字
Pictogram

图形文字属于视觉图像,常用抽象的图形符号将信息传递给观察者。经常可以在指示系统或网络上看到图形文字。图形文字中很少会出现真正意义上的文字或字母,因此常用于跨越国界和语言障碍传递某种概念、指示或过程。也就是说,必须要注意的是即使是最简单的视觉图像也会受到文化含义的影响。许多图形文字无法被自动理解,而须要后天习得。[TG]

→ 传达(Communications),信息设计(Information Design),界面设计(Interface Design),公共设计(Public Design),视觉传达(Visual Communication)

剽窃
Plagiurism

英语中剽窃(plagiurism)这个词来源于拉丁语 plagium,意思是绑架、劫持。在设计学中,它一般指的是对已有制品的(→)复制,并且在市场上用剽窃者的名义进行销售。仿制的商品甚至使用与原(→)品牌或企业高度相似的(→)商标,因此给消费者造成了更多的迷惑性。剽窃和赝品之间的区分有时候十分微妙,但是剽窃涉及了将另一个人的原创性作品在没有获得任何同意的情况下进行修改,而赝品则完全复制原创作品。换句话说,剽窃者将别人的作品当做自己的,而赝品制造者则用原制造商或原品牌的名义进行销售。

设计剽窃主要指拷贝已经在市场上销售的产品。这节约了设计、制造以及销售的成本。而最首要的是,它们常常使用更廉价的(→)材料和更低等的(→)质量标准。最终,剽窃者可以以低得多的价格销售他们的产品。

在经济发达地区,许多法律出台,保护个人的(→)知识产权不受侵犯,并且强力推动国际知识产权法的出台。所以,世界贸易组织 1994 年在经过以医药和媒体企业为主的团体的激烈的游说后通过《与贸易有关的知识产权协定》(Agreement on Trade Related Aspects of Intellectual Property Rights)。这带来了关于贫困国家,特别是非洲无法负担艾滋药品的争议,因为在那里生产的相关药品都是没有商标品牌的,一旦《与贸易有关的知识产权协定》通过,生产行为便违反了国际法。

知识产权法覆盖了创意产业的广泛范围,包括文学写作、音乐作曲、绘画、雕塑和建筑(→版权(Copyright))。专利法保护了工程发明,只要它们新颖、别出心裁并且实用。许多国家提供实用新型法案,为那些新型但不能完全符合专利发明要求的技术型物品提供保护。设计法案保护产品的形式美学设计。在调整不同欧洲国家的法律的过程中,2003 年 4 月 1 日起,在西班牙阿利坎特欧盟内部市场协调局办公室批准了《外观设计公告》(Community Design Bulletin)。这可以在欧盟 25 个成员国内为产品提供保护。基于拷贝的本质不同,剽窃至少违反了上述法律中的一条,并且会受到相应的处罚。他们的商品将被查抄,并被要求支付罚金,甚至被判监狱服刑。

制造赝品通常不会违反上述法律,但是也会违反商标注册法(→假冒(Fake))。据统计,世界范围内每年因伪造产品带来的损失为 2580 亿～3870 亿美元。产品伪造几乎涉及各种价位的商品,从奢侈品到廉价品。

今天剽窃商品的团体很大一部分来源于远东地区。这些国家常用的一个辩解的借口是,剽窃是表达对这些原创商品生产商的"敬佩"之情。[MBO]

销售点
Point Of Sale

正是在销售点，商品在零售环境下进行对外销售，也正是在这里决定着设计产品的成败。作为销售和购买的界面，应该对销售点进行精心的、吸引人的设计。^{ME}

→ 展现（Display），店铺设计（Retail Design），服务设计（Service Design）

海报设计
Poster Design

海报是一张至少有 A3 纸张大小，展现在公共空间的纸。它宣传或传递关于一些活动的正式的消息或信息。作为一种交流媒介，它必须夺人眼球，并且能够快速简洁地传达关于"什么""在哪里"以及"为什么"等内容。海报和告示在工业化以后变得更有影响力，并且得到了更好的发展，随着 19 世纪末胶印和海报艺术的出现发展到了高峰。亨利·德·图卢兹-罗特列克（Henri de Toulouse-Lautrec）和阿尔丰斯·慕夏（Alfons Maria Mucha）是最早的将艺术和广告结合的艺术家。

音乐对海报的兴起起到了主要作用，特别是 20 世纪 60 年代的嬉皮士和 70 年代的庞克。嬉皮士流行于旧金山，受反战游行和学生反战浪潮的影响很大。韦斯·威尔森（Wes Wilson）、奥尔顿·凯利（Alton Kelley）、斯坦利·毛斯（Stanley Mouse）、瑞克·格里芬（Rick Griffin）是"大海报浪潮"（Great Poster Wave）中最有代表性的人物。音乐、舞蹈和毒品将人们从惯常的、资产阶级生活中解放出来，这在海报中得到了清晰的体现。颜色鲜亮并丰富，上面的字体有时甚至夸张变形以至无从辨认。利用拼贴技巧，它们使用来自不同文化时代的引用语和图片并将它们与装饰相结合。那时的海报艺术常使用"新艺术"风格字体，使用 19 世纪末 20 世纪初的图像，同时体现流行艺术。

嬉皮士希望能改变体系，而庞克则完全不需要体系。这种无政府的甚至带有破坏性的哲学观可以在他们的海报中看到。他们的海报尽可能地节省设计和制作成本，而且不遵循任何直线型结构或形式规则。这个时期最为人熟知的海报艺术家是杰米·里德（Jamie Reid），"性手枪"（Sex Pistol）乐队的平面设计师。他设计的字体看起来就像从报纸上剪下来拼起来的勒索信。当这种发展开始时，海报艺术与纪念册封面的设计有着紧密的联系。在后来的几年中，艺术家，如罗伯特·威廉姆斯·库伯（Robert

Williams Coop）和弗兰克·科齐克（Frank Kozik）为这种传统制定了新的标准，开发与某种音乐类型有着直接关系的视觉语言。

今天，这被用于利用它们的品牌形象将新的品牌与某种音乐风格相联系，这样就简化了销售。此外，通过表现这些设计元素，广告可以将产品置于某种背景之中并吸引特定的（→）目标人群。[TG]

→ 传达（Communications），跨界（Crossover），折页（Flyer），平面设计（Graphic Design），插画（Illustration），公共设计（Public Design），抵抗设计（Protest Design），风格（Style）

后现代主义
Postmodernism

"后现代主义"是一个复杂并存在激烈争论的词，应用于许多学科中，包括建筑学、哲学、艺术学、文学、音乐学、时装、电影和科学。作为一场运动，后现代主义建立在挑战现代主义主导的社会思潮以及主观本质之上。

这个词的拉丁语 post 意为"后"，它与英语"modernism"（现代主义）组成后现代主义这个词。后现代主义是一个易引来争议的并带有某些挑衅的词，指的是一种对主导理念和现代主义（→现代性（Modernity））美学的哲学回应。在文化研究的各个学科中，人们以许多相互矛盾的方式利用这个词。后现代主义的宣言并不是简单地对现代主义终结的回溯式诊断，而是带来根本性的改变。虽然这个词由鲁道夫·潘维兹（Rudolf Pannwitz）于 1917 年首次使用在关于尼采文化哲学的讨论中，但是直到 1975 年才由查尔斯·詹克斯（Charles Jencks）将其首次引入建筑学理论中。

后现代主义分离出来的时间点一般认为是 20 世纪 70 年代早期，现代主义发现自身处于生存危机中。当时号召现代主义需要人性化。主要的建筑师和设计师包括美国的罗伯特·文丘里、意大利的埃托·索特萨斯、亚历山大·门迪尼、米歇尔·德·卢基（MicheleDe Lucchi）、马窦·图恩（Matteo Thun）（→激进设计（Radical Design））等，所有人开始意识到高度现代主义（High Modernism）的许诺——特别是亨利·希区考克（Henry-Russel Hitchcock）和菲利浦·约翰逊（Philip Johnson）提出的（→）国际化风格这个主要口号——从 20 世纪 20 年代以来并未实现。后现代主义者认为建筑环境绝对没有比它在现代设计和建筑开始重塑它之前变得更好。城市没有变成以美学和谐和功能质量为特征的天堂。事实上，一种非人性的，甚至反对人性的方面已经成为主导，这是现代主义过度追求（→）功能主义的结果，设计结果不断以冰冷的、缺乏人性的、单调的和简单的思想为标志。

(→)人体工程学成了对美学相似性拙劣的辩护,功能主义被奉为理性主义的圣典,这逐渐被商业逻辑控制。

后现代主义早期的倡导以讽刺和对主导的关于真实和价值标准的重新评估为特色,这是它对现代主义的失败做出的回应。1972 年,文丘里建议向内华达州的拉斯维加斯学习其建筑和(→)城市规划。(→)孟菲斯集团设计师们向高度现代主义的正统以及"形式跟随功能"这句经典格言发起了直接的挑战,他们关注于设计表面。后现代主义将矛盾性、讽刺、任意性、琐碎性和自发性看做人类的品质,而不是以某种明确的理想作为最终目标。

设计上后现代主义的特征是设计师对物体造型的兴趣大过于对技术性的改良的兴趣。将各种历史形成和风格相结合是后现代主义最重要的技巧。将古老的风格特征,文艺复兴风格、巴洛克风格、流行艺术和艺术装饰时期、好莱坞式的或彼得麦(Biedermeier)式样的风格混用并扭曲或改变比例、材料和颜色,这样的设计变得那么陌生,甚至无法辨认。经典设计不仅被引用,更常被扭曲和"生长"。物体依赖的那种特别古典的氛围并没有被这种漫画式的表达破坏,事实上,当这些作品被置于博物馆中与那些经典作品一起展示的时候,它们在艺术历史讨论的背景下强调了原创经典作品的意义。

基础集合形式如圆柱体、金字塔形、球形和立方体的使用是后现代主义的另一个典型特征。这在建筑设计中以起居室物品和餐桌等的设计中体现得尤为明显(如迈克尔·格雷夫斯为意大利制造商 Alessi 公司做的那些作品)。茶壶的盖子做得像一个等边多边形屋顶;烛台看起来像栋高层建筑;茶罐看起来像比萨斜塔的碎片;台钟像凯旋门。附加的柱子、结构、肌理和表面是源自于在建筑中使用的视觉元素的转译,被用在了小型的室内物体上。一个较为普遍的组合是在一个带有球形顶冠和在长边有一个弧形手柄的长方体上加一个圆柱体。这种流行的外形被应用到了所有东西上,从台灯到水罐,到挡书板,反映了外形的实现从很大程度上变得随意。现代主义,主要尝试解决它固有的性质所带来的问题,已经获得了越来越多的重要成果。

对于高度现代主义对黑、白、灰的偏爱(那时开始认为这是一种专制）的挑战，也表现为在表面设计上使用大胆的色彩和装饰性图案。埃托·索特萨斯昆虫似的图案，被用在意大利阿贝特（Abet）的家具和水磨石上，成为这种潮流趋势的著名（或臭名昭著的）例子。

后现代主义的理论家辩称，现代主义对过去的否定和反对导致环境和人类价值观的对立。他们认为，与现代主义的原则对立，历史知识实际上丰富了设计。这带来了自我意识折中主义，复古风格被视为后现代主义的一个典型特征，虽然它远不只这个特点。将高雅文化从流行文化中分离出来（现代主义的理想化行为）也需要转变。后现代主义相应地将（→）媚俗提升为先锋艺术，并使这种审美造型置于建筑物中没有结构支撑作用的不对称木柱上，只是为了使楼梯间变得更有特点。

这种具有讽刺意味的扭曲并不总能得到欣赏，有时人们可能只看到了其表面价值。换句话说，后现代主义成于此败于此。后现代主义美学作为一种流行的、大众化潮流，如果没有大众传媒这种对日常生活的影响日益增加的媒体极度热情的宣扬就不可能成功。设计的话题首次突然吸引了广大范围的公众的注意，设计师成了明星，设计的物品加入了国际艺术、美术馆和博物馆市场。低劣的生产商快速跟上这个潮流，开始投资生产后现代主义关于（→）怀旧、（→）装饰和配饰的设计。生产商和庞大的商品种类充斥到市场中，给那些有着艳丽的色彩的钢笔装上球体或椎体形状的按钮，美其名曰"设计师用笔"。玩笑成了现实，将日常生活变成媚俗的努力成功了。虽然存在这些歧途，但后现代主义的很多想法和方法到今天为止仍然适用，特别是它坚持的关于设计不只是一个简单的完成技术终端的理念。[RS]

实践
Practice

实践这个词含有多个互相关联但又有差异的意义。通俗地讲，它指的是一种专业化活动——比如，平面设计师的实践。与此紧密相关的是设计作为一种应用（→）学科的意义，有时候（但并不总是如此）是为了换取金钱。在这里应该注意的是"实践"这个词总是带有行动的含义。"学科"指的是人们为了达到某种目的使用的方法和处理过程，而实践指的是这些方法和过程的应用。更常见的是，这个词也用于指某种重复或持续的行动，目的是习得技能或改善和改进能力——就像经常使用的那句谚语"熟能生巧"。

除了这些日常的使用,在学术语境下,"实践"常常明显或不明显地与理论这个词有关。理论和实践的两面性一方面起到了强调表现和思考过程之间的区别的作用,另一方面反映了表现和行动过程二者的区别。当然它们彼此互为依存,做出行动需要思考,最近在社会学和文化研究上的发展表明每个思考最终可能与一个人的行动表现相关联(所谓的"实践转向")。

考虑到这一点,任何关于实践本质的讨论都需要放在物质的、生理学和社会背景之下。换句话说,每次行动或活动都发生在特定的环境中,那样的行动或活动的意义和所指是建立在这个环境之上的。当然,这包括物质和空间环境,也包括——因为行动(也就是实践)总是由一个主观的存在物进行的——认知和生理能力、体验和动机。社会背景起到了至关重要的作用,因为行动的意义和含义很大程度上说是由其他人的互动组成及决定的。

在这样的语境下,设计可以首先被定义为所有以上讨论的语义维度中的一种实践。其次,可以把设计理解为在理论和实践之间的一种中心驱动联系,因为它处理着复杂的——经常是带有争议的——思考和行动之间的关系。最后,人们期待设计能在特定使用环境下定义自身。因此,它几乎总是试图以物质的、生理的和社会的方面定位自己。

从这个方面来说,设计师一方面可以在本质上通过创造人们在日常生活中体验和使用的人工产品、系统、环境和服务引导自身行动,另一方面,设计的最终使用、意义和所指只有在它被使用的语境中才能被真正理解。[SG]

预印
Prepress

预印指的是在印刷设计过程中在印刷步骤前的最后一步。通常在预印这一步包括几个程序:扫描、照片修饰和图像美化以及将内容和排版各种因素综合到最后的设计中。[TK]

→ 平面设计(Graphic Design)

展示
Presentation

展示是策略性地向观众传达知识、信息、理念、产品或服务的一种展现。

多数设计师依赖展示从而获得和保持与潜在用户的关系,从潜在用户那里得到反馈。在设计过程的某些使用包括展现专业能力或视角,传达产品理念或概念,提供某个项目的具体信息。在商业环境中,展示通常用于表达一种项目的理念或观点,使用传达研究结果、数据分析和用户反馈等途径。企业和设计师也可能会在商品交易会和其他类似活动中向专家、其他专业人士和工种宣传他们的生产线。这些类型的展示提供了增强品牌辨识度的机会,因此可以维持在展示结束后观众对企业或设计师的持续兴趣。

在准备一次展示的时候,重要的是了解面对的观众(→目标人群(Target Group))。这包括考虑到他们的能力和知识框架,他们相互的关系、政治倾向、背景等。另外很重要的是在开始时清楚地定义展示的基本目的,是教育,是推销一种想法,是获取支持,还是展现或销售一件完成的产品。除了清楚易懂地组织内容,展示也应该在视觉上足够动感活泼。准备一次展示的任务是如此复杂,这个过程常常涉及许多方面。

展示以二维的文字和图片进行。三维的则使用物体(→)模型、产品(→)原型和产品本身,或——现在越来越常用的——使用电脑投影仪和其他视听和多媒体工具(→视听设计(Audiovisual Design))。如果时间和地理条件允许,展示也可以完全在网络上通过完整的展现和视频会议等方式进行——虽然通常人们更倾向于与现场观众面对面交流。除了那些传统的展示方式,如图表、黑板和投影,现在还有许多复杂的电脑程序支持多媒体的展示,例如 PPT, MagicPoint, OperaShow, Staroffice, FotoMagico,等等。[KSP]

→ 事件设计(Event Design),情绪板(Mood Board),销售点(Point of Sale)

问题设置
Problem Setting

设计过程的第一个阶段就是"问题设置"。在这个阶段,为了分析情况、分析市场、分析目标人群以及他们的需求,需要进行研究。然后建立起一个质量规范,特别是在(→)产品开发中,这种规范随后形成功能规范(概述了技术可能性等)以及用户要求规范(概述了产品的特征、价格和 USP 等要求)。由于这些文件常常极为复杂,与设计相关的因素常在(→)任务书中加以总结。

设计师的角色从（→）问题解决到问题设置的转变使设计师对项目策略标准的形成产生影响，而不只是执行他人设置的问题。问题设置对于设计作品后面的过程有着极为重要的影响。目标标准和价值构建得越清晰，初始结构的形成越明确，成功的可能性也越大。[AD]

→ 设计规划（Design Planning），设计过程（Design Process），启发法（Heuristics）

问题解决
Problem Solving

设计的过程是一个解决问题的过程。"问题"这里指的是一个要达到的目标，此时，关于如何完成这个目标的方式和途径仍不明确，特别是它常常含有与之前的解决方案有所区别的意思。"方案"这个词指的是开发过程的最终结果，"问题解决"则是指是完成一个预先设定的详细要求（→问题设置（Problem Setting））所使用的动态体系。

问题解决是一种需要知识支持的任务，而在设计中知识又常结合着经过试验和错误的学习。一个成功的设计过程综合了对已学知识的抽象和重建，所以它可以产生新的或改良的方案以适应现在的情况。这就是为什么几乎不能用同样的设计方案解决多个问题。但是从相似的情况下得到的体验自然可以对设计过程有所帮助，经验知识可以通过普遍策略和具体问题的修正（→启发法（Heuristics））应用到特定情况中。设计过程不仅受到理性的、分析性工作方法的影响，也受到情绪的、直觉（→直觉（Intuition））过程的影响。两种方法常常交织在一起并相互发生作用。

设计中的问题的解决过程几乎从不是直线型的，因为（→）评估技能是核心特征。多数的可能解决方案都是短期建议。这些建议的评估过程不仅引向设计决策，也常引向对原本的问题设置的改变和发展。慎重地处理问题设置这个过程在此是至关重要的。详细明确的要求决定了可以为这个过程提供参考的框架（→任务书（Brief））。但常常，通过提取问题、搜索类似案例，或转变问题等方法使自己远离直接目标导向的方法——换句话说，以问题导向方法取代产品导向的方法——可以最终产生更有创意的方案。

这是因为设计问题常常是高度复杂的，取决于多方的利益，影响并贯穿各个领域（→学科（Discipline））。因此设计问题的动态特性常常是体系性的，在这些体系中发生的过程不可避免地会产生无意识的后果（→奇特问题（Wicked Problem））。在心理学上，一个相似的过程会试图找到一个构建糟糕的问题的方案，其最终结果是极不可预见的。而构建清晰的问题，其任务则具有普遍的解决方案。

人们发展出"创意方法"从而产生创造性的解决方案。这些方法一般涉及启发式过程，这已经成为很流行的方法，特别是在公司各部门中。这些方法中的一些，如（→）头脑风暴和腹稿（mind mapping）都已被应用到了设计领域。最终，设计过程不可能完全成为自动化的或归纳成文档性的方法手册——而传统的解决方案通过已建立起来的方法已经得到实现，因此创意只能通过打破模式才能达成。[AD]

过程
Process

→ 设计过程（Design Process）

产品
Product

一件产品是人类在他们的历史上的某个时期生产的物品类型。它也可以作为一个历史过程、一件经济的或技术的（→）人工制品或者作为设计各专业正面临的挑战。

人类已经有至少 200 万年产品制造的历史。事实上存在着一连串的争论，从灵长类学家舍伍德·沃什伯恩（Sherwood Washburn）到科学社会学家布鲁诺·拉图尔（Bruno Latour）都认为产品与制造它们的人类之间的根本区别并不站得住脚。沃什伯恩认为通常意义上的真理"人造物"，事实正好是相反的——人类智慧的产物极大地改变了我们的环境，以至于它们成为我们胜利进化的因素。拉图尔则完全放弃了物体的语言，而更愿意谈论"人与非人类作用方"的结合网络。

不论站在哪个角度，有一点是清楚的：对于几乎整个人类历史，由人类所塑造的产品是每种只有一件、由手工制成、以使用为目的的物体，很长时间后被用于交换，直到后来才成为销售的东西。一直到了工业革命时期产品才突然从一个单独"手工制作的物品"变成大规模机器制造的产品。这种(→)潮流在 18 世纪法国百科全书的作者笔下被描绘成专业化机器和必然导致的生产力的分工,这种现象在 1776 年亚当·斯密的《国富论》(*The Wealth of Nations*)一书中以理论形式得以总结。到了 19 世纪末,每种只有一件的手工制品迅速成为奢侈品和稀有物。它的拥护者们——最著名的威廉·莫里斯——把自己解释为在历史的洪流中逆流而上,而工业大生产的胜利勾画了 20 世纪现代主义的讨论(→现代性(Modernity))。

现代设计讨论可以解读为是一场关于在普遍大生产年代中的产品实质的持久辩论:熟悉的概念,如"质量"或"手工艺",需要在一个大生产背景下重新定义,在这样的背景中,无论是一枚针、一台打字机或是 iPod 都可以成千上万地批量生产。在 20 世纪进程中,一些设计师通过尽力保持他们作品中的艺术唯一性与这些挑战进行斗争,(→)新艺术运动正代表了这种趋势并持续至今。其他人则接受了机器的逻辑甚至审美,寻求将设计师的手迹完全消除,柯布西耶的要求"我们必须建立起大生产的灵魂"仍然是他们的灵感来源。

今天,把创造产品的过程说成(→)"工业设计"或(→)"产品设计"是比较普遍的(至少在学校中是这样的)。前者指的是(→)人体工程学、材料科学和其他多少与科技因素有关的工业物品,从而使它们更安全、更舒适、更有效或更有吸引力。产品设计更多地指的是新(→)产品开发的完整循环,开始于想法的形成,包含行为分析、市场调查和可行性商业模式的创立。

对于产品和工业设计师(他们常常是同一个人),过去 25 年文化和科技变化陆续带来了:智能材料、快速成型、机器人生产系统、微处理器和互联网——更不用说对环境极限的认识——解放了已有的关于"产品是什么"的观念以及开启了新的实践领域。

词源学上,"产品"意为"引导"或"推进",而这种古老的意义已经被更改以适应新的情况。不管我们讲的是工业或消费产品、金融产品、软件产品、网络产品或许多其他的东西,人类对于物品制造的偏爱将引导我们不断前进。[BK]

→ 历史(History),材料(Materials),工具(Tools),虚拟(Virtuality)

产品设计
Product Design

产品设计指的是涉及同时具有功能性和（→）美学性的物品的创造的实践活动。这些产品不局限于某种特定的状态，也包括各种日常用品以及稀有的（→）奢侈品。为了完成这些任务，产品设计师常需要宽泛的专业技能，包括人体工程学、生产技术、工程方法、市场策略、文化意识、环境问题和美学判断。

虽然产品设计和工业设计之间的区分根据语境不同而有很大的区别，但是前者常被认为是后者的下级学科分支。这种分科可能会使很多人感到困惑，因为在实践中这两者常常是交叉进行的——事实上，它们包含同样的产出可能性，从家庭日用品如家具和餐具，到机械产品如电子产品和设备。但是，这两种实践确实存在着不同的含义。特别是，产品设计师常被认为在设计过程中拥有更定制性的、工艺性的方法。这并不是说他们设计的产品最终不是机器化大生产的产物，而是说产品设计可能更倾向于更专门的消费者市场，或者说以较低成本生产为特征。换句话说，产品设计常被认为是工业设计的分支，不是因为它所设计的产品更少，而是指设计过程本身的特定方法。

这种区分可能源自于多种不同的因素。首先，"工业"这个词就其与工业革命的历史关系而言多少可以说有些过时。产品设计作为一个专业（→）学科，很大程度上是为应对这种时代的转换而发展起来的。此外，"工业"这个词含有一种在（→）产品开发过程中对制造这个方面的特别强调。虽然产品设计师也常与制造商共同合作开发设计，但这种关系对其实践并不具备特征性定位的作用。

以工艺为基础的方法和设计中越来越多的科技因素的两面性正是近年来越来越多的实践者、教育家、经理人更喜欢用"产品设计"而不是"工业设计"的原因。这种认知上的区分是否对真实专业实践适用，当然是值得讨论的。许多个性化工业设计实践者自豪于他们的美学能力，许多产品设计师更多关注工程方面而不是造型问题。最终，两种实践几乎有着完全相同的目标、过程和技术，并且两个词也常常交替使用。[EPV]

→ 形式（Form），功能（Function），材料（Materials），产品（Product），原型（Prototype）

产品开发
Product
Development

产品开发一般被定义为
"将一种新产品引入市场的过
程"。新产品的开发常被用作
建立新公司，或增加一个已有
公司的市场份额的途径。

对于"产品"这个词的释义随着时间流逝发生着变化，并且现在已不只局限于物质形式的物品。它也包含无形的东西，如服务、互动体验和软件包等。产品开发周期的潜在终端产品包括从苍蝇拍到椅子、互动环境、手机设备等。

产品开发的过程由多学科团队的工作塑造，过程中许多本来分离的专业领域，包括工业设计、机械工程、市场营销、人类学、软件开发、电子工程、包装设计、工业工程和互动设计在设计过程中互相合作，起了积极作用，并且随着过程的深入，角色发生互换（→协作设计（Collaborative Design））。

一个典型的产品开发过程由若干阶段组成。这个周期的总体概况包括（不局限于）：研究、概念开发、设计细节、生产和商业化。虽然，这看似是一个直线型过程，而事实常常是折线型的。在一个阶段积累起来的信息通常会引发问题，而重新回到上一阶段的活动常常能够解决这些问题。每个设计实践者或公司用各自略有不同的态度构建这个周期，这主要取决于项目的实质，所服务的行业和组织的文化。

第一个阶段，研究。这个阶段提供了发展出对潜在使用者（生理和心理）需求的深刻理解的机会。近年来，这种使用组成者中心的方法也被称为"人种学研究"。获得这种早期信息是为了帮助设计师创造适合使用的产品，能真正满足人们需要的产品（→使用性（Usability））。

这个产品开发的初始阶段也是一个通过量化的（→）市场研究和数据分析来评估市场上存在的机遇的潜在领域。如果产品涉及与人体的互动，常会进行（→）人体工程学的研究。如果项目涉及对创新（→）材料的使用可能，材料研究可能需要在开发的早期就开始。

这个周期的下一阶段通常是建立在研究阶段上的概念开发。它涉及将研究成果转化为产品或服务的初步理念和框架。这个阶段工作量特别多，重点放在创造大量的创意概念，而不是快速地选择一些想法。（→）头脑风暴是在前两个阶段重要的活动，涉及清楚地提出问题，这些问题可以称为各个团队灵感的推动力。

在发展出了一系列概念后，最具潜力的想法会被挑选出来，设计开发的参数范围将缩小，选出某些范围或概念进行进一步的深入探索与发展。在以客户为基础的作品案例中，这种漏斗状的处理是一个互动的过程，涉及客户的投入和导向，包括多种观点。

作为设计细节阶段的周期进展，包括创意概念不断进行筛选，以及决定最后的技术性规范。这个阶段往往以一个准备就绪将要生产的产品或服务（→原型（Prototype））为终点。

生产这一阶段涉及的是真实"建造"——最终产品的制造，这些产品可以销售给终端消费者，或可以为终端消费者所用。在有形产品的例子中，这涉及寻求生产商并且与其一起管理已具备消费人群的物品的生产。

通常，产品开发一个完整周期的最后阶段是将产品商业化。这可以包括宣传产品、建立分配链、建立与合作方和消费方之间的关系等。

另外，可持续发展的理念也逐渐对产品开发过程产生影响。对于实践者而言，这涉及从整体的角度看待产品开发的周期，从创建所使用的原材料的基础到产品寿命周期的终结。这个趋势从原来的"从摇篮到坟墓"的思考转向"从摇篮到摇篮"：一件产品寿命周期的终点不是垃圾场，设计师们现在考虑的是通过重新利用材料等方法极大地延长物品的生命周期。环境意识的提高将回收和重新利用变成了设计师首先考虑的问题。

产品开发的目的是为了使产品与市场上的消费者产生共鸣，从而使企业销售额极大地提高。因此，销售与消费者意识常常是产品开发有效性检验的方法。[AR]

→ 设计方法（Design Methods），设计过程（Design Process）

产品系列
Product Family

就像人、动物或植物以及生物系统之间的生物关系那样，产品在形式、美学、构造和语义上的相似性形成产品系列。一个产品系列由多个单独的、紧密关联且有"相同编码"的产品组成。"相同编码"可以在产品改进过程中进一步延续，并在下几代产品中仍能得到识别。产品分成系列可以帮助它们从具有相似外形和内容的产品中脱颖而出，并可以增加它们的回收价值。[SAB]

→ 品牌（Brand），持续性（Continuity），企业形象

生产技术
Production
Technology

对先进生产技术的理解是产品设计领域的重要因素之一。市场工业化通过科技革命改革了我们所处世界的产品形式和功能,如今三维打印和快速成型技术对产品设计的创新和量产提供了强有力的技术支持,但在实际生活中个性化设计和个人化的定制产品是不可替代的。

从 20 世纪初开始,工业化生产方式逐渐取代了手(→)工艺,并最终加强了产品对生产过程的依赖。从那时起,工业生产的可能性和限制性被证明对生产技术既有约束但又有启发。就像重力法则决定着建筑的需求和要求,设计也必须在生产手段允许的范围内活动。设计师不仅通过创意来推动生产技术的发展,并为新发明的设计提供思路。

很好的例子就是倒扣(undercut)。今天用塑料和金属制成的大多产品都是利用各种模具(或原型制模)做成的。从最简单的层次看,制模是用两半内凹的金属模具,将热熔的材料倒入其中,然后分开模具,将固化的物体移出,以此方法进行大规模生产。倒扣可以使模具在金属组成部分多于两块的时候更方便地拆合,由此可以制出更复杂的形状,比如两块模具嵌入彼此。

在前面那种制作方法中,浇铸物件从模具中分离时模具会损毁。这种方法常用在对精确性要求较高的镂空物品的制作上,如铃铛或复杂的雕塑。在挤出模具处理中,材料(往往是塑料或金属)是热的、半流体状。这是一种没有两端封口的断面结构,材料从一端压入,从另一端出来。使用这种断面模具制造的常见产品包括塑料窗框或 H 型钢和 I 型钢。

材料也可以不通过铸模成型过程进行塑形,比如用锯、填充、磨、钻、转、碾、勾画、剪、切和热切割(如激光和切割锯)。最新发展起来的激光切割技术和水切割技术是利用高能量的激光束和水流束切割表面轮廓或三维物体,并几乎能用于所有材料。

一种常用的非工具式技术是"重铸"。它改变了一个物体的形式但不改变体积。重铸包括锻造和弯曲金属以及轧制金属片。需要进行弯曲生产的主要材料是半成品塑料产品。但是对于塑料,最常使用的重铸技巧是"深轧制法",这种处理需要单面工具。一定尺寸的塑料板被加热成软化的状态放入一个模具中。在塑料硬化前,将空气从模具和塑料板之间抽出。这种真空使软化的塑料表皮与模具贴合,然后冷却。这种技术用于生产酸奶杯、自行车头盔和汽车车门的内板等。

饮料瓶也是用相似的方法做成的。烧热的坯(类似于一种特别厚的塑料试管）被推入模具中。塑料被压力推动紧贴到模具壁上，在那里冷却。模具拿下后塑料保留了希望做成的形状。

除了模具处理，（→）涂层技术也可以用于改进所生产物件的功能和外形。除了漆和粉末涂料，电镀是一种特别有效的处理方式，可以增加物件的持续性和稳定性。对于金属，热浸镀是另一种选择。金属常被用于设计产品，因为它特别容易发生材料性质的转变——改变材料本身的内部结构。比如，坚硬的刀刃就是通过一次次仔细的加热和快速冷却使金属达到要求的硬度和耐久度。

在大多数案例中，常需要采用以上提到的这些方法来完成一件产品。在接下来的生产过程中，用这些方法生产的（→）组件被集中起来。模具制成的人造外壳拼装起来成为工具箱，曲线型的金属部件被焊接或用铆钉铆到一起制成机动车，铝箔盖被粘贴到酸奶杯子上等。任何一件产品在展示给消费者前必须经过许多步骤的加工（→产品开发（Product Development））。协调这些步骤并保证稳定、统一和高水平，又同时提供一个有竞争力的价格对于产品开发者、设计师和制造商来说都是至关重要的挑战，特别是在产品面向全球的情况下。

现代的（→）快速成型技术，产品可以从数据通过三维打印的技术，毫无疑问将会使今后30年的生产技术产生重要变革。通过采用不需要制模工具的基础制作程序进行单个组件甚至整套设施的生产，工厂可能能够史无前例地更好地满足客户需求，而关于产品生产规模等经济问题也会发生改变。此外，这些新的技术将有消除诸如以上谈到的倒扣的局限性，或者最后组装的需求。因为新技术可以在指定的使用地上直接一次性生产所有的组件。接下来的几年将全面展现设计策略将发生改变的程度，技术上和美学上都会有重大进步，这正是这些发展带来的结果。

如果三维打印成为个人能够获得的技术，这些发展的深远意义将会变得更为明显。自工业化以来，产品大生产的要求旨在吸引广泛的消费人口，这很大程度上将个人化手工产品的创作推向了商机无限的奢侈品市场。然而，就像喷墨打印机和激光打印机的传播和扩散功能在媒体领域的民主化和普及方面有深刻的影响一样，三维打印和快速成型理论的推广使个性化定制产品的大

规模生产成为可能（→定制（Customization））。这种开发也会引发一系列问题，包括知识产权的归属等。[STS]

→ 工业设计（Industrial Design），材料（Materials），产品设计（Product Design），工具（Tools）

产品语义学
Product Semantics

→ 语义学（Semantics）

项目
Project

项目这个词来源于拉丁语 proiacere，指的是特定的、常常是独特的计划，性质上类似于实验，并含有在某个时期内实现某个目标的意思。设计项目可能有很高的风险，因此常常会通过诸如（→）产品开发（为工业生产项目的），以及项目组织（为教育设计项目的）或项目管理（为复杂项目的，如设计建筑物或交通系统）等组织机构进行监督和控制。[TK]

→ 设计方法（Design Methods），设计规划（Design Planning），设计过程（Design Process），问题设置（Problem Setting），策略设计（Strategic Design）

抵抗设计
Protest Design

抵抗设计本身不是一个设计方向。它是一个较新的词，用来指主要由年轻设计师形成的流派，他们在理论和作品创作（→批判设计（Critical Design））中，反映和评论当今的社会和政治发展问题和事件。

这些设计师主要针对一些国家和政府采取的某些易引起抗议的政治行动做出反应。比如，在美国纽约州以及其他各州，在2004年小布什再次参选总统时，设计师用机智的设计办法进行抗议行动。在德国，当公立学校决定开始向学生收取学费时，各种海报、折页、文章和音像制品被设计出来反对此事。还有反数字霸权管理（anti-DRM）团队而进行的抵抗设计，它是为了获得免费软件而进行的运动，也就是反对比尔·盖茨和微软的运动。有成千上万的抗议被发起，许多抗议不仅使用网络作为广告平台，也将其作为一项工具，使抗议变为一种全球范围的，真实和开放的现象。随着抗议活动的增加和形式的多样化，就需要通过互联网来发起，引起全球性和全民性的关注，这就对出色的、吸引人的设计提出更高要求。每一场有关政治问题或社会问题的抗议活动都要有其出色的设计策略。为了使新加入的人了解和参与，抗议的目的和目标应该一目了然。如何尽量使用简短的文章、箴言和标语以及如何通过印刷物最佳地传达信息都是需要考虑的，同时要考虑的还有图片（吸引人眼球的东西），或（→）声音设计（词组的韵律节奏，歌曲和"乐器"）。

抵抗设计可以使抗议更有效地被接受，得到更好的结果。它可以引起人们的注意，使他们欢笑，唤醒他们，也可以激怒反对方，或使公众关注各种不同的情况。[UB]

→ 设计与政治（Design and Politics），伦理（Ethics）

原型
Prototype

原型被用于在新设计进入生产过程前测试其（→）功能和表现。总的来说，它是在产品进行工业化生产前（→）产品开发的最后一步。在极少情况下，原型也可以作为一件独一无二的作品（即不是为大规模生产而制作的），它的制作目的是得到尽可能真实的产品分析。虽然原型制作技术复杂，造价高昂，但却是多数产品不可或缺的，因为它可以指导制造，使使用者能够对各种（→）模型的类型做出反馈，并在大规模生产前发掘产品的缺点和不足。

原型常常是用手工（→）快速成型技术制作的，并且它与大规模生产的产品有所差异。但是，原型与最终产品常常难以区分，特别是在日常使用者眼里。

一个产品在最终产品成形前常常经过以下若干步骤，这些都是产品开发的一部分。

· 绘图和（→）渲染：是以基础的二维模式展现未来产品的方式，旨在使产品生产不偏离设计的方向。

· 比例模型：产品外形粗略效果图和三维体量。

· 设计模型：三维地、真实地展现未来产品，但是可能不具有完备的功能。

· 功能模型：展现产品功能或产品的特殊功能（比如，敞篷汽车的顶篷关闭装置）。

在产品面向市场前的最后一步就是制作前面所讲的一系列用作模拟试验和现场试验模型和原型，它们一般都是用最新的工具和设备进行生产的。现在新的原型技术能够在这个阶段一次性制造和测试出多达 500 件产品。一旦测试通过,最终工具和设施会安装到产品中,从而开始大规模产品生产环节。[MBO]

→ 测试(Testing)

原型化
Prototyping

→ 快速成型(Rapid Prototyping)

出版物
Publications

　　出版设计应用得十分广泛并且在形式和内容上有各种变化。设计师论文集、展览图册、设计杂志和获奖设计文集是一些比较常见的例子。一般来讲,每种出版物都以这样或那样的方式进行设计。从报纸中就可以发现在现代文化中设计是一个随处可见的东西,因为以这个为主题的文章几乎可以在所有版面中看到:艺术与休闲、商业、政治、科技、地产等。

　　专门针对设计和(→)视觉传达的出版物可以用宽泛的综合的形式选取主题,或者聚焦在某些具体的领域,如(→)建筑设计、汽车设计、(→)媒体设计、(→)室内设计、(→)产品设计或(→)工业设计。它们可能是较直接的以图像为主或以大量文字为主。逐渐地,许多设计师开始自己设计、撰写并出版作品,特别是在建筑领域。论文集——关注某位设计师、某种设计方法或某个时代的设计的学术专著——一般由图片和评论文章组成,并常与展览有关。它们在英语国家中有着很长的发展历史,意大利则没那么久的传统,而在德国则属于较新的事物,德国到了 20 世纪 80 年代才有这样的出版物。另一方面,德国很早就开始出版大量与设计奖项有关的出版物。

　　最近产生了许多以各种形式来展现设计研究和设计理论的杂志和图书,它们表面上看是关于设计,但实际涉及很大的范围(生活休闲、家居、园艺杂志和厚厚的"咖啡桌"书籍),这类出版物在销售方面也迎来了繁荣。公众对于与设计相关的出版物的兴趣在过去十年有了极大的提高,书店里的设计图书和专业的设计书店在数量和规模上迅速增加。[HS]

→ 批评(Criticism),历史(History)

公共设计
Public Design

实用的公共设计,以公园长凳、垃圾桶或路牌等形式出现,在我们日常生活中普遍存在。但是在我们"被设计"的过程中这些元素的影响仍然没有那些公共使用的媒体和技术带来的影响那么明显,这些媒体和技术事实上消除了私人和公共空间之间的界限。

公共设计在任何为公众服务的产品、系统或环境中都可以看到。"公共设计"这个词最常用于指散布各处的家具和标识,比如公园长凳、路灯、栅栏、柱子、垃圾桶、广场和路标等。产品被设计为不被各种气候破坏、经久耐用、易于清洗、易于维保、使用不复杂,总的来说还有着良好的审美情趣。同时,公共设计也包含较大公共空间、公共通行系统和公共指示系统的设计。城市中的街道、花园、公园,甚至整个城市的居住区的布局和基础设施,都是公共设计,因为我们可以通过它们浏览道路信息和区域网络信息。现在同样十分普遍的引导个人兴趣转化为公众理念的营销活动设计代表了另一种形式的公共设计,比较明显的例子是那些在我们生活的公共空间中到处渗透的广告——广告牌、自行车、出租车、巴士、电话亭、购物袋、展示窗等。

为了定义公共设计,必须考虑的不仅是"私人设计"由什么组成的问题,也要考虑不断变化的公共空间和私人空间的概念。全球性的社会和经济结构的变化使我们今天思考关于所有权、隐私和公共空间的功能等概念的方式带来了影响。比如,在古代罗马,公共空间是一种用于讨论社会、政治或文化问题的会议地点。今天,我们使用电话或互联网进行与他人联络和交流。19 世纪初,人们在公共空间(正像 Sennett 描写的那样)中的角色是认识陌生人,但又与陌生人保持必要的社会距离;今天,我们更希望走在大街上与陌生人互不打扰。

通过模糊公共空间和私人空间的界限,通过实现设计创意——特别是移动电话技术、通信电路和交通系统——也对我们关于室内家庭和公共室外环境的环境类型的考虑带来了巨大变化。当代设计文化对我们理解公共空间和在公共空间中活动的方式产生了显著影响,两个代表性的例子就是轿车和 iPod。这些产品从表面上看是为私人使用设计的,但却以非常明显的方式把私人空间转移到了公共范围内。我们在环境中移动时,轿车用钢铁和玻璃围合保护我们,而 iPod 和其他可移动视听设备给我们提供了一个私人音响环境,把我们带入了一个完全不同的感官世界。"在随身听的效应下,身体是开放的,它被放到了审美的过程,都市的戏剧化过程中——但却又是隐秘的。"[细川(Hosokawa)1984]这种效应可能用"蚕茧"现象来形容是最合适的——使用者能够有效地将私人空间带入公共领域中。

因此，公共设计包括的内容远不只公园长凳、路灯和广告这些在日常存在的东西，还广泛地涵盖任何有助于公共作用发挥的设计（也就是不明显但能让人觉察到）。然而，因为所有设计都具有社会传达性和互动性，所以"公共设计"这个词也可以说有些多余。事实上，不断改变的关于"公共"构成的概念以及公共空间和私人空间之间越来越不明显的区分，毫无疑问将对这个词的定义产生影响。[MSI]

→ 移动性（Mobility），指示系统（Orientation System），城市设计（Urban Design），城市规划（Urban Planning）

Q

质量
Quality

正如艺术,设计是旨在获得高质量物品的尝试。由于尝试的过程和人们对于最终成果的接受度很大程度上依赖于主观因素,所以如果想要寻求不存在争议的因素,就需要涉及关系、差异和(→)语义学。质量不能单凭经验进行判断,不能用逻辑进行分析。质量需要反复尝试、投入、卡伊洛斯(机遇之神)和菲莉亚(爱)。一个没有品质的世界可能存在,但它是贫瘠荒芜的。质量是改善事物的方法,着手于在不破坏结构的前提下给予事物价值的过程。

所以质量明显是一个复杂的概念。我们应该把它与数量和比例进行区分,自亚里士多德的"二分法"逻辑形成以来它就将自身区别于数量和比例。质量的概念可以应用于物质世界以及精神产品和服务,可以用以表述事物产生过程或事物本身的特质,可以表述事物接受者的感官和认识能力,以及这些方面之间的关系。

质量将"什么问题"与"为什么是这些问题"联系起来。在物质世界,质量指的是某个特定项目区别于其他项目的内在组成以及它与先决条件之间的关系。红木属于高级木材,但是它比杉木或松木从本质上有更好的质量吗? 不一定,比如,把它用作乐器材料,它表现出的内在属性,如扭曲度、密度、对温度的敏感度、表面质量等,使它成为一种与众不同的材料。当一种材料根据已有参数,如耐久性、坚固性和综合功用以及美学情趣,恰当地使用,才能认为它是适合这一功能的。然而这些参数的相对性也是明显的,比如,耐久性(→可持续性(Sustainability))在数字媒体领域和乐器制造领域有完全不同的时间长度定义。

如果将一件已经生产出来或已经设计完成的产品拆分为各种组件和生产步骤,由此造成的复杂程度已经显示了设计组件是否恰到好处地完成了任务。反之,后者的特定形式也是质量的体现。乐器制造的例子表明了使用正确地使用多种材料可以保证产品的整体质量。如果乐器的弦由于弦钮或键盘的尺寸而无法精确调试出音调,使用最好的木材又有什么用呢? 所有组件的整体互动决定了物品最终的质量。

精神产品和服务的情况也是类似的。加工质量是由细微的差异性和根据某一要求的协调性决定的。在这一点上，特别是在构想设计方案时，另一种方法论发生了作用：也就是现实性与可能性之间的关系，被否定和被执行的可能性之间的关系。设计师活在一个充满可能性的世界中穿梭遨游。每种有价值的设计理念都是从分析和研究一个含有各种可能性的世界开始的，然后将这无数的可能性以一种持续的、目标导向过程进行缩减，最后剩下的即是最适合使用的，正是在这样的过程中设计获得了它的质量。设计所发生的情境正是指向超出其本身的其他东西。那些还没有被人意识到的东西，传达了它的能力，它的优势，它对于使用者的意义。因此，保留下来的选择性是基础参数，清楚地展现了组成（→）设计过程的思考环节和反馈过程的相关性。设计过程涉及对理念和设计的研究与分析、理念和设计的实现及可持续性测试。以文件、记录和沟通主题的形式及早建立起思考和反馈的循环回路，能够在它们的交汇点处优化设计过程。这表明了专业设计服务如何不同于仅仅是装饰性的表面处理，以及这些高质量设计服务的价值。

这说明使用者已经学会区分不同的产品和服务。如果使用者或消费者无法进行区分，那么最好的产品和最优的服务又有什么用呢？这一点就像在其他领域一样，对于设计而言是最难的。对高质量的要求需要花很长时间，过程十分繁复，并且也相应地较为昂贵。由于构想一件高级产品所花费的繁杂的专业服务只会在最后的产品上留下一点痕迹并且这点痕迹几乎不会引起人们的注意，使用者不太能意识到这些隐藏的服务价值。也正是因为这个原因，开发服务、研究、形成文字和其他思考环节的努力的价值在今天仍然被低估，并且最终不情愿为这种服务价值买单。有必要让使用者了解如果整个产品没有这些方面的价值，将不可能有高的质量。在现代设计过程中，越来越重要的是让客户意识到设计和制造过程中思考的必要性。设计必须成为通向现代质量管理的途径，不需要屈从于常规的教条准则。[SA]

→ 产品开发（Product Development），质量保证（Quality Assurance）

质量保证
Quality Assurance

质量保证指的是有计划的过程，用于确保设计产品、服务或系统满足设定标准。在设计语境下，"质量"由产品满足使用者预期的程度决定，并包含诸如没有瑕疵、安全、可信、持久和符合要求等特征。质量保证程序常通过一些客观的测试实现，这些测试证明质量是否达到这些标准（→评估（Evaluation））。

现代的质量保证概念可以追溯到二战后在日本建立起来的生产加工工业。在诸如爱德华兹·戴明（W. Edwards Deming）等人的倡导和帮助下，日本人能够通过重视管理流程而不是简单的生产后检验，提高对工业产品的要求。这些成功演变为全面质量管理 TQM（Total Quality Management）等质量管理策略。全面质量管理的最基础原则是对质量的关注必须体现在一个企业中的所有层次和（→）产品开发的所有阶段。其理念是减少产品瑕疵和提高客户满意度，从而进一步获得商业上的成功。

有许多质量保证认证指标可供寻求高质量管理的企业操作。其中包括 ISO9000 族标，由摩托罗拉公司开发的六西格玛（Six Sigma）。为达到这些指标，企业必须在它们各自的质量管理中坚持彻底践行。[MDR]

→ 设 计 管 理（Design Management），策 略 设 计（Strategic Design）

R

激进设计
Radical Design

　　意大利的激进设计运动出现于 20 世纪 60 年代后期,持续影响至 20 世纪 70 年代,其三个主要活动中心是:米兰、佛罗伦萨和都林。激进设计受到了一些早期运动和组织的影响,特别是建筑电讯团体(Archigram),这是由 20 世纪 60 年代英格兰的建筑师和设计师组成的团体。

　　激进设计的倡导者包括建筑伸缩派(Archizoom)、超级工作室(Superstudio)和史楚姆团体(Strum groups)的成员以及建筑师和设计师埃托·索特萨斯(Ettore Sottsass),电影制作人乌哥·拉·彼恰洛(Ugo La Pietra)、艺术家盖特诺·佩斯(Gaetano Pesce)和理论家安德里亚·布兰兹(Andrea Branzi)。激进设计(或它之后的名称"建筑激进",由杰曼诺·塞兰特(Germano Celant)首先提出)首次出现于 1966 年,这一时期在广泛范围内发生了社会转型。参与的年轻建筑师和理论家形成了对去人性化现代主义(→现代性(Modernity))和严格的(→)功能主义的批判。出于对当时的工作条件的不满,并且这些不满被提上政治议程,引起了(→)建筑设计,以及大多以消费为导向的工业产品的(→)美的设计方面的变化,他们致力于发展对建筑和设计的另一种不同的社会和文化理解。

　　激进设计重新检视流程,特别是在设计方面。它们对工业产品的批判带来了对工艺、绘画、蒙太奇照片、小系列产品的生产的重新强调和对未来世界居住理念的重新构想(包括都市乌托邦)。激进设计的例子包括:20 世纪 70 年代由埃托·索特萨斯为波恰洛诺瓦公司(Poltronova)设计的灰色家具系列(Mobili Grigi);1971 年由格洛帕·史楚姆(Gruppo Strum)为格夫洛玛(Gufram)公司设计的草坪椅子;1969 年由建筑伸缩派为波恰洛诺瓦公司设计的密斯椅;1967 年由超级工作室设计的"连续的丰碑"(Il Monumento Continuo)项目。到了 20 世纪 70 年代中期,许多倡导激进设计理念的建筑和设计工作室都解散了。后来的如阿基米亚和(→)孟菲斯集团这样的运动反映了与激进设计运动相似

的兴趣和关注点，但是大多都不是那么受政治驱动。[CN]

→ 后现代主义（Postmodernism）

快速成型
Rapid Prototyping

快速成型也被称为"固态自由形式制造"，用于指一系列的制造加工。在这些加工中三维 CAD（→计算机辅助设计（CAD/CAM/CIM/CNC））数据直接被用于组件或物品的制作。CAD 模型数据被分解为若干薄层，然后通过切割、熔化或物理材料的堆积进行重新组合，一层层叠加，直到将数据以物质形式展现。快速成型的主要优势是不需要高昂的、费时的加工就能做出高度复杂的几何形态。因此，它对设计师而言极为重要。

有许多种不同的快速成型方法。立体雕刻（光敏树脂选择性固化，SLA）时，CAD 数据被传送到紫外线镭射仪上，镭射光线扫描树脂槽中液态光敏树脂的表面，两者接触的地方硬化。在扫描完成后，模型工作平台下降大约 0.1 毫米，然后重复这个过程，直到整个模型完成。随后平台升起，露出完成的物体，在进行表面光洁处理后，才能进入最后完成阶段的制作。立体雕刻是使用最广泛的快速成型方法。它被认为有最好的表面处理质量，并且许多材料都可以使用这一方法，如商业使用的 ABS 塑料。现在陶瓷材料也用这种方法加工。

丝状材料选择性熔覆（FDM）是继立体雕刻之后的第二大快速成型方法。它是通过附在机器上的可以水平和垂直移动的加热喷头（可以上下移动）挤压出一条条热塑性细丝或蜡。材料以一种类似于装饰蛋糕的形式一层一层落到下面的工作台上，各层通过热熔接的方式贴合在一起。机器的支撑结构可以使用悬挂式的元件，并在生产结束后将悬挂元件移除。尽管近几年其表面处理质量极大地得到改善，但它仍然不具有立体雕刻那样的精确度。

粉末材料选择性烧结（SLS）与立体雕刻的运作方式相似，带镭射扫描的机器是一个铺满可热熔热塑材料粉末和蜡粉末的工作台。用这种方法制作的物体，表面质量和精确度没有立体雕刻的高，并且完成的物体需要较长时间的冷却才能从机器上取下，但是用粉末材料选择性烧结制作物体不需要任何悬挂或倒扣的支撑结构，因为它们是靠工作台四周铺满的粉末支撑的。烧结金属和陶瓷最近也开始应用这种加工流程。

箔材叠层实体制作(LOM)是将截面切割为薄片或另一种碎片材料,然后一层层紧压到一起直到物体形成。这种加工方法比其他快速成型的方法精确度低,产品具有木质属性且生产成本低。

3D技术与粉末材料选择性烧结具有相似的工作原理,只是粉末材料选择性烧结使用镭射熔合热熔材料粉末或蜡粉,3D技术使用液体胶将粉末一层层粘合起来,做出来的物体需要用硬化剂进行处理才能使用。可以使用3D加工方式加工的材料包括金属粉末和陶瓷。虽然与其他技术相比,使用3D技术加工,物体的精确度和表面质量不高,但这却是现在最快速最廉价的快速成型形式。

感光树脂相位变化喷墨打印机(PPCI)与普通喷墨打印机的工作方式相似,含有感光树脂的打印机喷头铺下一层材料,在铺下一层材料之前,紫外线将对第一层进行打磨处理。第二个打印喷头中的材料是辅助材料,用于处理在物体内凸出和豁口的部分。辅助材料可以在最后用高压水枪进行清洗。PPCI技术可以加工出非常精确的模型,因为它的每一层厚度不超过16 μm,并且完成的物体不需要打磨和冷却。但是目前它无法生产大型物件,并且与其他技术相比,能采用这种加工方式的材料有限。

快速成型中材料的物理属性和表面质量以及相对高昂的造价和较慢的生产速度使得这些技术还不适合于进行大规模零件和物品的生产。这些不足限制了它在(→)产品设计(对于概念开发和产品测试而言)和工程(对于工具的生产而言)领域的使用。然而,随着机器化在商业上的普及以及材料属性和精确度的改进,许多设计师和艺术家用快速成型作为创作的方法。同样快速成型在医药领域也有了发展,它们被用于为骨骼重塑等外科手术制造骨骼替代品。英国曼彻斯特大学材料学院用直接从病人身上取出的细胞制造皮肤层,直接用于伤口治疗。[RL]

→ 工程设计(Engineering Design),工业设计(Industrial Design),材料(Materials),产品开发(Product Development),生产技术(Production Technology),原型(Prototype),测试(Testing)

理性主义
Razionalismo

哲学中的理性主义概念一般与勒内·笛卡尔（René Descartes）所发展的理论相关，在设计中这个词指的则是 20 世纪 20 年代和 20 世纪 30 年代发生在意大利的建筑运动。

受到同时代遍及欧洲的现代运动的启发，理性主义以现代构成原则和建立在罗马古迹上的经典形式为方向。1926 年，"七人小组"（Gruppo Sette）成立，其成员包括卢吉·费吉尼（Luigi Figini）、吉诺·波里利诺（Gino Pollino）、吉谢博·特拉格尼（Giuseppe Terragni）等人。两个坚定的现代建筑哲学执行者组织以此为核心建立起来：即 1928 年的理性建筑运动（Movimento Architettura Razionale，MAR）以及 1930 年的意大利理性主义建筑运动（the Movimento Italiano per I' Architettura Razionale，MIAR）。参与的年轻建筑师起先对法西斯主义赋予同情，公开支持墨索里尼（Mussolini），有些人甚至成为法西斯成员。科莫的法西奥大楼（Casa del Fascio）是由吉谢博·特拉格尼于 1932—1936 年间建造的一栋钢和玻璃结构建筑，因其反映理性主义建筑理想而著名。由卢吉·费吉尼和吉诺·波里利诺设计的位于伊夫雷亚（Ivrea）的奥利维蒂（Olivetti）工厂于 1937 年竣工，其建筑风格引领当时的时代潮流。

从一开始，这场运动更倾向于与新古典主义的风格争锋相对。在 20 世纪 30 年代中期，墨索里尼离开理性主义开始青睐怀旧式的新古典主义，将后者提升为纳粹党式的官方风格。理性主义受到压制，这场运动最重要的讨论阵地《卡萨贝拉》（*Casabella*）杂志于 1943 年被查封。

虽然工业化和产品大生产在 20 世纪 20 年代和 30 年代仍然没有发展起来，但是理性主义理念对陈设设计的影响从一开始就显而易见。比如，设计师鲁西奥·波德萨瑞（Luciano Baldessari）、皮埃罗·波托尼（Piero Bottoni）、吉谢博·特拉格尼、朱赛佩·帕加诺（Giuseppe Pagano）、迦百列勒·莫奇（Gabriele Mucchi）、吉诺·李维·蒙塔西妮（Gino Levi Montalcini）等受到包豪斯发展的影响，在设计中使用现代的、工业的钢管材料。但是，这些设计中的大多数都只是原型产品，并且从未投入到工业化大生产的制造中。

第二次世界大战的结束带来了理性主义原则的复苏，在建筑和日常用品设计中都可以看到这一点。在意大利蓬勃发展的工业部门中,理性主义的遗存仍然在诸如 BBPR 工作室、佛朗科·阿尔比尼(Franco Albini)、阿伯尔托·罗斯利(Alberto Rosselli)、马可·扎努索(Marco Zanuso)、安娜·卡斯特利·费里尔(Anna Castelli Ferrieri)等人的作品中有着影响力。理性主义在战后吸引了青年建筑师的兴趣,部分是因为建筑委托项目的数量少,部分是因为他们受到建立一个民主意大利思想的感动,希望能给所有人提供简单而便宜的产品。他们采用现代的、功能性的形式风格,并在工业化影响日益加深的背景下进行改进。在更激进的运动(如反设计、阿基米亚、孟菲斯)开始质疑(→)功能主义的纯粹教条之前,理性主义成为几代人的衡量标杆和参考。

必须说,在意大利,建筑和设计界关于理性主义建筑运动的理论和历史的讨论存在着很大的分歧。现代主义运动的方式被称为有远见,但是理性主义与法西斯主义之间的关系在战后一直是个被回避的话题,尤其被那些将自己看作是左翼的或自由主义的建筑师和设计师的年轻一代所回避。[CN]

→ 建筑设计(Architectural Design),设计与政治(Design and Politics),功能(Function),现代性(Modernity)

再设计
Redesign

再设计的实践涉及改善、提高或重新解读现在已经存在的功能性设计。

19 世纪末以前,普遍的生产模式是建立在手工基础上的按照"样式图册"进行的制作,产生的结果是产品模式之间的差异十分微小。这种大家奉行的产品模式一直持续到 20 世纪初,在这期间,设计师仍然在作品中重复参考之前的设计作品。比如,在瑞士出生的法国建筑师勒·柯布西耶(Le Corbusier)在他的"客体类型"(objets-types)理论中描绘了一套被用作现代重新解读的基础的产品模型。他对复古风格的兴趣在他的设计中也是显而易见的,就像他设计的躺椅(Fauteuil à Dossier Basculant),就是依据殖民时期的风格设计的。由其他设计师设计的重要作品,比如约瑟夫·霍夫曼(Josef Hofmann)设计的座椅机器(Sitzmaschine),由密斯·凡·德·罗(Mies van der Rohe)设计的巴塞罗那椅都是建立在已有模型改良基础上的设计案例。

然而,这些明显的对设计历史的参考在早期现代主义时期(→现代性(Modernity))只是例外而不是常见的案例,那时的设计师开始认为与过去完全断绝关系是真正(→)创新的前提。只有在战后的一段时间,试图调解现代主义对创造力的追求与工业化生产的现实矛盾的思想曾有所盛行,在这股风潮中全新的模型常与复杂和高昂的技术调整相关。设计师如意大利的乔·庞蒂(Gio Ponti)和丹麦的汉斯·韦格纳(Hans Wegener)使从历史模型而来的设计重新为人接受,像恩佐·帕奇(Enzo Paci)和翁贝托·艾柯(Umberto Eco)这样的学者从大规模生产、形式的起源,以及从20世纪60年代开始对再设计有所贡献的理念(虽然几乎没有在实践中执行)等方面提供了重要的设计基础理论。再设计的概念在1978年经历了一些争议,意大利设计师和理论家亚历山德罗·门迪尼(Alessandro Mendini)创作了一套家具以有趣的方式改变了现代经典(modern classics)的应用,并且把它们称为"再设计"。从那时起,因为经济、技术或艺术等原因,"再设计"变成了一个对于所有设计而言普通的词汇,指的是有明确定义的先锋设计。

有必要将再设计与(→)复古设计加以区分,后者更多地指的是大的风格(→)潮流而不单是某些具体的设计。也应该将它与赝品加以区分,赝品触犯了再设计必须始终遵守的著作权法律或道德规则。

不仅工业生产中使用再设计方法,那些进行小规模系列产品设计并且更多地使用概念方法(→ 概念性设计(Conceptual Design))的设计师也进行再设计活动。在这些例子中,设计师常常通过"现成"的概念讨论再设计——就像意大利设计师阿切勒·卡斯蒂格利奥尼(Achille Castiglioni)所呈现的那样,在战后,他使用功能性的日常物品作为他新的设计的基础。在再设计的许多(→)后现代主义例子中,存在一种重新解析的令人困惑的效应——比如,仓俣史朗(Shiro Kuramata)的"向约瑟夫·霍夫曼致敬椅(Homage to Josef Hoffmann)"、兰·亚烈德(Ron Arad)对路虎(Rover)汽车座椅的调整,以及许多由楚格设计(Droog Design)创作的产品。

在工业部门中再设计常常用于作为对已建立起来的人们熟知的设计语义的参考,但是它更倾向于经济和效益的实用方面。比如,再设计可以用于保证已饱和市场对某些类型商品要求的持续性，或者对不断变化的潮流轮动作出回应。随着产品所用技术的日趋相似，再设计也可以用作将一种产品区别于它的竞争产品的美学工具。相反，技术革新使一种再设计产品有必要将其"外壳"适应其现代化的内在。最后，生产加工的现代化或者说重塑也使再设计变得必要（当生产加工本身被再设计，它也被称为"再造"）。在所有这些例子中，再设计反映了一种想从已有设计的成功中获利的愿望，想建立在市场对已有设计的熟悉程度之上（由此加强了品牌识别度）的愿望，以及利用已有的在开发和生产中的投资的愿望。

一个有着数十年历史，几乎具有仪式性再设计传统的是汽车工业（→汽车设计（Automobile Design））。在这里，整个系列的再设计已经成为创新政策和客户忠诚度政策的核心元素。定期在市场上发布精心设计的新模型，而市场已经以同样的方式接受之前推出的模型，就需要在不破坏品牌延续性的前提下刺激消费。根据这种变化获得的成功程度，生产商可以参照在后面的再设计中采用更保守或更激进的政策。其他的再设计工业策略也很清楚。经过多次再设计后的"升级"版模型变得更精巧也更昂贵，为生产线上更便宜的模型腾出了空间。再设计也用于保持一条成功生产线的持续利益，在生产线上，单个的基础模型会演变为几种不同的"接替"模型，所有这些都基于同一个平台。当再设计的一个模型不是建立在一个直接的现存模型之上而是建立在具有历史意义的模型之上时，它可以从中利用某些复古设计元素，比如大众公司的甲壳虫汽车的再设计。

企业形象的现代化和"复苏"也总是依赖于再设计。这样的成功案例有彼得·拜仁（Peter Behren）为 AEG 设定的企业形象，数十年来诸如妮维雅（Nivea）或好彩（Lucky Strike）等公司的企业 logo 的演化等。在同一条生产线上的产品总在根据技术、感知习惯和市场要求的改变发展出新的面貌类型。在现今的市场上，生产线和企业形象的再设计是与品牌打造过程密切相关的。所以，一个企业成功进行其产品和形象的再设计能力被认为对它最终的成功与否有着直接的联系，这也对设计管理的策略性协调做出了要求。

电子媒体进步下的技术可能性使再设计具有了新的重要性。

特别是在（→）网页设计的例子中，再设计不再需要依靠设计师的干预，而是在使用者的参与下实现不间断的更新。同样，在（→）快速成型领域，新的生产方法使之从设计环节到生产环节变得更便捷、更快速、更高效，也能够获得越来越多的资源。在这样的技术不断更新的背景下，再设计的意义也在发生改变，从对整个流程的重新精确塑造到对一个已有设计进行持续和逐渐的更新与转换。^{MKR}

注册设计
Registered Design

→ 版权（Copyright），知识产权（Intellectual Property）

效果图/渲染图
Rendering

　　效果图这个词指的是用三维的方式图解材料的肌理和属性的手绘图，特别是在汽车设计中。它也用于指将单体图像用电脑转化为模拟的三维图像，比如（→）动画。^{SIB}

→ 模型（Model）

研究
Research

设计研究的定义模糊，它包含理论和实践，加工和制图。不同的团体使用的研究概念也有许多不同之处。

　　近几年以来，设计研究以及围绕着设计研究的讨论变得越来越重要，国际研讨会就潮流、方法论和相关研究内容等方面展开激烈的讨论。不仅在学术领域进行着设计研究的相关探索，也越来越引起其他机构和企业的关注。现在设计研究已经在更广的范围内兴盛起来，在整个宽泛的设计学领域中引起人们的关注。

　　相比于在学术上较成熟的学科研究所起的作用，在设计中研究的概念并不清晰。但可以越来越清楚地看到设计研究如何与设计流程的概念相互交织，它密切地反映设计流程，并对此作出调研。还有少数其他较为成熟的学科质疑它们自身是否能够成为一种学术的领域——也就是成为总是带有研究的活动。艺术，可能是另一个例外，但是因为艺术历史和理论是两个独立的学科，它仍然可以证明自身的学术性和研究性。

　　英语国家看待设计的方式大多是直接作为研究的概念来处理——虽然可以说这是因为大都没有意识到它的问题。设计研究性质的问题和这种研究可以使用的其他可能的形式和方法并没有在这场讨论中占有太多分量。其原因可以在设计概念的传统和英语国家中教育与研究机构的本质中找到。关于设计的讨论在英国有着比其他任何国家更长的历史。但是，需要提醒的是英语对"设计"这个词的定义和使用比德语的同义词"Gestaltung"（有外形和组织这样的意思，是那时候普遍使用的词汇）更宽泛。在德语中，"Design"和"Gestaltung"这两个词从20世纪70年代开始并行使用。

在英语中"设计"原本的含义包含许多意思，只有很少一些与德语"Gestaltung"的概念是明确相关的。这既是一次机遇又是一个问题——一方面，这种本身的宽泛需要多学科的加入；另一方面，这样可以减少和模糊每种情况表达意义的准确度。有时候，关于设计信息的传递更接近于文化研究中使用的方法——也就是说，它不是寻求将设计理论或历史的功用与实践技能联系起来。从这种意义上讲，设计研究与文化或社会研究的联系仍然过于紧密而限制了新的设计研究概念的产生。这对于英语国家大学中的基础研究和教学也是同样的道理。在其他国家中设计研究和教学的角色往往与它们有所不同，特别是在欧洲大陆。

因此，虽然在英语中设计的意义一方面比它在任何语言中更宽泛，但是这个领域随后分成许多下设学科或被狭隘地加以理解。在英语世界中针对研究所说的设计概念被过于清楚地界定的另一个原因是长时间以来将设计与艺术在同一个词组中表达（→工艺美术运动（Arts & Crafts）），而又将工程、计算机科学、心理学和其他学科综合到设计理论和研究的范畴中。在一个已经网络化的世界中，很少有关于客体的多学科研究方法，因此将所有这些东西无法毫无争议地融合成一种研究形式，这种研究形式受到或者说看似受到自然科学与文化或社会研究的融合影响。这使年轻的设计学科更难以发展对它自身的研究。

从一开始就提到的发生概念模糊在许多其他的研究背景下是很受欢迎的（比如，在德语国家）。设计中的研究概念比较模糊，这种模糊性相应存在于几个领域中：在理论、实践和方案中；在人工制品和它们的环境之间；在客观世界和传统学术思想世界之间。这种确定性的缺乏并不总是不利的，相反，将研究的概念变得更机动，可能展现了设计研究与其他研究形式的一种区别。后者因它们的悠久历史、学术标准僵化的形式而有所负累，设计研究则形成了可以刺激其他科学的一种研究的概念。这种研究的灵活定义当然绝对不会毫无争议。

应该重申的是在关于设计研究的讨论量上，主导的理论观点受到英语国家的影响。用英语出版和表述的理论在世界的很多地区都能得到理解，因为英语已经成为一门世界性的语言。使用法语、德语、意大利语、日语等这些语言的讨论会、学报、图书等几乎没有受到关注。此外，这些有着语言差异的设计研究团体才刚开始聚集到一起。

在这里主要简要地介绍三种关于设计研究的系统，作为代表不同方法的案例：

· 设计研究协会 (Design Research Society, DRS)，1966 年在英国成立，并将自己定位为多学科的国际协会，它的成员来自大约 40 个国家。除了少数例外，主席和其他职位都是由讲英语的设计研究者担任。设计研究协会表明其基本目标是支持和交流关于"在许多分支领域中的设计"。

· 欧洲设计学会 (European Academy of Design, EAD) 成立于 1994 年，是由各类讲授设计学的大学和教育机构组成的松散协会，旨在通过将理论和实践相联系，支持设计研究，改善国际合作和讨论出版以及改善业内问题。每年由一所大学组织一次国际会议，迄今已经在英格兰、瑞典、葡萄牙、西班牙和德国举办过会议。

· 德国设计理论与研究协会 (Deutsche Gesellschaft für Designtheorie und-forschung, DGTF) 成立于 2002 年。更确切地可以称它为德语国家协会，因为它包含瑞士和奥地利的设计研究者们。它建立在一个开放的、有意模糊的设计研究概念之上，认为自己既不受之前学术标准的影响（这是在英语国家中设计概念中一个固有的缺陷），也不隶属于设计学术研究，而是探索介于两者之间的东西，既具有创造性又具有挑战性。

这些协会的发起除了设计研究协会，都显示了这样一种意识，即设计研究作为一个独立学科虽然仍然较新，但是它正在通过个人创作和越来越多的协会发出自己的声音。

不论设计概念是否受到这些研究团体和会议的欢迎，不论它们对概念的解读、应用和批判的差异有多大，它们都不可避免地提到 1993 年由克里斯托弗·弗瑞林 (Christopher Frayling) 提出的准则，现在这场辩论仍待进一步明朗。克里斯托弗·弗瑞林当时担任伦敦皇家艺术学院的教授并且从 1996 年开始担任校长。他将设计研究归纳为三种类型：针对（关于）设计的研究、为了设计的研究和借助设计的研究。

针对（关于）设计的研究是最易解释的一种，因为它与传统的研究概念对应。设计成为分析的主体——从历史、社会、文化研究、哲学或技术的角度分析它。在不改变分析主体的前提下，以回溯的方式、从外部、在一定的距离外以一种明确的意图来进行研究（然而，必须说"这种方法不影响研究的主体"的说法事实上是一种幻想或者至少也是一种理想状态。至少从康德的哲学理论开始，我们就知道即使绝对理性和客观地看待一个主体也会对主体研究带来影响，因为研究本身就是一种主观的个人，就会对客体带来影响。针对设计或关于设计的研究是最古老并且最普遍的研究形式，也最接近于其他学科的研究方式。

为了设计的研究以某些方式（实践的、主动的方式）支持人工制品设计的设计流程，市场和消费者调查以及产品语义学都是这种研究形式的例子。它可以被认为是一种前经验主义或设计实践过程的辅助科学。这种研究形式不需要单独以书面或口头交流形式执行，但也需要以视觉的和类似的方式展现。

最后，借助设计的研究可能是最原始、最能区别于其他设计研究的方法，因为在这种研究方法中设计流程和设计研究流程之间很大程度上是交织在一起的。它是一种独特的设计研究方法，需要设计研究者直接参与到被研究的主体中。在这种方法中，其理论和研究不是追求已形成的假设与目标的一致性——一种更适合于实证主义的研究方法，而是研究者在研究领域中体会他们的研究方式，与研究领域进行互动，如果有必要，通过思考和有意的介入改变它。这样的研究需要研究者直接参与，并直接对不明确的地方进行探究。借助设计的研究假设了一种对设计的诠释性理解，而这只有在设计流程与设计场景交互对话时才会起作用。在进行这种研究时，需要对其特定的设计场景进行假定或预设，以恰当地明确所研究的对象。在这种研究中，需要研究者有开阔的思路，可以在研究的过程中能迅速的投入到各种新奇的设计场景中。

在考虑"借助设计的研究"时，不同文化对设计理解的差异表现得最为清晰。英语国家中的评论家倾向于质疑这样的研究是否真的存在，而不是简单地把通常意义上的研究等同于设计。或者他们把"借助"用研究的"载体"这样的表述代替，表达它仅仅是作为传达研究结果的工具。研究的支持者一直坚持并声称他们是从外部以一种毫无偏见并不受妨碍的姿态进行观察的，正如乔纳斯（Jonas）所表达的"在所谓的安全领域战斗，却回避真正有意思的问题……你逃离了争议矛盾的泥潭沼泽，却也抛弃了熟悉工艺的工具。这可能在短期内从政治角度证明了它的正确性，但从长远来讲，对设计造成了伤害。"

设计研究和理论以最易被理解的方式表述的话，可能可以称其为"基于体验"的判断。[UB]

→ 学科（Discipline），实践（Practice），理论（Theory）

职责
Responsibility

这个词来源于拉丁语的一个动词"respondere"，意为"回答"或"回应"。职责将人类行动置于世俗的、社会的、宗教的和其他意义上的因果脉胳中。道德上，它被作为一种正面的价值观。

为了发展一种与设计有关的职责概念，首先需要区分这个词的不同意义。两个分类法可以有所帮助。首先是把职责视为多重性的现象。其基础职责是特定的任务和行为，第二重职责是问责或权限，第三重职责是补偿和惩罚的责任。马克斯·韦伯（Max Weber）认为第二重职责是职责的伦理，在这种职责中对政客的可能行为的后果的预估与伦理标准作出了对照。

对于设计，行为的责任感作为一种主动的积极实践行为发生在真实世界环境中，是一种有用的引导工具。系统性和时间性维度在设计流程中都与职责相关。发明、创新、经济、生产、接受度、功能、形式都属于系统性维度。过去、现在和未来则属于时间性维度。理论上，设计为创造力、反映历史、未来的导向担负责任。这些方面应如何配置，如何评价，如何解决很大程度上受到设计师信仰的影响。因此，在许多设计师眼中，设计的职责是被动的和以需求为导向的，因为它是建立在获得经济成功的基础之上的。其他人则把设计的职责置于前卫和不断改变的现代化领域中，认为它是推进思想和客观事物的改进。

关于是否是设计应该积极地改变世界这个问题，相反的，或是现实世界应引发设计的问题，是今天设计师们不断自我反问的两个极端的基础问题。最终它也是决定行为的问题，因此在赋予职责时是有所关联的。从中我们可以提取关于设计职责的描述性概念。如果说设计师只是随着需求在经济成功的基础上作出行动，在设计学中已设定的职责的概念则更加复杂。后者考虑的不仅是经济结果，首先也要考虑这种设计所引起的社会的、政治的、生态的和理论的结果。不论如何，两者都明确排除了综合性的行为。这导致设计中产生了复杂的职责伦理，成为设计师行为中的一个变量，因此从以下几个方面描述作为与马克斯·韦伯的职责伦理学类似的自由职责：首先，是设计的目标（成功）和视角（社会职责）之间的必要区分和理想调和；其次，从历史角度分析设计师的行为（向历史学习）；再次，辨识与生产和销售有关的因素；最后（如实地反映了设计），是具有创造性的、新颖的、有用的和独一无二的原创方案。无论如何，设计必须服从其职责随着现实发生改变的本质。特别是，设计所在情境的限定和重现具有巨大意义，有时候需要一种基于具体项目的职责。如亚里士多德所说，受到强迫、具有必要性、过失错误和精神疾病时才可以部分或完全免除一个人的职责。[ESC]

店铺设计
Retail Design

要定义店铺设计就必须首先定义零售：零售是供应链的最后一环，对用于消费的产品进行销售。店铺设计，作为对展现和供应这些商品的环境的设计，存在"销售"这个目标功能，受短期、中期和长期赢利目标的要求。虽然这个词常指的是设计有形的销售环境的行为——店铺、入口、橱窗展示、室内展示、购买点、仓库——它也常涉及无形的方面，如品牌效应、广告、销售和售后服务（→服务设计（Service Design））。每种元素在有形设计中都体现为一种不可或缺的功用：

• 店铺和橱窗展示提供了可见度，吸引消费者进入内部的销售区域，因此，它们的设计极具重要性。

• 门厅作为起始的入口控制着进入内部零售空间的通道。它也常显示了某个品牌的品味（比如巴黎 L'Eclaireur 的独特的隐藏式入口，表明了品牌的独一无二性）。

• 室内展示由许多固定的装置组成——也就是，旨在用于支持销售但不是作为销售品。普通的零售用固定装置包括货架、台面、灯光、玻璃展柜、壁龛、挂架、人性模特。室内或橱窗展示的定位和风格的设计也称为视觉展示设计。

· 卖点或结账点是商品和支付交汇的地点，可以包括人工结账和自主结账。

· 仓库常常需要有能反映出展示商品存货的清单。由于这个区域并非公众消费区域，其设计一般强调的是出入方便，而不需要从消费者角度考虑。

有时也会根据需要加入多种其他的室内元素，这取决于所销售的商品、销售体验的一般平均时长以及目标人群的统计数据（→目标人群（Target Group））。洗手间、等待区、试衣间、幼儿看顾设施等，即使为了提供各自的使用功能也会反映主要零售区域的设计理念。

即使商品可能各不相同，而有着某种消费意图的购买体验有着一些共同的类别，在这些类别中，有着共同的设计元素。这些类别包括品牌专卖店、多品牌商店和临时市场。

专卖店的店铺设计涉及单一品牌商品的展示和销售。由于单一品牌特征对设计专卖店的零售环境有相应要求，同一销售链上或经销链的商店常常看起来十分相似，当然也存在着差异性。比如，百货商店或购物中心的"店中店"肯定比单独的专卖店的规模小，并且这些店的设计常常要与百货商店整体的设计标准和规则相协调。另一方面，独立的旗舰店的主要目的是营造一种品牌强有力的冲击力，以增加关注度，这是一个长期目标，比直接的、短期的销售额更重要。这些旗舰店常位于交通繁忙地段和引人注目的城市地段，在店铺租金上花费大量资金从而加强品牌形象。因此商品被精心展示，以突出了每件产品的标志性特征，并且不表现其商品的库存量。陈列室是另一个相关的下属类别，它展示的是商品的销售环境（家具、汽车、视听设备），主要是为了达到展示的目的。客人可以通过模型进行体验，而真实的产品则需另外进行购买或提货。由于产品的功能和最终销售比这些环境更重要，所以其设计强调的重点往往是销售和服务本身。

多品牌店铺设计涉及展示和销售多种品牌的商品。今天大多的零售体验店都可以追溯到19世纪晚期的巴黎和伦敦的多品牌百货店,这种创意改变了消费文化,将购物的活动变成一种展现式的、品牌性的体验。今天典型的百货公司销售的是非常广泛的各类商品,并根据使用的类别进行分区,比如男装区、家电区、厨房用品区等。在每种类别中,产品可能又进一步根据品牌、功能、形态或以生活方式进行组合。由于综合性的百货商店提供方便的"一站式购物",因此一个分区清晰、通行便捷的空间是关键。当然,根据它们的目标人群,不同的多品牌零售环境强调了不同的展示优先顺序:高级百货商店,如巴黎的巴黎春天百货(Printemps),伦敦的哈维·尼克斯(Harvey Nicols)和纽约的巴尼百货(Barney's)一般强调的是一些高端品牌商品的展示,而"大卖场"(或超级市场)如家得宝(Home Depot)、仓库超市(Costco)、沃尔玛(Walmart)则倾向于用商品的量作为促进销售的关键因素。事实上,展示商品与存货的比例常常直接与销售商品的价值相关:越稀少、越昂贵的商品常以更形象生动的方式展示,而面向大众消费的商品则以大数量的形式展示,给人留下容易获得的印象。因此大卖场的展示商品和固定设施设计中存量和购买率因素优先于展示和服务因素。一个有趣的现象是,多品牌百货商店自身变成了强大的品牌,甚至取代了在它里面销售的个体品牌的形象。美国的塔吉特(Target)和巴黎的柯莱特(Colette)就是这样的例子,多品牌公司已经发展出符合它们自己的生活品味的视觉展示设计。

许多永久性零售空间属于专卖店、多品牌商店或两者的结合。但是店铺设计也可以发生在更个性化的临时商店中。比如,临时性的跳蚤市场、手工品市场、集市,它们围绕着流通线路形成并在一定时间后就拆除,常常突出的是单一生产商、艺术家或工匠的商品,而不是任何企业品牌。这些空间的设计通常要求拆装简便(以车辆或其他相关的空间作为店铺,如手推车或拖车等)。另一个主要的临时店铺设计的例子是艺术品交易会,各个画廊搭起棚子或摊位展示它们的艺术家和作品。与画廊(可以被归为独立的零售商店)和拍卖店(与陈列室类似)不同,艺术品交易会使收藏家和博物馆可以一次看到大量的作品。现在的艺术品交易会是一个有趣的例子,因为它在展示/供应比例方面展现了与常规极为不同的一面,为的是有意创造一种更让人能够承受的、可获得的艺术（→展览设计（Exhibition Design））。

"游击队"和街边地摊是最具临时性的零售形式，因为它们没有得到政府许可，商品摆放和收拾的速度是最先需要考虑的。这些零售形式因此常利用环境内已有的特点或有意将简易收拾的可能性最大化。[DL]

→ 广告（Advertisement），事件设计（Event Design）

复古设计
Retro Design

设计师常常在他们的设计中有意参考先前已有的风格。复古主义设计风潮在 19 世纪（→）工艺美术运动时期发展到了顶峰，而在早期现代主义时期（→现代性（Modernity））陷入低谷。这一时期设计师们开始拒绝将这些已有的风格作为参考。直到 20 世纪 50 年代和 60 年代，那些老的设计才再次被发掘并流行起来，因为它们启发了新时代的设计师们的灵感。在这几十年中，无数的战后现代主义作品被重新编译，它们被封为"经典设计"，而且"复古"这个词第一次被用于指那些有意引用设计历史上某个风格方向的设计。然而，在英语国家中，它几十年来仍远没有它的同义词"复兴"那么常见。

在 20 世纪 60 年代和 70 年代，如查尔斯·詹克斯（Charles Jencks）和罗伯特·文丘里（Robert Venturi）等理论家将"复古"这个词与 19 世纪传统的和风格多样的设计方法做了平行对比。在他们的号召下，（→）后现代主义的倡导者们，如亚历山德罗·门迪尼（Alessandro Mendini）和迈克尔·格雷夫斯（Michael Graves）开始用一种反讽的意味，或同时引用几个不同时代的风格进行设计。一直到 20 世纪 90 年代之后，设计的历史不再单独局限在后现代主义对现代主义无历史观点的批判框架内进行讨论，"复古"这个词开始在设计学的领域中有了真正的意义和吸引力。

这些年来，设计师常从几乎所有设计历史阶段获取新作品的灵感。在（→）工业设计和（→）产品设计中的例子包括贾斯珀·莫里森（Jasper Morrison）对 20 世纪 90 年代简单的木质摆设的参考；安德鲁·杜布里（André Dubreuil）对 19 世纪金属家具的兴趣，以及凯瑞姆·瑞席（Karim Rashid）对 20 世纪 60 年代外形和材料的使用。20 世纪 90 年代，日用品设计开始尝试模仿 20 世纪 50 年代非常流行的外形以及铬合金和木材质地的饰面板,从而唤起使用者的怀旧联想。在汽车工业中,最近的例子包括大众甲壳虫、宝马迷你、克莱斯勒的 PT 漫步者的再设计。近年来也出现了复古未来主义的趋势,反映了过去的未来主义风格(→未来主义设计(Futuristic Design))。

复古设计的吸引力可以在诸如维兰·傅拉瑟(Vilém Flusser)、翁贝托·艾柯(Umberto Eco)、让·博德里亚尔(Jean Baudrillard)和马歇尔·麦克卢汉(Marshall Mcluhan)等人的理论论述中看到,他们早在 20 世纪 60 年代就指出了我们的商业文化的语义意义和神奇之处。很大程度上因为这些伟大的思想家,20 世纪 80 年代和 90 年代人们对日常生活用品设计中所有固有的社会文化含义的兴趣有了巨大的提升。在这种背景下,特别是工业化背景中,复古设计被视为一个用历史的、情感的、文化价值观改变日常物品的机会,通过怀旧元素的使用,保证了将它们区别于竞争产品的独特销售主张(USP)。

将复古主义同那些没有主导历史理念的随意参考多种历史风格的设计区分开来是十分重要的。应该注意的是,还存在许多试图从先前历史中复制设计经典,试图使其最大可能地看起来像原作的尝试。在未经授权、违反版权和知识产权法的情况下,这些设计更恰当地应该被称为复制品或赝品(→赝品(Fake))。同样,还有近几年来比较流行的不改变原作的对经典设计的再版,但其不能被归为复古设计,因为他们不是调整后的新的设计,而只是重新发行。另一方面,如果原作具有足够久远的历史,可以认为它是一件历史文物,再设计就可以被认为是复古设计。[MKR]

修辞学
Rhetoric

从 20 世纪中期开始至今,设计学始终与修辞学相关联,这是一种古代的传达理论,设计学从中衍生了设计理论的理念,以及设计实践的技巧。

从古代开始,"修辞"就是"说话艺术"的代名词,就像昆体良(Quintilian)所说的:修辞是优美的构成艺术和具有说服力的语言(→)传达。直到 19 世纪末,它始终是欧洲教育的核心元素,特别是对于历史学、文学和人文学学者而言。在 2500 年之久的传统中,文字不只是修辞学的唯一媒介,修辞学的准则也被应用到了图像、建筑和音乐作曲中。它的理论具有本质的多学科性。它使许多分支学科产生跨学科的联系,比如,身体语言的效应、矛盾展示以及如何激发观众情绪等——所有这些对于今天的艺术和传媒理论而言仍然极为重要。这些分支学科继续在今天的修辞学实践中被应用和改良，目的是为了策略性地有效地传达信息。修辞学始终具有这样的特质，那就是一个领域的知识可以跨越多个学科进行延伸，并且其理论可以转化到其他领域。在这种理论结构基础上，设计也可以遵循修辞学的模式。

在 19 世纪，修辞学理论的历史传统发生了中断，引起了该学科研究的第一次重大衰退。直到 20 世纪中期，人们对这种理论的兴趣才重新复苏：在英语国家中，有了关于新修辞学的讨论，与之同时发生的是对这个古老学科的重新讨论。这场运动为修辞学向大众传媒开放提供了理论基础。在德语世界中，"普通修辞学"这个词被用于描述修辞学理论和实践的再次建立和扩展。这两场运动都指向这一学科的古老基石，特别是由亚里士多德、西塞罗（Cicero）和昆体良所代表的修辞学，并把它们应用到今天的媒体中。因此历史的发展已经为修辞学理论转到设计中准备了基础。

除了直接应用已有的修辞学规则的例子——这些例子中包括声音设计的从业者所应用的音乐修辞手段——从修辞学到设计的转移发生在两个层次上。第一，修辞学的分支学科提供了实际的信息和技能。比如，在这个层次上，我们可以发展出萌发理念、构建和塑造交流、修辞格、记忆的艺术等方面的知识。第二，修辞学将它的分支学科体系化，从而可以得到更高层次的模型。这些模型表达了理论与实践，制造与分析之间的关系，以及修辞学传达过程和它的所有组成部分之间的关系。

设计既可以直接将认知从修辞学的分支学科中转移过来，也可以直接参考修辞学模型。两种转化形式都需要三个转化步骤：抽象、语境和连续。

在第一步中，将所需要提取的信息从它原来的使用语境中分离出来。比如，主题或话题，作为萌发理念的一部分，可以将它们从话语中抽象出来，并给设计带来帮助。应用在广告中的修辞惯用语的主题包括设计师在设计第一阶段使用的画册。它后面所隐藏的抽象概念是，设计师使用修辞惯用语寻找灵感，通过对比主题，测试它们引来争议和煽动情绪的潜力。

第二步的目的在于将这种认知放到一个新的语境下，也就是说要确定这种修辞学知识的使用语境以及将这种知识同设计相关联的合理性。什么样的修辞学领域可以进行转化，它们可以在设计流程的哪些方面发挥作用？一个应用修辞惯用语的例子，就是把它放到宣传广告的语境中。有效使用惯用语说服接受者的修辞学知识可以用于在印刷媒体和电影中设计广告信息。

第三步，这个步骤会带来（专指媒体）修辞和它原有知识存储的扩展。通过转化到其他学科中，经典的修辞学得到了延续——一个持续保持它的描绘功能和实践效果的过程。在前面的例子中，惯用语语句被具体的广告平面、电影、产品设计和设计服务应用就是对修辞学的延续。

在这些层次转化（从分支学科中和从主干学科中）的设计理论方面已经有了丰硕的成果。在第一层次，比如，有在平面广告、电影、界面设计的作品中所使用的修辞理论（Bonsiepe，Ehses）。在第二层次上，比如，有将设计活动描述为修辞学的论述（Buchanan），用于分析电影修辞和样式的视听的修辞理论（Joost）以及设计中非媒体效应的概念（Scheuermann）。这些理论强调了设计流程不是建立在天才灵感基础上的规则，也就是说——设计师不是艺术家——设计流程是一个运用修辞学过程。这种理论雏形是试图将设计修辞学的各组成部分纳入设计理论和设计本身的流程中的产物——这些组成部分包括对于（→）目标人群、功能、材料和情境的要求等。目的是为了引发接受者从与其组成部分互动，达成其特定的预期效果。

对某一产品设计方法的选择是否合适（古代修辞学分析中称之为 aptum）？设计能否依据目标人群的能力和需求恰当地传达其信息——尤其是在商标设计的逻辑合理性上，在与社会思潮的契合度上，在其情感表达的动人程度上？在修辞学所倡导的在区分度（perspicuitas）和清晰度（claritas）方面，设计及其展现是否进行了清楚的表达，以及它的外部形式是否与它的内容相吻合（ornatus）？当这些影响因素被仔细地相互协调，以正确的技巧有效地向目标人群展现一个理念时，一件产品或服务从修辞学的角度就变得有说服力。修辞学，与理想美学相比，恰当地将描绘和评估纳入了其范畴。它不仅明确了在设计作品寻找想法（inventio）、概念（disposition）、设计（elocutio）和展现（actio）的过程中的方法策略,也明确了交流和互动各方之间的联系。

　　总地来说,这种理论的转化给设计带来一个新视角:设计切实地并成功的成为了一种有据可依的艺术(ars)。修辞设计的发展成果——就像迄今为止的那些理论著作所总结的那样——不仅是设计样式和设计所用修辞格的载体及它们的应用理论,也是用以描述设计阶段及其所用工具的范本。这些成果被具体应用到设计实践中——确切地说,构建设计流程,应用设计技巧,使用修辞格以便设计获得成功。但是,迄今,多种媒体中广泛应用的修辞法,比如电影、游戏、广播、网络、产品和服务并没有形成文字。这是有待研究的主题,也是一种研究途径。

　　总之,修辞学,作为众多理论中的一种,特别适合以设计师、设计流程、制品和接受者之间的关系的视角进行命名、分析和系统化。有关设计和它的结构(经常会混淆)的认知是从这些关系的角度通过修辞学的观念进行延伸。相应地,设计实践常常可以从修辞案例研究和分析中获得知识,因为修辞理论与实践是密切相关的。如果一种设计修辞理论和实践被用于设计中的培训,它可以产生连带的理论结构,传达对设计工具和流程的全面理解。在这种结构中理论和实践是相互交织的,因为理论来源于实践并且影响实践。将自己视为修辞学家的设计师意识到他手中有通过产品、服务和媒介物影响接受者的工具,并且可以从逻辑的角度计算出影响结果。[GJO]

→ 传达(Communication),学科(Discipline),实践(Practice)

S

安全设计
Safety Design

安全设计是一个连续的过程,设计师和其他个人、团队和社团用它来减少风险,避免和改良破坏性状况带来的不良影响。它的目标是为保证物理环境和自然环境的安全,减轻痛苦和破坏,增强当地物质材料的、社会的和民众心理的状况。除了保护我们不受日常生活潜在危险的伤害,安全设计也可以被认为是一个响应紧急情况下的迫切需要的专业设计领域。在这样的语境下,安全设计提供了在自然或人为灾难发生时保护、支持、重建人们生活的特殊环境的设计方案。

以不同的方式进行表达,安全设计包含防止潜在危险(安全措施)的设计以及在危机情况下和危机情况后的设计(紧急响应)。

以上类别的设计,常被称为"安全措施",意在应对大范围的潜在的但又无法预见的误用、故障、环境因素,因此要求进行持续的关注和发展。它们也一般要求清晰传达使用的信息。除了保护预防功能,这个类别中的一些设计最终旨在应用于尚未发生的突发性灾难事件。比如,在医药领域,急救箱、急救工具、医疗设备以及救护车和医院急救室的设计以及内部布局,很好地反应了应对紧急情况的各种设计。后面这个类别的安全设计,主要用"紧急应对"表述,要求在诸如饥荒、热带气旋和洪水时做出行动。在这些情况下常常涉及时间因素,可能会要求策略性的、便于执行的设计决策。如果感知到危险已经暴露,那么就要首先采取行动。在大规模的自然灾难中,有效的设计依赖于各个层次中其他紧急计划的整体周密性,不论是政府性的还是非政府性的。在有些情况中,如地震,基本需求会即刻浮现,比如恶劣气候条件下的优先保护措施。为此,需要采取简易建造临时性结构的形式提供紧急躲避方案,为受到影响的人们提供足够的支持和居住条件。

重要的是要注意到安全设计实践在这样的语境下不只局限于自然灾难的情境——它也适用于比如那些因战争、恐怖主义、流行疾病、饥荒或其他灾难受伤、受到精神伤害或被迫离开他们的住所的人们。安全设计有时候也涵盖了社会经济危机的情况。今天,临时避难所给无家可归的人们、难民和暴力、虐待的受害者或吸毒人员提供帮助和支持。这种避难所一般同时提供有关教育、健康、雇用等服务和建议,从而重建经济和情绪稳定性。

安全观念已经在当今社会被提到了一个新的紧急的高度。由(→)全球化和不断的城市化以及战争和恐怖主义存在的现实所引发的经济、政治和社会问题已经极大地改变了我们思考和讨论关于个人和国家安全的方式。并且这也带来了对设计实践的新要求。从传统角度说,设计实践被认为是对需求状况的响应。由于气候和政治环境的不断变化,安全设计在一个发展阶段内作为一种设计概念以及设计行为,很有可能在接下来的几年中对自身进行重新定义。[TB]

情景规划
Scenario Planning

情景规划在设计实践中指的是一种对于一个具体用例或一系列事件进行的假设性的表述。在以使用者为中心的设计中,设计团队频繁地利用(→)人物角色代表所设计的产品或服务的使用者原型。鉴于一个人物角色表达了使用者的需求、目标和动机,而剧本则用于通过一个很逼真但是虚构的事件激活人物角色,这些精心设计的事件使设计师的立足点放在使用者所居住的真实世界中。换句话说,人物角色规划可以用在各种学科中,从建筑设计到软件设计,但是它们的目标是一致的:展现真实使用者做的真实工作。

情境帮助设计团队预测具体的互动而不是潜在的、特殊的、不具代表性的抽象事物。比如,在一个机场再设计项目中,团队可能会编写一个关于一位名叫苏珊的商务人士的故事,她带着一只手提袋和一个笔记本包,希望能最方便地检票,吃到一顿快捷健康的午餐,在登机前查看一下邮件。苏珊的剧本就是由她一步步进行的这些事情以及遇到的障碍构成的。设计者在进行这个再设计时,可以构建其他人物角色和旅行场景,并在其中提到苏珊。

情景规划最常用在设计过程的早期阶段帮助引导设计团队。它提供了一个有力的启发工具,推动了聚焦于终端用户的(→)头脑风暴。情境可以使用一系列手法获得,如故事板,高精度或低

精度的原型或简单的文本叙述。[MDR]

→ 问题设置(Problem Setting),使用性(Usability)

→ 传播设计(Boadcast Design),布景设计(Set Design)

舞美
Scenography
设计的科学
Science of Design
屏幕设计
Screen Design

→ 研究(Research)

　　"屏幕设计"是一个用于描述在以屏幕为基础的界面组织信息和互动元素的词。屏幕设计与(→)界面设计和互动设计有着密切的关系,也与基于时间的设计实践有关,如依赖于屏幕的动态特征的(→)动画和动态图像。与静态的图像和文字不同,屏幕可以表现多种时间的和空间的模式和符号,并可以在不同的使用情境中表现出不同的功能。

　　屏幕在我们的生活中广泛存在。在工作中,数以万计的人通过电脑屏幕图像界面进行信息操作;在家里,电视播报和真实世界的事件在电视屏幕上展现;在两者之间,手机和数码相机上的小屏幕与我们密切相关;另外在建筑物和广告牌的公共屏幕上播放的广告吸引着我们的注意力(→网页设计(Web Design),传播设计(Broadcast Design),视听设计(Audiovisual Design))。从阴极射线管到液晶显示器以及等离子技术的产生和发展,使屏幕变得更加微型、更加可移动、更加普及。屏幕也是一个更大的互动、符号和信息系统,并展现不同的功能、意图和目标。从娱乐到交流到控制,再到与复杂系统互动,屏幕设计越来越成为我们与信息世界的互动设计、与人和物的互动设计的固有部分。

　　屏幕设计在屏幕元素和内容的构建中考虑这些因素,以及我们与工具和技术发生互动的不同方式。出于对人类因素、人类与电脑互动(HCI)和互动设计原则的理解的重视,屏幕设计的目标是让使用者和观众能够通过视觉和信息的分层展现,象征性的界面元素的发展,动态的整合和动态反馈等途径获得信息。

　　与屏幕元素的互动可以包括不同的输入形式,并且屏幕设计师不仅要根据具体的情况和原因也要根据使用者与屏幕内容发生关系的方式来修改他们的设计。在触屏的界面,鼠标和键盘驱动输入,视频游戏控制器,遥控器,和其他物理输入方法如动态(→)感应的设计中,必须响应(→)人体工程学各种形式的需求,作为互动的一个不可或缺的方面。除了不同物理的输入模式,屏幕上的互动常由指向物质世界的比喻符号组成。按钮、把手、购物车和垃圾箱这些都是屏幕设计常见的(→)象征符号,用于表示这些符号在真实世界中相应的作用。这些象征被认为是图形用户界面(GUI)的一部分,并常常模仿物质形体。但是,随着互动媒体和屏幕设计的成熟,没有物质作参考的新的象征开始出现。

除了对屏幕外形和功能的设计,屏幕设计师也常参与到非可视的设计中,可能它是通过信息和指示系统的构建,通过对建立在编码基础上的互动程序的规划,或者通过对声音和其他反馈形式的设计和操作(→信息设计(Information Design),声音设计(Sound Design))。屏幕设计将(→)平面设计领域的传统应用到视觉系统的组织中和人机互动(HCI)以及人体工程学中,从而理解界面操作中的认知过程,以及动态图像和动画这些能够通过动态和动作将屏幕元素带入生活的东西。CM

→ 形象化(Visualization)

语义学
Semantics

语义学与符号的内容有关,也就是说它与符号的含义和所指有关。一个设计出来的物体可以从三个不同的层次进行分析:自发的(只与它的形式相关);语义的(与它的象征意义相关);实用的(与功能相关)。

一个物体的语义学意义取决于其所处的文化背景,在文化的背景下它才能被观察和理解。而一个物体的自发形式并不引起任何的形式联想(比如,一块打磨过的石头并不会让人联想到任何其他的东西),它的实用形式则具有使用的固有含义(比如,螺旋的形式能刺激使用者将它像弹簧那样按下去),它的语义形式是单纯的象征暗示。它无法在没有联想的情况下被观察,它也无法在没有联想的情况下要求做出任何有效行动。

以基督十字架的语义学意义为例,当等长的两条线在它们的中点相交,我们看到了一个交叉点。一旦水平的线比垂直的线短很多,并且水平线与垂直线在垂直线的上半段交叉,在受到基督文化影响的人眼中,就会成为基督十字(→)象征。

　　语义学的概念来源于语言学,设计理论将它按自己的目的引用过来。在语言学中也谈到了两个方面,即能指(来自于符号、文字、句子以及这些在语言系统内的相互关系的结果的内容)和所指(来自于符号和世界之间关系的结果的内容)。这种区分可以追溯至 1892 年语言哲学家和数学家戈特罗普·弗雷格(Gottlieb Frege)的文章《意义与所指》(On Sense and Reference)。

　　语义学是符号学的三个分支学科之一,(→)符号学是关于符号、其系统和过程的总的理论。另外两个在一定程度上相互重叠的分支领域是句法学和语用学。这些领域是根据它们与符号之间的关系,符号的所指以及在特定情况下符号的使用者进行界定的。句法学对应的是"符号←→符号";语义学对应的是"符号←→所指";语用学对应的是"符号←→使用者和情况"。[KW]

→ 传达(Communication),修辞学(Rhetoric)

符号学
Semiotics

　　符号学是研究符号的学说。一个符号可以是任何引发与其本身不同的所指物的展示形式、物体或实践。最近的对这个词的应用来自于美国哲学家查尔斯·桑德尔·皮尔斯(Charles Sanders Peirce,1839—1914)和瑞士语言学家弗迪南·德·索绪尔(Ferdinand de Saussure,1857—1913)。皮尔斯确定了三个具有重要意义的关键模式,它们可能存在于任何符号中:图像类(iconic)、象征类(symbolic)、索引类(indexical)。图像类通过相似性手段与它的所指相关,它的外貌、声音、气味、感觉或味道与它所代表的东西相似。象征类是任意符号,它们与其所指物的关联只是因为一个解读群体认同这层关系。语言很大程度上是属于一个象征性的系统。索引类通过外形迹象引发它的所指物。比如,脚印,表明一个人曾经出现。多数的符号通过这三种模式的某种结合与它们的所指物发生关联。

　　皮尔斯也从三分法系统的角度表述了符号的功能。一方面符号展示所采用的形式与它的所指物共同起作用,另一方面,它对解读者起作用,解读者就是看到、读到、听到符号的人。图像的、索引的、象征的展示被解读为在这三个元素之间发生不同的互动。

索绪尔对语言符号的运作的表述大致与皮尔士的象征理论相似。索绪尔认为符号由两部分组成："能指"即它的材料形式和"所指"即展示面。索绪尔认为一个符号系统只有在具一个"能指"可以区别于其他"能指"时才能运作，因此符号是以差异性确定的。

罗兰·巴特(Roland Barthes, 1915—1980)将索绪尔的理论词汇应用到视觉材料上，它解释了基于文化的(→)惯例如何使这些词汇成为解读设计的语言。巴特将对象直接的、明确的意义与它们在一个文化惯例或编码系统中它的某个方面的象征共鸣的内在意义加以区分。他认为一个图像或对象可以隐含一系列内在信息，这取决于观察者所引用的编码。后来的作者以相似的方法分析了字体排印：文字的语言学意义是明确的信息，而它们的图像特征——字体、排版等中间隐含的影射意义是隐含的、编码的信息。巴特也提出了设计领域，如服装设计，可以被视为语言，他引用并修改了索绪尔将语言和言语进行区别的理论，即语言是一个纯粹的系统，而言语是在语言系统中对符号的创造。各个元素的组合，比如一套衣服，可以看作是时装符号系统中的言语表达。

许多作者也曾使用皮尔斯的符号分类法作为解读设计对象的模型(→语义学(Semantics))。一个对象的图像意义与它和其他对象(自然的或人造的)的形式、风格、象征性的属性的相似度相关。物体的物理属性可以被视作生产它的材料和条件的索引标记。而它的功能、它的任何形式特质也可以拥有象征意义，因为这些特质具有受看到物体的人们所知道的惯例所限定的主观意义的限定。另一条线索进一步将物体的象征评价分解为明确的意义(基于对物体的功能的辨识)以及隐含的意义(基于与物体本身和它的形式性质相关联的影响价值)。

玛克斯·本斯(Max Bense, 1910—1990)(→乌姆设计学院 Ulm School of Design)发展出一种关于设计流程本身的符号学：在材料(质素维度)中功能(一个物体的合成维度)的实现导致了一种服务于使用(实用维度)的形式(词素维度)。在设计流程的其他分析中，物体的概念和规划被认为是某种展示形式，因为它们涉及真实事物的一系列替代物，因此与皮尔斯的"代表项"

(representamen)有关。生产过程本身依赖于对材料形式的规划，于是成为符号的所指。设计物品的使用者、解读者随后实现它所具有的功能，并赋予其象征意义。[ER]

→ 产品(Product)，视觉传达(Visual Communication)

感觉
Sensuality

感觉可以被定义为人类利用所有感官理解和享受环境刺激的能力。我们享受美丽的风景和它特别的气味，品尝精心烹制的美食，称赞我们所爱的人的外表，并且喜欢他/她熟悉的声音和独特的香味。

我们的感官每天会碰到几千种产品。从早餐桌到咖啡椅到睡觉的床，从汽车到飞机，我们一直在看、听、闻、感受。感觉也是设计师最核心的能力之一。产品应该被设计得既具有功能的完美性又同时尽可能满足感官的愉悦性。因此设计师对吸引消费者，增加销售额起着非常重要的作用。

我们主要使用眼睛体验世界上的事物(→ 形象化(Visualization))。在商店橱窗、广告以及大多数的地方，我们总是首先得到视觉信息。如果我们不喜欢某一产品的美感设计，我们几乎不可能再看第二眼。我们喜欢某一产品的外观，然后，才会去关心它的触感质地。我们碰触它的表面去感觉它的温度和手感是否舒服，它的重量拿在手上是否合适，测试他们的功能以及是否符合(→)人体工程学——这些行为经常是无意识的。声音刺激(→声音设计(Sound Design))，比如撕开封口时的响声，或者是斯沃琪手表静静的滴答声，都是与感觉经历有关的因素。除了极少数的例外，味觉在设计物品时基本不起作用。而气味一般需要被回避(→嗅觉设计(Olfactory Design))。

就像音乐家训练他们的乐感那样，设计师也要训练他们的感觉。这种训练使他们能够引导消费者对某个物体的无意识反应。比如，好的设计能保证开关能一眼被看到，或决定着一个门把手应该是推的还是转的。单靠功能几乎无法刺激消费，因此设计师对于激发消费者对产品的感觉，引起购买欲起着重要作用。一副炫酷的眼镜，一支钢笔丝滑的表面，或者一辆车车门关闭的丰富声音都会将这些日常用品变成人们渴望的物品。

但这就要求物品的信息能作为一个主体传递给消费者。神经科学家弗朗西斯科·瓦雷拉(Francisco J. Varela)以及格哈德·罗特(Gerhard Roth)已经证实了人类的感知能力是一个极其复杂的一个由大脑进行的建构过程。

当我们建构感觉时,我们决定那些成千上万的感觉印象中哪些才能最后进入我们的个人世界。这也决定着消费者和设计师的感官知觉交集。当一个设计师创造一件产品时,他/她考虑了感觉的和可感知的元素,或是产品的高品质和耐用性,但这并不能保证产品能够找到买家。成功与否取决于设计师、生产商和消费者对应的现实感知是否一致。[MG]

→ 食品设计(Food Design),联觉(Synesthetic),价值(Value)

服务设计
Service Design

过去 30 年,西方工业国家的经济基础发生了极大的改变,即从制造业到信息和服务的提供。服务业的生产总值现在一般占有发达国家国内生产总值的 60％～70％,几乎所有新建的公司和新创造的工作机会都来自于这个所谓的第三产业。

随着这个曾经微小的产业的迅速扩张,产生了新的挑战。在过去,制造业是研究和开发投资的主要来源。也就是说研究和开发集中在生产工具和流程的最佳化和产品的发明,而对(→)市场研究和产品设计的投资也被认为是理所当然的(→产品开发(Prodcut Development))。相比之下,为了开发、研究和创造服务所建立起来的客观方法却没有。此外,服务的销售首先于 20 世纪 70 年代作为一个独立的主题被加以明确和讨论,而服务设计作为一个概念一直到 20 世纪 90 年代才出现。

然而,在快速变化的市场压力下,现在这个产业已经有了显著的发展。服务工程仍然试图在大学和设计实践中将其自身作为一个学科建立起来,服务管理不再是商业行政课程中的非主流课程。服务的营销已经在全球范围内站稳脚跟,而服务设计,在 20 世纪 90 年代初它开始作为一个设计教育学术领域出现时被嘲笑,但现在已经在全世界的教学、研究和实践中获得了地位。

服务设计究竟是什么? 服务设计是从客户角度讨论功能和服务的形式。它的目标是保证服务界面是成功的、可用的,是客户向往的,是有影响的、有效的,并且从提供者的角度来看是特别的。

服务设计师设想、构思和编排解决那些并非目前存在的问题的方案。他们观察并解读客户的要求和行为模式，把这些变成未来可能的服务。这个过程应用了探索性的、生成性的和评估性的（→）设计方法。在服务设计中重新构建已有服务与开发有创造力的新服务在难度上是不分上下的。从这个角度来看，服务设计立足于产品和界面设计的传统，使已被证明具有分析性和创造性的设计方法能够转化到提供服务的世界。特别是，与起源于（→）界面设计的互动和体验有着密切的联系。即使这些研究的领域仍然主要围绕着设计人机界面，但同时也已经在理论和方法论上有所发展，其目的是研究对体验设计具有影响的因素，尽管体验无法被真正地设计出来，设计的只是导向体验的条件。

　　为服务开发一种正式的语言是在开发和实践中一个令人兴奋的新领域，因为服务的正式语言可能成为系统化创造的基础条件，可以使之有可能设计服务的体验。为服务所设计的正式语言使服务设计能够在确实认知因果关系的基础上创建互动、空间和过程。

　　20世纪90年代发生在互动设计中的以使用为导向的方法引导了创意的开发，如人物角色创建是改良的方法之一，并且大量地被应用于服务设计中的人与人、人与物的互动。以客户立场作为起点颠覆了服务公司的许多惯用的方法，并引发了关于真正的创意和以实用者为中心的、灵活的和动态的组织结构及流程的思考。

　　在服务供应研究中建立起来的对产品-服务元素的充分理解，在给予跨学科网络协作（本身就是设计过程的特点）的服务行业中心地位方面一直是一个极为重要的因素。关于服务设计是否同时适用于服务的虚拟和物质方面，是否是人与人、人与机器界面的调节者，或者是关于体验的设计（在这种体验设计中，功能和情绪同等地对智能新技术和客户导向的标准化的综合负有责任）等问题仍然存在着争论。这种争论最终只能通过跨学科设计团队解决（→协作设计（Collaborative Design））。

　　一方面，服务设计可以利用理论和方法论方面的途径建立起设计能力，另一方面，它又引发了新的问题。是否有特定的服务方法——比如在服务营销中发展出来的（→）蓝图——可以进一步发展和优化从而变成一件创意工具？服务蓝图的出现当然是将虚拟服务变为真实可见的设计物品的重要的第一步。无论如何，这种方法在用一系列图标进行过程展示的时候仍然是一种固定的方法。此外，关于客户的情绪与这些过程的互动如何能够系统地融入设计过程这个问题，仍未有定论。

这个问题使客户体验的开发成为一种方案，借此服务设计可以从客户角度用情感的、材料的和程序的元素抓住并刻画服务的完整过程——因此使之有可能成为一种模型范本（→剧本规划（Senario Planning））。

"接触点"是理解客户体验的关键。对现有服务的分析检测了接触点是否被正确放置。具体的、视觉的、嗅觉的、听觉的和触觉的迹象是否适合人们理解服务并能够让客户获得体验？所以服务迹象的开发在服务设计中是一个自发的焦点，关注的是使之可能观察虚拟的东西并给予相应的尺度。

所有的（→）再设计方法和服务创新的方法都在原型化（→原型（Prototype））过程中因设计能力得到了极好的发挥，因为服务原型在发展想法和做出决定的整个过程中起到了极为重要的助推作用。（→）故事板从客户角度刻画了新创造的服务流程，并帮助将完整的剧本、场景和道具形象化。实物模型可以轻而易举地清楚地显示在服务供给中设计可以在什么部分介入。服务指定（角色扮演服务互动）是设计服务的一种方法，带来了一种新的（→）快速成型的形式，可以非常快速地呈现服务情境，明确了服务设计流程应该选择的方向。

表演艺术是现在设计服务正在探索的领域之一，是为了利用它们的潜力用于概念转译，并为组织、标记和传达的创意形式提供灵感。从表演艺术中得到的认知和程序已被证明在进行服务设计流程时是有所助益的。所以前台和后台的类比是一个对发挥创造力非常有用的模型，因为它揭示了对整个系统进行全局把握的必要性，以及用一种模式叙述过程、地点、道具和演员的必要性。故事板为从客户角度的构想和形象化叙述结构提供了全局体系。可能还有许多其他的隐藏于编剧过程中的推动想法演变为（→）表演的因素，这些对于自主的服务设计是有价值、有帮助的。

服务设计是一个快速发展的领域,已经有了一个完整的理论和方法基础,并在全球范围内的研究、教学和咨询中占有一席之地。但是,它仍然是一个非常年轻的学科,包含许多已有的、尚未发现的研究线索,并会继续激发我们探索那未知的和令人兴奋的体验。[BM]

→ 事件设计(Event Design)

背景设计
Set Design

背景设计是指创造一个供表演性事件发生的实体空间,以前主要用于指剧院中的创作,它包括所有的布景、家具、道具、演员装扮和舞台的整体外观的设计。背景设计也被称为场景设计、剧场设计或舞台设计。虽然这些词在多数情况下可以交替使用,但在今天的专业词汇中背景设计或场景设计更为流行,因为它们可以被应用于电视、电影以及剧场。一个相关的并更新的词是舞美(scenography),它包括声音、服装、灯光以及所有其他的技术设计。制作设计这个词是指运用在电影或电视中的类似的工艺(→传播设计(Broadcast Design))。

需要注意的是以上这些词的定义在各国之间都有所不同,这是根据制作功能的专业化程度决定的。比如,在美国,背景设计师是与其他专业的设计师合作工作的,包括投影、戏服、灯光和声音设计师。这在其他国家并不是这样的,特别是在欧洲,那里常常是一个设计师独立负责制作项目中所有技术或有形的部分的设计。

重要的一点是要理解背景的设计不单单是功能性的,它也创造了一种气氛,在场景中给观众带来一种视觉的感受。每种制作工艺都给制作带来重要的元素。幕布、灯光、声音、道具、服装以及越来越重要的投影媒体的选择都会影响观众对这一制作结果的体验。在选择这些元素时,背景设计师的任务受一系列因素的限定。一个背景的一般常常要求以剧本的形式进行预设,限定了时间段、表演人数、场景数量、地点类型、角色的活动以及行为发生的地点。即使是即兴表演,设计师们仍常需在许多限制下工作,这些限制一般包括导演的理念、空间的物理特征等方面。

在今天的剧场中，一个背景的创作常以下三种典型的方法中的某一种实现：作为对现实的模拟，用以激发观众"不信任的暂停"；作为表演者和观众之间的生理和心理屏障；或作为一个表演者和观众碰撞的空间。这些方法可以追溯至剧场历史上那些极大地改变了我们对于"舞台"组成概念的重大运动。

舞台"作为现实的模拟"的概念在文艺复兴时期传播开来，并且自此成为主流思想，并延续到近代。以这种现实或自然的方法工作的背景设计师竭力尽可能真实地模仿自然世界制作背景——包括将布景画得有进深感，以及符合历史现实的服装和道具等。这些努力的主要目的是从表面上"暂停不信任"——也就是使观众愿意接受和相信所表演的内容。

第二种舞台的概念试图使观众对表演保持某种情感距离——通过作品的现实主义框架，寻求一种完全不同于"不信任暂停"的感觉。这种理念在 20 世纪普及扩散，当时实验或先锋剧作家［如萨缪尔·贝克特（Samuel Beckett）和贝尔托·布莱希特（Bertolt Brecht）］通过展现一种新的剧场形式，对现实主义传统作出批判的回应。这种新的剧场设计的特点是聚焦于主观性、批判性讨论和对时间、地点、行动和情节的非线性非逻辑的描述。现代主义后期以及后现代主义的剧场设计对空间设计的影响直到今天仍然非常明显，在极简主义舞台布置中，背景是被作为一个构建的（非现实性）场所（→ 现代性（Modernity），后现代主义（Postmodernism））。

最后一种背景设计的方法是将舞台视为表演者与观众互动的一个空间。在今天的制作中，比如观众参与型戏剧、表演艺术、街头戏剧，有形的舞台不再以传统观念中的形式存在，因为表演者和观众之间的界限被完全消除了。背景设计在这种语境中清楚地表明了表演者与观众的互动发生的环境，它可以是一条街、一个地下平台或是传统剧场。这些当代剧场的最新形式因而与在它之前的现实主义、现代主义和后现代主义的剧场形式有着根本的差异。[RLU]

→ 视听设计（Audiovisual Design），事件设计（Event Design），照明设计（Lighting Design），表演（Performance），声音设计（Sound Design）

商店设计
Shop Design

→ 店铺设计(Retail Design)

签名设计
Signature Design

→ 独立设计(Auteur Design)

简约设计
Simplicity

简约即复杂。复杂即简约。关于简约与复杂之间的关系是没有答案的,因为它就是作为一个问题存在的。

由于科技的进步,将我们带入英特网、黑莓、拥有 200 多个频道的有线电视的世界,我们生活在一个有越来越多的知识、越来越多的电子邮件和越来越多打发时间的途径的世界。科技继续给予我们用更少的努力赚取金钱的机会。不需要在这个数码产品丰富的乌托邦似的世界中抱怨什么。就像鸟窝里伸长着嘴嗷嗷待哺的小鸟,等着母鸟把食物放到它嘴里,我们的脑袋等着精神营养的输入。

但是等等,母鸟还在喂食。我心想:"我饱了,妈妈。"

"亲爱的,还有更多的邮件",她跟我说。我试着谢谢她,但在我能说话前,她又将流行的网页和数码音乐塞到我嘴里。嗯……我无法叫出声来,只能咀嚼着,快速吞下,以免噎住。我们在不断地吃吃吃。

哦,也许我不小心泄露了我青春已逝这件事?"再来点吃的?当然!""再来点鸡肉? 好的,谢谢,很好吃。"我记得我年轻时的贪婪——是众所周知的在餐桌上永远吃不饱的大胃王。

今天,我发现我很少会想到吃。这是变老的信号,我老了。你的身体机能变缓;你的细胞生物钟拨向了"死亡"的设置。时间胜过你在世界上可以积累的一切金钱,突然之间成为你钱包里剩下的最珍贵的财产。

简约法第三条(我有十条这样的法规),就是:时间。"时间的节约就像简约。"在邮局排队或其他任何需要等待的任务中节约几秒钟,你可以欣慰地吸一口气。"天啊,那比我想象的简单些。"年轻人喜欢手机和其他要花好几个小时才能学会如何使用的小玩意;年长的人则坐在那里很迷惑——当然不是因为生来智力的差异,而是意识到时间不是用来浪费的。时间应该用在放松和休闲上而不是无意义的按按钮运动上。我很抱歉如果那些拥有如此小玩意的 60 岁以上人士，看到这篇文章大受刺激，恕我无意冒犯。

我亲爱的朋友迈克尔·厄尔霍夫（Mickael Erlhoff）希望我就简约这个主题多写点东西，我当然答应了。但是如果打破了我自己的简约法则，那我就不是我了。我在这里写了种法则，其他的可以在网上或者我的书《简约法则》（*The Laws of Simplicity*）中看到。既然在别处可以读到它们，那么在此再回顾一遍就变得没有意义了。现在我必须去陪我的家人们了，我的五个孩子几乎得不到多少"我的时间"。

总之，简约就是越少越好，越多越糟。简约本身也可能是不受欢迎的。想象一下只有很少朋友的生活？那会多么糟糕。我需要迈克尔·厄尔霍夫在身边让我写更多的东西。更多的家人（而不是更少）务必会使生活更复杂。但是朋友和家人是我们所有人喜爱的一种复杂。所以我要说，*'你的简约。但是如果你要这样设计，请读我的书或访问我的网站。JM

→ 复杂性（Complexity），使用性（Usability），使用（Use）

草图
Sketch

草图这个词来源于意大利语 schizzo（飞溅），指的是设计中一种快速粗略的绘画或用手简单地勾画出轮廓。它的目的是提供关于对某物的想法或刻画一个过程。其焦点不是为抓住所刻画的东西的精确细节，而只是按图式记录下关键的（正式的）特征。

草图被认为是设计中最快速并且最简单的视觉表达形式。因此它是设计过程中最基本的媒介，对于初级学习和快速直接的视觉传达是首选的方法。常用的媒介物包括铅笔、马克笔或水笔、木炭笔和粉笔。MKU

→ 渲染图（Rendering），形象化（Visualization）

技能
Skills

"技能"（skills）这个具有争议性的词可以追溯至古斯堪的纳维亚语中的"skil"，意思是分辨力或洞察力。为了清楚地定义这个词，首先有必要把它与"能力"（ability）进行比较。能力这个词来源于拉丁语"habilitas"，意为才能。虽然两个词都可以宽泛地被定义为"做某事的素质"，但两者存在某些差异。"技能"含有获得使人做某事的熟练度，而"能力"既指天生的素质，比如视力、听力或嗅觉力，又指习得的能力，如阅读、写作或骑自行车的能力。德语词汇技能"fertigkeit"，词源上来自于"fertig"（英语中是旅途的意思）和"fahrt"（意思是"完成的"）。这就包含有技能是某个过程的最终结果的意思——在这个例子中，就是一个学习过程的结果。然而在设计的语境下，引起的问题是关于这样的最终状态是否可能是人们所要的。今天在招聘广告中列出的职位对"硬技能"（比如精通目前的所有排版软件）的要求已经很快过时，因此，这些技能常只适用于某些特定的专业团队，对于他们而言学习过程的终结将是致命的。

　　能够学习的技能和能力（相对于软技能而言），在所有设计领域中（除了特定的以工艺为基础的领域）都是极为重要的。这些技能包括敏锐的观察力，共鸣，交际能力，有很强的抵御挫败感的能力，并精通协作和交流，从而可以有效地、高效地表达想法。[DPO]

→ 工艺（Craft），设计能力（Design Competence）

慢设计
Slow Design

　　慢设计的涵义远超过了设计的行为。它是一种鼓励更慢、更加深思熟虑的、有反思的设计过程的方法，目的是个人、社会、环境和经济的正面发展。慢设计将自身定位为作为当今工业化典型的"快设计"的对立，"快设计"受时尚、过度消费、商业伦理、视所有人为消费者的人类学等的非可持续循环观念的控制。"慢"作为形容词或指示副词在这个语境下使用，产生了一种故意设置的模糊效应，它暗指时间在设计的各方面都是绝对的，目的是为了放缓设计过程、结果以及结果的效应。

　　慢设计以人类为中心的原则和生态效益原则有许多"前辈"，从 19 世纪英国和美国的（→）工艺美术运动到现在。以人类为中心的原则的根源可以追溯到 20 世纪 50 年代后的反对发达西方国家的挥霍型生产和消费模式的设计运动。"为需要而设计"是由维克多·帕帕奈克（Victor Papanek）倡导的，在 20 世纪 60 年代得到了英国皇家艺术学院的支持，它是这条脉络中最重要的运动之一。"为需求而设计"后来演变为通用设计，并且在最近转变为包容性设计、用户中心型设计、参与设计和协作设计。生态效益原则的根源可以追溯到 20 世纪 70 年代的环境设计和生态设计,20 世纪 80 年代的绿色消费主义,20 世纪 90 年代早期的绿色设计,以及更综合的为环境而设计,经济设计和可持续设计方法也自此产生(→ 环境设计(Environmental Design),可持续性(Sustainability))。慢设计起源于这两个根源,并认识到自己是一个协同作用的系统的一部分,在这个系统中有关人类和自然的认知被重新定义(→共同作用(Synergy))。

最近,另类的社会经济学模式和系统正成为慢设计产生的一个重要的第三根源,正像在新的社会群体和技术的融合中,从企业生态主义、社会集团以及生活方式中观察到的(Manzini & Jegou)那样。慢行动主义的各种形式比如意大利的慢食物和慢城市运动,以及"永远是你的"(Eternally Yours)(van Hinte)这个荷兰组织,鼓励更能经受住物质和情感考验的制品,这也是慢设计产生的重要原因。

"慢设计宣言"(Fuad-Luke)的第一种正式出版物在 2003 年出版,号召对个人、社会文化、环境这个三角关系的关注点的重新转变,并且列出了八个重叠的主题:仪式、传统、经验、进化、缓慢、生态效益、开放资源知识和(慢)技术。纽约的慢实验室(slowLab)(Strauss et al.)从创意活动主义角度对慢设计进行定义:"一种思考、设计、制作和工作方式。聚焦于并且不局限于物质化的制品或环境,从而获得新的视觉,鼓励反思,挑战意图,加深生活经验。"慢实验室的斯图拉斯和弗阿德-卢克(Fuad-luke)将慢设计假设为一个空间,它既是现实的又是想象的,设计师和使用者都需要遵循以下六个原则:

1.揭示:慢设计揭示了日常生活中常被忽略或忘记的空间和体验,包括容易被忽视的物品的存在或创作中的材料和过程。

2.扩展:慢设计考虑了物品和环境为人所知的功能、物理属性和寿命周期之外的真实的潜在的"表达"(→ 可供性(Affordance))。

3.反思:缓慢设计出来的物品和环境引起深思和"反思性消费"。

4.融入:慢设计的过程常是"开放型资源"和协作性过程,依赖分享、合作和信息透明从而使得设计可以继续向着未来演变。

5.参与:慢设计鼓励使用者成为设计过程的积极参与者,接受和交换各种观点,从而增加社会可信度,增进团结。

6.进化:慢设计认识到更丰富的体验可以从物品和环境伴随着时间流逝的动态成熟演化中产生。慢设计的考虑超越了当今的需求和情况,成为(行为)改变的动力。

慢设计的精神实质是鼓励人类在社会平衡的框架内,在一个有再生能力的环境中,在生活和企业活动新的视角下繁荣发展。[AFL]

→ 伦理学(Ethics),直觉(Intuition),需求(Need),再设计(Redesign),使用性(Usability)

智能材料
Smart Materials

智能材料代表了一种新的、扩展性材料,为设计过程和设计产品带来了动态的元素。主要是被开发用于工程应用,这些材料相对于常用于多个设计领域中的静态材料是一个巨大的转变。它不是根据材料的外观或属性进行选择,而是设计师聚焦于某个现象,根据"智能材料"的现象表现,进行材料的选择。

智能材料这个词专指表现为热动力而不是机械动力的材料或材料系统。作为热动力的材料,它们在能量激发中起到了积极作用——要么进行一种转换,要么产生一种转换。所有材料的表现,传统的或智能的,是作为对能量激发的回应,可以用以下这个概念关系进行表达:

能量转化∞材料属性×状态改变

状态指的是任何材料系统的独特热动力状态,由它的温度、压力、密度和内部能量决定。对于常规材料,材料形式是衡定的,它调节的是转化到系统中的能量和系统的结果状态之间的比例关系。传统材料是被动的,是被作用物,而智能材料是主动的,是作用物。比如,根据胡可定律给予一定外力后得到的可预见的变形是常规材料所表现出的结果的代表。智能材料不再是可衡量的标量,它们可以直接影响变量和属性之间的关系。这种影响可以分为以下四种类别:

1.状态的改变引起材料属性的改变。比如,温度的变化会改变热致变色材料的光谱反射性,使它反射出另一种不同的颜色。

2.能量转换引起材料属性的改变。外加电流会改变电致变色材料的透射率,使它透射出不同数量或质量的光线。

3.能量转化使能量从一种变为另一种。光电材料是一个众所周知的例子,光能被转化为电能。

4.能量转换引起材料最终形式的改变,并且反过来改变材料的最终状态。形状记忆合金的形状改变,是一种能量的输入引起材料的分子结构在运动中发生改变的结果。

除了这些热动力关系,智能材料也展现出两种属性,进一步将它们与常规材料加以区分。第一种是它们离散的尺寸不需要二次元件(secondary component)并且以最少的设施就能直接定位。常见于支持工作网络和控制系统的"智能"被这些材料替代。第二个独特的特征是它们在刺激移除后的可逆性。因此,智能材料可以对至少两种不同的行为进行可控制的、可预测的操作,本质上优化了材料在不同情况下的表现。这些主动的行为生产了材料的功能型表现,而不是普通的在材料组合基础上的常规表现。不是以"玻璃"或"塑料"这样的类别进行分类,智能材料可以根据它们的主导行为结果进行组织。不论这种行为是如何产生的,下面的"类型"较广泛地包含了目前应用于设计中的材料范围:颜色变化、发光、吸热、产生能量、吸收能量和形状变化。

　　· 颜色变化是智能材料中最大的类别,因为许多不同的机械装置给出了各种不同的颜色条件。半透明材料可能会改变它的整个透明度,不论是从不透明到透明的改变(热致变色、悬浮颗粒、电致变色、光电)还是选择性地改变被传输的颜色(水晶、化学致变色)。不透明材料可以改变它们的反射性,从一种颜色到另一种颜色(光电和化学致变色)或通过依赖环境条件(热致变色)产生多种颜色。

　　· 发光材料依据的是完全不同的机制,常规制造光线的手段,一般是建立在能量交换的无效率基础上:白炽光是通过电流在电路中遇到阻力产生的(因此产生红外光线);荧光设备取决于气体的阻力(因此产生紫外光线)。发自智能材料的光线来源于材料在经过分子的或微结构的改变时所释放的光子。这种直接的光线的产生不仅比常规方法更为有效,也更可见和可控制。光线可以以任何一种颜色,以任何尺寸、密度或形状(冷光面板、电激发光)产生。光可以通过直接响应环境状态的方式产生(化学发光、光电),也可以贮存并稍后再发出(光电)。这种类型中,固态光线(生物和非生物发光二级管和聚合物)是最大的并发展最快的一个部分。

　　· 吸热材料将热转移为内部能量(涉及分子或微结构的改变)。热能可以被吸收,惯性摆动受材料属性变化而减弱(相变材料、高分子凝胶、热致变)。

- 能量制造材料可根据所产生能量的用途与能量变化材料进一步区分，虽然所有这些材料都会产生某种形式的能量。我们认为这个类别的材料是"生产者"——它们直接产生有用的能量。能量可以有多种形式：生成电力（光电的和热光电的），热泵或引擎（热电）以及弹性能（压电）。

- 相较于能量制造材料这种主要以输出能量为形式的材料，能量吸收材料以输入能量的形式为主。更确切地说，能量吸收材料的意图是消解或抵消输入的能量。振动可以通过转化为电能被消解（压电）或通过材料属性的改变进行吸收从而被减弱（磁流变、电流变、形状记忆合金）。柱体屈曲可以被外加拉力（压电）抵消，其他类型的变形也可以被选择性的外加力（电伸缩的、磁伸缩的、形状记忆合金）消解。

- 对于大量材料来说，其形状变化范围比其颜色变化的范围要小得多。这是由于材料在调整动态作用力方面存在固定限额。然而虽然所有材料都会因为能量输入发生某种形式的形状变化（如金属杆件在拉力作用下的延长，木头在浸湿水的时候的膨胀），但智能材料的形状变化的差异不仅取决于它们变形的能力，也取决于形状变化的相对幅度。例如，智能聚合物凝胶（化学致变、热致变、电致变）的体积可以膨胀或收缩 1000 倍。多数的形状变化材料能从一个点移动到另一个点——移动可能是某种外力引起，或者是由于本身的微结构变化——但其结果都是空间的转移。这种材料可以被弯曲或拉直（形状记忆合金、电伸缩、压电）、弄拧和拧直（形状记忆合金）、压缩和解压（磁伸缩）、膨胀和收缩（聚合物凝胶）。

智能材料给设计带来的机遇很大程度上不是关于作为物体的真实材料或产品本身，而是它们的行为所引发的结果。设计师必须在选择材料前意识到他们想要达到的结果，因为大量的材料带来的大量表现常会引发相似的结果。比如，想要使表面变得半透明，可以通过折射、反射或 /和吸收等光学特征，大多数的颜色变化材料以及许多能量吸收材料可以改变这些特征。这是一个更常规的设计过程的倒置，也就是材料的选择先于某些特征的识别。[MA]

→ 仿生学（Bionics），工程设计（Engineering Design），高科技

(High Tech)，材料（Materials），机电一体化设计（Mechatronic Design）

社会的
Social

社会影响设计师、设计过程和设计物品，建立起不断刺激设计方向改变的环境。只有当这些社会维度被抓住的时候，理论、科学和实践才能采用高度深思熟虑的规划和设计，从而不仅能够进行对社会的解读和评论也可以对社会产生影响——在最理想的状态下。

设计从所有的方面，以所有的形式反映社会。设计师的心理状态，可以包括焦虑，冷漠，社会团体的幸福感、存在的问题和欲望。他们通过给予物品功能和意义，以琐碎或精巧的产品、媒体和系统的形式规划并解读社会。设计师在这个过程中不会自动发挥作用，而是作为社会的一部分，并受到社会的影响。

设计的物品是社会的信息。今天产品以其独特的多样性适应依据个体和消费组织起来的各类社会团体，这些团体之间充满了思想的矛盾和社会的矛盾。轻便的、可运输的和高科技的日常物品使联系更便利，只要通过触摸一个按键就使人们能够获得在全球网络进行交流的技术，可以证明现代的、依赖媒介的生活方式的灵活快捷。可以快速组装快速拆解的家具陈设简化了生活和工作。产品由模块组成，所以它们总是看起来新鲜而具有个性。有益于生活和健康的舒适安逸的世界是对短暂的、机械的或原始的生活环境的回应。在（→）复杂性面前秩序变得越来越重要。存储什么物品、如何存储和哪里存储物品——诸如此类的问题的解决方案充斥了整个贸易交易场所。城市公共空间越来越恶化，除了消费需求外，只能满足小部分社会需求。开放空间让位于购物商场，自动售货机和平板显示器吸引我们迅速消费。人工服务被多语言虚拟人物取代——要求消费者自助服务，并且享受这种自助。

在这种语境下，可以从两方面看待设计。一方面，似乎设计师的工作是为了引起新的欲望，生成（→）潮流，因此最终服务于一个理解并认同这种高密度消费的社会。另一方面，设计所处的位置远不止引起和满足消费者的要求，因为设计可以被理解为一个有计划的过程（→设计过程（Design Process）），用逻辑、理性和条理回应社会的问题和不公。由于设计只关注生产和销售，而忽视了关注坚实的社会理论基础结构，它作为一个学科已经停滞多年，并处于一种定位和价值的危机中。为了获得社会相关性，需要努力建立起设计理论，关注经济的、社会的和文化的问题，并且也要认识和提出设计在这些方面的不足和失败。

社会秩序的概念是建立在社会类别基础上的,取决于某些身份证明,比如年龄、性别、阶层、民族和性倾向等。在这些分类的固有层级关系中以设计被创造、销售和消费的方式表现最为明显,这些创造、销售和消费既由组成设计的各种社会团体完成,也是为了各种社会团体。比如,在西方社会,人们的寿命越来越长,关注于对年轻化的普遍痴迷的设计已变得越来越受欢迎。同样,不论是有意识还是无意识,产品几乎总是有性别倾向的,并通过编码形式、颜色、尺寸、材料等的使用表现出来。一般来说,那些社会高阶层人士(男)使用"女性化"的产品常会被认为他会失去社会尊重(→性别设计(Gender Design))。

　　确切地说是因为这些身份的标记是在一个大的社会语境下构建的,设计师必须考虑到他们的决策对文化偏见的持续和消逝所具有的内在含义。为男人、为女人、为年轻人、为年老人的设计——以此为例,这种定向只有真正在设计过程中需要考虑到这些不同需求时才是确实的,独立于纯粹的符号性评估。设计具有强大的社会反响,不论是正面的还是负面的,但是很多设计师并没有很好地意识到这一点。其原因是根据价值体系(如宗教、文化、民族优越感)建立起来的社会秩序以及规范社会层级关系的政府,关于权利分配、卫生、审美、家庭或性别这些主题的已有思维模式本质上决定了哪些物品是让人接受的,它们看起来像什么,谁来使用它们,如何使用。

　　质疑已知常识是设计中的基本技巧,但它并不总能使我们超越自身的社会化认知的局限。为弥补此项人类的不足足以说明发展设计学学科的必要性,并且需要鼓励一种意识,即在设计师、他们的设计物品和物品使用之间有各种不同的关系,这对设计理论和实践都是有用的。

　　设计的过程总是依赖于带有价值观的决定,每个设计师都需要不时地重新审视并讨论他们个人的理想与主流社会环境的协调方式,不论他们是受艺术、经济还是社会政治的激发。有些设计师选择加强已有的社会秩序,采用严格的市场导向方式,而其他人则走向另一个极端,采用诸如抵抗设计和批判式设计的方法。还有的人关注的是弱势社会团体,如残疾人士(→通用设计Universal Design)。

因此,负有社会责任感的设计自发地考虑到它们创造时所处的环境,并且注意到大多数设计过程都忽略了的得不到充分服务的团体。许多组织由此产生,他们常用创新的和意义深远的设计,试图纠正或改善社会不公。"每个孩子一个笔记本电脑"是一个为发展中国家儿童设计开发和分发廉价的功能性笔记本电脑的项目,有效地突出了对于更好的全球教育资源的需要。虽然这点尚待确定——但首要的是,它也是在科技上的一次令人振奋的(→)创新,其分支扩展到了超越其原始使用环境的范围。这个项目带来的结果是,发达工业国家生产商也开始探索制造简单的、功能性的、高表现性能的笔记本电脑的可能性。这些具有社会意识的设计师批判地看待世界,想象它是怎样的,并且指出了通向未来的设计道路。^{SH}

→ 设计与政治(Design and Politics),伦理学(Ethics),非盈利(Not-for-Profit)

软件
Software

"软件"这个词指的是电脑的所有非硬件组件——也就是它的操作系统、程序和游戏。它代表了运行电脑(→)硬件(也就是有形的处理器、显示器和控制器)的预设指令。软件的例子包括电脑的操作系统、程序和游戏。软件和硬件共同作用,形成一个作用单元,能让使用者用于操作电脑。^{TK}

声音设计
Sound Design

在很长一段时间内,声音被认为是设计创作和设计被人接受过程中的一个重要因素。不仅电影、电视、网页设计中的声效和乐谱中是如此,对于我们的日常生活物品、系统、品牌、服务和公共空间具有更多的意义。

多年以来,不论是设计师还是使用者几乎都是单纯从设计物品的视觉效果对其进行判断——偶尔也从触觉效果进行判断。设计的功能和稳定的质量一般受到视觉和触觉的限制,而被排除在其他感觉之外。这种倾向与视觉中心地位是一致的,特别是在西方文化中,表明了一种感官的层级意义,也就是视觉优先于内在的嗅觉、味觉和"近距离感官"——这些在内部发生作用的被认为是更基础的动物感知。

这种感官的分级对设计产生了重大的影响。虽然早在这个领域发展的早期设计师就进行着声学实验,但直到数十年之后声音才被作为设计的一个核心元素被有意识地运用。逐渐地,声音越来越被人欣赏,不仅是作为产品的某些特殊品质的重要的潜在标志,也作为指导性设计和信息设计的一个批判维度。

20 世纪 50 年代,法国出生的雷蒙德·罗维(Raymond

Loewy)(→流线设计(Streamline Design))在美国工作室设计了"冰点冰箱"(Frigidaire refrigerator)。他设计了关闭时的声音装置,会发出与凯迪拉克汽车关门声音类似的声音。他对大量的声音进行了实验,最后才达到想要的效果,所产生的声音形象转化给冰箱一种(→)奢侈轿车的意味和感觉。

汽车工业曾引领声音设计。在20世纪70年代,德国汽车制造商保时捷公司发行了一张各种"保时捷声音"的碟片,将这些独有的令人兴奋的、吸引人的声音提升为明确的品牌属性。不到20年,汽车生产商们开始将声音设计作为整个设计过程的中一个不可或缺的部分。这种改变的一个明显的例子就是一家日本品牌生产商制造了一种汽车型号,启动后从外面听起来是安静的,但坐在里面则可以通过隐藏的扩音器听到跑车的声音。今天,所有主要的汽车生产商在他们的声音设计部门都有巨大的投入,每个汽车型号都设计有自身独特的声音辨识度。每一个零件都被仔细考虑到了:从开始点火,门的闭合,发动机的旋转等——甚至到诸如转向灯的声音这样的细节。不再受机械型开关的控制,转向灯可以发出任何想要设计出的声音,原来熟悉的机械开关的声音仍然可以通过扩音器发出。

从机械生产系统到电子生产系统的转换,以及随之产生的增加了的微型化的能力意味着人与产品的感官互动不再取决于它的功能和构造。最终,对触觉和声音的设计得到了更多的关注,这些都被作为产品的暗含的和潜意识的维度。

声音设计对于在我们日常生活中使用到的界面和指示系统的设计也是非常重要的。比如,研究表明有听觉缺陷的行人比有视觉缺陷的行人在路上更易发生车祸,因为我们的听觉一般早于视觉发现危险的存在。所以,许多政府和企业现在开始提供带有声音信号的交通灯,从而改善那些视觉缺陷的行人的安全性和行动力。

设计工作室也正越来越意识到声学环境的重要性。有着糟糕的声音设计的产品充斥在我们周围:从吸尘器和吹风机发出的可怕的噪声——那种让你没法睡下去,也没法静下心来思考的噪声——到人们热情地聚到一起干杯庆祝的时候劣质酒杯发出的空洞的当当声。当然这是不可避免的,因为几乎所有东西都会发出声音:调羹的叮当声、衣服的沙沙声、水的哗哗声、塑料瓶的哐哐声、炉子的闷响、门的开关声等。我们在任何一种特殊的环境中感受到的"氛围"大多都是其中的各种声音的产物。星巴克以"欧式"咖啡文化创立之时就非常注重声音的设计——公司的风格指导甚至细化到蒸汽发出的滋滋声,陶瓷杯的碰撞声等。现在有各种普及的发声装置,如广播、电视和移动电话发出各种各样的声音。日常生活中的各种嘈杂的声音急需通过声音设计来协调。

这在(→)网页设计中尤为明显,这个领域现在已经在很大程度上意识到信息的丰富性和引导的有效性可以通过声音的应用实现。声音指令从未像现在这样得到快速而简便的组织。

在品牌形成中,声音设计也起着重要的作用。例如,早在20世纪60年代本田汽车公司就用铃铛声和其他短的音乐旋律展现他们的品牌。但是,企业常需要经过许多年才会完全意识到声音能如何影响我们的记忆以及它所具有的识别力量。在20世纪90年代中期,设计师开始与音乐专家合作开发具有识别性的品牌、企业和产品的声音 logo 及签名,从而加强他们的整体印象价值。这种实践已经发展到特殊的声音(就像用调羹敲打猫食罐头的声音)可以作为声音(→)商标,它们被给予与图像 logo 同样的合法地位。

最后,对于这个词我们必须在与声音设计相关联的电影、电视工业语境下进行讨论。自从最早的"有声电影"的出现,人们即开始意识到音乐对我们对电影的体验和解读的深刻影响,声音造成我们对图像理解的巨大变化。当然,今天的声音效应被广泛的用于媒体中,从而能有效控制我们对视觉图像的反应——比如,一辆疾驶的车辆因为有了音效而让人感觉速度更快。声音可以预告一个场景或某个人物登场,有时候声音甚至可以用于从心理上暗示一个没看见的物品、事件或人物的出现。电影声音设计已经发展到主流电影明星可能有他们个人独特的声音识别特征的程度,因为声音可以加速观看者的识别过程。

声音已经成为设计的一个关键方法,其结果是它已经在设计领域建立起自身独立且不可或缺的地位。[ME]

→ 视听设计(Audiovisual Design),汽车设计(Automobile

Design），传播设计（Broadcast Design），嗅觉设计（Olfactory Design），联觉（Synesthetic）

→ 背景设计（Set Design）

舞台设计
Stage Design

圣莫里茨设计峰会
St. Moritz Design Summit

每年一次在瑞士圣莫里茨滑雪胜地举行的这次峰会从2000年至2006年已经举行了七次，每年30位国际知名设计专家齐聚圣莫里茨峰会参加此次盛事。会议名称是对达沃斯经济峰会的讽刺暗指。没有固定的议程，没有讲座，并且最首要的是没有任何观众，设计师们花三天时间讨论设计的社会政治角色和跨文化角色，它与经济和全球化过程的正面和负面的联系，批判性介入行为的机遇等。不同文化中具体的且非常不同的设计条件尤其受到关注——这一点也反映在设计团队的组成中。参加者来自于一些欧洲国家、美国、日本、中国、南非、黎巴嫩、南美等各国。虽然会议并没有设定要达到什么目标，参与者还是要进行两次阐述性发言，作为在全球公开的"声明"。首先在（→）全球化背景下批判地审视设计这个问题；其次反对将设计当作一种含混的创意机器，号召给思考和构想留出更多的时间。此外，在一封给美国总统的公开信中，峰会要求"智能设计"的"回归"，因为在美国达尔文进化论始终处于垄断地位。圣莫里茨设计峰会得到了雷蒙德·罗维国际基金会（Raymond Loewy Foundation International）的支持。[UB]

故事板
Storyboard

故事板是电影或视频制作开发过程中的一个核心的视觉规划工具。在故事板制作过程中，每种制作背景都是事先确切规划的，利用绘图或电脑生成图像进行形象化。在质量方面，这些设计从简单的黑白图片到详细的彩色制作，把每一幕详细地再现或作为艺术部门的策划基础。

基本上，可以分出四种不同类型的故事板：

• 电影/视频故事板（顺序展现，作为导演和摄像的基础工作）

• 关键框架（一个制作中重要框架的详细图解——特别是

在制作设计语境下)

· 制作绘图(首要的是为电影场景建筑师/舞台设计师提供一个草案)

· 广告故事板/设计框架(支持向顾客传达其中的"销售"观念)

故事板的概念和技巧也用于非影院媒体产品的开发(只读CD、网页等)。现在,所谓的"前期图形化"(previz)系统被越来越多地运用,互动的动画软件程序能够使策划制作的整个顺序在电脑上模拟呈现。

→ 插图(Illustration),展示(Presentation),形象化(Visualization),时间基础设计(Time-based Design)

策略设计
Strategic Design

"策略"这个词本来用于军事语境中,指的是赢得一场战争的艺术,现在已经变成任何长期方针、工具或旨在完成一件竞争性任务的计划的代名词。因此,这个词现在广泛被用于各种领域中,如政治、经济和管理。近来,许多人都指出了"策略设计"在内部和外部集中管理方法语境下的重要性。

由于"策略"这个词含有一个竞争性主体的存在这样的意思,所以它在诸如设计师、消费者和竞争对手看来其意图是提升公司表现和效率。为了达到这个目标,策略设计的实施建立在从内部和外部引导的商业实践的基础上。内部导向的策略主要集中在提高组织间相互交流、互相了解和理解的能力上。而另一方面,外部导向策略常是市场驱动的,推动的是一个稳定的品牌形象,并给予企业竞争优势。自然地,内部和外部导向的设计策略是密切相关的,并且在取得成功方面总是互为依赖的。

与设计相关的商业目标几乎总是强调创意是企业成功的一个基础因素。并没有哪一个策略被证明能够保证成功的设计。设计过程是一个非常具有启发性的过程,因此很难直接表述或者说很难能够说清。所以,策略设计不是一套行动过程,而是以广泛的、长期的、常常在不断调整和修正的设计活动为特征的,从而能更好地达到商业目的。在这方面,策略设计也与(→)设计管理有所不同,设计管理将日常监督优先于与设计相关的操作。

有很多理论将设计的不同作用与管理实践联系起来。由加里·哈默尔(Gary Hamel)和C. K. 普拉哈拉德(C. K. Prahalad)总结的"核心能力管理(Core competence management)"使策略管理成为一门特殊的专业。核心能力可以是任何一个独特或很难被模仿的过程、技能、态度或方法,为消费者提供福利,并且可以用到不同的市场中。好好利用核心能力可以使任何一个企业将自身与其他企业加以区分，并且保持它本身的竞争优势。一个相关的管理策略，"知识管理"就是由各种以有效方式利用身份识别、组织、分配和知识应用的实践构成。野中郁次郎（Ikujiro Nonaka）认为，知识分为隐性知识和显性知识两个类别。隐性知识常常是通过个人经历习得的，因此很难用语言表达，而显性知识常常是以某种形式规范的，因此易于传达。有效的管理策略综合、转化并扩展知识的这两种形式，从而在组织中对它们进行应用。

在两种核心能力和知识管理的理论中，设计在策略图形化和信息编码中起了关键作用。核心能力和隐性知识当然常常是潜意识的，因此很难识别。同时，核心能力和隐性知识也与设计过程相关，对于在以创意为主要目标的过程中的认识、传达和理解特别重要。

当然，设计策略也必须考虑市场的要求和特点，才能到达商业目的，特别是有关企业成长的策略。由伊戈尔·安索夫（H. igor）提出的安索夫（Ansoff）矩阵，旨在为未来成长提供一种具有策略性框架的企业管理模式。矩阵为经理人展现了四个主要的选择：市场渗透、市场开发、产品开发和多样化。渗透策略将市场已有产品纳入已有市场；市场开发策略将市场已有产品纳入新的市场；新的产品开发策略是将市场新产品纳入已有市场；而多样化策略则是将新的产品投放到新的市场中。每种策略都涉及不同程度的风险，所以要用不同的设计实践达到增长的目标。比如，渗透策略很有可能专注于适当的产品造型和广告，而产品开发策略则要求有完全新的或更新后的产品。

另一位策略理论家，迈克尔·波特（Michael Porter）在他的竞争策略理论中提出了"五分力模型"。结合由哈佛商学院研发而来的 SWOT 分析矩阵（在横轴上的是优势和弱点，在纵轴上的是机遇和威胁），这种模型的分析方法广受寻求优势的企业的欢迎。波特识别了五种决定企业竞争状态的力量：对手的竞争、供应商力量、购买者的力量、替代商品的威胁和新生力量的威胁。对五种力量的分析使分析者能预测在特定市场中成功与否。波特也展现了在这个分析模型基础上的三种策略：成本领先、差异性和集中性。在设计的作用方面，"成本领先"策略要求有很高成本效益的产品设计；在"差异性"战略之下，人们期望设计能够帮助增加产品的独特价值；在"集中性"战略下，企业为一小部分使用者提供了最优化的设计。

正如以上例子所示，策略设计几乎总是具有某种达到竞争优势，增加利润的最终商业目标。然而，这种需求并不总是如此，比如，策略设计可以发生在企业实体之外，发生在涉及仔细的、自我反思的和长期的设计规划的任何设计过程中。策略设计因此不只是优化管理者和设计者之间的关系，也可能设计者就是管理者或管理者就是设计者。

某种程度上说，所有设计本身都是具有策略性的，所有策略本身就是被设计出来的。而将这些类型的设计活动明确称为"策略"是很有用的，因为它强调了在设计过程中长期规划的重要性。同样对于那些被默认为典型设计过程中的一部分的其他设计考虑来说也是如此：比如多数设计师一般都尽力想要用最少的资源取得最大的效果，并且在方案设计的每一步都考虑到最广泛的使用人群。这些在设计过程中并不是新的想法，而是已经经历了数个世纪的实践。但是，随着环境问题和发达国家中存在多年的社会老龄化问题越来越成为公众的关注点，"可持续设计"（→可持续性（Sustainability））和（→）"通用设计"这些概念被提出，并且将这些设计过程中隐含的内在方面进行理论提炼和改善。在策略设计中也是如此。

随着网络社会逐渐成熟，产生了广泛价值观，这些价值观超出了传统的企业"在市场竞争中生存和获利"的目标，有越来越多的策略设计层次要求更广泛的理解框架。我们现在需要的是将社会的可持续发展和更广范围的关系纳入考虑的一种策略，这种更广范围的关系超出了传统企业追求共存的目标。[MI]

→ 品牌打造（Branding），企业形象（Corporate Identity），设计规划（Design Planning），设计与政治（Design and Politics），产品开发（Product Development）

流线设计
Streamline Design

"流线"这个词从科学角度讲指在放入一个外部媒介（通常是空气或水）中运动时受到很少阻力或"拽"力的形体。在设计语境中，流线设计指的是一场重要的风格造型运动，并且更普遍地被称为空气动力形式。

流线形式的一个量化测量指标是"流气拉力系数（drag coefficient）"也被称为 c_d 值。c_d 值越低，形体流线形越高。c_d 值以前是用风管中的空气动力实验进行测量的，这种实验可以非常直观地观察在外部媒介中气流的"线条"。今天，现代技术使之有可能使用电脑模拟得到这些信息。

流线设计借用了这种研究的名称，也是 20 世纪设计历史中最重要的风格造型运动之一。20 世纪 30 年代到 40 年代发展到顶峰。由于流线形体到了今天仍然是一种非常有影响力的设计模式，"流线设计"可以更广泛地被用来指设计为流线形的物品。

（→）空气动力学的基础定律和液体的运动方式在 20 世纪早期的几十年中就已得到探索。在设计中，这种研究首先应用于汽车、飞机、轮船的制造中。将阻力最小化不仅可以减少燃油的损耗也可以使这些交通工具速度更快。最早的进行低阻力设计尝试之一的是皮尔·波纳尔（Pierre Bonnard）设计的一个形态作品（1895）。在接下来几十年中著名的流线形体设计的例子包括雪茄烟形状的火车头、德国建造的 03.10 系列和 05 系列（German construction series 03.10 and 05）、由爱德穆德·朗普勒（Edmund Rumpler）设计并为之贴切地命名的"泪珠车"（Tropfenauto），这些都是早期最著名的流线形体设计的例子。泪珠车的减阻装置是基于泪珠形状是最流线形态的认知，事实上这个设计具有非常突出的 0.28 的风阻系数。在它的激发下，汽车行业的流线减阻装置变得更为出色，正如费迪南·保时捷（Ferdinand Porsche）的大众甲壳虫（VW Bug,1938）所展现的那样。

对于 20 世纪 20 年代的许多设计师和建筑师而言，受到流线形体设计激发的速度、进步和移动性意味着"真正地从我们一直被束缚的限制中解放"（柯布西耶 1927，弗雷德里克·埃切尔斯（Frederick Etchells）译）。到了 20 世纪 20 年代，对流线设计的热情使它真正建立，与包豪斯的严格方正的理念并存。流线设计很快被汽车工业以外的领域运用，它的影响很快体现在所有物品的设计中，从屋顶平台的设计到建筑立面、钢管家具的设计。

这场风格造型运动于 20 世纪 30 年代在美国真正有了突破，从一种先锋美学成为一种大众现象。在 1932 年开始的价格规范中，作为抗击经融萧条的一项措施，一件产品的"卖相"和广告效力成为决定它在经济上成功与否的关键因素。另一方面，设计师开始更多地关注表面美学,用具有魅力的设计创作日常物品。最初倡导对设计的这种新的理解的是著名的"四巨头"倡导者——雷蒙德 · 罗维（Raymond Loewy）、亨利 · 德雷夫斯（Henry Dreyfuss）、沃尔特 · 多文 · 蒂格（Walter Dorwin Teague）、诺曼·贝尔·格迪斯（Norman Bel Geddes）。在罗维"精益求精"的理念之下,这些设计师不仅利用流线形体设计改善工业产品的人体工学质量,也通过刺激的新形式激发消费,吸引新的市场（例如女性消费者）。

　　在金属和木材料制造技术方面的（→）创新,使之能够更简单地制造三维形式。这场运动与技术进步变得有关,并且成为未来主义设计美学（同样得到了大众的关注）的一个缩影。就像 20 世纪三四十年代的哈里·厄尔（Harley Earl）和克莱斯勒汽车模型一样,流线设计最初被用于美国的汽车设计,很快进一步给家用设施产品（如 1932 年雷蒙德·罗维设计的"冰点冰箱"）的设计带来了影响。最终这种美学成为美国式生活的标志,如颜色多样的外观、铬合金材料的使用,弯曲的形式和跳动的字母等。由于在战后美国对欧洲消费行为的影响,将流线设计带到了欧洲,20 世纪 50 年代它成为早期全球性的设计潮流中的一种。

　　除了这场运动在全球范围的流行,对流线设计的批评同样存在（包括纽约当代艺术博物馆的小埃德加·考夫曼（Edgar Kaufmann Jr.））。特别是它被批判为一种表面形式的美学,常常被认为是"造型"的同义词,也就是用吸引人的外表促进销售。到了 20 世纪 50 年代末,它很大程度上变成了一种单纯的审美态度,有时候甚至带来荒诞的结果。20 世纪 60 年代,随着新的塑料和有机设计的出现,这场运动的重要性衰退了——虽然它在诸如卢吉·科拉尼（Luigi Colani）和奥利维尔·穆尔固（Olivier Mourgue）等设计师的作品中仍然有显著的影响。

　　自 20 世纪 90 年代开始,流线形式设计再次流行起来。一方面,这是流线设计作为复古设计的一部分的复兴,另一方面,也是在空气动力学上新的科学发现的结果。特别是仿生学在自然形体上发现的新的流线形式和表皮,以及电脑模拟技术的的突破性发展也极大地简化了流体表现的分析。今天的例子中,如克里斯·班格尔（Chris Bangle）对宝马系列车型的（→）再设计以及运动鞋的设计,充分显示了流线设计仍然能够用于吸引那些追求速度和移动性的买家。减少空气阻力在减少燃油消耗方面的重要作用保证了流线形式在设计中将仍将非常重要,并且将被继续改善,特别是在跑车和飞机的设计中。[MKR]

→ 新装饰主义(Art Deco),汽车设计(Automobile Design)

风格
Style

风格是一个很奇怪的看似高贵的词:不论是你有还是没有。与礼貌相比,礼貌可以或能够习得,而风格则是与生俱来的。然而在 19 世纪末的欧洲,这种情况发生了改变,当时花哨的男子风反叛已有的新兴资产阶级彼得麦式的风格(某种程度上试图模仿贵族式的风度,虽然与其兴趣相悖,却事实上获得了他们自己的彼得麦式的风格),用完全相反的姿态极大地冲击了彼得麦风格。他们这样做,并且清醒地意识到他们所展现的风格是刻意的,不仅对其他风格有所借鉴,也做了变形。

最后,他们发展出了如何穿着的必备装束,开始再次穿起燕尾服,以男士风格装扮,并且在"造型"中寻求感觉、尊重、抗议和身份认同。这当然会要求风格的自信——也就是说,体现已确立的规则。

德国作家和理论家歌德在他的文章《自然的单纯模仿,作风和风格》("Einfache Nachahmung der Natur, Manier, Stil")中表达了非常不同的观点:他认为风格是高贵的,作风只不过是能抓住整个外形的能力,超越了简单的对细节的模仿,并比较描绘它。相反,在他看来,风格是见地的表达,超越了任何感官的感知,变成物体的本质特征并成为它们设计的特征。

很奇怪的是,在这些理念的指引下,在设计中(众所周知在德国设计中),风格作为一个类别和形式常常被忽略,而被简化为"造型"——也就是仅仅装饰性和具体性的东西。在设计中,该严肃讨论风格的时代已经到来。[BL]

→ 美学(Aesthetics),美(Beauty)

造型
Styling

到 20 世纪中期,美国产品设计在理论和实践上均与欧洲的产品设计有着巨大的差异。欧洲人(特别是二战后)正遭遇工业产品的短缺,美国人却享受着丰富的产品。美国国内市场的逐渐过于饱和的趋势和企业间的竞争压力使设计与广告一起成为一个重要的销售因素。以较短的周期改变产品外形可以稳定甚至增加销售额。这使许多美国设计师将他们的设计目标完全锁定在物品的外壳上。

"造型"这个词正是指对设计学科的这种形式的运用。它表达了纯粹的产品设计的表面审美,显示了设计远离技术和(→)人体工程学的考虑。

这导致有些时候产品外表与功能之间的巨大鸿沟,以及形式的任意性。造型通常利用其他领域中已有的风格和形式元素,而没有用自己的本质形式语言进行物品的开发,或没有在功能或制造中优化产品。一个典型的例子就是 20 世纪 50 年代的"梦想汽车"。许许多多的汽车型号与前代的型号几乎或完全没有差异,不论是功能上还是技术上。但又每年披上新的金属外壳,因为形式和产品外壳的变化被认为会刺激消费者的兴趣。其目标在于将产品置于一个时尚的环境下,让他们尽可能快地看起来过时,提升人们对新的形体的渴望,用这种方式促进产品消费。

雷蒙德·罗维(1893—1986)的流线形式设计作为美国造型的一个标志,尤其是在 20 世纪 50 年代(→流线设计(Streamline Design)),象征着动感、进步和自由的形式。因为它的空气动力学性质,它起初被应用于飞机建造上,后来又被转化到其他机动物品上(汽车和火车头),以及家居物品和办公设备(如吐司机或卷笔刀)上,强调速度和现代性。造型在这个时期十分成功地完成了它的职责。通过装饰性外壳和外表的造型刺激了消费。

直到 20 世纪 60 年代,产品外形美学遭到了极大的批判,因为这种设计将其焦点完全放在企业利润和外表的噱头(→噱头(Gimmick))上而忽略了它的社会文化责任。这使得造型意义从曾经的正面词语变成只是简单的形式主义的负面词语。[MKU]

→ 美学(Aesthetics),涂层(Coating),再设计(Redesign),风格(Style)

可持续性
Sustainability

可持续性是还原系统所采取的一种措施,是系统(和它所有的组件)受到破坏后自我修复的能力。

在过去的 30 年中,人们已经越来越意识到,现代建筑环境的设计以及它所支持和发展出的(→)生活方式从根本上表现出一种不可持续性。这些环境的建造和运行以一种超越自然系统创造资源的速度,消耗着这些自然资源,特别是这些自然系统同时又被一系列污染物所破坏。现代社会背后的设计并没有能够传递正在倡导的"有效、长期、灵活地利用资源"的理念,这使得有些人认为,"可持续设计"(如果不是一种矛盾修辞法),并不能有效解决可持续问题。

对可持续性的定义最常引用的是 1987 年在布兰特兰 (Bruntland) 的报告《我们共同的未来》(*Our Common Future*) 中提出的：既满足当代人的需要，而又不损害后代人满足其需求的能力。这种国际公平构想并不具有可实践性，因为它没有进一步提出关于什么是当代人的需求，什么是后代人的需求，什么是"损害"的实质。

对于可持续性涵义的最佳解读可以在近代的生态学范畴内找到。这个词可以在 19 世纪中叶由达尔文主义的拥护者和推广者恩斯特·冯·赫克尔 (Ernst von Haeckel) 的著作中找到痕迹。他将这个术语用于表达物种的"适应性"和它们的栖息地。赫克尔认为所有的生物特别是生态位之间是相互依存的，如果一种生物发生改变，在那个环境中所有的生物都会迫于进化压力作出相应的改变。

在那个时候，自然被认为处于一种内部和谐平衡的状态。现代生态学则认为野生领域不总是保持不变的，而是随着迁出和迁入生物的变化带来不断变化的环境，物种的数量发生着剧烈的增加或减少。在圈起来的国家公园里，不会有迁入的生物，相互依存的物种之间的平衡只能通过偶尔的人类活动，如捕猎，得以维持。

在这种情境下，一个物种的可持续性指的是它在所处环境发生改变时以及处于这个环境中的其他物种发生改变时所具备的恢复能力。换句话说，可持续性是一个系统具备的能力，不论这个系统是一个特殊的物种，或是一整个生态系统的一部分，可以在它赖以生存的不断变化的环境中进行繁衍。非常重要的一点是，一个系统的可持续性不只是它的维持不变的能力，而是它的兴盛的能力，包括改变的能力，比如迁徙或者随着时间在 (→) 形式和 (→) 功能上的进化。它也意味着没有最终状态的可持续性，只有一个又一个动态平衡的瞬间。

人类文明很长时间以来通过过度消耗资源破坏了自然系统，自然系统的还原能力无法负荷：比如，过度伐木。人类也很早意识到破坏某个物种的可持续性可能导致另外物种被破坏，甚至是整个生态系统被破坏。比如，捕猎者给他们的猎物种群数量带来的破坏性的影响。

现代文明已经在以一种不明显的方式破坏生态。一般认为当代生态政治学始于瑞切尔·卡森(Rachel Carson)的《寂静的春天》(*Silent Spring*)一书的出版。卡森在森林中散步时发现听不见鸟叫声,他发现了农药在生物体内蓄积的方式,也就是农药在生态食物链过程中积累起来。这引起了人们的关注,人们发现物种不仅会通过直接的开发失去它们的再生能力,也会通过生物之间相互作用过程中微小的污染使物种失去再生能力。

在生物学家和积极环保分子卡森之后,生态可持续性开始关注保护自然生态系统不遭受超出其修复能力的破坏这一方面。哲学领域中的"环境伦理学"(→伦理学(Ethics))存在着许多争议:以人类为中心的讨论强调人类对自然生态系统的依赖(比如,亚马逊雨林作为"地球的肺",同时也拥有丰富的癌症治疗药物的资源);而以生物为中心的讨论则强调非人类物种的内在价值。

20世纪90年代的生态可持续基本关注的是将对生态的质的影响最小化。有些污染物即使是极小的量也可能破坏生态,如重金属、制造酸雨的废气、永久含氯化合物等。生产商们大多因为强制性的法规,进行"无污染生产"或尽量减少禁用的化学品。

到了20世纪90年代末,可持续生产的范围扩展到考虑对生态的量的影响。那些本身毒性较小的污染物如果大量排放也会具有破坏性,比如二氧化碳("温室气体")对全球气候的影响。生产商尝试通过"生态效率"的新方案减少这些污染物的排放。由于其"双赢"实质,这常常是自愿实施的。因为提高了工业效率,所以投入的资源更少,产出的废物更少,节约了商业持续成本,同时也"节约了环境"。在生态效率改良上的投资可以用"回报"周期判断,也就是在改良成本被当前成本(on-going cost)弥补到商业运作成本中之前需要多长时间。不幸的是大多在20世纪90年代末通过无污染生产达到的对生态影响的减少都被"反弹效应"所破坏。这是因为新方案所提出的成本节约在净生产/消费中再次被投资。比如,如果一个公司没有被政府环保部门因污染罚款而节约了资金,它就有了更多的现金扩展它的运营。反弹效应同样适用于国内消费。如果一个家庭买了更高效的空调,家庭可以减少电费开支,但是节省下来的钱在一段时间内可能会用于房屋扩建,建造一个可以容纳更多家具并且需要更多空调制造出冷气的空间。

在认识到"单个产品"效率可以被增加的生产和消费的商品量抵消后,对于目前的可持续性研究和政策的关注也包含可持续消费。这不仅告诉消费者提供的产品对生态的质的影响以鼓励他们进行"绿色购买",也说服消费者消费更少——适度更甚于高效。

生态设计指的是设计师对促进高效的生态无污染生产进行的设计,在 20 世纪 90 年代开发了许多指南帮助拓展设计产品和环境时将生态影响纳入考虑。"为了环境的设计"被给予了与其他"为了……的设计"(也就是成本最小化、生产简单化、耐久性、易用性、畅销程度等)同样的重视。不幸的是,许多这样的指南无法简单地融入设计师的创作过程中,也没有给出如何处理与这些"为了……的设计"之间的冲突的指导。

还有一些更复杂的指南,如生命周期评价(Life Cycle Assessments),目的在于帮助设计师选择对生态影响更小的材料或操作设计。这些决策工具常具有这些目的:首先确认某一产品在其生命周期过程中对生态的影响,从原材料到生产过程到使用直至丢弃;其次,将不同类型的生态影响进行比较,例如比较臭氧层的破坏、地下水耗竭、濒危动物栖息地破坏。量化所有影响的目标,每个都从不可持续性方面进行评定,给出数据,可以用于计算最可持续的设计选择。生命周期评价指南的一个关键因素是"功能单元"。比较一个 1 升玻璃奶瓶和一个 1 升牛奶包装纸盒,需要考虑到玻璃奶瓶清洗后可以重新使用,所以生命周期评价的功能单元可能需要用 100 升牛奶的包装进行比较。要考虑到将布尿片与一次性尿片比较,一次性尿片可能使宝宝的屁屁保持更长时间的干燥,更换频率更低。因此生命周期评估功能单元需要评价 24 小时内尿片的价值。

生命周期评估被证实是有问题的可持续设计决策工具。这种评估很费时间,并且作这种评估的全面代价也十分高昂。除了寻找可持续性的客观测评以外,总是要依赖于有争议的决策,尤其是对显著的几种类型的生态影响的权衡以及对这些影响的界限的判断。比如,在开往偏远地区的矿船上消耗的交通能源会被计入这些矿藏所铸的最终商品的内含能源。同样道理,食品的能量中也包含工人的消耗。关于生命周期评估所存在的最终问题是所预期的与平均使用寿命相关的生态影响。通常使用是产品寿命中影响最大的环节之一,不管是一片吐司还是一栋建筑;但使用环节同时也是一件商品的生态价值最易发生差异的阶段,取决于使用者是否或能否做到小心地或者随兴地使用。

考虑到这些复杂因素,计算整个系统的生态影响的各种新的尝试随之产生,比如那些与城市、生态区域或国家相关的尝试,而不是归咎于这种或那种产品甚至是行业。结合前面的讨论,这些只是生态的量的影响的测算,他们认为一个好的关于现代社会可持续性的标志是它可以维持满足一群人的生存需要所纳入的物质的量。最为人熟知的是"生态足迹"(ecological footprint),它将在一段时间内消耗的商品的量转化为通常生产这些产品所需的土地面积。总的来说,如果世界上所有人都像在发达城市中心大多数人那样生活,那么所需的土地将是3~7个地球。一个更为详细的计算来自于材料流动分析,计算了在一定时间内一个地方总的材料蕴藏量和消耗量。

一种已被证实对设计十分有用的相关测算方法是单位服务材料消耗量(Materials Intensity per unit Service),也被称为"生态帆布包"(ecological rucksacks)。后者由十倍数俱乐部(Factor 10 Club)开发,这是一个由可持续研究者和政策制定者组成的组织,他们认为一个更可持续的未来的好的目标是让发达国家以现在需求消耗材料量的百分之十供应现在的生活方式。这个数据并不是建立在任何关于地球生态系统承载能力的测量之上的,而是基于全球公平,因为当今世界五分之一的人口(发达国家)消耗着全球五分之四的资源。这个目标不可能通过轻质材料包装或高效型能源技术突破,并在没有任何反弹效应的前提下马上达到。因此十倍数目标最有效的实现方式是使用更少的日用品(足够),使用的时间更长,从使用中得到更多服务(增加服务强度),花更多时间在不需要那么多物质的活动上(也被称为去物质化)。

在过去几十年中,承诺发展更可持续的未来的设计师们表现出的与十倍数俱乐部相似的探索,可以作为引导复杂的生态周期评估的一种方法。比如设计师艾佐·曼奇尼(Ezio Manzini)提出的产品生命跨度类型：对于那些与其消费者有着很强象征联系的产品，或者那些几乎不受科技创新影响的产品，适合生命周期长的设计；对于大多数不断变化的时尚或常常更新的技术影响的产品，应该将产品做得可被拆解，可以修理，可以更新，或组件和材料可回收；对于所有使用寿命短的产品而言，首先应该考虑用单一材料或可降解材料制作产品。对于这种为了可持续性而进行的设计而言，至关重要的一点是不要弄混材料和产品的使用寿命，比如，在一次性产品中使用不可降解塑料，或在长久使用的外壳中用易磨损和毁坏的材料。

曼奇尼对于中等使用寿命的产品所规定的策略现在正在被写入"生产者责任延伸制度"。这些欧盟发起的行动迫使或者说服生产商在产品到达使用寿命时间后将产品从消费者手中回收。于是，生产商在设计产品时开始考虑到回收后的预期，怎样使产品的组件和材料更易拆解并重新使用。

从目前资本经济普遍存在的直线型本质到生产商回收产品行为的"闭环型"本质代表了的一个根本的转变（值得注意的是在中国目前发起的可持续发展被称为"循环经济"）。比如，最简单的保证产品回到生产商手中的方式之一是在一开始就不将产品的所有权转移到消费者身上，而是出租产品。通过出售产品的使用权而不是产品本身，贸易可以影响产品的使用阶段，可持续生产和消费的策略就能纳入其中。通过保有产品的所有权，将刺激贸易投资在更高效、更长久、更简单耐用且部分可回收的产品上。传统的产品销售公司关注可持续性正遭受着"矛盾刺激"之苦——需要销售更多商品获利，但又要为可持续销售更少商品——"功能销售"公司将环境代价内化，从更可持续的销售中获利。尽管人们对家庭用品的所有权予以关注（比如家庭从受盈利驱动的公司购置他们的电器），这些可以极大地减少社会材料消耗的"产品-服务系统"看起来似乎包含着更多商机。但是这与现在的"三基线"操作模式有着很大的不同，"三基线"操作中企业需要努力达到经济的、生态的、社会的可持续性目标（社会可持续性从这个意义上说指的是投资于加强人们的适应能力，例如通过提高人们的知识和技能的方式）。

另外的非市场驱动的举措倡议向减少材料消耗的生活方式

发展,这已经在最近由曼奇尼(Ezio Manzini)主持的一系列研究项目中被认可。在发达国家和发展中国家的"创意社区",指的是由共同分享产品使用系统(如拼车)或购买对生态影响更小的商品[比如当地生产的、有机的、以及/或者公平交易(如"慢食运动")]的这些人们所组成的群体。对于曼奇尼而言,可持续设计这时成为一个项目,用来寻找人们的各种尝试:尝试创造新的主流市场没有提供的供应系统,并且重新设计这些新的系统以使其更具可持续性,更受那些没有进入这种新的系统的人们的喜爱。此外,作为(→)参与设计的促进者,需要一系列新的技能,这些技能在传统的产品导向型的可持续设计中是缺失的(→服务设计(Service Design))。

总之,乌尔里希·贝克(Ulrich Beck)曾说过生态政治是自反性现代化的一种形式。他的意思是生态威胁将人们置于一个非常矛盾的境地。生态影响,比如首先被卡森确认的毒素沉淀,如果没有技术专家的帮助是无法被发觉的——因此对现代机构如科学和工程学存在一种公众的矛盾情绪。许多生态政治是人们关于对未来掌控力的集中。可持续性与其说是科学决定未来的状态不如说是参与到塑造未来的状态中(并且不仅仅是处于被专家告知该如何选择)。因此可持续设计的目标是避免托尼·福瑞(Tony Fry)所说的20世纪设计具有"去未来化"特征,这种设计就是将可能的未来都毁掉的做法。应该进行曼奇尼所说的"错误友好型"设计,保持向其他可能的未来开放,允许被再设计的设计。[CT]

→ 环境设计(Environmental Design),材料(Materials),慢设计(Slow Design)

象征
Symbol

象征是用一件物体、设计、资产、文章或其他代表非其本身的其他东西的标志物,常常是一个抽象的概念或一套关系。

根据查尔斯·桑德尔·皮尔士(Charles Sanders Peirce)对符号学的定义,一个象征是一种与其所代表的物品没有任何联系的标志。与其他标志不同,其他标志可能看起来、听起来、闻起来、感觉起来或尝起来像它们所代表的东西,象征物则是任意的,完全根据惯例表示它们所代表的东西。因此,不像其他的标志,象征必须要在一个解读者的团体内有一种默契，才能具有意义。象征物可以是为展示目的而创造出来的标志（语言），或者是具有象征属性的已有物体（在基督教的象征意义中，百合花象征着纯洁）。

然而，在更广泛的使用中，象征与它所代表的物体或概念之间的关系不总是完全像皮尔士理论中所说的是"任意的"。事实上，标志、符号和象征这几个词常常是相互交替使用的，暗指其他物体或理念，不论是任意的还是有相似性的，比喻或联想的。比如，物体可以因为它们的材料特点而具有象征意义：蜗牛一般象征缓慢。同样，鸢尾花被用作代表百合的一种不仅是因为任意性的制定，也是因为它发挥了象形的作用，一种视觉的展现，高度的外形相似，即花瓣相似。很多用户界面采用象形象征（在这种情况下被称为符号），利用相似性或类比的方式体现设备的功能。风格也可以因为它的历史或文化联想成为象征。一张新哥特式风格的椅子可能会引发一种教堂般的感受，而（→）包豪斯风格的椅子可能会被室内设计师用作一种企业效率的象征。即使一种象征不是任意的，它的意义很大程度上也会被一个解读者团体确定。对于不同地方或不同时代的人们来说，它可以有不同的意义，或完全没有意义。

象征也可以激发出其他的象征，因此通过组成联系链展现。比如，鸢尾花的象征，被法国国王克洛维一世（Clovis I）选择以代表他洗礼后的纯洁，变成了整个法国王室的象征，并且扩展到法国以及王权的象征。同样的图像标志可以根据解读者团体的不同而具备一系列其他的象征意义。比如同样的鸢尾花，基于象征性联系可以代表守卫军，与它在历史上代表法国或王权完全不同。

设计师常使用象征作为易于理解的代表系统的基础，奥图·纽拉特（Otto Neurath）开发了一套风格自成一体的象形图识，称为同型，作为相较于规则具有任意性口头语言能更精确地表达实施的方法。表达一种理念而不是一个词的图像象征也可以被称为表意图像。许多设计师受到启发，开始开发大众能够识别的象征、符号，这些象征、符号并不依赖于解读者所在的团体，而是基于共同体验。然而，确实多数系统根本上要求对某些视觉惯例的熟悉与理解。

象征也可以用作表述一种设计建模的方法。它与符号建模的区分主要在于：符号建模利用物体或程序的共同特征展现——比例、形体等；它又有别于相似物建模，相似物建模利用相似的方面或质量展现的是物体或过程的某些特征，而象征建模完全抽象地展现了物体或过程，比如通过一系列数学方程式。[ER]

→ 企业形象（Corporate Identity），商标（Logo），商标（Trademark），句法学（Semantics），视觉传达（Visual Communication）

协力作用
Synergy

"协力作用"这个词最常用于指两个或两个以上的人或组织，通过不只是简单的单独工作相加的合作方式，凭借互为补充的技能、资源和知识从而可以取得更多成果的过程。因此，它很好地表述了设计团队（可以是设计师组成的团队或设计师和非设计师组成的团队）利用合作过程（→合作设计（Collaborative Design））想要达到的目标。

设计过程本身常被描述为是"协力合作的"，有两个原因：首先是设计过程的目标是通过团队成员的贡献达到一种协力作用；其次是设计本身试图综合（→综合（Synthesis））和优化潜在的竞争，有时那些对立的、经济的、社会的、技术的、文化的、环境现状因素，都对设计过程和结果带来影响（→学科（Discipline））。

一种相关但又不完全一致的对这个词的使用指的是某种跨市场策略，在最近几十年大受欢迎的跨市场策略，就是对这种方法的另类运用。比如，今天许多热卖电影总伴随着各种周边产品的发行，从配乐到游戏到餐具等，增加了电影盈利的因素，反之亦然。[TM]

→ 协调（Coordination），跨界（Crossover），造型设计（Gestaltung），综合（Integration），策略设计（Strategic Design）

联觉
Synesthetic

"联觉"指的是将从视觉、听觉、触觉、嗅觉和味觉五种主要感官得来的特殊印象合并的行为。既然每天这些感觉都是联系在一起的（气味和外观显示了其味觉，通过听觉可以塑造视觉），视觉艺术家、作家、音乐家和设计师已经试图找出并且设计出这种"混合"感觉的内部逻辑。发展到了一定程度后，尤其是在 19 世纪最后的十年,其变为反对工业化生产将人类各种技能和工种分门别类的一种行动。与这个时代关于经验分类的理论(如由恩斯特·马赫(Ernst Mach)和西格蒙德·弗洛伊德(Sigmund Freud)提出的)同时存在的是 19 世纪中晚期,许多艺术家致力于联觉的工作。他们设计了"多感觉"作品比如"彩色键盘""彩色交响乐"以及"视觉诗歌"。这些艺术家通过视觉和声音的印象强调触觉,或者设计出一些方法,以体验这些在他们可感知的范围内的感觉。

声波和色波已经被证实,他们在物理学上毫无共同点(除了他们都是以波的形式传播)。生理学也已经发现连带感觉症作为一种罕见的神经系统的疾病不可避免地混合了两种认知感觉,所以有一部分的病例无法避免地与某些颜色相关,或者反之亦然。从某种程度上说,牵连感觉只是大脑综合建构的一种结果。但是对于任何设计方法而言总有挑战出现,这些设计方法反映了并且有意识地设计了人类几种感觉之间的关系——因为每种产品、商标和服务都是在多感觉并存的环境中发挥作用的。比如一台吸尘器,它拥有某种外观、发出某种声音,它可以被触摸,并且经常会散发出某种气味。书不是仅仅被阅读的,也同样会发出声音,有某种味道,并且要被拿在手上。理解和设计人的感觉经验的过程更为复杂,因为需要考虑到这些设计出来的东西与人们已经建立起来的个人感觉印象中诸如渴望和害怕等之间的联系。

任何设计都需要在这个方面找到它自己的路,需要将"和谐"设计融入这个系统或者以意想不到的方式将它纳入设计。^{ME}
→ 食物设计(Food Design),嗅觉设计(Olfactory Design),声音设计(Sound Design),形象化(Visualization)

综合
Synthesis

对于许多设计师而言,综合性表达的即是(→)设计过程本身。它的原本意义是结合各种物体、想法和/或意图,从而制造一个新的复合型的整体。在(→)学科中所说的设计过程表达了设计独特的协调各种专业知识和技术的品质,从而将它们融入一个设计的物品。这种对设计的理解显示了它是一种"综合性实践"。按照黑格尔哲学,综合是一个辩证的过程而不是一个修辞的过程。黑格尔用这个词表示一个构思的过程,在这个过程中形成一个想法(主题),然后另一种想法(对立主题)否认第一个想法,然后第三个想法产生,它处于第一和第二两个对立观点之间,并超越两者。这个综合又成为一个新的主题并产生一个新的对立主题,以此类推。

设计过程正如黑格尔发展出的理论所示,尽管它常常被引向一个特定的而不是抽象的终点。唐纳德·舍恩(Donald Schon)在他对设计教学的观察中将这个过程如此表达:各种想法被提出,然后新的建议在第一个想法的激发下应运而生,综合的过程完成,一个复合型的真实动态得到了更好的理解。

比如,一个平面设计师需要考虑一些技术性问题——能够承受得起的纸张克数和打印质量、所要求的墨水编码、不同材料的打印方式。然后客户的意图也需要被考虑,因为年龄、人口及教育的特征都会涉及可能的消费者。社会文化中颜色选择的暗示和图像象征意义都需要被考虑,并通过各种行为和技术手段使用策略消解或最小化这些影响。

所以即使在一个相对简单的设计打印项目中,设计师必须能够将各种问题、关注点、渴望、理想融入一个受技术限制的整体中。随着设计师越来越多地介入复杂的情况,综合看似不可调和的不断变得复杂的各种问题,从而获得"解决"方案的能力越来越重要。事实上,从对方案最常见的负面评价"未能解决问题"中就能看到综合的重要性。综合就是解决问题的方法。™

→ 复杂性(Complexity),协调(Coordination),聚合(Convergence),造型设计(Gestaltung),整合(Integration),组织(Organization),理解(Understanding)

系统
System

系统(来源于希腊语 systema,意为各组成部分合成的整体)这个词指的是互为关联的部分组合成为一个整体,比如宇宙、有机体、政权或社会团体,甚至是认知的构建,如一个理论或哲学。整体的表现并不是它的各个组成部分的表现的综合。除了组成成分关联这个概念,系统和环境的区分已经变得越来越重要:"'它生产'(allopoietic)系统",或者说产生某些非自身的东西的系统(如生产线),是由外部因素根据它们的目标和局限性决定的。"自创生系统"产生并再产生它们自身,并自动决定它们的局限性。它们可以从外部被打断，但不能被控制，因此它们可以说是信息闭合型。生物的、思想的（心理的）和社会的（团体的）系统可以说是单独的"自创生系统"（尼克拉斯·卢曼（Niklas Luhmann））。

　　许多传统设计师对系统这个概念所带有的厌恶感是基于对控制、机制、理性等思想上联想意义的误解。然而，与技术相比，系统设计总是要处理各种制品（它生产）、有机体、意识和交流（自创生）的聚合，这些永远不能被控制、规划或设计。系统设计表达了处理未知事物的能力。[WJ]

→ 组件（Components），建构主义（Constructivism），造型设计（Gestaltung），组织（Organization），网络（Networking）

T

目标人群
Target Group

目标人群就是生产商旨在向他们宣传并销售一件产品或服务的一群人。目标人群原来被称为目标观众,这个概念产生于心理学研究和市场研究,特别是那些由保罗·拉扎斯菲尔德(Paul F. Lazarsfeld)所做的研究。拉扎斯菲尔德发现人们主要通过与其他人的互动形成对服务(如广播节目)的判断。所以与消费者的交流应该要建立在对他们的社会环境的理解之上。

于是企业开始利用市场分类,基于社会人口差异,如年龄、性别、收入进行产品的设计与销售。有些利用马斯洛的人类需求层次理论论证在西方世界中物质丰富度和安全度的增加创造了后唯物主义环境。这种发展引向了更微妙的市场分类,如在商机、生活品味和消费需求这些方面的研究。另一种发展,即生产的数字化,促进了以使用者为中心的设计和由设计引导的深入研究的产生,人类学利用(→)人物角色和(→)剧本规划对消费者生活习惯和使用者感受进行研究。受到大规模定制的驱动,对商机的关注,以及互联网 2.0 的出现,现在参与设计的方法强调消费者这一端,在生产过程的一开始就把使用者考虑进来,而不是到了最后才让他们加入。关于以使用为引导的设计潜力的研究正在利用诸如合作设计的方法进行。[SB]

→ 市场研究(Market Research),需求评估(Needs Assessment),参与设计(Participatory Design),产品(Product),产品开发(Product Development),研究(Research),使用性(Usability)

团队协作
Teamwork

→ 协作设计(Collaborative Design)

预告片花
Teaser

"预告片花"这个词用指一系列场景镜头组成的短片,用于宣传一部即将上映的电影。从长度上看,它比正式预告片更短,并且更早与观众见面,而正式预告片则在影片上映前夕才公开。在网络报道中,特别是新闻门户网站,主页常常由不同的片花图片组成,配以文字,常常以头条的形式,吸引人们点击阅读。[TK]

→ 广告（Advertisement），视听设计（Audiovisual Design），传播设计（Broadcast Design）

模板
Template

模板是任何作为指南或（→）图案样式的东西，使用其可以做出相似的东西，进一步说，可以是非生产性的系统或体系。模板对于设计师而言是非常重要的形式。它们可以被用在广泛的设计过程中，可以作为为未来的使用而设计的手段，并且不需要把产品交还给设计师即可由使用者自行进行调整。模板可以用于为文件和形式建立图像，决定电子排版和版式的风格一致性，为生产过程制造模具，或在软件开发等过程中开发源代码。™

→ 模型（Model），原型（Prototype）

测试
Testing

几乎所有的设计制品和服务都需要以这样或那样的方式进行测试。它可以判定设计表现是否按原计划和原意图进行，它也可以在最后生产和销售或执行之前发现未曾预期的结果。测试的方法根据所采用的不同设计类型和计划使用的方式有着很大的差异。设计测试从使用相对非正式的观察方法进行简单的（→）使用性评估，到使用复杂的测试技术决定人体工学、材料和机械的可行性，通过高度严密的"盲"测方法，移除所有偏见和设计师的引导，从而确定潜在的使用问题。更复杂的领域如（→）软件开发有着非常长的测试期——被称为 β 测试法——从而试图通过长时间的使用对产品进行调整。™

→ 评估（Evaluation），设计过程（Design Process），需求评估（Needs Assessment），产品开发（Product Development）

织物设计
Textile Design

织物是用自然或人工纤维织成的布料。它可以是编织的、钩织的、粘织的或结编而成的。织物可以满足各种需求，从严格的实用性到纯粹的装饰性，它们可以是特别耐

织物表面（编织、结编、粘织等）的设计的历史可以追溯到许多个世纪以前。编织的产生（可以追溯至石器时代早期，可以在粘土表面的碎片残留物上看到）与通过图案（单个图形的重复）进行装饰的渴望是同步的。

将设计应用于织物表面有多种多样的可能性，印（木刻、蚀刻、滚压、丝网印、扎染）、刺绣（包括串珠、饰片）和贴花（从纺织品到真皮），这些都是最普通的过程。编织的过程也提供设计可能性。编织有三个基本的类型：素色或条纹编织（一针上，一针下——白棉布、透明纱、帆布、塔夫绸）；斜纹布（一针或几针上，一

用长久的,也可以是特别精致脆弱的。织物设计的文化意义以及制造它们的技术可以追溯至几千年前。20 世纪和 21 世纪织物的制造和设计,以及材料的使用和它们应用的范围发生了根本性的改变。

针或几针下,阶梯状的斜纹——牛仔布、华达呢、粗花呢、丝光斜纹布);缎子(以经纱为主的织法,四针或更多针上,一针下,二至八针并针,生产出光滑的布料,并且有明暗交错的边)。每种都会由交错的纵向纱线和横向纱线产生出一种不同的表面结构。通过将这三种基本类型以及它们的衍生类型的结合和变化,可能会产生大量的结构。天鹅绒、长毛绒和毛巾布属于第三类编织类型:向上簇立。

使用不同颜色的经纱或插入彩色经纱分别产生纵向和交叉的条纹;另一种颜色的单线经纱和纬纱可以产生其他的几何图案,包括格子图案。图形图案(可以追溯至公元前 2000 年)可以通过精细加工实现:操作者使用多臂织机依据特定的系统提拉经纱。

所有纺织品生产的手工加工在过去的三个世纪都被机械化替代了。工业化开始于 18 世纪中期(最早的纺织机器珍妮纺织机于 1767 年出现,1787 年第一台机械织布机出现)。雅卡尔织布机,以其设计师约瑟夫·玛丽·雅卡尔(Joseph-Marie Jacquard)的名字命名,使之有可能用机器生产彩色的图案和各种图形的图案。

在工业时代,图案不再是织工或印花工的独有资本,而成为受过特殊训练的图案设计师的工作。仍然有为纺织品(不仅是布料织物,还有刺绣、地毯、挂毯)创作图案的艺术家,但是很长时间来,他们的名字不再为人们所知。最早的图案设计师培训中心于 19 世纪早期在里昂的丝绸工厂中建立起来。

19 世纪,人们开始讨论合适的、当代的图案形式。威廉姆·莫里斯(William Morris)(→工艺美术运动(Arts & Crafts))和克里斯托弗·德莱塞(Christopher Dresser)在他们设计的装饰性织物、挂毯和地毯中使用中世纪样式,并将旧的形式语言转译到当代形式中,将织物的二维原则纳入考虑。

在欧洲大陆,在维也纳工作坊(Wiener Werkstätte 1903)和(→)德意志制造同盟等工作室和工作坊中,他们追求总体艺术(Gesamtkunstwerk)的理念,纺织品(家居纺织品和衣料织物)被纳入其中。直到那时,艺术家(拉乌尔·杜菲(Raoul Dufy)和索尼亚·德劳内(Sonia Delaunay))或建筑师(如亨利·范·德·费尔德(Henry van de Velde)和约瑟夫·霍夫曼(Josef Hoffmann))

为图案进行设计,而魏玛(→)包豪斯学校和后来的德绍包豪斯学校培养了第一批工业纺织设计师(包括根塔·斯托兹(Gunta Stölzl)、安妮·亚伯斯(Anni Albers)、哈吉·罗斯(Hajo Rose))。包豪斯也特别用紧实的纺线(硬棉纱)和其他的合成材料(如玻璃纸)进行实验。

在包豪斯,没有为印刷纺织品所设的图案设计(印刷图案被认为是纺织的补充点缀),纺织和使用彩色纬织是两种被用于表皮设计和创造图案的方法。但是在俄国,情况有所不同,在那里,路德米拉·泊普瓦(Ludmilla Popova)等艺术家创造了特别的印刷图案(特别廉价)为大众提供政治信息以及拖拉机和飞机的形象。

20世纪30年代中期(1932—1938年),在德国的克雷菲尔德,二维纺织艺术高级技工学校建立,由约翰·伊顿担任负责人。1938年,它变成了由乔治·莫奇(Georg Muche)负责的硕士班,被克雷菲尔德纺织工程学校(现莱茵下莱茵高等专业学院(Hochschule Niederrhein))合并。在那里,就像包豪斯那样,纺织图案依据的是纺织和彩色纬织工艺,但也产生了新的有印花表面,带有荧光粉颜料的印刷织物。

到了19世纪末不仅出现了人造染料,也出现了首批人工纱线。在此之前,所有的纤维都是自然制成的,用植物(亚麻被制成亚麻布,棉花被制成面纱、细薄布和白棉布)或动物(羊毛制成哔叽、西装料、粗花呢以及更稀有昂贵的纤维,如驼毛、山羊绒、兔绒、马海毛、丝绸)制成。1889年的巴黎世博会上,人造丝吸引了人们的注意。人造丝(利用氢氧化钠从木材中提取出细胞膜质)是第一种合成织物(1884)。后来又出现了人造合成材料的各种线:尼龙(首个获得商业成功的合成聚合物(1935))、聚酯(1941)、丙烯酸(1942)、斯潘德克斯弹性纤维或称弹性纤维(1959)。合成纤维不具有与自然纤维同样的属性,比如可以吸走湿气,透气性等,但它们有自己的特征,比如不易扯破或防皱。与自然纤维相比,它们可以直接跳过繁琐的准备阶段,被认为更廉价,用途更多。

同时,编织的生产力因编织加工的进一步机械化而得到增强(用水以及后来的空气喷气工具进行纬纱纺织)。从19世纪开始对纺织品的需求以这种方式得到满足，并且也促进了服装行业的时尚轮替（→时装设计（Fashion Design），潮流（Trend））。颜色和图案每个季节都有变化，反映了人们对印刷图案织物的日益喜爱。技术准备并没有像纺织图案那么充分，但技术革新也促进了生产加工（1907 年在美国发明了丝网印，20 世纪 60 年代底圆网印花进入生产领域）。

20 世纪 40 年代伦敦的兹卡（Zika）和丽达·阿谢尔（Lida Ascher）将实验工艺与亨利·莫尔（Henry Moore）、马蒂斯（Matisse）、让·考克多（Jean Cocteau）带来的艺术设计、丝网印花设计结合到一起，生产了一系列高品质的丝绸围巾。其表面采用了精致的织法和厚涂法（pastose），并灵活地应用了色彩。

二战后，在家居纺织品上也开始流行设计师的介入。战后，纺织设计师在工艺美术学院接受训练，然后加入企业或自己开设公司，例如德国提恩斯特的图利潘（Tulipan of Tea Ernst）、芬兰的"玛丽的裙子"（Marimekko, 1951）、英格兰的露西艾尼（Lucienne）和罗宾·戴（Robin Day）、丹麦的弗里兹·汉斯（Fritz Hansen）和阿尔瓦·阿尔托（Alvar Aalto），美国的佛罗伦斯·诺尔（Florence Knoll）。德意志制造同盟在柏林用"居住工作室"（Wohnstudio）进行实验，创造当代居住新模式，对不断改变着的纺织流行趋势做出响应，因为人们不仅想在衣着上穿得时髦，也想在家具上赶上时髦。一方面，到 20 世纪 50 年代纺织设计已经主要按照有着几个世纪传统的花色图案进行创作，另一方面，它们逐渐开始引领当代艺术，创作出受到诸如保罗·克利（Paul Klee）、胡安·米罗（Joan Miró）和维克托·瓦萨雷（Victor Vasarely）等艺术家启发的以强劲线条、几何形状和梦幻设计为特点的作品。

1972 年至 1973 年的石油危机以及环境意识的普遍增强引发了一场在日常生活各方面让人有所感知的转变。人们感受到由于大规模生产导致了品质的缺失，从而带来了向工艺和个性化的重新回归。许多展览（如 1988 年巴黎"主要手法"（De main de maitre）展览）展出了纺织和相关（→）工艺的文化遗产。旧的手工技艺在这个阶段不断被使用：用手工织机生产少量纺织品；纱线用自然色彩染成；图案用自然色彩印出；漂白用传统方法进行。

英国设计师乔治娜·冯·艾滋多尔芙（Georgina von Etzdorf）用了一整年时间制作她的手工印染布匹，布匹有着丰富的色彩、抽象的图案、自然的纤维（天鹅绒、雪纺和丝绸等）。

这种传统方法的重返也带来了对纺织物在触觉和其他感觉方面的意识的增强。人们开始更喜欢自然纤维，新的构造被制造出来。在日本，皆川真纪子（Makiko Minagawa）用电脑模拟手工织物的特征。她的日本同仁新井淳一（Junichi Arai）（为三宅一生工作）曾利用结实的纱线使纺织物给人一种特别伸展的生动结构。

纺织工业的电脑化始于 20 世纪 70 年代后期，并不断被设计师开发。新的和老的图案元素被数字化，产生了新的合成图案，正像在法国设计师娜塔莉·杜·帕斯奎尔（Nathalie du Pasquier）的作品中看到的那样。绘图机的使用使之有可能将不同的图案元素和类别快速交替地应用到织物中。相比之下，美国人杰克·莱德·朗森（Jack Lenor Larsen）主要用编织的图案进行创作，并在非欧洲的主题中寻找灵感，以新的色彩创作出来。提花织机的电脑化，让这个已经在两个世纪前引发图案变革的织机，现在又使电子化的纺织成为可能。

近些年来，纺织品的应用范围有所扩大。除了传统的制衣（运动和体育服装创造性地使用了合成和功能纺织材料）以及家庭日常用品（以半透明或具有光泽度为特点，并且具有简单易处理的特点），纺织设计令人振奋的新发展在建筑领域中（充气式门厅）和医药领域中（抗菌织物和应用于心脏移植的纺织材料）也有所体现。

许多纺织设计最重要的元素无法单独通过视觉感知。许多都隐藏于某种织物的纤维中。有些可以用触觉感知，如覆膜的表面，泡沫结构与精致的天鹅绒交织或镀层的使用。有些特征只有在穿着衣物时才会得到感受：保护人们不受冷或热的伤害；防雨和防风并且透气；防紫外线；阻止汗臭的同时又能散发香味（膨胀纤维的小分子）。即使将这些方面纳入考虑，纺织设计还必须同时继续满足人们对它的审美期望。KT

→ 时装设计（Fashion Design），触觉学（Haptics），材料（Materials），肌理（Texture）

肌理
Texture

在拉丁语中与 texere(编织)相关的名词有 textus, textura 和 textum(纺织品、网状、环境、结构、装扮、风格),很早就被应用于书面语和口语中。肌理被认为是设计的基础元素,就像(→)形式和颜色。没有一个表面是不具有肌理的,即使它是一个平滑如玻璃的表面。在设计中,一方面肌理被用作一种直接的、有形的(三维)或可见的(二维)表面,另一方面,从类比角度看,它是一个风格表达或者说是符号、写作、图像或行动的句法链。如果一个人遵循结构主义者对文本性的理解,世界的整个表面可以被解读为一个符号的网络。

关于肌理是深层结构和隐藏真相的展现还是简单的感官感知的现象问题,这是所有被设计出来的表面所呈现的问题。在设计史上的许多现代讨论(从森帕穿衣理论到材料的合适度和装饰的禁用)都是从这个方面进行的。随着后现代主义的出现,产品表面的设计(也被称为造型),成为产品设计中的重要因素,吸引了特定(→)目标人群中的各种人,并展现了时代的灵魂。肌理承担着与它们所在的物体同样的传达功能,改版的服装、手表、手机、网球鞋、家具等一旦其表面发生改变,可能会被理解为完全不同的功能,即使它们的根本形式仍然维持不变。外壳与核心的两分法到了 21 世纪仍然持续着,虽然可能不那么明显地体现道德上关于真相的要求,但是其核心正变得日益去物质化,而外壳日益独立。新开发的纺织品担负起技术界面的功能,触觉表现可以进行交流或提供"强制反馈",阻力被理解为一种材料属性。相反,在电子世界(如谷歌地球)和虚拟游戏现实中,其焦点是肌理的魔术功能。为了模拟 CAD 模型(→计算机辅助设计(CAD/CAM/CIM/CNC))中的材料质感,材料表面——被称为肌理图案——从已有的肌理库中(很像 19 世纪的图案书)供设计师和建筑师放到渲染模块上。不论是否有形,肌理提供了对感知的刺激并且仍旧——以不同程度的语义透明度(或者智力)——保持人和事物的交流互动。[RM]

→ 涂层(Coating),触觉学(Haptics),材料(Materials),装饰(Ornament),纺织设计(Textile Design)

理论
Theory

设计既作为实践存在,也作为对理论的反映存在。结果则会引发一些问题:设计实践是否以何种方式依赖、反映并且发展了理论?设计师所参与的各种对理论的反映形式和模式,极大地体现了理论在各个方面对于设计的极端重要性。认识到这种多样性和相关的条件,设计过程这个不断将实践和理论以新的方式进行联系的过程为设计师展现了持续的挑战。本篇试图将这种多样性扩大,在审视不同的因素和借鉴一批案例的基础上扩展设计的可能性。

从现象学角度,我们惊奇地发现设计师为了不同的原因和各种目标,发展并引用了那么多不同种类的且互相对立的理论形式和反映模式。设计中一些可以独立或共同发生作用的理论的代表性功能包括:

• 理论作为反思:设计不断遇到一些对其自身行为、结果和过程进行反思的关键点,从而在各种设计可能性之间做出决定,定位自己的理念,分析设计过程中具体的问题,以及在其他的设计角度、态度等语境下找到个人行为的定位。

• 理论作为情境化:设计不是孤立发生的,而是指有关设计的各种社会的、文化的、知识的方面,涉及媒介的可能性及某个自身行动领域的历史和现实状态。这种情境化为设计提供了一个很好的实施依据指引以及找到它在一个系统内的路径,建立起自己的特征。

• 理论作为推广:在设计的语境下发展出一种态度和观点,很重要的是将其概括为不是某个特定问题或某种解决办法,而是成为设计过程和情境中的参考和引导的框架。

• 理论作为合理性判断:在设计过程中的理论性反思和关键结果、决策和机遇的有说服力的展现是人们对自己工作方法的考虑和辩护的重要预设——特别是对来自各方面的关于设计主张的问题、建议和冲突的回应。

• 理论作为批判:对自己的以及他人的设计实践进行的反思性和分析性研究判断将带来对自己(及他人)观点的批判。批判性的讨论和分析对于形成设计观点是极为重要的:它是什么;什么是被认为理所当然的;可能是什么;该发展什么等。

• 理论作为(→)评估:设计过程可以涵盖对策略、问题、观点和解决方案的评估和评价。理论与这个过程相关,因为它们可以解释或批判这些评价,具体问题具体分析,或者可以质疑它们,也可以做出判断或挑战它们,支持其正确性或发现其问题所在。

不同理论的目标会因它们的发展阶段而有所不同。很重要的是理解一种思考方式或观点是否被明确地归为一个理论;是否某个理论宣称的科学性常常在做出设计判断时起关键作用。在设计理论和实践方面由于某些原因,关于什么应该或不该被理解为"科学"总是具有争议性。

- 基于科学的设计理论可以通过选择思考方式为它的科学性辩护，这种思考方式明确地形成它的前提和核心立场。由于存在着先验证明组成的争议，所以很重要的是反思自我的定位以及考虑"对科学的普遍理解"这句话背后的假设。

- 观察、感受、行动的体验使我们可以发展我们自身的（日常）法则进行描绘、解释并将重要的日常现象和事件与它们的情境相联系。这些"日常的理论"可以从个人体验或集体的传统形成。但是从"日常理论"到类型学的转变，过度概括、偏见和信仰都是易变和不确定的。

- 由社会学家的所知发展而来的对理论的不确切理解，认为"日常理论"不像科学理论，并不是确切地构想和形成的，而是从相应的体验中形成并在特定的条件和情境下进行调整、表现、更新和改良。

- 基于实践的理论主要不是关于解释和证实（"知道为什么"），而是关于事实的建立（"知道是什么"）和对行动的指导（"知道如何"）。最后，实践的理论主要聚焦于行动和效果而不是反思。其目标是支持、伴随日常行动和事件，将其标准化并产生和传达实践信息。

- 实践者理论向理论家本身提出问题。理论家的角色不局限于以科学为基础的研究，任何主动的主体都有这种能力，包括设计师——比如，用（→）草图、（→）原型和方案进行设计，对其进行反思，使其变得明确，并对其进行传达。设计师创作的用视觉的、语言的、文字的、媒介为基础的表述，可以被认为并作为一种自发地在设计中发展理论的形式。

- "似乎"理论与那些频繁以玩味的、颠覆性的方式处理常识（科学）理论的设计师高度相关，他们重新解读、重新评价、改变并转换这些常识预期理论。

理论之于实践的关系应在对理论与实践进行区分的基础上进行考虑。一些知识型社会学家认为在这个语境下的基础关注点更确切地表达了理论与实践转化之间的可能的关系和机制，而其他一些人则有这样的立场，即理论与实践的区别必须用以下论据进行质疑。

- 语言和观察所依存的理论：许多理论都已指明所有的语

言表达,在某些环境下的所有的观察已经与理论前提和概括性理念相关联,并以明确的或隐含的方式对抽象的想法和理想化类型学(→观察研究法(Observational Research))进行假设。确切地说,这意味着任何立场总是依赖于理论并隐含地表达一种理论观点。

- 实践作为一种反映形式,可以形象地反映设计,可以用媒介进行测试,通过人工制品进行设计传达和讨论,这些看似都是正确的。这使之很难清晰地区分设计理论和设计实践,因为这种区分没有将设计中的行为和反映最重要的、不可缺少的本质纳入考虑。

- 社会学知识:某些社会学家指出没有哪种客观性的约束和无瑕疵的方法可以做出关于理论的正确性和有效性的结论判断。正是这些科学团体的研究者和实践者在一个特定的时间以他们某些行动决定一项理论的有效性和相关性、其意义和分量,对其进行恰当的实践应用和转化。他们在某个设计过程和情境下决定他们想要参考的理论以及进行方式。

- 历史性和开放性:设计过程中至关重要的是认真考虑理论发展的历史性和暂时性的方面。理论观点可以在某个时间被涉及其中的人们普遍认为是有问题的、被驳斥的,但在另一个时间点则作为创新的观点重新进入人们的视野,并对质疑或重构已建立起来的立场具有深远的影响。不同的理论视角与现在的设计问题不断互相作用,不断地定义、形成和重构其本身。最好的方式是将它理解为一个开放的搜索、讨论、探索和研究的过程,在此过程中设计师可以参与反思和实践。理论发展也易受到时尚流行轮动的影响。

- 循环思考:最近科学研究的结论是理论和实践并非对立或者有清楚的差异,而是标志着两个抽象的、无法达到的极端。在两端之间,研究、日常生活以及最终设计的具体实践处于一种要么继续不被质疑,从而稳定地建立起抽象的概念和方法,要么主张和坚定新的联系的境地。

总之,设计的特别属性表明在设计过程中有大量的理论方法和反映模式衍生;各种结构和形式的理论被系统地提出并讨论;设计理论不同的思考目标形成;理论和实践关系的问题仍有争议

并依赖于所倡导的实践或理论的具体概念。设计师总是引导并将其自身定位在这些各种可能性范围内的情境和条件下。[SG]

→ 设计方法(Design Methods),设计过程(Design Process),实践(Practice),修辞学(Rhetoric)

时间基础设计
Time-based Design

时间基础设计指的是使用计算好的时间间隔设计图像和/或声音的出现顺序,不论是在真实的时间或娱乐(→)表演中。设计师一般使用标记的方法(如剧本、时间线、乐谱、拉班舞谱、(→)故事板和动画出场表)开始这个过程,从而进行时间的使用。上演的事件常常(但不总是)录制到一个基于时间的媒介上,如录像带、数码存储媒体或胶片,然后通过投射到屏幕或传播技术等方法进行再制作。一些最易识别的时间基础设计的例子包括视听设计、电影图像设计、字幕设计、动态图像、动画,以及互动媒体,如游戏设计和虚拟现实。但是,由于在人类体验中时间存在的普遍性,这个词也可以应用于舞蹈、声音、音乐、系统、数据、动态雕塑、建筑、电子——甚至是制作过程本身。[AS]

→ 传播设计(Broadcast Design),连续性(Continuity),屏幕设计(Screen Design),虚拟性(Virtuality)

字幕设计
Title Design

→ 传播设计(Broadcast Design)

工具
Tools

宽泛地说,一件工具是行动、事件、思维或物体用以帮助和促进其他行动、事件、思维或物体,使其变得可能的途径。在设计中,工具一般用于制造手工或机器制品、信息的产生和组织、与设计相关的任务的完成。它们常常以有形物体的形式出现(也就是手持工具或机器),用于完成某个要求一定特质的(即力量、技巧、灵活、毅力)行动,这些特质是使用者不具备的或难以到达的。其他时候,它指的是系统、方案、项目甚至个人。工具因此要由它们的使用情况加以确定。比如,在电脑化的情况下,工具有两个不同的定义:用于创建、更改或分析其他程序的一种程序;用于缩短一个过程或完成一件任务的一种程序的一个方面。[TWH]

→ 可供性(Affordance),功能(Function),产品(Product)

商标
Trademark

"商标"是识别一个品牌、一个公司或一项服务的(→)象征符号的通用名词。商标从罗马时代甚至更早就以一种不那么具体的形式存在,被 14 世纪的工匠用作销售的工具,表示他们产品的原创性和品质。今天,商标可以被注册,并受到国家的、多国的或全球的专利办公室的正式保护。

一些商标完全是文字性的,几乎没有表示出公司或产品的名称。相反,视觉性商标则使用经过编撰的图像符号。图像与文字元素的混合则常常被称为 logo。

Logo 在今天全球经济的复杂结构和快速轮动创新中的很重要作用是提供引导和区分度。很大程度上因为互联网兴起,多媒体网络越来越易获得,传统的二维商标世界已经扩展到将声音和气味囊括进来做成动态的、三维商标(→嗅觉设计(Olfactory Design),声音设计(Sound Design))。还有建立在不断变化的形式和颜色的设计理念之上的商标,被称为"弹性商标"。[KSP]

→ 版权(Copyright),企业形象(Corporate Identity),知识产权(Intellectual Property)

预告片
Trailer

"预告片"这个词一般在电影业中用指一系列场景的短片,用于引起观众对某部电影的好奇。它们也可以用于宣传即将上映的新的电视剧、电脑或视频游戏。一般都在电影上映前或在电视上与其他广告一起播放,预告片已经发展出鲜明的设计形式——某些动态词条、剪辑和视角——从而有效地以较短的时间片段传达信息,引起大众对电影、电视剧或游戏的注意。[TG]

→ 视听设计(Audiovisual Design),传播设计(Broadcast Design),预告片花(Teaser)

转换学科
Transdisciplinary

→ 学科(Discipline)

转化
Transformation

转化这个词很好地表达了设计中一个核心的能力:也就是将一件东西(材料、外观、经验、过程等),转化为另一样东西。这个词来源于拉丁语,意为"重塑"。转化一般指的是形状、形式或结构的改变而不是去其实质。最重要的转化方式就是形式变化。总的来说,它涉及两种需要定义的物质:材料(形式 VS 材料)及内容(形式 VS 内容)的转化。

转化的概念越来越多地被应用于(→)设计过程中的与技术、生产和接受度相关的方面。在数字化设计中的转化具有独特的地位。数据库游戏和网络如博客等的使用,常常带来转化。这种转化的实质是一种看不见的、可变的数据记录(→ 软件(Software)),所以可以说这种转化是某种东西的转化。但是传统地来说,常常只是指电脑的物质形态转化(→ 硬件(Hardware))。

→ 设计能力(Design Competence),造型设计(Gestaltung),材料(Materials)

交通工具设计
Transportation Design

交通工具设计是一个覆盖了所有运输手段的设计,包括交通网络、路线和与其相关的服务。这个词最常用于汽车设计的语境下,有时在英语国家中它也被用作(→)汽车设计的代名词。一个明显的趋势是对于所有现代流行的运输工具(从飞机到轮船,从汽车到卡车和火车,从自行车到摩托车)而言,设计的重要性日益增加。个人元素被收集在一个用金属和塑料制成的外壳之中,这层外壳提供了功能和技术优势,并成为设计优势和区分度的另一个舞台(→涂层(Coating),风格(Styling))。依赖于电子工业的技术为创造出新的舒适度提供了可能的功能和机会,然后这些可能性被融入设计中。同时,模块化的生产方式已被接受。这使得,比如,有轨电车的生产商将他们的产品推向世界的同时又能根据当地市场做出调整。

在交通工具的生产中,集成、电子化控制和模块化的过程使这些工具变得更复杂。对于今天的交通工具设计,人们希望将交通工具的内外设计尽可能完整地融合到一起,同时又能提高品牌辨识度。交通工具设计已经遇到了更高的实质性要求,比如加速度和急刹车。快速变化的温度和天气条件给材料使用和它们的设计带来了额外限制。同样的还有安全性的要求(→安全设计(Safety Design)),它使致命交通事故的数量急剧降低,即使在汽车使用量有很大幅度增加的情况下。

开发各种交通工具的预算可以有很大的差异。工业化汽车生产的出现给基础设施和销售带来了许多与之前不同的规则,因此对于设计质量和执行的关注度也有了很大的变化。在发达国家，自 20 世纪 50 年代中期以来对汽车作为一种个人交通工具的关注始终不断增加。事实上，可以说无数工业产品的个人定制即开始于汽车。另一方面，公共交通工具如火车和大巴则在很长时间内一直被忽略，包括从设计的角度也被忽略。但是从 20 世纪 80 年代中期开始，在法国、西班牙和德国，兴起了对火车设计的关注，开始了新的高速轨道的建造，并很快扩展到火车、车站、候车室和标识。最初，并没有试图去倡导其他国家的经验，如日本的经验。铁路企业大多基于自己国家进行考虑，很大程度上放弃了转换专业熟练度。目标之一是使火车成为商业出差者想要选择的优质交通工具，为中短途出行开发具有吸引力的飞机替代工具。相应地，飞机设计的面貌影响了火车设计。

在思考交通工具设计时，更新的过程十分具有启发性。在荷兰，比如，一条新的铁路线的开发是与设计师共同协作的，而在德国，高铁路线反映的是构想出它们的铁路工程师的设计理念。德国高铁火车(ICE)的最初设计是出于政治目的，承包商(德国铁路公司)和制造企业以及各种设计公司争抢主导权。

使用新材料和新的生产方法显著改善了乘客的舒适度。但是，在汽车设计中的综合设计方法，给使用者带来了不断改进的体验，并影响每一个细节，但这仍然是少数例外而不是惯例。随着飞机从一种特殊场合下的精英人物的交通工具(20 世纪 50 年代的状况)变成为一种相对不那么昂贵的大众化交通机器，不仅飞机的技术和制造发生了变化，对乘客而言很重要的旅行舱的正式设计也发生了变化。它们的模式化标准设施配备和装饰可以根据航班和等级，相应的有从最简单到最奢侈的设计标准。相比 20 世纪 20 年代最早使用在飞机上的钢管家具，今天在越洋航班头等舱里的倾斜扶手椅和床看起来像廉价、拙劣的家具的复制品。

在民用轮船的设计中情况也是类似的，其室内细节常看起来像从国际主流酒店设计的时尚书籍上照搬而来的。个人的交通工具当然已建立起一些类似的设计标准(在实践中这可能是有问题的)，但是这种交通工具设计与交通建筑之间的联系看起来是非常勉强的。比如在汽车需要与机场或铁路综合时，或者当乘客需要从一个飞机转到另一个飞机时，却很少能看到智能化的设计。

在一个对气候变化关注度日益提高的时代，策略性交通工具的设计也必须开发出既能避免过多车辆又能保证（→）移动性的方式。但是交通工具设计的具体任务仍然十分零散。要在不同的交通系统之间找到真实的和坚实的联系仍然是很难的，尽管在交通工具设计中有大量的创造性努力和对细节的关注。[TE]

潮流
Trend

潮流是一种相对长久的流行趋势、风格或消费者的偏爱，常带有一段有时间延续性的倾向于某个方向的市场活动。虽然潮流最常见的是与时尚有关（→时装设计（Fashion Design）），但事实上它们在所有消费品和服务的构思、设计、市场销售和消费中都起着重要作用。一种潮流趋势常常始于风靡一时的东西（这种东西可能是曾经流行过的风格的重现），但是两者不应混淆。风靡一时的东西是持续时间较短的一种风格，可以用抛物线（U形倒置）表示，而潮流则是典型的"S"形。潮流不是很快被遗忘淹没，而是持续直到饱和。

潮流可能由杰出的或受人尊敬的人物发起或驱动——也就是潮流发起者，即可以提供某种威望的人。潮流的发展也受到技术、政治、消费者需求、经济和其他流行文化及世界时事因素的影响。结果是，潮流常常反映出它们所处的社会的价值观的转变。比如在《时尚体系》（*The Language of Fashion*）（1993）一书中，罗兰·巴特展现了由法国大革命引发的对阳刚服装风格的标准化运动，这带来了男性服装的民主化、适用性、庄严性和朴素性的结果。相比之下，今天的嘻哈服饰风格来源于监狱风格的浪漫主义，是20世纪50年代末青少年"反叛"潮流的延伸（受猫王的专辑《监狱摇滚》推广的影响）。通过仿效与监狱罪犯有关的男子气概（如硬朗、力量），穿着者同时将自己定位为一个群体，与已建立起来的意味着成功人士穿着的风格（西装领带）相对立。这种潮流的演化可以被解读为一种视觉和材料代码，显示了随着时间流逝在性别惯例中身份辨识力量的转变。

一个被反复更新的时装潮流就是牛仔装。蓝色牛仔服最早由李维·斯特劳斯（Levi Strauss）在19世纪50年代制造，作为提供给淘金工人的结实裤子。自二战后(由美国大兵在战争中传播开来的),它始终流行着。20世纪50年代,它在孩子中流行起来,并成为反叛青少年风靡一时的服装(著名的就是詹姆士·迪恩在《无因的反叛》(*Rebel without a Cause*)中所穿),再次在20世纪60年代的反主流文化年代流行起来。但是直到20世纪70年代,当它们开始制作给妇女时,牛仔裤才真正成为国际性的流行。在21世纪,这个潮流被重新以"高级牛仔"提出,一个展现品牌在当前市场中影响力的象征,标志着它与底层根源的区分。

识别、理解、预测潮流对于许多行业,特别是时尚行业,是十分重要的。潮流探测和潮流预测本身已成为广告、市场销售和零售的一种潮流。潮流探测和潮流预测利用来自于心理学的技巧和过程以及社会科学和直觉(以及可能的一点烟和镜子)进行引导,从而找出思考、感受和行为中的稳定动向。随着这些技巧的进一步发展,企业不仅越来越能够随着时间转换风格和品味,也能引导风格和品味。[PK]

→ 语义学(Semiotics),社会的(Social),象征(Symbol)

电视设计
TV Design

→ 传播设计(Broadcast Design)

字体排印
Typography

1967年,麦克·卢汉在他具有开创性的《媒介即信息》(*The Medium Is the Message*)一书中说:"羽毛笔终止了谈话。它消除了神秘;它带来了建筑和城邦;它带来了道路和军队、官僚机构。这是文明运转开始的基本类比,思想从混沌到清明的步伐。书写羊皮纸的那双手建立起了城市。"

活字印刷的发明是随后人类社会发展的一大飞跃。在此之前一个人必须手写甚至是用凿子在石头上刻下的东西,现在可以在任何地方重复出现。行为和功能的分离是现代社会取得的大多发展的一个条件:比如个人主义、民主、新教、资本主义和民族主义。印刷技术和排版从根本上改变了我们的(→)感知习惯。

"字体排印"这个通用的词指的是字体设计和字体排布以及其他的在页面上的元素。这个页面可以指一个电脑屏幕或建筑物墙面。一直到机械化排版出现之前,排字人员是唯一的印刷工,因此,他们也负责设计页面。每一种技术发展都在印刷设计和版面设计上留下了印记。字体的分类使用了与风格塑造时期建筑分类同样的表述方法。

金匠约翰内斯·古登堡（Johannes Gutenberg）（1398—1468年）首先发明了将单个字母分割成铁块，然后把这些铁块打到金属模块中做成模板，再用软金属灌入的活字印刷术。大约在1450年左右，古登堡与美恩兹（Mainz）一起还发展出印刷铸字（type founding）的工具，这些工具几乎全部被沿用至19世纪中期。第一个印刷板被认为是挤压板，就像那些用来挤压葡萄的板。曾经用于在木板上进行印刷的薄的液体墨水在用于铅字印刷时无法持久。古登堡使用亚麻籽油和烟油制成了一种乳液状墨水，浓度高且干得快。每一页纸都必须人为地进行插入和移出。1814年，在世界上第一张报纸《泰晤士报》用蒸汽印刷机印刷之前，一家德国企业，高宝公司（Koenig & Bauer）的蒸汽印刷机已经可以每小时印刷出1100张页面。20年后，在工业化印刷生产中使用铸造机也成为现实。

15世纪晚期意大利的金属刻板工，如尼可拉斯·简森（Nicolas Jenson，1420—1480年）和阿尔杜斯·马努提斯（Aldus Manutius，1448—1515年），以草书人文体（cursive humanistic minuscule writing）作为他们小写字母字体设计的基础。由于地理和历史根源，这些字体被归类为威尼斯复兴古体（Venetian Renaissance Antiqua）。当时大写字母仍以罗马图雷真柱（Trajan Column）上的罗马大写体（Roman Capitalis）为模板，到今天仍是如此。而由阿尔杜斯·马努提斯和他的刻板工弗兰西斯科·格列佛（1449—1518年）以罗马红衣主教本博（Bembo）（约1495）命名的字体标志着这种发展的结束，这种字体是复兴古体（Renaissance Antiqua）的原型。草书体经历了几个世纪才融入到字体家族中。今天，它们在英语中被称为意大利斜体（italics），可以从名字上看出它的地域起源。

最著名的法国复兴古体的代表是巴黎金属刻工克洛德·加拉蒙（Claude Garamond，1499—1561年）的字体。他和同时期的罗伯特·格兰琼（Robert Granjon，1513—1589年）是加拉蒙衬线体（Garamond）的创造者，这种字体在1600年左右成为一种最为普及的图书字体。加拉蒙字体大家族今天仍然是最为普及的字体之一。

17 世纪初,荷兰成为创建字体的中心。在巴洛克盛行时期的字体显得更随意、更粗壮,因此比文艺复兴时期的字体更实用。英格兰人威廉·卡斯隆(William Caslon,1692—1766 年)的字体代表了这种发展的巅峰。他的设计可能不是特别有创意或原创性,但在英国传统中最为实用并且很快成功传播。英国殖民势力的扩张当然对此有所帮助,但它在美国的独立法案的制作中同样十分受欢迎,事实上《美国独立宣言》正是使用了卡斯隆字体印刷。

古典主义在字体印刷中就像它在建筑中那样,从来没有奢华修辞的倾向。启蒙运动的理想也要求字体印刷的清晰和大方。对称和简约是设计的至高原则。随着印刷大尺寸和高精度的实现,书籍的尺寸变大了(最早的全金属斯坦霍普印刷机(Stanhope)于 1800 年制成)。技术进步使之可以将衬线体设计得十分细致,并且在字体中可以十分精细地进行表达。用圆规和尺的精确性也许能把字体画到想要的理想形状,但这些字体事实上比它们在文艺复兴和巴洛克时期的先辈们更难辨识。

乔瓦尼·巴提斯塔·波多尼(Giovanni Battista Bodoni,1740—1813 年)被称为印刷工之王或印刷王者。波多尼设计并制作了 270 个不同的字母,为此他手工刻制了约 55000 个金属块。

19 世纪早期工业革命的开始带来了不同的生产要求,由此导致了生产商品的增加。前几个世纪的字体技术上或形式上不再适应大版式的产品和服务广告的印刷。必须很好地利用标题,不论多小的空间都要在里面做足文章。快速的蒸汽动力印刷机,就像《泰晤士报》(1814 年)的印刷机,能快速进行大量的发行,但在材料印刷上却很粗糙。特别是高速的滚筒印刷机,首先由波士顿的伊萨克·亚当(Isaak Adam)于 1830 年引进,真正破坏了古典字体的优美线条和精致的衬线及细节。

如果没有衬线,字体无法断开,醒目的衬线可以让印刷质量更好。灯芯衬线体(Sans serif)不会占用太大空间而粗衬线体则显得更清楚易懂。首个灯芯衬线体出现在 1816 年由卡斯隆铸造厂出品的一本小册子上,并且毫无缘由地被称为埃及体

(Egyptian)。

事实上衬线体这个词指的是粗衬线体,而文森特·弗金斯(Vincent Figgins, 1766—1844 年)仍然把衬线体称为古体(Antiqua)。

字体排印很快改变从而适应新的(→)广告字体的要求。简单单纯的(→)美,正如波多尼数年前所做的那样,不再被人需要。体量、尺寸和多样性才是这时所需要的。空白的空间变得昂贵,页面必须从上到下全部印满,报纸必须将各个栏目压缩才能将各种不同的话题放到一个页面上,所以更窄、更醒目的字体被切割出来,以适应这样的目标。技术适应了差异性越来越大的印刷材料。大约 1829 年,巴黎的菲尔闵·迪多(Firmin Didot)引入了铅板印刷,在整个页面上,用模板做成字母印版,然后将它铸于一块合金上。集中浇铸方法的使用使之可能做出更大的印刷,并更少地损耗原始字体。1838 年莫里兹·赫尔曼·冯·约克伯(Moritz Hermann von Jacobi)发明了镀锌技术。用这种方法,艺术作品如木刻,可以获得"提升",然后复制做成永久性的印版。排字工此时可以将插画纳入到他们的页面中,因为文字和图像可以简单地以一种形式印刷。1840 年加工印版的发明使之有可能把手写字体或公司 logo 插入到页面中然后印刷,到了 19 世纪末左右,由梅森巴克(Meisenbach)发明的网板意味着照片也可以进行印刷。

19 世纪末的字体排印也可以被称为"不拘一格"。任何东西在技术上都是有可能性的,所以任何可以做的东西都做了。

这个时期前后的制造工艺决定了设计和生产的类型。1886年在美国,沃特玛·马金撒勒(Ottmar Mergenthaler,1854—1899年)向世界展示了第一台林诺排字机(Linotype),这种机器主要是为报纸做排字设计的。仅过了一年,由托尔伯特·兰斯顿(Tolbert Lanston)发明的兰斯顿莫诺铸排机(Lanston Monotype)极大地冲击了市场。它浇铸了单个字母,用键盘进行操作,因此排印设计极易受到印刷机器变化的影响。新的字体需要设计出来从而适应新机器的技术要求以及流行时尚的要求,而流行时尚由于设计和生产类型之间越来越短的更新周期而变得更易变化。

第一台雕刻铁块的机器是由林·伯阳·本顿(Lynn Boyd

Benton,1844—1932 年)于 1885 年发明的,它推动了这个时期市场所需求的字体的发展。林诺排字机和莫诺铸排机对于许多经典字体的再现起着很大的作用,后来成为 20 世纪 60 年代照片印刷以及 20 世纪 80 年代数字印刷机的雏形。新罗马字体(Times New Roman),最著名的衬线体,由斯坦利·莫里森(Stanley Morison,1889—1967 年)和维克多·拉尔丹(Victor Lardent)于 1932 年在英格兰的莫诺铸排机公司创造。它建立在普兰廷(Plantin)字体基础上,这种字体是由 F. H. 皮尔庞(F. H. Pierpont)于 1913 年为莫诺铸排机公司设计的,它借用了 17 世纪荷兰巴洛克字体。

20 世纪初,有一种新的字体形式类型被应用起来,虽然它现在仍然没有起到多大的作用。为了理解这种新字体类型在那个时代看起来是多么不寻常和怪异,在它首次于 19 世纪早期出现时被给予了一个"古怪"(Grotesque)的名字。在美国,无衬线字体同样被认为怪异,得到了"哥特"(Gothic)字体的称号。在德国,阿克兹邓兹·格罗特斯克(Akzidenz Grotesk)字体首先于 1896 年在柏林以非加粗的形式出现,被认为是它这个字体家族的母体。

无衬线字体(Sans serif typefaces),如阿克兹邓兹·格罗特斯克(Akzidenz Grotesk)和弗兰克林·哥特(Franklin Gothic)的起源可以追溯到古典理想时期。由阿德里安·弗如提格(Adrian Frutiger)(出生于 1928 年)创造的尤尼佛斯(Univers)字体,第一种系统构建和作为家族命名的字体,也遵循同样的模式。来自英格兰的无衬线风格也符合文艺复兴模式,最广为人知的是由埃里克·吉尔(Eric Gill,1882—1940 年)设计的吉尔无衬线(Gill Sans)字体。

无衬线字体的设计也可以从其单纯的几何形式得到确认。在 20 世纪 20 年代,在德国每个主要类型的铸造都提供一种"古怪"体形式。这些字体中最成功的是由保罗·瑞内尔(Paul Renner)于 1928 年发布的保尔(Bauer)字体。虽然符图拉(Futura)字体正是适用于现代时期的那种文字类型,受到包豪斯代表的支持,但它出现得太晚,没有能被用于该学院的排版字体。

20 世纪 20 年代字体排印成为一门重要的(→)学科,因为它融入了(→)传达和表达中。达达主义者,如库尔特·施威特斯(Kurt Schwitters)并没有将它们的作品设在笨重的铅板上,而是用制片商的蒙太奇式的印刷、照片和文字。在另一方面,荷兰的风格派(De Stijl),包豪斯的莫霍利-纳吉、朱斯特·施密特(Joost Schmidt)、赫伯特·巴耶(Herbert Bayer)在书页、logo 和海报上使用字体、颜色和网格照片。艺术家李西茨基是魏玛时期的苏联文化代表。他发展出他的表达形式——"打印照片",并且极大地影响了他的包豪斯同事和李西茨基。1925 年,年轻的简·塔希萧尔特(Jan Tschichold)在《排版新闻》(*Typographische Mitteilungen*)上发表一篇文章(使用了伊万(Iwan)这个姓名)《基础排印》("Elementary Typography"),作为他的新排版宣言。

二战以后,瑞士平面设计成为主要潮流,首先从苏黎世扩展到德国,然后传播到全世界。寻求一个理性的和易懂的字体将多数平面设计师带向阿克兹邓兹·格罗特斯克(Akzidenz Grotesk)字体,由柏林的贝特赫尔德(Berthold)铸造和销售。位于明兴施泰因(Münchenstein)的哈斯(Hass'sche)字体铸造厂出售它的哈斯格罗特斯克(Haas Grotesk)字体,这种字体可以追溯到莱比锡的谢尔特和及瑟克(Schelter & Giesecke)铸造厂出品的谢尔特施·格罗特斯克(Scheltershce Grotesk)字体。谢尔特施字体是在包豪斯工坊中使用的字体,当时的很多材料就是使用了这种字体。但它仍然没有完全达到设计师的期望,设计师想要寻找一种没有历史痕迹的字体,可以在符合功能的同时又不会带有本身的特征。

阿克兹邓兹·格罗特斯克字体的成功鼓励了爱德华·霍夫曼(Eduard Hofmann),即哈斯公司的商业总监,他委托他的瑞士同事米耶丁格(Miedinger)最后设计出了一款与阿克兹邓兹·格罗特斯克字体在同一市场上竞争的字体。哈斯铸造厂率属于法兰克福的斯坦佩尔(D. Stempel AG)铸造公司,后来又归属于林诺铸排公司。正是斯坦佩尔建议寻找一个受人欢迎的名字,从而促进新的字体的销售。这种字体后来在 1957 年以赫勒迪卡(Heletica)的名字出现(在拉丁语中是瑞士的意思),与《罗马条约》(Treaty of Rome)签订和雪铁龙 DS 车型上市是同一年。

这种平实的字体在 20 世纪 60 年代中期在世界闻名,尤其美国商业寻求通过这种字体的使用使企业获得一种现代主义的全球氛围。难怪后来一个美国人把赫勒迪卡（Helvetica）字体定位为一种新的平面设计行业的工具标准字体。1984年斯蒂夫·乔布斯（Steve Jobs）选择了13种字体安装到第一台苹果激光打印机上。其中就有赫勒迪卡字体，一种中立的、客观的商业字体，用它总不会错（讽刺的是多数电脑并没有安装原版赫勒迪卡字体，而是装了抄袭版。为了节约许可费用，微软在20世纪90年代安装了一个克隆版，具有与赫勒迪卡字体有同样的字体宽度——就像所有模仿一样——从形式上看总是差一点，但是在所有字体菜单中可以找到艾里奥（Arial）这个字体名称，因此它成为最常使用的文字处理字体）。

铸造工厂已经为新的铸字系统重新制作了经典的字体。它们在20世纪60年代后期不得不再次这么做，当时第一台照片排版机问世。其设计不再是切割成铁块然后用铅铸模，而是用图像绘制并转换到承载器上，然后投射到胶片纸上。由于新的材料不易受到机械局限的影响，字体设计师们不再受到创意的约束。20世纪70年代的许多字体都可以与19世纪末出现的丰富多样的字体相媲美。位于纽约的国际字体组织（The International Typeface Corporation）不仅发行了许多字体，投射在麦迪逊大街（Madison Avenue）的广告上，也有了新的传播的模式。在那个时候，所有排字系统的制造商都有自己的一套排字模板，这种模板是无法在其竞争者的机器上使用的。这使平面设计师和印刷工有各自喜好的系统，因为每套系统都提供一些独特的获得某些字体的途径。同时，许多公司要么能够进行字体拷贝，要么廉价地进行糟糕的字体模仿，或稍微对字体进行修改然后用不同的名字发行。国际字体组织现在向所有支付了许可费用的生产商授予相应字体使用权，因此这些获得国际字体组织认可的字体就是唯一能够在所有机器上使用的字体。

照片排版字体可以做成任意大小，放在用纸张或胶片做成的页面的任何位置。排版的直角分割不再是最重要的。对于鲜花力量时代（flower power era）的嬉皮设计实践者们，这是再好不过的趋势。这个设计过程的终点总是需要一段用于印版生产的胶片。除了排版机，这个过程要求摄影师的介入，将图像摄于胶片上，以及平版工或收尾艺术家为每一种颜色拷贝和整合铅字和图像，平面设计师则负责理念和具体的排版。

这种生产模式在 20 世纪 80 年代中期突然完全过时，这是因为约翰·瓦尔诺克（John Warnock）和恰克·杰斯克（Chuck Geschke）发明了 Adobe 的页面语言 PostScript。这种计算机语言使得在一个页面上能够将任意一点精确到千分之一毫米。每一样东西，包括图像、图像组成元素或文字，都是由小小的像素点组成，用激光或喷墨转换到纸张、胶片或印版上。

苹果电脑以及林诺第一台激光排字机的出现建立起桌面排版（DTP）。排版师变成了数字化媒体设计师。除了将想法进行视觉化实现，今天的平面设计师也担负着整个页面排版的责任，通常不需要将任何视觉表现进行胶片冲洗，就可以进行印刷。这种劳动分工的结束意味着专业化的丢失以及新时代设计师需要重新学习所有规则。接着在 20 世纪 90 年代一个大破坏的阶段来临，许多旧的规则被丢弃，但仍然缺少新的规则取代它们。

随着页面设计从大多机械限制中解放，对 PostScript 中任何可用的字体进行操作成为一种现实。现在任何人都可以称为字体设计师，只要他们可以支付某种进行字体设计和创作的程序的费用。就像在之前的字体排版历史的各阶段那样，在这些发展之后，需要一些时间等待新规则的发展（让人惊讶的是新规则产生带来的结果常常和那些由来已久的规则一致），让视觉传达的读者和使用者再次成为设计活动的关注焦点。著名的设计师，如阿德里安·弗如提格（Adrian Frutiger）和赫尔曼·察普夫（Hermann Zapf）忽视了他们旧字体的数字化，而创作大师马修·卡特尔（Matthew Carter）为计算机这一媒介的屏幕设计了字体。卡特尔的乔治奥（Georgioa）字体不仅完美地呈现在屏幕上，而且被认为可与经典字体相媲美，恰当地展现文本。20 世纪 90 年代，艾瑞克·斯皮克曼（Erick Spiekermann）的 FF Meta 字体宣布了一种新的无衬线字体类型的到来，预示了接下来十年的设计趋势。

庞大的字体家族（有些甚至拥有 144 个字体成员）使每一种使用成为可能，甚至是完成复杂的印刷任务。这些家族中最早的是由卢卡斯·德·格鲁特（Lucas de Groot）设计的西塞斯

（Thesis）字体，由国际字体作坊（FontShop International）于 1994 年发布。新闻报纸和杂志可以获得为它们设计的特殊字体，不仅加强了它们的品牌印象，也可以特别适应生产印刷的要求，如特殊纸张或印刷机器做出调整，甚至可以与读者的习惯和期待一致。

在 21 世纪初，有了前所未有的印刷和其他媒介的设计工具。传统图书印刷、功能性设计理念和复杂的、彩色的广告之间的区分不再是主要的参数，而是当代的字体排印设计依赖于各个方面的综合。不同种类的字体可以合成，高质量的字体与粗糙的字体并存，自由形式的页面排版与严格网格排布的系统并存。对于新闻提要、包装纸、折页和其他可供使用的印刷形式、网页和视频，有超过 5 万种字体被销售或捐赠。如果无法辨认，那它只是用来激发其创造者的创意表达。

设计师们有大量的选择，从来没有这么有用的字体创造工具——更没有借口把设计做差。[ES]

→ 传达（Communication），平面设计（Graphic Design），视觉传达（Visual Communication）

U

乌姆设计学院
Ulm School Of Design

从 1952 年开始直到它因政治原因关闭,乌姆设计学院追求一种新的、民主化激励的教育,其教育策略、教学法和设计理念在世界是独一无二的。

乌姆设计学院的历史与纳粹时代之后建立民主化架构的斗争紧密相关。紧随着二战的结束,在 1942 年,因白玫瑰抵抗运动组织成员身份被纳粹以叛国罪处决的索菲(Sophie)和汉斯·肖尔(Hans Scholl)的幸存胞妹英格·肖尔(Inge Scholl)创立了肖尔兄妹基金会,将基金会奖励给一个自由、民主教育的大学。在经过大量的努力和许多政治争议之后,她在她的朋友们(奥托·埃舍尔(Olt Aicher)、马克思·比尔(Max Bill)、汗斯·韦尔纳·里奇特(Hans Wener Richter))的帮助下,成功说服那时美国高级专员约翰·麦克洛依(John McCloy)支持她的想法。最终于 1952 年决定成立乌姆设计学院,1953 年开始建造,由瑞士建筑师马克思·比尔负责。1955 年开放,沃尔特·格罗皮乌斯(Walter Gropius)做了开放演讲。

他们创建起一个教育政策、教学法和设计等理念与所有其他大学有着极大不同的大学。一小群教师和学生在库伯格(Kuhberg)生活和工作,并努力创造一个设计优良的社会环境。功能性产品与对城市主义、技术和工业的理论和经验性分析同样重要,并且改变了人类的居住和生活条件。

乌姆设计学院最先分为四个系:(→)产品设计、(→)视觉传达、信息和工业建筑。1961 年,加入了电影设计所。一个重要的特点是教师和学生的国际化,作为对第三帝国民族主义的回应。学制四年,第一年是必须完成的基础课程,作为进入专业系的前提。

从外部看,乌姆设计学院看似非常自给自足,风格上统一并且有影响力,并且几乎在很长一段时间中都十分融洽。然而,从最初其内部就存在非常激烈的矛盾,关于理念、教育和发展方向。可以将它的发展分为 6 个阶段:1947—1953 年,肖尔、埃舍尔、比尔和赛西格(Zeischegg)的年代,学院艰难地进行理念的开发,结构的整理,最重要的是寻求支持这个计划的经费(这是一个始终存在并随着时间推移日益严重的问题);1953—1956 年,在第一任校长马克思·比尔的带领下的巩固阶段,比尔认为乌姆应跟随(→)包豪斯的传统;1956—1958年,年长的包豪斯支持者和年轻教师之间的冲突开始显现,年轻教师呼吁基于科学和理论的独立训练,1957年比尔离开学院以显示他的反对立场;1958—1962年这一阶段,实证主义理念、严格的教学法被认为是一种科学的中立价值观,开始在学院内得以扩展;最后,从1962年开始,埃舍尔、古格洛特(Gugelot)、塞西格和马尔多纳多(Maldonado)在来自巴登-符腾堡(Baden-Wurttemberg)政府的压力下,追求一种务实的转向,推动学校机构的改变。此时,最早的关于设计理论的概念形成,设计这个职业被更有策略性地引向围绕行业利益发展。自此,即将到来的财务危机不可避免:肖尔兄妹基金会深陷债务危机,教师不得不离开,教学活动减少。1967年开始,乌姆陷入绝境。由于它与联邦和州政府的政治分歧日益加深,它获得的公共资源再次大量减少。州政府要求乌姆与理工学院合并,并且遵守州立大学法律。老师和学生在反抗策略上互相争执。1968年10月,教师们拒绝上课,因为从个人和经济角度考虑,环境已经让人无法忍受。11月,保守的巴登-符腾堡政府关闭了位于乌姆的设计学院。

乌姆设计学院的失败原因可以归结为三方面:财务困难(无疑,对基金会的管理不善使情况更为糟糕);它的抱负和抱负的实现之间的差距;最后,一个比较庸俗的原因就是老师的虚荣和个人利益。大多的知名教师早已遗弃了这艘正在沉没的船并在其他地方找到了更有前途的职位。无论如何,乌姆设计学院建立起一个设计理念,超越了它所处的时代和国家边界,断然地对日常生活、交流和视觉世界进行了改变和现代化。[UB]

→ 包豪斯(Bauhaus),教育(Education)

理解
Understanding

即使到了现在仍然常常认为理解可以通过简单的和明确的信息转换获得。这也就是认为在世界和物质之间、信息发送者和接收者之间以及意识和传达之间存在着一种反映关系。然而,自士莱马赫(Schleiermacher)时代我们就知道,理解的行为是受精神表现决定的,而精神表现又被认为是与外部世界分离的。认知器官与每个人的生命相连,并且它对各种复杂事件的体验和选择是根据内部认识和对意义的选择样式决定的。

因为要理解一个人、一个文本、一件复杂的人工制品的内在世界太困难，我们只能放弃简单的转换类比，而在诠释循环中，在环形的、垂直的、螺旋的或平行的移动中去认知物体。我们必须放弃简单的双向或直线的信息转换，而应对它进行多面的、循环的、三维立体的理解。

任何想要理解的人都应能够从经验来源中构建（或再构建）意义语境，他们必须在物质世界中学会观察和认知在具体语境下的东西。

艺术家寻求通过他们的作品激发和获得某种解读的开放性，从而提供更多的选择，并且丰富接收者对现实的了解，设计师必须使用一种超越这些的方法，试图聚焦在理解和传达的行为上。设计师必须遵循简约或反复的原则，为许多不同角度的人群设置可能的空间，从而获得成功的理解转换。因此恰当的引导和信息系统，不论是在飞机场或在网站上，让人一看即能理解。当然由于指示物和被指示物之间的分离性，不可能完全避免歧义。完全相同的意义进行转换的不可能性促使设计师将他们的作品从非必要和多余的元素（如过度装饰和修饰）中解放出来。[SA]

→ 传达（Communications），建构（Construction），建构主义（Constructivism），感知（Perception），符号学（Semiotics）

通用设计
Universal Design

这个词于 1985 年由建筑师罗讷德·麦斯（Ronald L. Mace）首次提出。通用设计也被称为可获得性设计、为所有人的设计、跨代设计、包容性设计。除了术语上以及有时候标准上有些差异，其伦理原则在不同国家和地区有类似之处。

通用设计不仅是设计实践的一个特殊领域，也是一种设计的方法、一种态度、一种观念模式，有助于推动这样的理念：设计的物体、系统、环境和服务应当让可能的大量人群平等获得和同时体验。

虽然这个词一直到很晚才出现，但是通用设计这个词背后的理念立足于由科学家、研究人员、工程师和设计师们在 20 世纪 40 年代建立起的传统，他们共同在由军队支持的研究所工作，为二战中的许多工程问题提供解决方案。到了 20 世纪 50 年代早期，对二战经历的反思促使多家欧洲大的研究型大学对人类表现和人机关系进行科学的研究。在这个阶段，亚历山大·基拉（Alexander Kira）为美国军队进行了十分著名的厕所和卫生设施研究，密切观察了军队人员的卫生习惯和相应的行为模式。世界各地都对办公室人员在特定环境下进行了类似的研究，特别是在英国和瑞典。

到了 20 世纪 50 年代中期，设计的"系统方法"将(→)人类因素和工程因素领域的研究者带入了人类工程学(也被称为(→)人体工程学)的领域中，其目标是建立起优化的人类身心构造和人造世界的物理环境，从而改进在各个年龄层次以及具有任何心理和生理能力条件的人对物质的可获得性。那时候产生的关于普及使用的词被称为"无障碍设计"，常常指的是改进已有设计使其能让残疾人更合适和舒适地使用。

20 世纪 60 年代和 70 年代，在瑞典、丹麦、法国、美国、英国、日本的研究中心和全国组织进行了环境研究并发展出(→)环境设计的标准，旨在达到人类表现和相应任务环境之间的人们所希望的平衡，被称为"环境恰当"或"相配"。1977 年，麦可·贝奈(Michael Bednar)提出为了达到一个令所有人向往的环境适当性，所有可能的有形障碍都应在(→)设计过程的早期从环境中移除。完成这个目标的一个途径就是系统地把终端用户纳入这个设计过程中。20 世纪 70 年代，亨利·桑诺夫(Henry Sanoff)发起成立了环境设计研究协会，一个进行建筑和环境规划的评估性研究组织，并开始发展参与设计方法，将广泛范围的涉及者在设计阶段早期纳入进来。

在 20 世纪 80 年代中期，罗讷德·麦斯与他在北卡罗来纳大学的合作者们开始讨论更具包容性的环境设计实践，这是有着社会和经济意义的设计实践。这种努力的一个主要里程碑是 1990 年《残疾人法案》(*Disabilities Act*)的颁布，宣布任何对基于因生理或心理不健全致使在表现上"总体有所局限"的歧视即违法。1995 年，类似的《残疾人歧视法案》(*Disability Discrimination Act*)在英国通过。这些法案改变了关于残疾的讨论，从建立在建筑守则和规范的基础上转向了建立在所有市民的民权和平等机会的基础上。它们也对设计行业产生了较深的影响，人们期待和鼓励设计师将通用设计作为一种思维模式将其融入设计和制作过程的所有阶段，而不是作为一套技术或常规要求在最终阶段得以实施。这种思维模式超越了建筑设计的范围，触及了日常物品和服务等这些传统上归属(→)工业设计的领域。新的市场为这些产品开放,诸如 OXO 易握马铃薯削皮器或带有滑道和轮椅通道的公共巴士。

1997 年麦斯和一群南卡罗来纳州立大学通用设计研究中心的研究人员发展出七条通用设计的原则:

1. 公平使用:设计对于各种能力的人们都是有用、有市场的。

2. 灵活使用:设计能满足广大范围内人们的喜好和使用能力。

3. 简单直观的使用:设计的使用易于理解,不论使用者的经验、知识、语言技能或当前的注意力水平如何。

4. 可感知信息:设计传达的必要信息能对使用者有效,不论周围环境条件或使用者的感官能力如何。

5. 能允许错误:设计能在意外或非故意操作中将伤害最小化和降低不利的结果。

6. 低生理努力:设计可以有效地、舒适地使用,花费最小的力气。

7. 尺寸和空间的处理和使用:适当的尺寸和空间供人们处理、获得、操作和使用,不论使用者的体型、姿态或行动力如何。

今天,随着全球范围内寿命的延长和年龄层次的增加,随着全球经济的增长以及在世界人口最为密集的地区产生的消费经济和不断增加的购买力,通用设计的重要性日益增加。2001 年,世界卫生组织建立起国际残疾和健康功能的分类。这个分类将有限的能力作为在执行特定环境下的任务的功能性能力,而不是将人判定为处于稳定的无能力状态。国际健康功能与身心障碍分类(International Classification of Functioning, Disability and Health,简称 ICF)将无能力和功能视为在"健康条件"和"环境因素"之间互动的结果。这些情境因素包括外部环境因素(社会态度、物质环境、合法和社会机构、气候、景观)以及内部个人因素(人口统计概况、过去和现在的经验、先天的易患病体质)。两个重要的指标规定了关于残疾和健康的实质信息:"表现指标"指的是一个人在他的环境中做了什么,而"能力指示"指的是一个人执行特定环境下任务的能力。能力和表现之间的差距指向了人类和环境之间的不相称。比如说,如果能力比表现好,那么环境的某个方面实际上能力无法达到优化的表现结果。

随着 20 世纪 50 年代反歧视法案的出现，ICF 表明了世界理解和定义今天的残疾的方式的转变。现在的理解是基于这样的观点：每个人在他们生活经历的某个点中会在功能上有所衰退，衰老、远视、背痛和无法移动都会导致与周围环境的不适应。因此，残疾是基于情境、时间和社会环境及专业实践的普遍人类经验。从这个方面说，通用设计的作用，正像罗讷德·麦斯所写的那样，是提升能让所有人使用的产品设计和环境，使其到达最大可能，而不需要调整或将设计特殊化。[MM]

→ 需求（Need），需求评估（Needs Assessment），使用性（Usability），使用（Use）

城市设计
Urban Design

城市设计使社会能创造出与它所处环境相关的城市背景，尊重过去的世界观又能适应未来不确定性和潜力。虽然城市设计一般被表述为塑造人类环境模式的行为，但是当代文化情境的转变已经使这个词不再只具有单一定义。20 世纪 50 年代首次作为对现代主义规划的回应，城市设计作为一个学术和专业领域目前在公共和教育机构中引起新的兴趣，在这些机构中这种趋势正向着多维度、跨学科的进程发展。

在城市设计最普遍的定义中，它是塑造人类定居场所的行为。从历史角度讲，城市设计多少涉及直接将当代信仰系统（世界观体系）转移到与自然和人造环境相关的建筑和庙宇的布置格局。信仰系统在过去几个世纪中从迷信和哲学演变为宗教、意识形态和科学。从古代美索不达米亚到现代新城在城市和人的身上留下的印记，所延续时间最持久的是那些控制城市设计的人所做的决策，不论是法老、牧师、国王、政客、建筑师，甚至是抽象的规划系统。

那么从这个普遍意义上讲，城市设计包含巨大的金字塔的建造、城市范围内街道网格的建立、教堂和庙宇以及护城墙的建设还有历史居住地的拆除，用更"有规划"的城市化和乌托邦（美洲对印第安领地的殖民，20 世纪中期的再生工程（Regeneration projects），巴勒斯坦犹太人定居点等等）取而代之。

在普遍意义之外，随着它真正的专业词汇在 20 世纪 50 年代中期的通用，城市设计作为一个学术领域和专业已经形成。哈佛大学设计研究生院组织了第一次城市设计会议（1956 年）和开设了第一个大学课程（1960 年）。发起者乔斯·路易·赛特（Jose Luis Sert）将它定义为"与有形的城市规划有关的部分"，这是一个最终阻碍了这个专业发展的不幸定义，因为它将"无形"的部分排除在它的范围之外，但无形的东西是很有影响力的。

这个概念在凯文·林奇（Kevin Lynch）和简·雅各布斯的理

念引导下获得了契机,城市设计课程于 20 世纪 60 年代和 70 年代出现在许多美国和欧洲的主要大学中。这种发展某种程度上是现代主义运动对城市空间质量的灾难性影响(→现代性(Modernity))的回应。它旨在克服已被感觉到的地域和身份的缺失感,即各地通用的分区和规划原则、类似的建筑表达、对使用者与环境互动中调节杠杆的无视所带来的问题。

克里斯多夫·亚历山大(Christopher Alexander)、里欧(Leon)、罗伯·克利尔(Rob Krier)和罗伯特·文丘里等人在 20 世纪 70 年代和 80 年代发展出他们对城市设计的定义。作为一种保守的解决方案,后现代主义(→后现代主义(Postmodernism))在 20 世纪 80 年代见证了主流城市设计教育和实践的很大一部分被新的诸如新都市运动的原则所主导的发展。而新都市主义被批判为天真的、怀旧的,因为它抵抗新古典主义形式和形态学,并且在处理更复杂的都市化问题上失败了。

到了 1995 年,几乎不可能找到一个对城市设计究竟是什么的统一定义,甚至公共机构也同意政府不能强行规定好的城市设计应由什么组成。

传统上,最流行的定义之一是:城市设计是(→)城市规划和建筑(→建筑设计(Architectural Design))的中介物。后者直接处理的是有形的各个单体建造形式,而规划处理的是更"抽象"的概念,如分区、功能、交通网络和经济等。即使如此,在规划过程中的多数表现者和作用者仍然将城市设计单纯地理解为"大建筑",限制它在真实生活中的影响力。

除了规划和建筑,其他看似独立的学科在城市的研究和创造中也同样起了至关重要的作用:景观建筑、地形学、传达和交通工程,以及许多的"软科学"——社会学、经济学、生态学、群体和个人心理学、行为研究、艺术和人文学——这些都是共同构成都市环境的一部分,并且给予都市环境内在的主观特质。不幸的是这些方面大多都被正式的城市设计课程排除在外。但是当今的趋势是向着跨学科课程方向发展的,将城市设计与社会学、经济学、政治学等学科融合。

从 20 世纪 90 年代开始,另一种相反的效应号召不那么形式化的立场,它将技术、生活风格和世界观的主要变化纳入考虑。

有着极大影响力的荷兰建筑师瑞姆·库哈斯（Rem Koolhaas）是倡导一种新的都市主义形式的建筑师之一。他在《S,M,L,XL》一书中写到,这种新形式应像一种"思考方式"和"不确定性的展现"。

作为对城市设计教育当前形式主义的缺陷的回应,2002 年《量子城市》(*Quantum City*)这本书发展出概念性语言这种从形式到关系维度的转变。它将设计的定义扩展到除了塑造有形形式,还在社会的、空间的、时间的连续性中塑造虚拟（→虚拟（Virtuality））和心理空间,将城市和文化带入城市设计范畴内（→环境设计（Environmental Design）,事件设计（Event Design））。被重新定位的城市的作用因此产生。

城市设计是多维度的跨学科界面,负责将城市生活的不同方面的互动转变为一个物质的和/或可使用的环境。

由于一个城市背景只有在被它的终端使用者激活后才能真正"实现",因此"城市设计师"的定义跨越了学科和专业边界,涵盖了所有真实的匿名市民,他们在日常的人与人和人与环境的互相作用中发挥着作用。

城市设计使社会能够创造出与它当前所处环境相关联的城市背景,尊重过去的世界观,并且可以根据未来的不确定性和可能性做出调整。

城市设计正慢慢改变它自上而下的基于固定的总图方法,转向更灵活的、包容失误的、长期的策略性计划,将终端使用者纳入（→参与设计（Participatory Design））并发展出多种可能性的脚本情节（→剧本设计（Scenario Design））。[AA]

→ 匿名设计（Anonymous Design）,复杂性（Complexity）,学科（Discipline）,景观设计（Landscape Design）,可持续性（Sustainability）

城市规划
Urban Planning

城市规划是一门专业的、行政管理的学科,它关注的是组织管理建造环境开发的法律和政策。总体来说,它属于政府和市政当局工作范围领域,涉及中等或较大规模的细节城镇的设计和管理性的扩张,城市规划团队可以有许多背景来源,特别是市政和交通工程师、地理学家、经济学家、景观设计师等。城市规划被认为是一项具有较高政治色彩的活动,因为它是影响经济和社会发展的主要因素之一,并且对资源在不同领域的分配负有很大责任。

城市规划通常为(→)城市设计和建筑(→建筑设计(Architectural Design))活动制定开发的规划,城市规划与城市设计教育的差异在美国常常是模糊的,而在欧洲特别是英国,这是两个非常不同的专业。[AA]

使用性
Usability

使用性指的是人与他们使用的产品和系统之间的功能性关系。这个概念是比较直接的:如果某件东西可以完成它被设定的功能(如果它"可用"),那么它就展现了它的使用性。

在过去几十年,使用性的定义在意义上发生了很大的转移。这个词起初产生于(→)人体工程学的研究,在这个学科中它很大程度上与机器界面的量化分析有关。有一系列因素造成了21世纪设计师在定义、预测、分析和最优化使用性时方法上的转变。新技术的兴起当然有着很大影响,在一个创意有着至高重要性的领域,努力将自身区分于其竞争者,设计师们越来越多地用过多的科技垒砌他们的设计。另外,发达国家的经济中,把东西设计得更实用已经演变为体验的展示,产品在日常生活中可能只起了相对很小的作用——也就是,生产的产品被服务的体验所取代(→服务设计(Service Design))。可用的产品仍然是体验的载体,但其中蕴含的服务是一个精细的构建,其存在首先是以视觉的形式预告,然后进行意愿的满足,这些都没有任何迹象表明单纯的"使用性"作为一条原则可以用传统的方法理解或试图去控制。

所以现在对使用性这个词的定义已经扩展到包含所有发生在人和他们所生活的设计世界中的互动活动。从工业产品到屏幕界面,再到服务和体验,任何东西都可以用使用性进行讨论。即使这些互动可能会以不同的形式发生,很清楚的是几乎所有专业设计实践领域的设计师越来越多地被要求在整个设计过程中始终考虑(并再考虑)使用者的立场、需求、愿望、期待、行为和智慧。

在对使用性的追求中,"使用者中心设计"这个词在近年来变得流行起来,特别是在工业设计领域。简单地来说,这种设计哲学旨在改善使用性,通过在设计周期的每一阶段时刻考虑到终端使用者的体验的这种的方式。毫无疑问,使用者中心的设计常常能成功识别和处理这些特征,将产品做得较为直观、易懂、使用安全。通过开发系统管理和分析调查结果等手段，使用者中心设计给设计研究领域带来了特别大的影响。用于收集和分析有关使用性的数据的方法一般包括采访、问卷、专题小组讨论、(→)原型评估和(→)测试。

然而除了这些优势，"使用者中心设计"这个词可以说是模糊的，并且最糟的是可能会有误导性。"使用者"这个词其本身就是复杂的，没有很明确的定义——不仅难以定义什么是设计"使用者"所具备的特征，这个词也常常带有贬义的内涵，与对环境的消费和操作有关。此外，使用者中心的设计实践从某种程度上带有误导性，因为它表示了某种程度的使用者指代在真实实践中可能存在也可能不存在。

以两个用于衡量使用性标准的基础研究方法为例：直接观察（研究使用者如何与产品发生互动）；语义分析（研究使用者如何解读产品，由此理解如何使用产品）。两种研究的类型常由某个仍然处于互动之外的人进行，但是他会把所有的发现转译给设计团队。它们发生在产品或产品类型的预设界限中，就像所有以一种半经验主义方式进行的研究，常常通过它们的自我预测获得实现（如在研究过程早期识别的问题可能会以调查问卷的形式展示给使用者，为之后的设计开发提供"解决方案"）。沿着同样的轨迹，使用性测试结果时常有误导性，特别是如果测试不是在所设计的产品最终会使用的环境中进行。简而言之，许多据称是"使用者中心"的活动与设计师在历史上曾进行的(→)市场研究和测试方式并没有什么不同——它们仍然将"设计师"和"使用者"加以区分，终端产品仍然被识别、框定，并受它之前功能的影响。

这个方法也很容易被质疑。比如汽车，在历史上这是多数使用者中心设计的研究对象，然而关于产品的使用的基础性问题仍然很多。可以对汽车设计提出这样的问题，如果是很好地从使用性进行了理解，那么为什么还有这么多致命的汽车事故？答案永远都是从使用者犯错的角度来辩解，称为"驾驶失误"。驾驶者可以将作为交通工具的汽车被高度开发后的使用性转化为悲剧，不论是否是从最佳的意图进行设计，它都意味着使用者可能会对一件产品的使用性产生他们自己的意图，也就是，灌输入他们个人的意志。人们利用人造的世界来适应他们的意图，并且不会按照设计意图进行使用。

从这些脚本情节中产生的是使用性表达的两种不同甚至对立的意图的情况:设计意图和使用意图。

直到最近,使用设计产品和系统的人们始终被认为是被动的使用者,与积极使用者相对。在整个设计过程的不同阶段系统地咨询潜在终端使用者,这并不是一种新现象——生产者、经营者和设计师传统上花费了大量的时间和努力试图预测驱使各种人群消费更多的情况。虽然小心翼翼费尽心思追寻"消费者态度"和趋势,但是这些同样的人在他们日常使用的设计产品和系统中几乎没有任何力量。

设计师和使用者越来越多地认识到不同项目之间的差异性,这带来了使用性研究的新分支,如参与设计和包容性设计。在参与设计实践中,使用者并不是被视为一名咨询者或测试主体(预设信息的被动接受者),而是设计团队中主动的、不可或缺的成员。通过给予使用者真正的生产潜力,根据他或她自己的需求和愿望收集体验,参与设计表面上打破了这些区分"设计师"和"使用者"特征之间的局限。简而言之,这是让人介入的设计而不仅是简单的为了人而做的设计。参与设计的目标是让人们在设计过程中有事可做,是一种被观察和研究之外的某种地位,不是给予使用者别人提供的东西。包容设计是旨在优化为了最广大数量的人们的使用性,从表面看是设计中提供了最广泛年龄层的设计(→通用设计(Universal design))。

使用性设计的关注不仅加入了通用设计和参与设计,也产生了另一种被称为"设计和情绪"(design and emotion)的发展(代尔夫特理工大学(Delft University))。这条使用性的分支关注的是住在一个设计的或人造的世界中是什么感受,要求单纯的量化研究方法的开发。它将使用性扩展到不仅包含产品和服务,也包含居住的可能情况。使用性提出保持历史观念,即"更好的使用可能等同于更好的世界"这个观念。"设计和情绪"假设了我们可以设计出更好的体验,由此获得一个更好的世界。

不论你如何看待使用性,为了发展出对它的更好的理解,你需要进行仔细观察,为此设计师越来越多地借用人种学方法(→观察研究(Observational Research))。但是适合人类学家的不一定适合设计,而当设计师被要求收集他们所见的信息和文件的时候,事实证明必须用长篇的文字对涉及的证据进行解释。找到了

"相关"信息，用各种方式对它进行记录，将它转化为新的图像，详细描绘所发现的，观察设计努力诠释着主体和客体之所以重要的原因。

这个调查方法的过程值得探索，是因为使用观察法作为一种对使用性进行研究的基础研究方法的线索，确实存在于"物质文化"（人种学对日常生活研究的一个最近出现的分支）的研究原则中（Miller，1998）。受到法国物质学派（Certeau，1984）的影响，物质文化正在探索追寻被观察事物与最终解读之间的因果联系。但是设计从来没有表达出它对意义的强烈兴趣，意义如何通过观察被构建为设计师提供了将"现时现地"转化为"将会如何"的潜力，而这对考虑一个更有用，从而更好的世界是有帮助的。

然而，作为设计思考和行动的一个框架，作为一个将合理性转化为设计结果的概念，使用性遇到的一个主要问题是：它没有将时装考虑进来。时装世界是最多变的争夺使用者和设计师的战场和竞争领域，时装的现象事实上为使用性的研究指出了新的可能性，人们可以自己构筑一个具有个性的和因人而异的世界，而不是将使用性排除在时装理论之外，成为一个无关的主题。[CBR]

→ 直觉（Intuition），简约设计（Simplicity），理解（Understanding），使用（Use）

使用
Use

设计师们创造出由人们使用的物体，或者说人们需要的物体（当你需要一张电车票去拜访朋友，你使用一台自动售票机买票）。使用既有内部动机的方面，也有外在实际活动的方面。在实际活动的这个语境下，当某物被表述为正在使用的东西，一般这表示可以使用这个东西或可以完成它。

设计的目的是制造一个可以被使用者使用的物体或系统，这适用于产品设计或传达设计。设计师可以制造或赋予物体一种或多种用途，这可以被称为单一功能或多功能设计，以室内空间的使用为例可以加以说明。

一个学生的房间可以作为一个典型的多功能设计的例子。学习、娱乐、睡觉、更衣、个人卫生设施、做饭、吃饭等，所有这些都发生在一个房间内。另一个极端是19世纪后半期在英国所建的乡村房屋。在那时候，通常每一间房间都被赋予一个单独的（→）功能，并且根据这个功能进行最优化的家具陈设。所以更衣室与房间分离，还有吸烟室、图书室、接待客人的会客室、早餐室，以及除早餐外享用其他餐点的餐厅。每个孩子都有他们自己的房间、游戏室、单独的辅导室和做作业的房间。这种功能的区分延续到了花园中，你可以从会客室进入玫瑰园，而在厨房旁边还有一个种着草本植物的花园。

让我们先不考虑只有如贵族阶级和小部分新兴资产阶级等很小一部分人群能够负担得起这样的一个乡村房子这个事实,这样的房子如果没有大量的分工各异的工作人员是不可能进行管理的,但是类似于这样的例子事实上标志着单一功能设计学说的产生,也就是所谓的"形式服务功能"。在20世纪,柯布西耶采用了这个模式,一开始只是将一个房间的功能纳入一整个房子的建筑元素中,然后再纳入到(→)城市规划中。最后由钢结构支撑起的内部房屋墙体不再具有支撑屋顶的功能或支撑上面楼层重量的功能。根据柯布西耶的理论,它的大体量不应假装承担起这个功能,它甚至不需要延伸到顶部。这堵墙会有一个功能,也就是分隔房间(因此,也分隔房间的各种功能)。

单一功能设计的基础规则,即分隔各种功能,这个规则经常被忽略。但是,没有这条规则,"形式服从功能"这条格言就毫无意义。柯布西耶的城市规划哲学精确地展现了分割功能会如何导致问题。

柯布西耶是严格的功能分割——居住、工作、娱乐和交通——的倡导者之一。前面的三个功能每一个都被划入城市的相应区域,然后这个区域为完成区域的功能要求进行尽可能好的相应配套。交通系统承担联系以上三个分区的任务。战后许多德国的城市以及其他地方都根据这些标准进行重建。柯布西耶本来意图达到的人性化、文明化和民主化,很快变成了在城市边缘的荒芜的高层贫民窟——居民们只有在一天结束后前往睡觉的地方。工作转换到了工业区,当地的娱乐区,包括慢跑小径这些区域均空无一人,内城被简化为购物广场和办公室,在关门后则变成鬼城。都市生活的质量恶化,远距离的上下班社会形态带来了交通堵塞和噪声污染,这些又极大地恶化了都市生活的质量。

今天的建筑师和设计师谈论恢复城市的必要性,使它们的人口重新得以回升,并充满活力,他们正是在倡导一种纠正单一功能的城市规划方案,通过重新将不同的功能分配到不同的都市区域的方式。这个围绕着重新都市化的讨论由简·雅各布斯(John Jacobs)于20世纪60年代在纽约发起。当然,设计师们应在决定是做单一功能设计还是多功能设计之前分析项目的特定情况和环境。

虽然从定义上讲，"使用"这个词汇应该属于使用者，但直到现在，它的关注点始终都在设计的一个方面，也就是产品设计。有趣的是当真正使用一件设计物品时，使用者常发展出一种与设计师的意图不同的使用（→无意识设计（Non Interitional Design）），设计师起先的意图是多种功能或单一功能的，吉米·亨德里克斯（Jimi Hendrix）用嘴巴演奏吉他，特别是用牙和舌头，然后敲碎它，这大概不会是弦乐乐器最初设计的使用目的。

对设计物体非计划使用的例子包括用来挂衣服的椅子，用于拍打恼人蚊子的报纸，用来垫高投影仪的书，以及伽利略用比萨斜塔做物理实验。从符号学角度来讲，对设计产品的接受或解读使得使用者能够创造性地对设计物体的真实使用做出贡献。大体而言，对一件物体的处理常会引向新的使用。尤他·布兰茨（Uta Brandes）和迈克尔·厄尔霍夫（Michael Erlhoff）将这种现象称为"无意识设计"。

这也应用于二手产品或回收产品的使用。二手产品的使用也提出了关于保护的话题，因为它使设计物体得以继续流通，能够使用更长的时间。为那些无法负担或不想购买新商品的人所设的二手商品市场正在扩大。不仅跳蚤市场繁荣，易贝（eBay）也在这个市场领域有着很大的、持续的增长。

物品常常被小心保存，因为它们可以被再使用。艺术历史学家和考古学家使用"spoils"（来自于拉丁语 spoliare，意思是劫掠物品）指那些用于建造新建筑的古老遗迹或毁坏的建筑物。一些罗马的墓碑得以幸存是因为它们被用作建造中世纪时期的罗马风格教堂。德国的工业区鲁尔区通过再利用向我们展现了当代的有效保护的例子。在煤矿开采和钢材制造的衰退之后，许多旧的、毁坏的建筑物得以保留，因为它们被改造为新的博物馆、政府办公楼和其他公共建筑。

物品的使用留下的印记，产生一种偶像效应或去偶像效应（→做旧（Patina））。如果你拥有一件 1925 年由马歇·布劳耶设计的原产瓦西里椅，并且经常使用它，那么使用产生的印记将会有一种去偶像效应。这张椅子不再是一个几乎神圣的标志、一个展现在人们眼前时让人肃然起敬的物品,它在使用中被世俗化了。但是假如你有一张马歇·布劳耶本人的椅子,一张他曾经拥有并在生活中经常使用的椅子,那么这张椅子在人们看来将变得价值连城,这完全是因为这些使用的印记是马歇·布劳耶留下的,也就是说它会被作为大师的椅子受到尊崇。

"生活意味着生活印记",德国马克思主义文学批评家和哲学家瓦尔特·本杰明(Walter Benjamin)写道,他指出了住在由光滑的、坚硬材料做成的现代室内环境的实际困难。他认为这是进步和觉醒所要付出的代价,这是通向资本主义,抛弃从俾斯麦到威廉一世(1871—1914 年)那些年(创建期)黑暗如洞穴般的装饰,向着明亮发光的"生活机器"(柯布西耶)的现代主义和它们理智的"可敬的简朴"发展所要付出的代价。今天从发光设计到反发光设计的回归可能意味着这个觉醒的过程已经完成。[TF]

→ 需求(Need),功能(Function),功能主义(Functionalism),界面设计(Interface Design),现代性(Modernity),使用性(Usability)

独特销售主张
USP

独特销售主张指的是一件产品或一个(→)品牌突出的特点,将它清楚地与其竞争对手提供的东西加以区分。罗素·瑞夫斯(Rosser Reeves)在 20 世纪 40 年代将这个词引入到了营销理论和实践中。这种特点可以与一件产品的任何一个方面相关:形式、服务、界面、成本、先前从未企及的功能、一种新的使用理念等等。所有这些因素都可以在设计过程中以某种关键的方式受到影响,所以设计需要承担起对于使用者而言具有客观明显的独特销售主张的任务。这常常是聘请设计师的关键因素,独特销售主张是企业广告的焦点所在,为达到高售量或增加盈利的目的。[AD]

→ 附加价值(Added Value),广告(Advertisement),品牌打造(Branding),策略设计(Strategic Design)

V

价值
Value

价值指的是某种事物的相对价值或使用性。在这本手册中定义的许多词都直接或间接谈到了价值这个概念。事实上设计可以作为一种价值附加和价值协商的过程来理解。

价值是一个非常基础和宽泛的概念。它与我们因为任何原因,赋予任何物品的价值相关。如果你认为某物、某人、某种感觉或体验可能有某种重要性或意义,那么你就会认为它具有某种价值。价值一般被认为代表需要完成一种交换(购买、出租、雇用等)所要付出的金钱(或内部货币)。一个人用于交换的相对量就是东西交换的价值。正是人们常常倾向于用量化进行价值评估,导致了试图量化设计中那些不那么有形的、质的方面。

设计增加物体价值,设计的成功与否很大程度上可以理解为设计为所设计的制品所增加价值的多少。可以预见的是,从附加价值方面决定一个设计是否成功的过程要通过评估确定(评估和测试之间的差异是理解价值与设计关系的一个关键概念)。在我们生活中的相对价值来源于他们给予我们的感受(非实质性评估)与产品符合设计标准的程度(实质性评估)的综合。

对于设计师向客户表达设计的实质性价值的能力,现在已经提出了越来越高的要求,同时在商业圈中,也越来越多地赞同(→)创新不可能在严格的量化和基于效率的过程中获得。最终,越来越多的人意识到在设计物品和系统的委托、制造和分配过程涉及的各个方面并不是单一价值体系的。对以度量为基础的计算方式的依赖,以及对贸易的质量价值的重要性的日益重视带来了我们所说的"三基线"理论。这种尝试用量化手段平衡商业操作对社会和环境影响的努力反过来又影响了设计决策(见可持续性词条关于这种方法的评论)。

本质上的价值对于设计而言十分关键:新设计的物体如果减少了浪费将会鼓励关注环境的购买者将公民价值观付诸于物体;如果它带有一种技术创新,财务上的支持者就能获得相应的地位价值;并且,如果它是作为一件礼物被购买且含有某种情感的理解和亲密,那么收到礼物的人就会发出对它的一种情感价值。设计师或设计团队在设计过程的各个节点做出决策,并且大多都带有价值。在每个"选择点"的每个设计决策都会将某些价值凌驾于另一些价值之上。™

→ 附加价值(Added Value),设计过程(Design Process),伦理学(Ethics),质量(Quality),社会的(Social),独特销售主张(USP)

虚拟
Virtuality

虚拟指的是一种虚拟化的总体场景(如一个历史阶段),一个当地的情况(如一个社会环境),或一种特殊状态(如一个网络、系统或物品),即它主要以非物质性为特征。

"虚拟"这个词的名词形式比较少见,常见的是在理论中将"虚拟的"这个形容词技术性地应用(在计算机科学中与"逻辑的"这个词交替使用,与"物质的"相对)于哲学状态中。在这些讨论中,以数码形式存在的(十分不确定的机制)物体、功能、系统和情景被那些投身于新技术研发的构想者称为"虚拟化"(比如霍华德·瑞格德(Howard Rheingold))。这些关于虚拟的讨论一般依赖于历史决定论,也就是相信技术发展是社会、文化和政治变革中的决定性因素。那些不认同这个观点的人几乎没有用过多的话来反驳虚拟这个如此怪异的概念(阿瑟·克洛克(Arthur Kroker),迈克·维斯丁(Michael A. Weinstein)是比较著名的例外)。结果,"虚拟"和"虚拟化"常带有强烈的鼓吹的意味。

在英语中,"虚拟"这个词古老而边缘。它首先出现在1483年的圣徒传《金色传奇》(*Golden Legend*)的译本中,该书由威廉·卡克斯顿(William Caxton)出版,他是最早将印刷出版社和零售图书带到他的国家的英国人。在这个词出现的最初几个世纪中,它主要出现在宗教语境下,作为一种物质物体的表达,详述宇宙的潜力。因此,托马斯·布朗(Thomas Browne)爵士在《常见错误》(*Pseudodoxia Epidemica*)(1646)一书中写到"one graine of corne... there lyeth dormant the virtuality, of many other, and from thence proceed an hundred eares."(如果一颗稻谷中含有一种虚拟,那么一推二二推三,直至数百谷穗)。从此科学思想从机械论角度阐明了这种"虚拟"如何实现的过程,然而机械的解释很难表达这些过程有时所能激发的奇迹感。这种机械主义和爆发性潜力之间的张力是把有关虚拟事物的想法变得如此流行的核心动力。

在它的现代形式中，虚拟一般与计算机网络的兴起有关，特别是互联网（→网络（Networking））的兴起。正如在这个语境下成为全球流行的几个词汇一样（如"数码""信息"等），很难对它做出确切的定义。通过这些在各种不同文化和学科语境下的网络中产生的衍生词汇，没有清楚的、统一的定义这个词的框架。然而这种现象是最近才有的，所以这种跨文化的状况本身会不会被作为一个以新的方式理解这些词汇的统一语境仍有待观察。如果这能实现，那么带来的多方面结果可能就是诸如虚拟等概念的一个（甚至是唯一的）决定性特点。现在，它们的特点仍然是模糊的。

对于近代或当代投身于虚拟概念的构想者们，某种"虚拟"东西的潜力常被认为与它的物质性成反比：某物有越少的物质形式（参数运行），它越少受到那种形式的约束，它的潜力就越大。一般在技术语境下，这种方法才有意义。"虚拟"技术的电脑化使用使许多不同的过程得以用普及设备如 PC 机的软件进行，从硬件的经济性和软件开发和维护的灵活性角度而言，其利益是十分巨大的。

然而在非技术语境下（如主观性理论、层级理论或管理理论中），虚拟的概念很快就出现了问题。关于这类讨论——如从本质上看很大程度上来源于人类体验的方案可以被转换为"虚拟"形式——即使没有普及，也已经很有影响力。比如约翰·派瑞·巴洛（John Perry Barlow）的《网络/赛博空间独立宣言》（"Declaration of Cyberspace Independence"，1996）设定了两个完全分离的世界和一个共同的"头脑"，植根于电脑世界，代表了未来和潜在的可能，反对物质世界的政治构架，代表了过去、工业化和有形的存在。这份宣言在那时候被许多人认为是言过其实的（事实上它的意图就在于此），但是它的观点很大程度上是与广泛流行的信仰是相似的——虚拟商业与实体商业相比的无限可能性，政府无法对虚拟商业和组织等执行法律及收取税款等等。

这些关于"虚拟"潜力争论的根源是极为复杂的。一方面，这些关于"图灵机"（就其本质而言，那些可以模仿其他机器的机器）的基础讨论，直接来源于第一代电脑工程师，如诺尔博·维纳（Norbert Wiener）和约翰·冯·纽曼（John von Neumann）等人的工作,他们所处的时代是长期被称为唯物主义的、技术民主的、与政治无关的时代(或者说至少与战后共产主义的极左对立)。另一方面,向基督教的成熟转变,比如传奇的媒体理论家马歇尔·麦克卢汉(Marshall Mcluhan)与《连线》(Wired)杂志的创办编辑凯文·凯利(Kevin Kelly)写了许多评论性文章,倡导有机的、群体的,并且最重要的是乌托邦式的集体人类思想。同时,关于虚拟的理想也带有强烈的乐观未来主义的痕迹(比如"extropian",即寻求明智地利用科技的方式来克服基因、生物、心理、文化与神经上的各种限制,以追求生命、自由以及无限的成就),对物质性的极度不信任(一些人认为这是拿破仑主义的复辟)。这种折中主义本身有着很多来源和因素,从美国主要思想者(对于他们而言,系统性的或纯哲学的调查是较少使用的)表达这些理论的主导地位,到驱动这些理论发展的应用语境(也就是数字化计算机和网络的兴起)。

奇怪的是,20世纪最有影响力的致力于不断分析"虚拟性"的两位构想家,却看似在以技术为导向使用这个概念的过程中没有影响力。亨利·柏格森(Henri Bergson)将这个概念应用于描述一个物体通过感知变成或产生一种展现,之后在后现代主义时期的让·鲍德里亚(Jean Baudrillard)对形而上学思想的主观运用很大地影响了前荒诞主义者法国作家阿尔弗雷德·雅里(Alfred Jarry)和他"荒诞玄学"(pataphysics)的创作。相反,在技术语境下关于"虚拟"的重要性归功于两名并不那么著名的美国构想者泰德·纳尔逊(Ted Nelson)和加隆·雷尼尔(Jaron Lanier)。

纳尔逊,一个打破旧习的技师(比较著名的是20世纪60年代中期首次提出了"超文本"这个词),给予了"虚拟性"关键性的现代含义,他用"虚拟的"表达"感知结构和感觉"以及"与真实相对"这两重意义。更确切地说,他将虚拟理解为一系列可能的功能,其中不论是具体的(→)软件还是概括的软件,都有能力优先在一个界面(包括逻辑的和物理的界面,不仅仅是人类或图像界面)(→界面设计(Interface Design))这样有形的形式中进行简约表达。纳尔逊的理念主要集中在文本和跨文本之上,在他命名的"文件宇宙"(docuverse)中进行构想。他的堂吉诃德式的第一个超文本项目"仙那度"（Xanadu）（开始于 1960 年并且断断续续运行了几乎有 40 年），可以从他对网络以及"总会中断的链接、只能向外的链接、无法找到来源的引用、没有管理的版本，没有管理的权利"的批评中发展得来。同时，纳尔逊坚定地坚持他对"计算机只是纸张的模拟器"的批判态度，并且驳斥将数字制品看做是"四面墙的监狱"这样二维的理解。从本质上说，纳尔逊预见了一个技术系统，这个系统能够将所有纸质文件的局限性看做一个备选项而不是必然。比如，使用者可以进入数字化制品开发的每一个阶段，以及那个制品与其他制品的每一个可能的联系或关系（正式的、临时的、语义的等等）。从这个角度讲，纳尔逊关于"虚拟"的观点可以被看作是"虚拟"这个使用了数个世纪的词所蕴含的无数潜质的一种技术的实现。

　　基于纳尔逊理论和实践的基础，一方面，在 20 世纪 70 年代早期"人工现实"这个词在实验计算机圈内受到了某种程度的欢迎；另一方面，加隆·雷尼尔被认为是首次在 20 世纪 80 年代早期提出（→）"虚拟现实"这个词的人，这个词指的是三维的、被称为"拟真"的环境。雷尼尔的尝试相比纳尔逊更实际、更有功能性——比如，类三维环境能使使用者通过实验输入（如触觉）或输出（如抬头显示器（heads-up）），进行探索和操作。就像纳尔逊的工作那样，雷尼尔所做的工作的技术（→）复杂性和电脑密度远远超出一般能够获得的电脑资源，带来的结果就是他的工作也只有资金最为雄厚的机构才能支持，因此是边缘的工作。

　　最终，正是纳尔逊和雷尼尔各自努力的整合——当然以及许多其他人员研究、开发和在其他方面的努力——"虚拟"开始成为所有活动都在使用的词，结果则成为模糊的词，指的是数码物品的非物质性。这种很大程度因互联网的兴起而引发的流行引起了"虚拟"这个词的广泛使用，从描述性环境（比如多网络用户游戏（MUDs），多人虚拟环境游戏（MOOs）以及角色扮演游戏（RPGs））到网络"社区"，如邮件列表网络很大程度依赖使用者的贡献，等等。然而，随着这些媒体的形式和交流变得更普及，"虚拟的"和"虚拟"这个词几乎要失去它们历史含义的最后碎片，另起炉灶。[TBY]

→ 形式（Form），信息（Information），材料（Materials）

虚拟现实
Virtual Reality

　　这些年，"虚拟现实"（缩写 VR）这个词指的是能够让使用者与计算机生成的三维环境发生互动的技术。这些环境主要通过视觉描绘进行设计，尽可能真实地展现现实。这项技术的预期目的是"总体展现"，有目标地激活感官，使感知型的设施能够构建出一个虚拟的环境，能够尽可能"真实"地被感知。虚拟现实也常常用指人造现实、电脑空间或三维模拟。

　　"虚拟现实"这个词由早期的电脑构想家加隆·雷尼尔于1989 年首次提出。虽然这个概念已经存在了许多年，但是近几年的科技取得的沉浸的程度和形式几乎完全无法与早些年相比。

　　通过绘画中的透视渲染，里程碑地实现了虚拟现实环境系统性的展现。借由照片拍摄、电影和它们的后续产物，还带来了其他的进步。这些系统强调现实错觉的效果取决于它们对感官或情绪"陷入"模拟的程度。比如电影的移动画面相比于照片，其"陷入感"更强，而照片相较于绘画，照片更强。同样，人们可以在其他领域中发现相似的发展，比如，电影中立体声和 DHX 高保真音响的使用在拟真程度上已经远远超过了留声机。那些影院中的观众不仅听到暗藏危险的声音，也能感受到声音来源于哪个方向，这些系统在加深现实模拟上效果更显著。今天游戏世界的游戏机和 PC 机，都拥有三维探险世界、高度清晰的图像和声音展现，提供一种强烈的"陷入感"。与这些"交替的现实"产生互动能够加深人物的存在感。戴上能够探测到各个手指活动数据的手套能够使人通过手动感受到周围的虚拟环境。除了视觉上可以被观察到的效果，力反馈（force feedback）系统使之有可能同时激发触觉感知。我们不仅能够看到我们自己抓住某种东西，我们也能感受到虚拟物体的柔软度或重量。这种复合的控制回路的模拟代表了一种特殊的技术挑战，因为触觉相较于光学或声音，它总是依赖我们抓住一件物体的姿态——我们从而决定知觉所需使用的姿势和力量。

　　除了对整体虚拟环境的模拟，通过使用虚拟物体来开发"扩增实境"（augmented realities）变得越来越重要。半透明的玻璃并没有阻碍我们的视线看到这个世界，反而能让我们从使用者的角度描绘出每个物体。战斗机飞行员头盔面具的内缘投射有重要的飞行信息，瞄准镜和目标距离能够直接反映在他们视线范围内。在民用交通中，已经有许多实验将速度、转数和导航信息投射到挡风玻璃上。

所有在虚拟现实技术上的进步都不仅取决于技术的可能性，也取决于人类自我意识的进步。只有当我们理解了我们的感知和认知过程的原则和确切过程，我们才能有选择地激发和使用它们。[STS]

→ 视觉效果(Visual Effects)，虚拟(Virtuality)

虚拟设置
Virtual Set

在电视机中，"虚拟设置"指的是用实时(→)动画产生虚拟的背景。演员在蓝色或绿色盒子的摄影棚中——一间用单色蓝色或绿色漆成的屋子——这个颜色之后会被电子或数码的键控(keying)技术取代，在任何需要虚拟背景的地方进行填补。使用真实和虚拟相机带来透视正确的、移动的、三维的背景图像，然后与演员一起产生一种真实空间的印象。

除了高昂的制作技术的初始投资，虚拟实验室设置与真实背景制作相比，首先是一个高成本的选择。当遇到极其耗费时间的重建时，经常毫无其他替代选择。除了这些经济方面的因素，虚拟工作室使之有可能创建出物理上可能的结构。工作室的大小并不能决定虚拟建筑的大小。动画元素也可以融入虚拟配景中，因此进一步扩大了特殊效果可能的范围。[BB]

→ 视听设计(Audiovisual Design)，传播设计(Broadcast Design)，背景设计(Set Design)，视觉效果(Visual Effects)，虚拟性(Virtuality)

视觉传达
Visual Communication

视觉传达这个词组指的是文本的、象征的、形式的和/或基于时间元素的组合，共同传达出比它们分别意义总和更多的意义——也就是说，不只是传达想法，也具有增强效果的作用。

"视觉传达"这个词在20世纪八九十年代产生于欧洲和美洲高等教育圈中，取代了"传达设计"这个词。传达设计在20世纪70年代早期被应用于同样的情境下，它取代了W. A. 德威金斯(Dwiggins)的(→)"平面设计"(1922年首次出现，但是在二战后才开始盛行)。驱使这些重新命名的动力是非常不同的，但是两个词在学术圈以外都没有能够取代平面设计进入广泛使用。

传达设计被应用于新的流行的媒介理论中，这些理论家包括马歇尔·麦克卢汉和昆汀·菲奥里（Quentin Fiore）。这个词不能说它精确，但却充满着理想抱负，它反映了对平面设计技术正在许多方面被应用到更大的尺度中的乐观态度。一方面，广告（→广告（Advertisement））利用所有能够获得的媒体，在关于各国统一形象和理念这一目标上正越来越系统；另一方面，努力将机构形象投射到或投入到类公共空间（如主题公园和诸如奥运会或世博会）提供了具有说服力的直观且可获取的国际主义案例。

这些扩展的可能性并不是源自于视觉设计实践中的根本性改变，而是它们反映了这个领域之外的改变——主要是以商业部门为主的投资人对广范围内的与"传达"有关实践的兴趣不断增加。这种趋势对于以视觉为导向的实践是至关重要的，这些实践活动与那些更"文学的"、语言导向的实践相比曾处于次要地位，但是没有什么能够限制这些实践活动。从电子工程到社会学，在无数的领域中引发了对这些实践活动的兴趣，难怪与"传达"相关的专业和企业急剧增加。这种剧增在学术领域中逐渐带来了管理的困惑。

正是在这样的背景下，数十年后，视觉传达这个词被选为传达设计的一种表达。当然许多这样的词组都可以用来表达相似的含义，但是这个新的词组的产生能够避免实践范围被局限于视觉领域的困惑。由此，它所隐含的意思可以区分以视觉实践为核心的各种职业导向型实践项目和以学术、研究和政策为核心的专业导向型社会科学项目。考虑到引入这个词的这些内在的、行政的动机，它没有成为流行用词也没有太多让人惊讶之处。在学术之外，它主要是作为一种自我意识的宽泛类别，包含视觉文化从特意的专业化到纯真的民间风格的各个方面。

甚至在学院内部，视觉传达这个词的引入在某些方面有倒退之嫌。历史上，它的产生与数字化计算机作为创作过程每个方面（从构成媒介（书面文字、图片、形式、拼贴）的开发到整个生产和分配）的视觉主导工具的快速应用有关。然而生产率、复杂度和这些设施的综合方面的快速增强，也驱动了更复杂的混合媒体形式的产生：在生产方面促使视觉设计师开发出以时间为基础的、互动的和声音的形式，将它融入他们的实践；在接受度方面，让观众能够做出对混合媒介的强烈要求。在这方面，非常不幸的是视觉传达这个词正是在技术进步带来大量混合媒介,从而使传达设计更易让人获得时才开始介入这个领域。

然而也确实,学院和机构的平面设计文化对早期的互动和时间基础媒介的产生几乎没有表现出兴趣(→界面设计(Interface Design),时间基础设计(Time-based Design)),这是有其实际原因的。传统上,这个领域受工艺导向的(→工艺(Craft))在字体排印、图像颜色和抽象形式方面对精致、精确和逼真进行关注的影响,但是早期的计算机(不论是分时系统机或者是后来的个人电脑)无法达到任何接近于通常意义的完成或"模拟"质量的技术。比如,早期的数码排字机与它的光学同类产品相比精度极低,数码颜色质量和一致性与色卡系统的灵活度相比又十分粗糙(一个明显的例外是数码图像处理器,非常广泛地受到专业人士和业余人士的喜爱)。

但是,数码技术比专业化领域的实践,如平面设计等,发展得更为快速和系统。结果是,这些专业化领域的实践只应用了这些技术可能性非常有限的一小部分。因此,平面设计实践努力在好坏效果之间挣扎,这些效果带来了所谓的"桌面出版"(本质上说,电子化页面排布和图像处理),它没有能够有机地回应其他的重要发展,如互联网的突然出现。从这个意义上说,传达设计这个充满抱负的名字没有实现承诺——在麦克卢汉共产的、有机的、乌托邦式的思想中可以看出——使它更早之前的名字看似某种错误命名。从这个方面来说,视觉传达具有对专业化领域描述更准确的优点。

这种在专业领域和它快速变化的技术环境之间的复杂对话不是简单的缺乏远见的失败,也不是坚定地对传统的毫不动摇。它是持续的关注,主要来自于对主导这个领域的(→)"传达"的特殊理解。与双向传达交流系统(比如电话)不同,电话假设的是一种自由形式的、协商理解的传达,视觉传达则是一种"单向"的活动传达理念、联想和感受。这种被认为简约的理解方式究其本质可以追溯到平面设计,也就是大量的印刷材料的制作,使用从平面印刷术以及/或照相而来的技术(当然,组成或起作用的学科,如排版印刷和插图具有更久远的历史和传说)。虽然具有更灵活的整合广泛的肌理、象征和抽象媒介和形式的能力,这些技术的最终目标是将组成元素装入一个更静态的形式中,得到的制品可以作为将视觉传达标准化的载体。

但是随着看似不可阻挠的数字化设施的传播,这种数字化设施一般依赖于更加复杂或细致的手工操作的互动(与诸如一本书要"工作"必须依靠的感知或认知互动不同),传统的关于"静态"或"标准化"形式的假设日益变得有问题。在许多印刷和其他固定形式主导的语境中,这种互动的、实时的制作和消费传达活动以及产品正变得越来越普及。尽管浮夸的未来主义修辞法的此起彼伏(预言"书本死亡",将纸张贬低为"死亡的树木"等等),这些创意无论以什么命名,他们用任何方式,在任何阶段都与传统和视觉传达相融合。

然而最有决定性的改变是简约的、单向的传达理解。曾经以书的边注或大量的引用注释这些方式出现的互动,现在被反馈导向系统取代(比如,通过使用浏览记录和数字版权管理技术)。这些使作者、设计师、出版商和/或销售商更详细地了解到他们的读者如何个别地或集中地与产品和系统发生互动。与电话这种自由形式的、协商理解的传达方式不同,这些形式的反馈倾向于倡导一种越来越二元化的传达理解。为了做到这一点,它们倾向于削弱最基本的形成视觉传达的假设——而与此同时,继续承认它与其他更倾向于语言导向的实践的平等地位。[TBY]

→ 传达(Communications),学科(Discipline),形象化(Visualization),网页设计(Web Design)

视觉效果
Visual Effects

"视觉效果"指的是在电影和视频中人工生成和操作的视觉元素。这些画面的操作,现在常常是与剪辑共同完成的,这可以包括从不起眼的小小修改到整体场景中各个元素的增减。人工的遮罩绘画(matte painting)的制作在这里也起着重要的作用。这个过程产生的效果可以通过手工生成也可以通过数字二维或三维图像生成。致力于视觉效果工作的人们关注于创造出用现场手段难以实现的镜头,这种难以实现可能是因为制作预算,亦或现实条件不允许(不可思议的巨大建筑、外形景观、拥挤的场景、模拟的物理效果)。

视觉效果的历史与电影的历史一样古老。早在 1902 年,卢米埃尔兄弟在他们的电影《月光之旅》中使用技术模拟不存在物体。早期的技术包括多次曝光，背面投影，以及模拟（→）动画元素等。现在由于强大的计算机和机器人技术的发展，几乎所有想法都能通过视觉效果实现，人类的现实模拟代表了视觉效果最后需要克服的障碍。

"视觉效果"和"特殊效果"这两个词的区别很大程度上已经不存在了。[BB]

→ 视听设计（Audiovisual Design），传播设计（Broadcast Design），虚拟背景（Virtual Set），虚拟（Virtuality）

形象化
Visualization

形象化这个词有两个互相区分但又互相关联的定义。前者含有（→）感知视觉信息的意思，某种程度上与"看"这个词同义；后者含有传达视觉信息以及终端产品的意思，并且与设计这个活动有关。在两者中，形象化是一个复杂的过程，要求过滤和提取，从而进行解读。

形象化应用于"看"这个动作时，不只是获得感官信息。事实上，这个词常常应用于没有外部的刺激（如白日梦或抽象的理论或概念的表现）的心理图像的形成，甚至应用于单纯的心理过程：如感知灯光信息，或在多个层级与视觉路径一起过滤和提取——在视网膜、丘脑、视觉皮层关于动态、颜色、物体识别和其他心理过程的多个区域的活动。"自上而下"的认知影响了感知和记忆，这些又进一步重塑了我们的视觉体验。

类似的过程也发生在这个词的其他应用中，也就是有目的的视觉信息的传达。在设计中，形象化的过程由传达者（意图）、观众的意向（解读）、整个过程发生的环境（语境）共同决定。

在形象化的应用中，传达者的意图常常是要说服或协助有意愿的使用者。从最广泛的意义上说，平面形象化可以划分成四个方面：以某些姿态代表了人们看待世界方式的真实或抽象图像的形象化；使用量化手段传达时间、数量或其他概念的形象化（就像通常在科学和经济领域使用的方法）；由符号组成的形象化（就像在文本文件或道路导航中使用的）；以及（越来越普及的）更复杂结构性关系的形象化（如"节点和链接"图标或表格）。大多数的形象化都是以上这些的混合，因为强调程度和精确度的不同而有不同的侧重。

　　一旦形象化的目的确定，它就会按照对观察者反应的预测进行创作。视觉信息传达程度的好坏取决于从观察者的感知和认知倾向和能力中过滤和提取信息的细致程度（→启发式（Heuristics）），以及这些传达交流发生的环境。因此，设计师需要将他们的形象化放置在一个或常规或具有创意的准则之中，以及更大的它们被感知的社会语境下。形象化有一些领域，比如已深入坚实建立起来的应用排版印刷的历史，提供了难以计数的预设形象化风格和方法的丰富资源，这些风格和方法常可以根据新的要求被重新应用和修正。最有效的形象化常常是标准和非标准方法细致互动的结果，过度常规的形象化会有失去观看者注意力的危险，而过度新颖的形象化则可能无法被完整理解。形象化的形式和效果因此取决于观看者对设计意图在特定环境下的解析。[AK+WB]

→ 传达（Communications），设计过程（Design Process），平面设计（Graphic Design），信息设计（Information Design），视觉传达（Visual Communication），视觉效果（Visual Effects），理解（Understanding）

网页设计
Web Design

网页设计关注网页的概念、设计、结构以及互联网的信息服务和应用的导航、用户引导和界面设计。

网页设计的一个特点是设计师对他们设计的产品和应用只进行有条件的形式控制。只有在个别时候他们才能决定他们设计的各种元素，特别是尺寸、位置、字体和颜色如何出现在用户屏幕上。这主要是因为用户使用不同的电脑技术（电脑、显示器、操作系统、浏览器），而万维网的基础结构是用页面叙述语言HTML（超文本标记语言）写成的，它使形式数据的随时可变性（这取决于结构标记的信息）成为必要。

万维网由蒂姆·伯纳斯-李（Tim Berners-Lee）和罗伯特·卡里奥（Robert Cailliau）于1989年在欧洲核研究中心创造出来，原本是意图加快文本文件与科学结果在国际网络上的交流速度。超文本传输协议（HTTP）是专门为这个目的创造的。然而，随着万维网的发展，一方面内容开始分化，另一方面从排版或形式设计创造了个人化展示（颜色、层级、字体、大小等）的额外可能性。这促使设计师系统地思考，从而制造出一致的、能为人理解的内容展示。结果，技术发展和日益复杂的信息供应越来越强调用户友好的设计以及从用户的角度进行设计。只有快速出现并能让人理解的内容和信息才有机会在无数的可获得信息资源中引起人们的注意。

近年来法律为感知能力有限的用户去除了许多获取信息资源的障碍，从而给予了他们参与到英特网的机会。作为这种努力的一部分，一系列标准出台以优化网站的（→）使用性和可获得性，但由此导致了一个缺点，就是极大地限制了英特网作为一种独特全新的媒体语言的发展。雅各布·尼尔森（Jakob Nielsen）独到地使用了认知心理学研究，使网站更简单更直观，他不愧是网络实用性设计的先锋之一。

近年来HTML独立软件技术，如Flash，使设计师对他们的设计形式展示更有控制力，也打开了新的（→）动画、视听和互动的可能性。设计师应该记住的是，虽然现在有那么多可使用的设计工具，但往往简单的方案才是最佳的方案，正如谷歌这样相对微型的搜索引擎界面获得成功的案例。

英特网的下一代 2.0 时代(社会网络),符合网页设计的新要求,特别是关于用户的策略性整合。用户变得越来越不仅仅是浏览网页,也通过使用评论和链接做出互动。这表示在信息服务中"使用"这个词的范畴发生了根本变化,因为这决定了展示的形式和呈现的系统结构,需要达到必要的、透明的和可被理解的程度(→信息设计(Information Design))。

诸如印刷、电视和英特网以及移动电话这些媒介,集中到一个跨媒介的网络中需要一种可以与用户互相包容的形式语言,一种可为人理解的、互动的理念,一种内容上可与相应的媒体(以及它们最有可能的使用情境)一致的编辑和形式设计。因此很重要的是在为英特网开发信息服务时将所有不同的媒体纳入考虑。作为各种设计学科的专家协调人,设计师在这个过程中起着决定性作用。他们在用户行为评估、动态信息构建发展、互动信息发展方面,可获得和可识别页面的设计、用人物角色(persona)和脚本预测未来使用形式这些方面发挥作用。[PH]

→ 超文本(Hypertext),屏幕设计(Screen Design),虚拟(Virtuality)

奇特问题
Wicked Problem

这个词由设计理论家赫斯特·里特(Horst Rittel)和社会规划理论家梅尔文·韦伯(Melvin Webber)于 1973 年在伯克利的加利福尼亚大学首次提出。

奇特问题否定了任何标准化的找到解决方案的尝试,因为它是多重的、偶然的以及冲突的事件的一个状况或结果。环境恶化、社会和经济不公平、恐怖主义等是我们 21 世纪所面对的最典型的奇特问题。设计师常致力于特殊问题的解决,这些问题由复杂的"奇特问题"组成或将导致"奇特问题"的发生,然而通过已有的处理方式获得一种孤立的解决方案(或任何一个学科)常常会把问题变得更糟。

由于它的(→)复杂性,奇特问题要求来自各种不同专业背景的人们不局限于空间和时间,组成合作团队进行工作。一个设计用于探讨奇特问题的过程通常是没有固定解决方案的,但是至少可以改善问题的状况。在这个语境下,(→)设计过程的跨学科本质可以使一系列学科和专业人士共同合作,并促进他们与相关的公众一起致力于奇特问题的处理(→参与设计(Participatory Design))。

这个词最近也被应用于互动和软件设计，描述复杂的程序问题，对一个问题的解决方案常包含软件的其他有用的特点。™
→ 协作设计（Collaborative Design），学科（Discipline），启发法（Heuristics）

本书编辑

迈克尔·厄尔霍夫
(Michael Erlhoff)

获德国文学和社会学博士学位,是德国卡塞尔文献展(Documenta 8)组委会成员,德国设计委员会首席执行官,雷蒙德·罗维(Raymond Loewy)基金会创办主席,科隆国际设计学院创办院长,在香港、东京、台北等地任访问教授,*Kurt Schwitters-ALmanach* 一书编辑,出版了关于设计、艺术和文化的多部著作。现任科隆国际设计学院教授、作家、设计顾问。目前居住在科隆。

蒂姆·马歇尔
(Tim Marshall)

美国纽约帕森斯新设计学院(Parsons The New School for Design)院长。曾任澳大利亚西悉尼大学设计学院学术和国际事务处主任。拥有丰富的专业摄影经验。就设计研究和教育有关的话题进行写作并在各国演讲,同时也为专业设计学院撰稿。他曾就读于南威尔士大学和澳大利亚的城市艺术学院。目前居住在纽约。

本书作者

艾撒·艾力达
(AA /Ayssar Arida)

城市设计师、建筑师、作家、企业家，跨学科咨询事务所 Q-DAR(www. q-dar. com) 的负责人。著作《量子城市》(*Quantum City*)(2002)对欧洲的城市设计教育和实践带来了影响，也是"空间领域中心"(theCSR. com) 的创建合伙者之一。他曾在贝鲁特美洲大学(American University of Beirut)任教。目前居住在伦敦。

阿尔金·阿普杜拉
(AAP/Arjun Appadurai)

任美国新学院大学约翰杜威社会科学讲座教授，《消失的现代主义：全球化的文化视野》(*Modernity at large: Cultural Dimensions of Globalization*)(明尼苏达大学出版社,1996)一书的作者,《全球化》(*Globalization*)(杜克大学出版社,2001)一书编辑。他最近的一本书是《对少数者的恐惧》(*Fear of Small Numbers*)(杜克大学出版社,2006)。目前居住在纽约。

阿斯特拉得·欧维拉
(AAU /Astrid Auwera)

自由平面设计师,负责与设计服务有关的研究和项目开发,负责在德国明斯克的巴斯夫涂料公司(BASF Coatings)的市场流行研究项目。她目前居住在科隆。

安妮特·戴芬撒勒
(AD/Annette Diefenthaler)

设计师,设计作品包括 2004 年在科隆的国际家具贸易会,她也是乌姆国际设计论坛咨询委员会的助手。目前居住在科隆。

阿拉斯泰尔·福阿德-鲁克
(AFL /Alastair Fuad-Luke)

可持续设计的推动者、演讲人、作家和制作人,英国创造性艺术大学学院高级讲师,《生态设计手册》(*The Eco-Design Handbook*)(该书是 2002 和 2005 年的国际最热卖图书)作者,其咨询客户来自丹麦、法国、美国和英国等各个国家。他是"慢实验室"(www. slowlab. org)委员会成员,可持续设计中心(www. cfsd. org)第 10 届、11 届可持续产品开发会议顾问委员会成员。目前居住在英国德云郡。

阿尔诺·克雷恩
(AK /Arno Klein)

帕森斯信息测绘研究院(PIIM)信息合成理论家,组织研发信息映射图、脑成像图像处理软件和数据成像方法,目前的研究包括与成像有关的网页应用开发。目前居住在纽约。

安妮特·泰登堡
(ANT /Annette Tientenberg)

布伦瑞克艺术大学当代艺术方向艺术理论教授,记者、艺术和设计评论家,担任过大量展览的策展人职务。目前居住在黑彭海姆(Heppenheim)。

安娜·拉宾诺沃兹
(AR /Anna Rabinowicz)

帕森斯新设计学院产品设计系副教授,Rablabs 公司(一个家居产品设计公司,产品在世界各地销售)创建人,与 Design Continuum 和 IDEO 产品开发公司共同合作,探索人类需要和给设计带来机遇的框架。她为罗技和通用汽车等企业设计产品,并且设计心脏手术器械产品。目前居住在纽约。

安内兹克·塞贝克
(AS /Anezka Sebek)

帕森斯新设计学院设计和技术艺术硕士项目负责人,参与从记录片到故事片的电影制作,为联合国教科文组织《动画非洲》。她与人合作建立了一个辅助动画工作室,担任 2003 年电脑动画节评委以及 2004 年美国计算机协会计算机图形专业图形学年会(*Siggraph*)动画剧场负责人。目前居住在纽约。

亚克赛尔·塞勒莫
(AT /Axel Thallemer)

奥地利林茨大学工业设计专业负责人,在美国和中国的大学担任客座教授,英国皇家艺术协会指定成员。他曾获多个国内和国际设计奖项。目前居住在慕尼黑。

比乔恩·巴特赫迪
(BB /Björn Bartholdy)

科隆国际设计学院视觉媒体专业教授,"cutup"视觉设计事务所创立人,欧洲视听委员会成员。目前居住在科隆。

芭芭拉·弗莱德里奇
(BF /Barbara Friedrich)

担任德国汉堡 Jahreszeiten 出版社发行的关于生活、建筑和生活方式的杂志《建筑 & 生活》(*Architektur & Wohnen*)和《乡村》(*Country*)杂志主编,1992 年由慕尼黑的 Heyne Verlag 出版社出版的《欧洲设计导读》(*Euro Design Guide*)一书的发起者和合作作者,德国联邦设计奖评委会成员。目前居住在汉堡。

巴瑞·凯茨
(BK /Barry Katz)

加州艺术学院人文和设计专业教授,斯坦福大学机械工程专业顾问教授,IDEO 公司一员,著有多部有关文化历史和技术历史的出版物。他是《设计图书评论》杂志执行编辑,正在研究硅谷设计中心的历史。目前居住在加州帕罗奥多,在旧金山湾一带工作。

本杰明·里克
(BL /Benjamin Lieke)

用笔名出版过一部小说,他是一个策展人,主要从事关于设计的文章写作和咨询。目前居住在蒙彼利埃(Montpellier)。

博尔吉特·梅吉尔
(BM /Birgit Mager)

服务设计专业的独立顾问,在科隆国际设计学院创建了服务设计系,国际服务设计网络协会创始成员,科隆应用艺术大学艺术理论系前任系主任。目前居住在科隆。

克莱格·搏耐克
(CB /Craig Bernecker)

照明设计教育研究所创立者,帕尔森新设计学院照明设计专业艺术硕士项目教师,在各类出版物上发表了有关照明设计研究和教育的文章。他曾担任宾夕法尼亚州立大学建筑工程系照明设计专业负责人,曾任北美照明工程协会高级副主席和主席(2003—2005年)。目前居住在纽约。

克莱格·布莱纳尔
(CBR /Craig Bremner)

堪培拉大学设计与建筑学院院长、教授,专长是使用者体验设计,堪培拉建筑与设计双年展组织者。他进行的新的研究实践在苏格兰引发了住宅设计标准的更改。他目前居住在悉尼,在堪培拉工作。

克劳迪娅·贺林
(CH /Claudia Herling)

设计师,"digital frische"设计和插图工作室创立人,*index logo*(波恩,MITP 出版社,2005)一书的作者和译者,在应用科学大学媒体设计系讲授设计理论课程。目前居住在科隆。

科林·麦克林
(CM /Colleen Macklin)

帕森斯新设计学院传达设计和技术系主任,新学院印度中国研究所成员,合作参与开放资源与草根媒体合作研究项目研究。她曾在若干所设计公司从事互动设计师的工作,并在纽约和亚洲做过多次以技术为基础的装置艺术展览和活动。目前居住在纽约。

克劳迪娅·纽曼
(CN /Claudia Neumann)

科隆"纽曼+鲁兹"(Newmann+Luz)文化设计传达工作室所有人之一,德国设计理论与研究协会成员,作家、记者,与 B. 博尔斯特(B. Bolster)和 M. 舒乐(M. Schuler)共同出版了《国际设计手册》(*Handbuch Design International*)(科隆,DuMont 出版社,2004)。目前居住在科隆。

卡梅隆·唐金维斯
(CT /Cameron Tonkinwise)

悉尼科技大学设计研究室主任,独立智囊团"改变设计"(Change Design)负责人,这是一个为了通过设计发展一个更可持续生活方式的智囊团,讲授服务设计、设计和产品分享的研究哲学等课程。他曾在生态设计基金会(Ecodesign Foundation)工作。目前居住在悉尼。

卡洛斯·泰克西拉
(CTE /Carlos Teixeira)

帕森斯新设计学院设计与管理系教师。他的专长是揭开引导设计实践的操作逻辑。在帕森斯,他的工作主要是关于如何将这种逻辑应用到研究和开发中。目前居住在纽约。

大卫·布罗迪
(DB /David Brody)

帕森斯新设计学院设计研究专业副教授。目前正在进行《视觉帝国:在菲律宾的东方主义和美帝国主义》(*Visualizing Empire: Orientalism and American Imperialsm in the Philippines*)一书的撰写。该书的部分内容已经在《前景》(*Prospects*)和《亚美研究学报》(*Journal of Asian and American Studies*)杂志上发表。他目前也在研究一种设计研究的读本。居住在纽约。

丹尼斯·龚塞思·克里斯普
(DGC /Denise Gonzales Crsip)

炙手可热的平面设计师、作家,北卡罗来纳大学设计学院副教授,从事关于"装饰理智"感官构成的视觉和写作研究。她是《设计批评》(Design Criticism)编辑委员会成员,"集思广益"——院校设计教育者会议(Schools of Thoughts Design Educators Conference)的合作组织者,泰晤士哈德逊(Thames Hudson)出版社在 2008 年出版的一部有关排版印刷的教材的作者。目前居住在洛杉矶和罗利。

大卫·林
(DL /David Ling)

大卫·林建筑事务所创始人,帕森斯新设计学院和纽伦堡大学教师。他曾获包括最佳零售设计奖(2001)、由《室内》(*Interior*)杂志颁发的最佳办公设计奖(1995),以及由国际当代

家具展（ICFF）颁发的最佳展示奖（2001）等奖项。现在居住在
纽约。

丹·纳德尔
（DN /Dan Nadel）

图形盒子公司（PictureBox, lnc.）（www. pictureboxinc. com）
拥有人，该公司是一家位于纽约的包装和出版公司，曾获格莱美
奖。他是 *The Ganzfeld*（www. theganzfeld. com）（这是一套每年
出版一次的视觉文化书籍）的编辑，《被遗忘的艺术：不为人知的
漫画空想家们：1900—1969》（*Art Out of Time : Unknown Comic
Visionaries 1900 — 1969*）一书的作者，帕森斯新艺术学院插画专
业副教授，曾在《华盛顿邮报》、《印刷》、《经济学人》杂志发表作
品。现在居住在纽约。

德瑞克·波特
（DP /Derek Porter）

帕森斯新设计学院照明设计专业艺术硕士项目负责人，德
瑞·克波特事务所（Derek Porter Studio）拥有人。他从事室内设
计、家居设计、产品设计以及美术创作等工作，曾获数十个国际照
明设计奖项，并且在许多照明和建筑期刊上发表文章。现居住在
纽约和堪萨斯城。

德克·波顿
（DPO /Dirk Porten）

设计师、咨询师、作家、模型制作家，受雇于"be design"公司，
德国设计理论和研究协会创立成员和网站编辑。现居住在科隆。

厄尔克·卡罗林·高格乐
（EG /Elke Karoline
Gaugele）

经验文化理论家，维也纳艺术大学时装专业教授。她曾在科
隆大学艺术和艺术理论研究所担任科研助手，也曾在伦敦的金史
密斯学院（Goldsmiths）视觉艺术系任研究人员。她的出版物包
括时装、新技术和视觉文化等方面的成果。现在居住在科隆和维
也纳。

伊娃·佩雷兹·德·韦嘉
（EPV /Eva Perez de Vega）

建筑师、设计师，EPdVS（epdvs. com）工作室创始人，从事建
筑实践的同时也涉及产品设计、室内设计、背景设计和舞美设计，
目前在帕森斯新设计学院任教。最近的工作涉及融合动作、流动
和生态的对动态系统和生成技术的研究。她出生于意大利罗马，
现居住在纽约。

伊森·罗比
(ER/Ethan Robey)

帕森斯新艺术学院装饰艺术历史和设计专业文学硕士项目副主任，库柏·海威特国家设计博物馆副馆长，史密森尼学会(Smithsonian Institution)副会长。他曾在伯明翰大学、哥伦比亚大学、亨特学院、纽约城市学院和佩斯大学任教，出版物包括消费主义、社会阶层、品味、展览理论以及 19 世纪和 20 世纪其他的材料文化方面。现在居住在纽约。

埃里克·施比克曼
(ES/Erik Spiekermann)

设计师、字体设计师 (FF Meta, ITC Officina, FF Info, FF Unit, Nokia, Bosch, Deutsche Bahn 等字体的设计师)、作家，MetaDesign 设计公司(英国最大的设计公司)创立者(1979)，FontShop 字体网站的建立者。他目前在柏林、旧金山和伦敦等地都设有施比克曼工作室，居住在柏林和旧金山。

艾瑞克·施密德
(ESC/Erik Schmid)

德国克雷菲尔德下莱茵应用科学大学设计系主任，设计理论教授，自由职业钢琴师，剧院和影院音乐家、作曲人、音乐教师，自由撰稿人，《形式-功能-制作-接受：设计》(*Form-Funktion-Produktion-Rezeption: Design*)(弗莱堡，橘子出版社，2007)一书的作者。居住在克雷菲尔德。

厄尔·泰
(ET/Earl Tai)

帕森斯新设计学院副教授，艺术和设计研究室副主任，他的专业领域主要是设计研究、设计教学法、设计写作。他曾获多个学术和设计奖项，包括美国建筑师学会预应力混凝土设计竞赛全国一等奖、富布莱特奖学金、哈佛论文奖、哥伦比亚总统奖学金、美国教育学系奖学金、台湾教育部奖学金。目前居住在纽约。

弗莱德·达斯特
(FD/Fred Dust)

IDEO 智能空间实践项目负责人，通过组织跨学科团队将来自各行业的客户的想法转换成设计理念，帮助客户实现关于空间和房产的策略性、创新性目标。他是以空间设计为主题的《额外空间》(*Extra Spatial*)一书的合作作者，曾在贝克力的加州艺术学院和加州艺术大学任教，在多所大学担任客座教授。目前居住在旧金山。

菲欧娜·拉比 (FR /Fiona Raby)	伦敦 Dunne&Raby 公司合伙人,该公司与工业设计研究所、大学、文化机构等合作进行项目设计,伦敦皇家艺术学院 CRD 研究工作室创建人,负责那里的家具和建筑系。目前居住在伦敦。
格尔达·布鲁尔 (GB /Gerda Breuer)	德国伍珀塔尔大学艺术和设计历史专业教授,自 2005 年开始担任包豪斯德绍基金会学术顾问委员会主席。她具有国际展览经验,并曾在三所不同的博物馆担任馆长,曾在美国、荷兰、德国等国任教,曾出版艺术、建筑、摄影和设计历史方面的作品。现在居住在伍珀塔尔。
吉特·简斯达特 (GJ /Gitte Jonsdatter)	芝加哥 IDEO 公司智能空间团队设计研究人员。她的专长是做情景化研究,从而理解围绕着服务和环境的社会的、情感的、认知的、生理的问题,并且把研究见解纳入到可实施的设计标准中。在进入 IDEO 之前,她规划和设计特殊事件的体验,并且向客户展示,她的客户包括世纪华纳公司、德意志银行、IBM、戴姆勒-克莱斯勒公司等。目前居住在芝加哥。
葛斯切·朱斯特 (GJO /Gesche Joost)	德国柏林电信实验室(Deutsche Telekom Laboratories)高级研究科学家,其专业领域是使用性和互动设计。2003—2004 年期间,在科隆、维也纳和东京从事界面设计,曾在科隆国际设计学院讲授设计理论和媒体美学课程,德国设计理论和研究协会委员会成员。目前居住在柏林。
亨略特·施瓦兹 (HS /Henriette Schwarz)	设计师、作家,发表了许多关于设计学的文章,美国反设计和游击园林(U. S. Anti-design and Guerrilla Garedening)团队创立成员。目前居住在加利福尼亚帕洛阿尔托。
海克·维斯留斯 (HW /Heico Wesselius)	帕森斯新设计学院设计和管理系副教授,曾在 IBM 商业咨询服务公司的阿姆斯特丹、东京和纽约的分公司工作。现在已经创办起了自己的咨询公司,专业焦点主要是商业管理复杂性的处理。他曾作为投资银行家为一些全球性机构和战略咨询公司工作。目前居住在纽约。

尤尔根·豪伊斯勒 (JH /Jürgen Häusler)	Interbrand Zintzmeyer & Lux 咨询公司首席执行官,为大量企业提供战略性市场咨询建议,其中已为德国电信公司提供了超过十年的咨询服务。他是莱比锡大学战略性商务传达专业教授,也进行关于市场营销的写作。目前居住在苏黎世。
杰莫·亨特 (JHU /Jamer Hunt)	费城大学教师,工业设计专业研究生项目负责人,曾在多国讲座,曾为睿智设计(Smart Design)、foredesign、WRT 和虚拟美(Virtual Beauty)等公司工作并提供咨询。他的写作类型包括诗以及有关建筑环境的评论等,在各类图书、期刊和杂志上发表。目前居住在费城。
约翰·梅达 (JM /John Maeda)	平面设计师、视觉艺术家、电脑科学家,波士顿麻省理工学院媒体实验室研究系副主任。数字化时代简约设计的倡导者,曾有过许多作品出版和展览,荣获了许多奖项和荣誉。他目前居住在马赛诸塞州列克星敦。
珍·李 (JR /Jen Rhee)	帕森斯新设计学院学术交流处副主任,雕塑家、插画家。曾在公共艺术机构 Minetta Brook 和纽约新当代美术馆任职,雕塑作品和研究项目包括对光的理解、牛顿光学和物理学。目前居住在纽约。
乔格·斯图兹贝切 (JS/ Jörg Stürzebecher)	记者、策展人。出版了关于马克思·博洽兹(Max Burchartz)(1993)、汉斯·雷斯迪克(Hans Leistikow)(1996)、安东·斯坦科斯基(Anton Stankowski)(2006)等人的图书,为《设计报道》(Design Report)杂志工作。目前居住在缅因河畔法兰克福。
乔尔·塔沃斯 (JT /Joel Towers)	新学院大学铁狮门环境和设计中心主任,环境研究室副主任,帕森斯新设计学院建筑学副教授,同时也是该校第一位可持续设计和城市生态学研究项目负责人。他曾在哥伦比亚大学任教,是 SR+T 建筑师事务所创建搭档之一。他主要从事生态问题和它们与设计概念形成以及建造方法论之间关系的研究。目前居住在纽约。

凯文·芬
(KF /Kevin Finn)

悉尼盛世设计(Saatchi Design)(盛世国际广告公司的一部分)联合创意部主管,目前是澳大利亚唯一一本平面设计期刊《公开宣言》(Open manifesto)的创办人、编辑和设计师。曾在都柏林、惠林顿和悉尼的多家顶级设计事务所工作,曾获多项国内外大奖,包括 D&AD 银奖、纽约字体指导俱乐部评委奖等。现居住在悉尼。

肯特·克雷曼
(KK /Kent Kleinman)

帕森斯新设计学院建筑、室内设计和照明系教授、系主任。他学术上的主要研究重点是 20 世纪的欧洲现代主义,出版物包括《缪勒别墅:阿道夫·鲁斯作品之一》(Villa Muller : A Work of Adolf Loos)、《鲁道夫·阿恩海姆:视觉揭秘》(Rudolf Arnheim : Revealing Vision)、《凯弗兰德别墅:密斯的豪斯·兰格和埃斯特斯》(The Krfeld Villas : Mies's Haus Lange and Esters)。曾在澳大利亚、德国和瑞士等国的建筑学院授课。目前居住在纽约。

凯蒂·萨林
(KS /Katie Salen)

帕森斯新设计学院设计与技术专业副教授,《游戏的规则:游戏设计基础》(Rules of Play : Game Design Fundamentals)和《游戏设计读者》(Game Design Reader)两本出版物的合作作者之一,游戏实验室(GameLab)的核心成员,《游戏的生态学》(The Ecology of Games)杂志编辑。她写了大量有关游戏设计、互动和游戏文化的文章,包括最早的关于鲜为人知的引擎电影(machinima)的评论。目前居住在纽约。

凯瑟琳·斯福尔
(KSP /Kathrin Sphor)

自由设计创作者,杜塞尔多夫应用技术大学副教授,帕萨迪纳艺术中心设计学院客座教授,为大卫·林奇(David Lynch)设计了他第一套系列家具,曾在《形式》(Form)杂志以及佛罗格设计公司(Frogdesign)工作。现居住在科隆。

凯琳·索尼森
(KT /Karin Thönnissen)

魏玛包豪斯大学设计系研究助理,有许多关于纺织、时装设计和 20 世纪艺术历史的展览和出版物。目前居住在魏玛。

凯特琳·威尔曼
(KW /Katrin Wellmann)

资深工业设计师、echtform-Industriedesign & Beratung 公司经营所有人、讲座人、出版人,出版了有关商业文献的图书。目前居住在德国勒斯拉特。

卡塔琳·魏贝塔
（KWE/Katalin Weiβ）

室内设计师、产品设计师和食品设计师，食品设计方面主要集中在甜品和糕点的设计。目前居住在柏林。

罗瑞塔·史泰博
（LS/Loretta Staples）

有20多年平面设计、展览设计和界面设计经验。她的作品涵盖了专业化应用、概念模型和生成技术原型等领域。她在许多地方做过数字化设计的讲座，目前在帕森斯新设计学院设计和管理系任教，居住在纽约。

罗斯·魏舍尔
（LW/Lois Weinthal）

帕森斯新设计学院BFA室内设计项目负责人，持照室内设计师。她曾在德克萨斯大学建筑学院任副教授，在那里她与别人共同开发室内项目。她的主要兴趣焦点是建筑、室内和物体间的关系，包括家具和服装设计。她的设计作品和研究项目在国内外出版物上出版，目前居住在纽约。

米歇尔·阿丁顿
（MA/Michelle Addington）

耶鲁大学建筑学副教授，讲授关于能源/环境系统、先进科技、智能材料方面的课程。她曾在美国国家航空航天局和杜邦化工担任研究工程师，在哈佛大学执教十年，在多本杂志、图书和参考教材上发表关于能源、流体力学、照明和智能材料等方面的文章，最近与他人合作出版了《建筑和设计专业智能材料与技术》（*Smart Materials and Technologies for the Architecture and Design Professions*）一书。目前居住在美国纽黑文。

米歇尔·柏格丽
（MB/Michelle Bogre）

帕森斯新设计学院摄影系副教授、系主任，知识产权律师，活跃的摄影师。她的作品最近在华盛顿市国立档案馆的劳伦斯·奥布赖恩馆参加了名为"我们是如此创作的"（*The Way We Work*）群展。她讲授版权课程，为《美国校园摄影》（*American Photo On Campus*）杂志法律专栏撰稿。目前居住在宾夕法尼亚。

马尔库斯·波什
（MBO/Marcus Botsch）

工业设计师，从事家具设计、配饰设计、展览设计和公共设计，《设计喜剧》（*Design Revue*）主编，Drr. Stahl研究所创建人，德国幽默设计发起协会赞助人,《形式》(*Form*)和《设计报告》(*Design Report*)自由撰稿人。目前居住在纽约。

迈克尔·D·拉宾
(MDR/Michael D. Rabin)

帕森斯新设计学院设计与管理系副教授,人机互动方面的专家,创立并经营着一家专门针对使用者体验的咨询公司,声音驱动应用设计的专利所有人,凭发表在《人类因素期刊》(*Human Factors Journal*)的文章获杰罗姆·H·伊莱(Jerome H. Ely)奖最佳文献奖(1995),出版了许多关于认知/感知系统对记忆的影响的文章,强调香味感知,目前的研究兴趣主要是在感知设计领域。目前居住在纽约。

迈克尔·厄尔霍夫
(ME/Michael Erlhoff)

本书编辑之一。

米凯拉·费肯泽勒
(MF/Michaela Finkenzeller)

设计师,在上海从事研究工作,为首尔西门子公司设计部进行实际项目开发,为明斯特的巴斯夫涂料(BASF)开发过汽车油漆。目前居住在德国明斯特和科隆。

玛丽恩·戈多
(MG/Marion Godau)

柏林国际设计节 DESIGNMAI 联合发起人及组委会成员,德意志制造联盟成员。除了大量的出版物,她也在费希塔大学讲授设计、设计理论和历史的课程。目前居住在德国小马赫诺。

池田美奈子
(MI/Minako Ikeda)

日本九州大学设计系当代设计与设计新闻学副教授,日本信息设计研究所(IIDj)创立者之一,著有若干本图书。目前居住在东京和福冈。

玛丽娜·科勒
(MK/Martina Kohler)

建筑师,柏林工业大学副教授,讲授建筑课程。她曾任纽约普瑞特艺术学院客座副教授,在慕尼黑、柏林和纽约等地的事务所工作八年,并从 2000 年开始独立创业。目前居住在纽约。

马托·克瑞斯
(MKR/Mateo Kries)

在莱茵河畔魏尔的维特拉设计博物馆(Vitra Design Museum)担任副馆长,是许多国际旅游展览的策展人,柏林国际设计节 DESIGNMAI 联合发起人,在柏林洪堡大学以及柏林艺术大学讲授关于设计理论的课程,出版了许多有关设计的出版物。目前居住在瑞士巴塞尔。

梅兰妮·克尔兹
(MKU /Melanie Kurz)

宝马设计部设计师,曾在慕尼黑与亚历山大·纽梅斯特(Alexander Neumeister)共同合作,研究项目曾多次获奖。目前居住在慕尼黑。

米欧德拉格·米特拉斯诺维克
(MM /Miodrag Mitrasinovic)

建筑师,帕森斯新设计学院教授,《全景景观,主题公园,公共空间》(*Total Landscape*,*Theme Park*,*Public Space*)(Ashgate 出版社,2006)的作者,与 J. 汤加诺(J. Traganou)共同主编《旅行,空间,建筑》(*Travel*,*Space*,*Architecture*)(Ashgate 出版社,2007)一书。两本书都获得了格拉汉基金(Graham Foundation)资助。他在欧洲、日本和美国等国的专业和学术类期刊上均有发表文章,在国际上很多高校授课及讲座。目前居住在纽约。

马克·罗克斯伯格
(MR /Mark Roxburgh)

悉尼科技大学设计学院高级讲师,《视觉设计学报》(*Visual Design Scholarship*)杂志联合总编辑。他曾任悉尼科技大学视觉传达专业负责人,作为照片图片媒体制作人参与了大量的出版编辑工作。目前居住在悉尼。

迈克尔·斯科伯
(MS /Michael Schober)

新学院大学社会研究部心理学系教授、系主任,《话语过程》(*Discourse Processes*)杂志编辑,《未来采访展望》(*Envisioning the Survey Interview of the Future*)杂志联合编辑。他的研究主要集中在合作过程方面,关于动态采访、室内音乐家协调、对话中的立场以及媒介交流等方面的论文发表在《公众观点季报》(*Public Opinion Quarterly*)、《应用认知心理学》(*Applied Cognitive Psychology*)、《视觉真实》(*Visual Reality*)等出版物上。他目前居住在纽约。

马可·希博尔兹
(MSI /Marco Siebertz)

设计杂志《罗格》(*ROGER*)的所有者和总编,在"德国之声"(Deutsche Welle)和其他许多媒体担任自由撰稿人,德国国家学术基金年会奖学金获得者,在设计研究领域十分活跃。目前居住在科隆。

德特莱夫·梅耶-沃金雷特 (MV /Detlev Meyer- Voggenreiter)	为贸易会、博物馆、收藏品等筹划和组织展览，讨论并为城市空间构想方案，设计团队"五角大楼和赌场的容器(Pentagon and Casino Container)"的合伙创建者，德国设计理论与研究协会创建委员会成员，欧洲康斯索尔(European Kunsthalle)组织赞助会成员。目前居住在科隆。
南希·萨尔瓦第 (NS /Nancy Salvati)	帕森斯新设计学院兼职教授，纽约市区新贸易和销售顾问。她的客户包括道·琼斯、AT&T公司、广播媒体如CBS,CNN以及 RAI。她在科技期刊上，如《卫星通信》(Satellite Communications)和《通信科技》(Communications Technology)发表了多篇论文。现居住在纽约。
佩特拉·艾塞尔 (PE /Petra Eisele)	作家，德国美因茨理工大学教授，教授设计历史、设计理论和媒体专业，在特里尔大学进行包豪斯项目研究，出版了若干部有关设计历史和理论的出版物。现居住在特里尔。
菲利普·海德坎普 (PH /Philipp Heidkamp)	科隆国际设计学院欧洲设计文学硕士项目负责人、界面设计专业教授、文化研究系主任、科隆"句法设计"(syntax design)事务所合作创办人，在界面设计方面有大量出版物和讲座。目前居住在科隆。
帕米拉·特鲁特·克雷恩 (PK /Pamela Trought Klein)	帕森斯应用科学系副教授、副主任，设计教育家、画家、建筑和室内设计色彩顾问。她的作品在内尔美术馆(Neil Gallery)、AS Van Dam、纽约ABC No Rio美术馆以及 AIR Invitational被展出，她的文章发表在《纽约杂志》(New York Magazine)、《城市与乡村》(Town & Country),《纽约时报》(New York Times)等出版物上。她目前居住在纽约。
彼得·弗莱德里奇·斯蒂芬 (PS/Peter Friedrich Stephan)	作家、设计师、制作人以及关于商业交流方面的媒体制作顾问，科隆媒体艺术学院认知设计专业教授，研究范围涵盖知识设计、数字化市场营销、设计理论等领域，知识媒体设计论坛(Forum for Knowledge Media Design)合作创建者和商业经理。他目前居住在柏林。

保罗·图米奈利
(PT /Paolo Tumminelli)

"好品牌"(Goodbrands)商务咨询事务所创办人和运营负责人,科隆国际设计学院设计概念专业教授,德国商业杂志 *Handelsblatt* 专栏作家,《交通设计》(*Traffic Design*)(科隆,Daab 出版社,2006)一书作者,主要研究领域包括汽车文化的历史和发展。他现居住在科隆。

罗伯特·郎霍恩
(RL /Robert Langhorn)

纽约普瑞特艺术学院工业设计专业教授。在来到美国之前,他在英国伯恩茅斯艺术学院三维设计专业任高级讲师。他目前居住在纽约。

罗伯特·卢伯恩
(RLU /Robert LuPone)

新学院大学戏剧系主任,纽约常驻剧院联盟(Alliance of Resident Theaters)委员会主席,MCC 剧院艺术总监,最近在百老汇的作品包括《真实的西方》(*True West*)、《一千个小丑》(*A Thousand Clowns*)、以及《桥上看风景》(*A View from the Bridge*)。两次获托尼提名奖,获艾美奖提名奖,获杰弗逊奖(Joseph Jefferson Award),美国演员工会奖(Screen Actors Guild Awards),演员工作室奖(The Actors Studio Award)。他目前居住在纽约。

瑞内特·门兹
(RM /Renate Menzi)

苏黎世应用艺术和科学大学(ZHGK)设计与设计理论专业副教授,德国设计理论和研究协会委员会成员。她为许多报纸和杂志撰写了有关设计的文章,目前研究的项目是关于品牌打造的文化意义。她目前居住在苏黎世。

罗斯玛丽·欧尼尔
(RO /Rosemary O'Neil)

帕森斯新设计学院艺术历史专业教授、教工部副主任。写作和策展兴趣主要包括美洲、欧洲和韩国的现代和当代艺术和视觉文化,目前正在研究战后里维埃拉(Riviera)的艺术和视觉文化。她的作品和研究成果被耶鲁大学出版社、学院艺术学会和康科博物馆等出版。她目前居住在纽约。

劳尔·里肯伯格
(RR /Raoul Rickenberg)

专业从事信息建筑、界面设计以及如何将这些实践应用到社会和技术系统的互动中的专家,帕森斯新设计学院(他的教学和研究的重点主要是传达技术和组织性行为的关系)教师,MAP 工作室负责人(这是一个开发广范围数字化和材料界面的公司)。他目前居住在纽约。

瑞内·斯派茨
(RS/Rene Spitz)

伦多 & 斯派茨(rendel & Spitz)事务所操作合伙人,策略化产品管理商务顾问,乌姆国际设计论坛(IFG)顾问委员会主席,负责国际设计论坛活动的组织以及设计方案的操作。目前居住在科隆。

斯蒂凡·阿斯玛斯
(SA/Stefan Asmus)

杜塞尔多夫应用技术大学设计系主任,互动系统专业教授,专门从事开发和设计复合数字知识系统以及跨媒体的传达设计。目前居住在杜塞尔多夫和伍珀塔尔。

塞文-安瓦尔·毕比
(SAB/Sven-Anwar Bibi)

设计师,在意大利波尔扎诺自由大学担任客座教授,讲授产品设计课程。他从事的主要领域是工业设计,他设计展览概念,同时也是作家和记者。他目前居住在巴特特尔茨和波尔扎诺。

斯黛拉·波贝塔
(SB/Stella Böβ)

代尔夫特理工大学使用者研究领域副教授,曾在斯坦福郡大学任教,产品设计和使用者研究方面商业顾问。目前居住在鹿特丹。

斯图亚特·拜勒
(SBA/Stuart Bailey)

平面设计师、编辑、作家以及《点点点》(Dot Dot Dot)杂志的合作创办人,从事了许多项目的设计,包括剧场设计、表演设计等,并且设计了一种出版印刷工作坊,旨在塑造一种"刚刚好"的经济型印刷制作。他目前在纽约和洛杉矶居住和工作。

西蒙·格兰德
(SG/Simon Grand)

经济学家、企业家,瑞士圣加伦大学赖斯管理研究中心创建者和学术负责人,瑞士艺术与设计学院以及巴塞尔瑞士西北部应用科学大学研究所学术研究员。他从事管理和组织理论、自由企业和创意、企业形象和策略设计等领域的工作,目前居住在苏黎世附近。

斯蒂文·瓜纳西亚
(SGU/Steven Guarnaccia)

帕森斯新设计学院插画系主任,多本出版物(如《黑与白》(Black and White))的作者和插画家,长期为《BLAB》供稿,曾是

《纽约时报》"首尾（Op-Ed）"版的艺术总监。他曾为许多主流杂志绘制插画，如意大利的设计杂志《Abitare》，美国的《纽约时报》杂志，《滚石》（Rolling Stone）杂志，并且为许多客户创作了艺术作品，如迪士尼海上巡游线、当代艺术博物馆。他目前居住在纽约。

苏珊娜·海斯林格
（SH/Susanne Haslinger）

自由信息设计师，曾在奥地利和德国从事十多年的图书出版工作。她在设计学院和大学中有关于性别敏感设计和市场营销以及社会设计的讲座和工作坊课程。目前居住在柏林。

希尔克·贝克尔
（SIB/Silke Becker）

设计、艺术和建筑领域的公关顾问，与朱迪斯·麦尔（Judith Mair）合作出版《为了真实的造假：关于私人和政治战略的造假》（Fake for Real—on the private and political tactics of faking it）（缅因河畔法兰克福 Campus 出版社，2005），为《艺术报》（Kunstzeitung）以及一些其他的出版物撰稿，目前居住在科隆。

斯科特·波宾奈尔
（SP/Scott Pobiner）

帕森斯新设计学院设计与管理系副教授。他的研究兴趣包括互动媒体新技术的开发与应用，新媒体介入人际交流和互动的效应，在学习环境中纳入展示和互动技术。目前居住在纽约。

斯蒂芬·斯多克
（STS/Stefan Stocker）

高级工业设计师，"echtform"工业设计和咨询公司合伙人，执行并实现了各类设计制作成果，是多个设计奖项和专利的获得者，在许多地方做过讲座且有作品出版。目前居住在德国罗斯拉特。

苏珊·耶拉维奇
（SY/Susan Yelavich）

帕森斯新设计学院艺术与设计研究系副教授，独立策展人和作家，《I. D. Magazine》杂志长期专栏作家，《Patek Philippe International Magazine》杂志编辑。她的出版物包括《包装设计》（Pentagram/Profile）、《即刻进入设计》（Inside Design Now）、《为生活而设计》（Design for Life）、《千禧年的边缘》（The Edge of the Millennium）、《产品和传达设计》（Product and Communication Design）以及即将出版的《当代世界室内设计》（Contemporary World Interiors）。她的专长是 20 世纪以及当代

设计和建筑。目前居住在纽约。

特菲克·巴西欧格鲁
(TB/Tevfik Balcioglu)

土耳其伊大经济大学(Izmir University of Economics)美术和设计系主任,在中东科技大学、金史密斯学院和肯特艺术与设计学院授课,土耳其设计历史协会创建人,学习技术研究院和欧洲设计学院成员。他目前居住在土耳其伊兹密尔。

泰德·柏菲尔德
(TBY/Ted Byfield)

帕森斯新设计学院传达设计和技术专业副主任,"网络时代"(nettime)邮件清单项目的合作主持,《ICANN Watch》的编辑之一,《README》(Autonomedia 出版社,1999)和《NKPVI》(MGLC 出版社,2001)的编辑之一。他目前居住在纽约。

托马斯·埃德尔曼
(TE/Thomas Edelmann)

任职于德国《建筑和生活》(*Architektur & Wohnen*)以及《形式》杂志,自由记者,德国设计理论和研究协会委员会成员,《*Tara—Armatur und Archetypus*》(巴塞尔,博克豪瑟出版社,2003)一书作者。他目前居住在汉堡。

托马斯·佛莱德里奇
(TF/Thomas Friedrich)

设计理论和哲学教授,曼海姆技术与设计高等专业学院设计系设计所负责人,德国设计理论和研究所创建成员,自由艺术学院指定会员,德国符号学协会设计部负责人,《批判理论杂志》(*zeitschrift fur kritische theorie*)编辑。他目前居住在曼海姆和维尔茨堡。

汤雅·歌的路维斯基
(TG/Tanja Godlewsky)

设计师,FRAM 公司联合创办人之一,曾有多个项目获奖(红点奖、Coredesign 奖、ADC 奖)。现居住在科隆。

托比阿斯·库汉
(TK/Tobias Kuhn)

在科隆、苏黎世和巴塞尔等地作为室内设计和平面领域创作的自由设计师,《*Das Zippo*》(缅因河畔法兰克福,1999)一书的作者,图书理念的开发者。目前居住在科隆和温特图尔。

蒂姆·马歇尔
(TM/Tim Marshall)

本书编辑之一。

泰瑞·罗森堡 (TR/Terry Rosenberg)	英国金史密斯学院(Goldsmiths)设计系主任,实践艺术家和设计理论家。他的研究主要集中在"概念展示"及"通过展示形成概念",曾在多所机构讲座,如英国建筑联盟学院和皇家艺术学院。他最近完成了一个在城市肌理下网络化技术的项目,目前从事互动联合创新环境和视觉物体的研究。现居住在伦敦附近。
托马斯·瓦格纳 (TW/Thomas Wagner)	作家,哲学家,纽伦堡视觉艺术学院艺术历史与艺术批评专业教授,《法兰克福汇报》视觉艺术与设计部编辑。现居住在黑彭海姆。
托尼·怀特菲尔德 (TWH/Tony Whitfield)	家具设计师和作家,帕森斯新设计学院产品设计系主任,Red Wing & Chambers 事务所负责人和首席设计师,在《室内》(*Interiors*)、*Essense*、《室内杂志》(*Interior Magazine*)、《大都会》(*Metropolis*)以及《纽约时报》等刊物上有发表物。他的作品也曾参加国际当代家具展览会以及其他展览。他目前居住在纽约。
帝摩斯·德·瓦尔·梅尔菲特 (TWM/Timothy de Waal Malefyt)	BBDO 广告公司副主席,文化开发部负责人,帕森斯新设计学院兼职教授,Berg 出版社 2003 年出版的《广告文化》(*Advertising Cultures*)一书的编辑之一。他曾获富布莱特以及国家科学基金研究奖学金,在西班牙学习弗拉曼柯舞,在《商业周刊》、《纽约时报》、《今日美国》等报刊上均有过报道,目前居住在纽约。
奥塔·布兰兹 (UB/Uta Brandes)	科隆国际设计学院性别与设计专业以及质量设计研究专业教授,德国设计理论与研究协会主席,多本出版物的作者,如与 S. 史迪奇(S. Stich)和 M. 温德尔(M. Wender)合作的《不断变化的事物》(*Die Werwandelten Dinge*)(巴塞尔,博克豪瑟出版社,2008)。她目前居住在科隆。
沃尔克·阿尔巴斯 (VA/Volker Albus)	卡尔斯鲁厄设计学院产品设计专业教授,建筑师和设计师,各类博物馆和美术馆(如巴黎乔治·蓬皮杜中心、丹麦路易斯安那现代艺术博物馆)的展览策展人,作家,出版人,多本书和文章的编辑,现居住在缅因河畔法兰克福。

维克多利亚·马歇尔
(VM /Victoria Marshall)

景观建筑师和城市设计师,TILL 事务所(tilldesign. com)(这是一家位于美国霍博肯的景观建筑设计公司,主要进行永久性和临时性公共开放空间、水处理和绿色屋顶系统设计)创建人,在宾夕法尼亚大学设计学院、哈佛大学研究生设计学院、哥伦比亚大学建筑研究所、多伦多大学建筑景观系授课。她的研究和实践即将以书和图册的形式出版。她目前居住在美国新泽西州霍博肯。

韦嘉杨斯·劳
(VR /Vyjayanthi Rao)

新学院大学社会研究系人类学专业副教授,城市知识、行动和研究合作事务所(PUKAR)(位于印度孟买)研究助理和合伙负责人。她研究南非人类学和人种学,研究被迫移民、背井离乡、后殖民社会的公民状态,研究心理创伤、剧变和记忆,通过在孟买的实地研究发现城市变化。她目前居住在纽约。

威廉姆·贝维顿
(WB /William Bevington)

他是帕森斯信息测绘研究所(一个在新学院大学独立的研究实验室)执行负责人,在诸如库伯联盟学院(Cooper Union)、帕森斯新设计学院和哥伦比亚大学等学校讲授了 20 多年字体排印、信息设计以及许多用二维和三维设计进行的课程。他目前居住在纽约。

沃夫甘·乔纳斯
(WJ /Wolfgang Jonas)

德国卡赛尔大学系统设计专业教授,关于设计的出版物包括《设计-系统-理论:关于系统理论模型的设计理论》(*Design-System-THeorie: Uberlegungen zu einem systemtheoretischen Modell von Designtheorie*)(德国埃森 Die blaue Eule 出版社,1994)以及《小心差距——关于设计中的知道和不知》(*Mind the gap! - on knowing and not - knowing in design*)(德国布莱梅 Hauschild 出版社,2004)。他目前居住在卡塞尔和柏林。